中国科学技术经典文库 · 物理卷

理论物理(第六册)

量子力学(甲部)

吴大猷 著

科 学 出 版 社

北 京

内 容 简 介

本书为著名物理学家吴大猷先生的著述《理论物理》(共七册)的第六册.《理论物理》是作者根据长期从事的教学实践编写的一部比较系统全面的大学物理学教材. 本册内容共分13章:第1、2章主要介绍矩阵力学, 第3、4两章介绍波动力学, 第5章为量子力学的结构, 第6、7两章讲述微扰理论, 第8~13章讲述原子及分子的量子力学的基础知识. 在大多数章节之后还附有附录和习题供读者研讨和学习.

本书根据中国台湾联经出版事业公司出版的原书翻印出版, 作者对原书作了部分更正, 李政道教授为本书的出版写了序言, 我们对原书中一些印刷错误也作了订正.

本书可供高等院校物理系师生教学参考, 也可供研究生阅读.

图书在版编目(CIP)数据

理论物理(第六册): 量子力学(甲部)/吴大猷著. —北京: 科学出版社, 2010
(中国科学技术经典文库・物理卷)

ISBN 978-7-03-028725-0

Ⅰ. 理… Ⅱ. 吴… Ⅲ. ① 理论物理学 ② 量子力学 Ⅳ. O41

中国版本图书馆 CIP 数据核字 (2010) 第 162227 号

责任编辑: 刘凤娟 / 责任校对: 朱光光
责任印制: 吴兆东 / 封面设计: 王 浩

科学出版社 出版
北京东黄城根北街 16 号
邮政编码: 100717
http://www.sciencep.com

北京虎彩文化传播有限公司 印刷

科学出版社发行 各地新华书店经销

*

1983 年 8 月第 一 版 开本: B5(720 × 1000)
2022 年 1 月第六次印刷 印张: 23 1/4
字数: 445 000

定价: 168.00 元

(如有印装质量问题, 我社负责调换)

序　言

吴大猷先生是国际著名的学者, 在中国物理界, 是和严济慈、周培源、赵忠尧诸教授同时的老前辈. 他的这一部《理论物理》, 包括了“古典”至“近代”物理的全貌. 1977 年初, 在中国台湾陆续印出. 这几年来对该省和东南亚的物理教学界起了很大的影响. 现在中国科学院, 特别是由于卢嘉锡院长和钱三强、严东生副院长的支持, 决定翻印出版, 使全国对物理有兴趣者, 都可以阅读参考.

看到了这部巨著, 联想起在 1945 年春天, 我初次在昆明遇见吴老师, 很幸运地得到他在课内和课外的指导, 从“古典力学”学习起至“量子力学”, 其经过就相当于念吴老师的这套丛书, 由第一册开始, 直至第七册. 在昆明的这一段时期是我一生学物理过程中的大关键, 因为有了扎实的根基, 使我在 1946 年秋入芝加哥大学, 可立刻参加研究院的工作.

1933 年吴老师得密歇根大学的博士学位后, 先留校继续研究一年. 翌年秋回国在北大任教, 当时他的学生中有马仕俊、郭永怀、马大猷、虞福春等, 后均致力物理研究有成. 抗战期间, 吴老师随北大加入西南联大. 这一段时期的生活是相当艰苦的, 但是中国的学术界, 还是培养和训练了很多优秀青年. 下面的几段是录自吴老师的《早期中国物理发展之回忆》一书:

“组成西南联大的三个学校, 各有不同的历史. ⋯⋯ 北京大学规模虽大, 资望也高, 但在抗战时期中, 除了有很小数目的款, 维持一个 ‘北京大学办事处’ 外, 没有任何经费作任何研究工作的. 在抗战开始时, 我的看法是以为应该为全面抗战, 节省一切的开支, 研究工作也可以等战后再作. 但抗战久了, 我的看法便改变了, 我渐觉得为了维持从事研究者的精神, 不能让他们长期地感到无法工作的苦闷. 为了培植及训练战后恢复研究工作所需的人才, 应该在可能情形下, 有些研究设备. 西南联大没有此项经费, 北大也无另款. ⋯⋯ 我知道只好尽自己个人的力量做一点点工作了. ⋯⋯ 请北大在岗头村租了一所泥墙泥地的房子做实验室, 找一位助教, 帮着我把三棱柱放在木制架上拼成一个最原始形的分光仪, 试着做些 ‘拉曼效应’ 的工作”.

“我想在二十世纪, 在任何实验室, 不会找到一个拿三棱柱放在木架上做成的分光仪的了. 我们用了许多脑筋, 得了一些结果. ⋯⋯”

“1941 年秋, 有一位燕京大学毕业的黄昆, 要来北大当研究生随我工作, 他是一位优秀的青年. 我接受了他, 让他半时作研究生, 半时作助教, 可以得些收入. 那年上学期我授 ‘古典力学’, 下学期授 ‘量子力学’. 班里优秀学生如杨振宁、黄昆、黄授书、张守廉等可以说是一个从不易见的群英会. ……”

“1945 年日本投降前, 是生活最困难的时期. 每月发薪, 纸币满箱. 因为物价飞跃, 所以除了留些做买菜所需外, 大家都立刻拿去买了不易坏的东西, 如米、炭等. …… 我可能是教授中最先摆地摊的, …… 抗战初年, 托人由香港、上海带来的较好的东西, 陆续地都卖去了. 等到 1946 年春复员离昆明时, 我和冠世的东西两个手提箱便足够装了.”

就在 1946 年春, 离昆明前吴老师还特为了我们一些学生, 在课外另加工讲授“近代物理”和“量子力学”. 当时听讲的除我以外, 有朱光亚、唐敖庆、王瑞駪和孙本旺.

在昆明时, 吴老师为了北京大学的四十周年纪念, 写了《多原分子的结构及其振动光谱》一书, 于 1940 年出版. 这本名著四十多年来至今还是全世界各研究院在这领域中的标准手册. 今年正好是中国物理学会成立的五十周年, 科学出版社翻印出版吴大猷教授的《理论物理》全书, 实在是整个物理界的一大喜事.

李政道

1982 年 8 月

写于瑞士日内瓦

总　序

若干年来, 由于与各方面的接触, 笔者对中国台湾的物理学教学和学习, 获有一个印象：(一) 大学普通物理学课程之外, 基层的课程, 大多强纳入第二第三两学年, 且教科书多偏高, 量与质都超过学生的消化能力. (二) 学生之天资较高者, 多眩于高深与时尚, 不知或不屑于深厚基础的奠立. (三) 专门性的选修课目, 琳琅满目, 而基层知识训练, 则甚薄弱.

一九七四年夏, 笔者拟想以中文编写一套笔者认为从事物理学的必须有的基础的书. 翌年夏, 得褚德三、郭义雄、韩建珊 (中国台湾交通大学教授) 三位之助, 将前此教学的讲稿译为中文, 有 (1) 古典力学, 包括 Lagrangian 和 Hamiltonian 力学, (2) 量子论及原子结构, (3) 电磁学, (4) 狭义与广义相对论等四册. 一九七六年春, 笔者更成 (5) 热力学, 气体运动论与统计力学一册. 此外将有 (6) 量子力学一册, 稿在整理中.

这些册的深浅不一. 笔者对大学及研究所的物理课程, 拟有下述的构想：

第一学年：普通物理 (力学, 电磁学为主); 微积分.

第二学年：普通物理 (物性, 光学, 热学, 近代物理); 高等微积分; 中等力学 (一学期).

第三学年：电磁学 (一学年) 及实验; 量子论 (一学年).

第四学年：热力学 (一学期); 狭义相对论 (一学期); 量子力学 (引论)(一学年).

研究院第一年：古典力学 (一学期); 分子运动论与统计力学 (一学年); 量子力学 (一学年); 核子物理 (一学期).

研究院第二年：电动力学 (一学年); 专门性的课目, 如固体物理; 核子物理, 基本粒子; 统计力学; 广义相对论等, 可供选修.

上列各课目, 都有许多的书, 各有长短. 亦有大物理学家, 集其讲学精华, 编著整套的书, 如 Planck, Sommerfeld, Landau 者. Landau-Lifshitz 大著既深且博, 非具有很好基础不易受益的. Sommerfeld 书虽似较易, 然仍是极严谨有深度的书, 不宜轻视的. 笔者本书之作, 是想在若干物理部门, 提出一个纲要, 在题材及着重点方面可作为 Sommerfeld 书的补充, 为 Landau 书的初阶.

笔者深信, 如一个教师的讲授或一本书的讲解, 留给听者或读者许多需要思索、补充、扩展、涉猎、旁通的地方, 则听者读者可获得较多的益处. 故本书风格, 偏于简练, 课题范围亦不广. 偶以习题的方式, 引使读者搜索, 扩大正文的范围.

笔者以为用中文音译西人姓名, 是极不需要且毫无好处之举. 故除了牛顿, 爱因斯坦之外, 所有人名, 概用西文.*

本书得褚德三、郭义雄、韩建珊三位中国台湾交通大学教授之助, 单越 (中国台湾清华大学) 教授的校阅, 笔者特此致谢.

吴大猷

1977 年元旦

---

* 商务印书馆出版之中山自然科学大辞典中, 将 Barkla, Blackett, Lamb, Bloch, Brattain, Townes 译为巴克纳, 布拉克, 拉目, 布劳克, 布劳顿, 汤里士, 错误及不准确可见.

本册前言

本书《理论物理》的第一、三、五册, 述《古典动力学》、《电磁学》和《热力学, 气体运动学及统计力学》, 这些是古典物理的基础, 大部分都是完成于 19 世纪中末叶的. 到了 20 世纪初年, 物理学有两个基本性的创新发展. 一是相对论 (见本书第四册), 一是量子论 (见本书第二册). 但量子论仍未能完全由古典物理的观念脱颖而成一完整的理论系统. 到了 20 年代的中期, 量子力学有如新星的爆发, 法国的 de Broglie, 德国的 Heisenberg, Born, 瑞士的 Schrödinger, 英国的 Dirac, 于二三年间, 由新颖的创想, 数学形式的建立, 以至物理意义, 哲学解释, 整个新理论的系统, 皆完成无遗. 五十余年来, 量子力学的应用, 由初期提供其发展的原动力的原子问题, 扩及分子、固态、量子化学、核子的领域, 可谓皆得满意的结果*.

学或教量子力学, 通常似有两个不同的态度及方法, 一是由目前已建立的系统的数学形式的方法入手, 这个途径, 可以 Dirac 的 *The Principles of Quantum Mechanics* 为代表. 一是沿着量子力学发展的过程, 而进入目前的阶段. 作者由自己学或教的经验, 以为前者有演绎方法的清晰的好处, 但大多数的初习者, 会感觉到抽象的数学形式和物理观念间的关系的神秘性, 不知这样一个抽象的理论系统是如何建立的. 另一方法的极端, 是学习了量子力学的应用和计算, 对量子力学的基本观念和假定的性质, 不甚注意.

本册系本书的第六册, 系《量子力学》(甲部), 将采一个 "兼并" 或 "折中" 的写法, 兼顾量子力学发展的过程, 新颖理论的线索及量子力学的公理式系统结构. 第 1 章述 Heisenberg 新理论的出发点和矩阵代数. 第 2 章乃述矩阵力学. 此二章实在包括了量子力学精华的一个特别表象. 第 3 章述 de Broglie 和 Schrödinger 的新理论的出发点第 4 章详述 Schrödinger 波动力学. 此章着重 Einstein-de Broglie 关系的基本重要性. 由之可导出对易关系及测不准原理.

第 5 章是根据前四章的背景, 建立一个公理式的量子力学系统. 先总结其 "物理的基础", 次乃引入其基本假定. 此章中引入较矩阵及微分更一般性的数学形式,

---

* 由量子力学推展到量子化的场论, 由 20 世纪 30 代初开始, 至 40 年代中末期, 而大有进展. 日本之朝永振一郎, 美国之 J.Schwinger, R.Feynman 展开 (Lorentz) 协变的场理论, 加上前此的 Kramers 的质量重归一法, 解答了若干电磁场与电子交互作用问题. 惟至目前止, 特殊相对论与量子力学的一元化, 似尚未有完全的理论.

使二者皆为此理论的二特例. 读者宜重读第 1 章第 3~ 第 6 节.

第 5 章引入 Dirac 的 ket 符号. 第 3, 4 节宜参读 Dirac 书 (其第 1 ~ 5 章). 第 5 节略述爱因斯坦对量子力学的观点. 第 6 节述密度矩阵. 第 7 节述量子力学的表象和度量.

第 6、7 章借微扰理论, 讨论若干问题, 第 8、9、10 章讨论原子的结构; 第 11 章介绍分子的电子结构; 第 12 章介绍二原分子的振动、转动及原子核自旋的对称性; 第 13 章介绍多原子的振动、转动. 这 6 章可视为原子及分子的量子力学的基础知识. 本册用约百分之四十的篇幅于原子与分子者, 一则此二部门本身的重要及其结果与方法与其他部门物理 —— 如化学、固态物理、原子核结构等 —— 的密切关系, 一则除专著外, 一般量子力学的书于此皆不作深入的叙述, 一则此二部门, 乃作者早年致力所在, 写来较感胜任也.

一本教科书, 甚或参考书, 和研究论文不同处, 是其重点在叙述的条理、课题的选择, 而不必要求其有创新的贡献. 然如其只作人云亦云而毫无鉴别性的叙述, 则大不可. 兹以氢原子径 r 函数的指数方程式的两根 $+l$ 与 $-(l+1)$ 一点为例. 五十年来, 几乎所有量子力学的书, 辗转抄袭, 皆作同一错误. (见第 4 章第 5 节 (4-104) 式的下文). 这样的情形虽是罕见, 但仍是不应有的. 作者于本书中尽可能地避免错误; 为有助于读者得深刻的印象或了解, 不惜先后重复的申述某些点. 于目录之后, 列举一些参考文献外, 正文中亦偶列举参考论文, 为有兴趣的读者作进一步研讨的参考.

关于参考书籍, 每章只列与本章有密切关系的一两本, 盖除非每书皆作较详介绍, 罗列许多书, 徒使读者有不知所从之感而已. 如读者的兴趣, 不止于量子力学的 “技术” 而愿知其发展的历程, 则 M. Jammer 氏的 *The Conceptual Development of Quantum Mechanics* 一书, 是极佳之作. Dirac 氏的 *The Principles of Quantum Mechanics*, 以严谨的写法, 建立量子力学的数学结构, 或可视为圣典, 但初读或不易, 本书第 5 章或能有助.

本书第七册《量子力学》(乙部), 将述量子力学 Dirac 的相对论电子方程式及其应用, 量子力学的多体系统、古典场论、场的量子化、旋量和一些群论等.

作者开始习量子力学, 系在 1928 年南开大学四年级时, 自行试读 Heisenberg, Born 等的矩阵力学文章, 不甚了解. 后 1931~1932 年, 听 Goudsmit, Uhlenbeck, Heisenberg 的授课及讲演, 渐得门径. 真正的了解, 系由 1934 年在国立北京大学授量子力学时始.

本册的初稿, 系在 1956 年秋冬作者在中国台湾大学和清华大学 (复校第一年)

所印发的讲义 (英文的). 该讲义乃基于作者自国立北京大学始, 抗战期中在昆明西南联合大学, 后在美国纽约大学, 哥伦比亚大学讲授的笔记而成的. 该讲义所印无多, 而竟有流传美国友人及大学者. 兹作若干补充及课题次序的修订. 希望其不仅为一本 "中文的量子力学", 而是一本 "量子力学".

吴大猷

1978 年 8 月于台北

目　录

第 1 章　矩阵力学之基本概念

1.1　量子力学发展的背景

1913 年 Niels Bohr 氏之氢原子理论, 不仅准确地计算出氢原子光谱之 Balmer 系线之频率, 且准确的预测到 Lyman、Paschen、Brackett、Pfund 及氦离子 He^+ 各系线. 此理论更经 Sommerfeld 氏 (1916 年) 之推进, 包含狭义相对论的修正, 其预测之精微结构, 旋为 Paschen 氏之实验证实. 又 Moseley 氏 (1913 年) 对各化学元素之 X 射线的发现, 更予 Bohr 理论以极强支持.

Bohr 理论中引入的新概念, 一系所谓稳定态 (stationary state), 一系稳定态变迁时所放射辐射频率的关系. 稳定态概念, 殊由 Franck-Hertz 二氏的实验而获得 (在光谱分析之外的) 直接证实. 后来 Bohr 理论遇到许多困难而卒为量子力学所取代了, 但稳定态的概念, 仍是一个基本的概念. 所谓稳定态, 在最早的 Bohr 理论中 (圆形电子轨道), 是以一个量子数 n 定的; 在 Sommerfeld 理论 (在三维空间的椭圆轨道), 则系以三个量子数 n, k, m 定的. 量子数的数目, 等于一个系统的自由度. 以有一个电子的原子言, 除了在三维空间的三个自由度外, 由经验结果 (光谱线的分析 —— 尤其在 Zeeman 效应中 —— 和 Stern-Gerlach 实验), 后来知道还需加一个自旋的自由度和它的量子数. 本段所述, 皆见《量子论与原子结构》甲部量子论之第 4、5、6 章及乙部量子构造之第 1、2 章.

上段谓 Bohr 理论引入的第二个新概念, 系稳定态的变迁和辐射的频率关系

$$h\nu_{mn} = E_m - E_n \tag{1-1}$$

这个关系只表出频率和态能的改变的关系, 而未涉及这辐射的强度, 且更不涉及原子在态 m 时如何的决定要跃迁到态 n 的问题.

为这类的问题, Bohr(1916~1918 年) 提出 “对应原理”, 该原理的重要点为:

(1) 设 (1) 式中之量子数 m, n 之差, 远小于 m 或 n,

$$\Delta n \equiv m - n \ll m, n$$

则 ν_{mn} 频率与该系统按古典力学所得之频率 $\nu_{古典}$ 略同.

(2) 频率为 ν_{mn} 之辐射之强度, 与古典物理中 Fourier 项频率为 $\nu_{古典} \simeq \nu_{mn}$ 的振辐平方成正比.

此原理的基本点, 系将古典物理视为量子理论当 h 常数趋近于零时的极限情形. 以此理论应用于辐射之偏极化及在 Zeeman 效应中之选择定规, 均得与实验相符的结果 (详参阅《量子论与原子结构》甲部量子论第 7 章).

上述皆 Bohr 理论的成功处. 20 世纪头十年中期至 20 世纪 20 年代中期的十余年中, 原子光谱的研究 —— 实验及理论分析 —— 进展至速, 渐渐的发现许多结果, 不能按 Bohr 理论了解的, 如:

(1) Bohr 理论对氢原子的能态计算, 可准确至 10^8 分之一的程度, 唯如企图推展该理论至氦原子 (氢外之最简单原子), 则准确度不及百分之十. 但更基本的, 是无从知道如何的去采取两个电子运行的模型.

(2) 各元素的光谱, 有有规则的复杂结构 (多重谱系). 系谱分析的经验结果, 发现需引入更多的量子数 (如 S、L、J, 和在磁场时之 M) 和选择法则 (见《量子论与原子结构》乙部第 1 章).

(3) 碱金属原子 (Li、Na、K 等) 光谱在磁场中所显示的反常 Zeeman 效应, 经 Landé氏的分析所得复杂的公式, 非 Bohr 理论所能解的.

上述 (2)、(3) 两项问题, 经电子自旋观念之引入 (G. E. Uhlenbeck 与 S. A. Goudsmit 氏, 1925 年), 始获得了解. 略在电子自旋引入之前, W. Pauli 氏已创其"不相容原理", 解释了元素有周期性的原因, 唯其所引用之量子数之一, S, 其物理意义到有了电子自旋理论而始明 (见《量子论与原子结构》乙部第 2~5 章).

1.2　Heisenberg 理论的出发点

在上节所述的情形下, 有些物理学家 —— 以 N. Bohr 氏为主要领导者 —— 感觉到物理学发展, 尤其为应用于原子结构问题的量子论, 支离修补, 呈显缺乏一统的体系, 开始怀疑, 以为物理学需要作基本性的重新建立.

1925 年, 德国 Werner Heisenberg 氏 (1901 年 12 月生, 于 1923 年前随 A. Sommerfeld 研究流体动力学之激流 (turbulence) 理论获得博士学位) 去 Göttinger 大学随 Max Born 氏及丹麦随 N. Bohr 研究, 很快地便创辟了物理学的一新方向, 和 1924 年法国 Louis de Broglie 所提之 "物质波" 理论, 异途同归的导致量子力学的发展.

Heisenberg 的出发点, 是以为 Bohr 理论中所用的许多观念, 如电子的轨道、频率等, 皆非可直接观察得到的. 他以为一个物理理论, 只应采用可观察测量的观念; 在原子的理论中, 应出现的是光谱线的频率、强度、偏极化, 和由 Franck-Hertz 实验显示的能态等, 而不是电子环绕运动的轨道和频率. 他企图创立一新的理论, 只用光谱线的频率、强度、偏极化等观念. 他这个观点, 和爱因斯坦创立狭义相对论时分析 "时间"、"空间" 观念所持的观点相同. 爱因斯坦在狭义相对论上的基本贡献, 是对时间及空间两观念, 由他们的 "度量方法" 观点作定义. 这是所谓 "运作观点" (详参阅《相对论》(甲部) 狭义相对论第 3 章第 1 节)*.

Heisenberg 试着建立一个数学系统, 包含观察的数据 (如光谱频率、强度偏极化度等), 而由之可导出新的结果. 他接受 Bohr 的对应原理 (见下段).

按古典物理, 一个单一周期性的系统, 其坐标 q 可以 Fourier 系表之

$$
\begin{aligned}
q(t) &= \sum a_n \cos n\omega t + \sum b_n \sin n\omega t \\
&= a_0 + \sum \frac{1}{2}(a_n - \mathrm{i}b_n)\mathrm{e}^{\mathrm{i}n\omega t} + \sum \frac{1}{2}(a_n + \mathrm{i}b_n)\mathrm{e}^{-\mathrm{i}n\omega t} \\
&= \sum_{-\infty}^{\infty} q_n \mathrm{e}^{\mathrm{i}n\omega t}
\end{aligned} \tag{1-2}
$$

此处之 q_n 如下:

$$
q_n = \frac{1}{2}(a_n - \mathrm{i}b_n), \quad q_{-n} = \frac{1}{2}(a_n + \mathrm{i}b_n)
$$

故有下关系:

$$
q_{-n} = q_n^* \tag{1-3}
$$

按对应原理, 频率为 $n\omega$ 的幅度为 q_n, 其强度为

$$
|q_n|^2 = |q_{-n}|^2 = q_n q_{-n} \tag{1-4}
$$

(2)**式有一极重要的性质, 即对 $q(t)$ 作加及乘的运算, 或作 $q(t)$ 对 t 之微分, 皆不产生 $n\omega$ 以外的新频率.

唯 (2) 式不适用于原子的光谱. 由原子光谱分析的经验结果, 光谱线之频率, 不成 $1\nu, 2\nu, 3\nu, \cdots$ 的关系, 而系遵守 Ritz 组合原理

$$
\nu_{mn} = T_{mm} - T_{nn} \tag{1-5}
$$

而成一 "二维的系"(见《量子论与原子结构》乙部第 1 章第 1 节). 兹仿古典物理, 假设坐标 $q(t)$ 可表以二维的系

$$
q_{mn} \equiv \overset{\circ}{q}_{mn} \mathrm{e}^{\mathrm{i}\omega_{mn} t} \tag{1-6}
$$

又仿 (3), 假设

$$
\overset{\circ}{q}_{nm} = \overset{*\circ}{q}_{mn} \tag{1-7}
$$

* 在物理学发展史中, 有下述的有趣事. 爱因斯坦是量子论的重要创建人之一, 是引入概率观念者 (《量子论与原子结构》甲部第 9 章跃迁理论), 但他不能接受量子力学的基本概念. Heisenberg 和他讨论时, 谓量子力学即系用爱因斯坦在相对论的观点的 (所谓以子之矛, 攻子之盾), 但爱因斯坦竟说 "一个人总有错的时候".

** (1) 式即公式 (1-2), 公式序号均去掉了章号, 只用顺序表示, 其他章节类同. —— 编辑注

且频率 ν_{mn} 的光谱线的强度为

$$|q_{mn}^{\circ}|^2 = q_{mn}^{\circ} q_{nm}^{\circ} \tag{1-8}$$

成正比, 而其偏极化度则由复数 q_{mn}° 之相决定之.

次一步乃对 (6) 二维排列的运作, 作一定义, 俾对其作 “加”、“乘”、“微分” 等运算时, 亦不产生 $\nu_{mn} = \dfrac{1}{2\pi}\omega_{mn}$ 外的新频率. Max Born 氏指出：满足此要求的数学, 正系代数中的矩阵. 兹如以 $q_{mn}\mathrm{e}^{\mathrm{i}\omega_{mn}t}$ 为 q 矩阵的元素, 且用下符号：

$$[q(t)]_{mn} = q_{mn}^{\circ}\mathrm{e}^{\mathrm{i}\omega_{mn}t}$$

按矩阵代数,

$$\begin{aligned}
[q(t)+q'(t)]_{mn} &= (q_{mn}^{\circ} + q_{mn}^{\circ'})\mathrm{e}^{\mathrm{i}\omega_{mn}t} \\
[q(t)q(t)]_{mn} &= \sum_k q_{mk}^{\circ}\mathrm{e}^{\mathrm{i}\omega_{mn}t} q_{kn}^{\circ}\mathrm{e}^{\mathrm{i}\omega_{nm}t} \\
&= \sum_k (q_{mk}^{\circ} q_{kn}^{\circ})\mathrm{e}^{\mathrm{i}\omega_{mn}t}
\end{aligned} \tag{1-5}$$

$$\left[\frac{\mathrm{d}q}{\mathrm{d}t}\right]_{mn} = \mathrm{i}\omega_{mn} q_{mn}^{\circ}\mathrm{e}^{\mathrm{i}\omega_{mn}t}$$

故 (m,n) 元素之频率仍为 ν_{mn} 也.

然两个矩阵之乘积, 是不遵守对易定律的, 即

$$AB - BA \neq 0$$

按矩阵代数,

$$(AB)_{mn} = \sum_k A_{mk}B_{kn}$$

$$(BA)_{mn} = \sum_k B_{mk}A_{kn}$$

故 $AB \neq BA$.

如现以矩阵表物理量如坐标 q 及动量 p, 则

$$pq - qp \neq 0 \tag{1-9}$$

兹姑不顾此奇异关系在古典物理中无前例, 且不可 “懂”; 逼切的问题, 乃系：如 $pq-qp$ 不等于零, 则应等于什么？

Born 又借力于对应原理 *. 按古典力学 (参阅《古典动力学》乙部第 7 章), 作用积分 (作用变数) 为

* 对应原理 (correspondence principle) 在此处引入, 乃构成此新理论的一个基本性的成分!

$$J = \oint p\mathrm{d}q = \int_0^{1/\nu} p\dot{q}\mathrm{d}t$$

按 (2),

$$p = \sum_{-\infty}^{\infty} p_n \mathrm{e}^{\mathrm{i}n\omega t}$$

$$\dot{q} = \mathrm{i}\omega \sum_{-\infty}^{\infty} m q_m \mathrm{e}^{\mathrm{i}m\omega t}$$

故

$$\begin{aligned} J &= \mathrm{i}\omega \sum_n \sum_m \int_0^{\frac{2\pi}{\omega}} p_n q_m m \mathrm{e}^{\mathrm{i}(n+m)\omega t}\mathrm{d}t \\ &= \mathrm{i}\omega \sum_n \sum_k \int^{\frac{2\pi}{\omega}} p_n q_{k-n}(k-n)\mathrm{e}^{\mathrm{i}k\omega t}\mathrm{d}t \\ &= -2\pi\mathrm{i} \sum_\tau \tau p_\tau q_{-\tau} \end{aligned} \tag{1-10}$$

兹对 J 作微分, 即得

$$\frac{\partial J}{\partial J} = 1 = -2\pi\mathrm{i}\sum_\tau \tau \frac{\partial}{\partial J}(p_\tau q_{-\tau}) \tag{1-10a}$$

按量子论, 量子化条件为 (《量子论与原子结构》甲部第 7 章)

$$J = nh$$

又按对应原理 (《量子论与原子结构》 甲部第 7 章, (7-5)、(7-6) 式), 古典力学之 $\dfrac{\partial F}{\partial J}$ 值, 与量子论之 $\dfrac{\Delta F}{\Delta J} = \dfrac{\Delta F}{h\Delta n}$ 值, 有对应关系,

$$\frac{\partial F}{\partial J} = \lim_{\Delta n \to 0} \frac{\Delta F}{h\Delta n}$$

兹应用此关系于 $F = p_\tau q_{-\tau}$, 再以 (6) 式代 (2) 式, 可得

$$\begin{aligned} \frac{\partial}{\partial J}(p_\tau q_{-\tau}) &\leftrightarrow \frac{\Delta}{\tau h}(p_{n,n-\tau} q_{n-\tau,n}) \\ &= \frac{1}{\tau h}(p_{n+\tau,n} q_{n,n+\tau} - p_{n,n-\tau} q_{n-\tau,n}) \end{aligned}$$

以此代入 (10a), 即得

$$\sum_\tau (p_{n,n-\tau} q_{n-\tau,n} - q_{n,n+\tau} p_{n+\tau,n}) = \frac{h}{2\pi\mathrm{i}}$$

(10) 及此处 τ 之和, 乃系由 $-\infty$ 至 ∞, 故按矩阵代数, 此式可写为

$$(pq - qp)_{nn} = \frac{h}{2\pi \mathrm{i}} \tag{1-10b}$$

Born 与 Jordan 作一假设, p、q 矩阵, 满足下关系:

$$pq - qp = \frac{h}{2\pi \mathrm{i}} E \tag{1-11}$$

E 乃单位矩阵, 即 $E_{nn} = 1, E_{mn} = 0$, 如 $m \neq n$.

我们务须着重者, 即 (11) 关系, 乃一新的基本假设, 不能由古典物理或量子论导出来的. 上文乃略示 Heisenberg 思索的路径而已, 非真得证明 (11) 式也.

1.3 矩阵代数

在继续展开矩阵力学之前, 我们先简述矩阵代数的若干定理.

定义一 矩阵 A; 元素 A_{mn}.

矩阵 A 系 $m \times n$ 个数 A_{ij}, $i = 1, 2, 3, \cdots, m$; $j = 1, 2, \cdots, n$, 的二维排列而成

$$A = \begin{pmatrix} A_{11} & A_{12} & \cdots & A_{1n} \\ A_{21} & A_{22} & \cdots & A_{2n} \\ \vdots & \vdots & & \vdots \\ A_{m1} & A_{m2} & \cdots & A_{mn} \end{pmatrix}$$

如 $m = n$, 则称为方矩阵. A_{ij} 谓为矩阵元素.

单位矩阵 E 系一方矩阵, 其元素 E_{mn} 为

$$E_{mn} = \begin{cases} 1, & m = n \\ 0, & m \neq n \end{cases}$$

对角矩阵 A_{mn} 为 $A_{mn} = A_{mm}\delta_{mn}$, 非所有的对角元素 A_{mm} 皆等于零.

定义二 两矩阵 A, B 谓为相等, 如 $A_{mn} = B_{mn}$, 所有的 m 及 n.

定义三 两矩阵 A, B 之和 (或差), 系

$$C_{mn} = A_{mn} + B_{mn}$$

按此定义, 矩阵之和, 满足下定律:

$$A + (B + C) = A + B + C$$
$$A + (B + C) = (A + B) + C$$
$$A + B + C = A + C + B = B + A + C = \cdots$$

定义四 两矩阵 A、B 之乘积 C, 系按此定义

$$C_{mn} = \sum_k A_{mk} B_{kn}$$

$$EA = AE = A$$

$$A(BC) = ABC$$

唯

$$AB \neq BA$$

定理 (一) 如矩阵 A 与任意矩阵 B 满足 $AB - BA = 0$, 则 A 系

$$aE, \quad a = \text{常数} \tag{1-12}$$

定义五 矩阵 A 之反矩阵 A^{-1} 有下列性质:

$$A^{-1}A = E, \quad AA^{-1} = E \tag{1-13}$$

定义六 矩阵 A 之移项矩阵 $\tilde{A}$ (transpose), 定义为

$$(\tilde{A})_{mn} = A_{nm} \tag{1-14}$$

定理 (二)

$$(\widetilde{AB}) = \tilde{B}\tilde{A} \tag{1-15}$$

定义七 矩阵 A 之伴矩阵 A^+ (adjoint)

$$A^+ = \tilde{A}^* \quad (A^+_{mn} = A^*_{nm}) \tag{1-16}$$

定理 (三)

$$(AB)^+ = B^+A^+ \tag{1-17}$$

定义八 矩阵 A 之对角和 (trace)TrA, 系对角元素之和,

$$\mathrm{Tr}A = \sum_m A_{mm}$$

定理 (四)

$$\mathrm{Tr}AB = \mathrm{Tr}BA \tag{1-18}$$

定义九 Hermitian 矩阵 A 之定义, 为下特性:

$$A^+ = A(\text{即 } A^*_{nm} = A_{mn}) \tag{1-19}$$

定理 (五) 两 Hermitian 矩阵 A, B 之乘积 AB 为 Hermitian 矩阵, 若且唯若 $AB = BA$.

证明 按定义 (17) 及 (19), 得

$$(AB)^+ = B^+A^+ = BA \tag{1-20}$$

如 $AB = BA$, 则此式成 $(AB)^+ = AB$, 按 (19), AB 乃 Hermitian 矩阵.

如 AB 系 Hermitian 矩阵, 则按 (19), $(AB)^+ = AB$. 故 $BA = AB$.

定理 (六)　如 A、B 系 Hermitian 矩阵, 则 $AB + BA$ 系 Hermitian 矩阵.

证明　按 (17),

$$(AB + BA)^+ = B^+A^+ + A^+B^+$$

按 (19),

$$= BA + AB = AB + BA \quad \text{q.e.d.} \tag{1-21}$$

定理 (七)　如 A, B 系 Hermitian 矩阵, 则 $\mathrm{i}(AB - BA)$ 系 Hermitian 矩阵.

证明　按 (16)、(17),

$$\begin{aligned}(\mathrm{i}(AB - BA))^+ &= -\mathrm{i}(B^+A^+ - A^+B^+) \\ &= -\mathrm{i}(BA - AB) \\ &= \mathrm{i}(AB - BA) \quad \text{q.e.d.}\end{aligned}$$

定理 (八)　设 A 乃任意矩阵. AA^+ 系 Hermitian 矩阵.

证明　按 (16),

$$\begin{aligned}(AA^+)^+ &= \widetilde{A^*A^{+*}} = \tilde{A}^{+*}\tilde{A}^* \\ &= AA^+ \quad \text{q.e.d.}\end{aligned} \tag{1-22}$$

定义十　幺正 (unitary) 矩阵 A 之定义为

$$A^+ = A^{-1} \tag{1-23}$$

或

$$A^+A = AA^+ = E \tag{1-23a}$$

定理 (九)　如 A、B 系幺正矩阵, 则 AB 亦系幺正矩阵.

证明　按 (17) 及 (23), 得

$$(AB)^+ = B^+A^+ = B^{-1}A^{-1}$$

按 (13), $(AB)^+AB = E$

$$(AB)^+ = (AB)^{-1} \quad \text{q.e.d.}$$

定义十一　正交矩阵之定义为

$$\tilde{T} = T^{-1} \tag{1-24}$$

由 $TT^{-1}=E$, 故得

$$\delta_{mn}=\sum T_{mi}T_{in}^{-1}=\sum_i T_{mi}T_{ni}$$

此关系与直角坐标转动之变换系数关系同形式, 故称满足 (24) 条件之矩阵为正交矩阵.

定义十二 矩阵之"同形变换"(similarity 变换)

设 S 为一非奇异矩阵 (S 有反矩阵 S^{-1} 存在). 下述之由矩阵 q 至矩阵 Q 之变换

$$Q=S^{-1}qS \tag{1-25}$$

称为同形变换.

设 $\boldsymbol{x}(x_1,x_2,x_3,\cdots)$, $\boldsymbol{y}(y_1,y_2,y_3,\cdots)$ 系二向量, 其关系为

$$\boldsymbol{y}=q\boldsymbol{x} \tag{1-26}$$

设 S^{-1} 为一矩阵, 使 $\boldsymbol{x},\boldsymbol{y}$ 变换为 $\boldsymbol{X},\boldsymbol{Y}$ 如下:

$$\boldsymbol{X}=S^{-1}\boldsymbol{x},\quad \boldsymbol{Y}=S^{-1}\boldsymbol{y} \tag{1-27}$$

以此代入 (26) 式, 即得

$$S\boldsymbol{Y}=qS\boldsymbol{X}$$

或

$$\boldsymbol{Y}=(S^{-1}qS)\boldsymbol{X}$$

如写此式为 $\boldsymbol{Y}=Q\boldsymbol{X}$, 则 Q 与 q 之关系, 即是 (25) 式.

定理 (十) 矩阵之对角和 (trace), 为同形变换之不变值.

证明

$$\begin{aligned}\sum_m(\varsigma^{-1}AS)_{mm}&=\sum_m\Big(\sum_{i,j}S_{mi}^{-1}A_{ij}S_{jm}\Big)\\&=\sum_{i,j}\Big(\sum_m S_{jm}S_{mi}^{-1}\Big)A_{ij}\\&=\sum_{i,j}\delta_{ij}A_{ij}=\sum_i A_{ii}\quad \text{q.e.d.}\end{aligned}$$

定理 (十一) 两矩阵之 $AB-BA=0$ 关系, 为同形变换之不变式.

证明 经 S 变换后,

$$\begin{aligned}S^{-1}AS\cdot S^{-1}BS-S^{-1}BS\cdot S^{-1}AS&=S^{-1}(AB-BA)S\\&=S^{-1}OS=0\end{aligned}$$

定义十三　矩阵之本征值及本征向量.

设 H 为一矩阵, $\boldsymbol{x}(x_1, x_2, x_3, \cdots)$ 为一向量. 按 (26) 式, $H\boldsymbol{x}$ 成一新矢量 $\boldsymbol{y}(y_1, y_2, y_3, \cdots)$. 如能觅得一向量

$$\boldsymbol{z}(z_1, z_2, z_3, \cdots)$$

满足下条件:

$$H\boldsymbol{z} = \lambda \boldsymbol{z}\left(\text{即} \sum_j H_{mj} + z_j = \lambda z_m, \lambda = \text{常数}\right) \tag{1-28}$$

(换言之, 除了一常数 λ 外, H 将 $\boldsymbol{z}$ 向量转变为 $\boldsymbol{z}$ 本身), 则此 $\boldsymbol{z}$ 谓为 H 之本征向量, λ 谓为 H (相应于 $\boldsymbol{z}$) 的本征值.

上述条件, 可写成一系列之线性联立方程式

$$\begin{aligned}
&(H_{11} - \lambda)z_1 + H_{12}z_2 + H_{13}z_3 + \cdots = 0\\
&H_{21}z_1 + (H_{22} - \lambda)z_2 + H_{23}z_3 + \cdots = 0\\
&\qquad\qquad\cdots\cdots\\
&H_{m1}z_1 + H_{m2}z_2 + H_{m3}z_3 + \cdots = 0
\end{aligned} \tag{1-29}$$

此联立方程式有 (不恒等于零的) 解之条件, 系下方程式:

$$\begin{vmatrix}
H_{11} - \lambda & H_{12} & H_{13} & \cdots\\
H_{21} & H_{22} - \lambda & H_{23} & \cdots\\
\vdots & \vdots & \vdots & \vdots\\
H_{m1} & H_{m2} & H_{m3} & \cdots
\end{vmatrix} = 0 \tag{1-30}$$

如 H 矩阵有 n 横行及 n 竖行, 此方程式将有 n 个根,

$$\lambda_1, \lambda_2, \lambda_3, \cdots$$

这些根或各不相同, 或有相同的, 视 H 矩阵而定. 对应每一根, λ_k, 代入 (29) 式, 即获得一 $\boldsymbol{z}$ 之解 (本征矢量)

$$\boldsymbol{z}^{(k)}(z_1^{(k)}, z_2^{(k)}, z_3^{(k)}, \cdots)$$

故 $n \times n$ 之 H 矩阵, 有 n 个本征向量.

定理 (十二)　Hermitian 矩阵之本征值皆系实数.

证明　由 (28) 式, 可得

$$\sum_m \sum_i z_m^* H_{mi} z_i = \lambda \sum_m z_m^* z_m \tag{1-31}$$

取此式各项之复数共轭值, 因 $H_{mi}=H_{im}^*$, 即得

$$\sum_i\sum_m z_m H_{im} z_i^* = \lambda^* \sum_m z_m^* z_m$$

比较二式, 可见

$$\lambda^* = \lambda \quad \text{q.e.d.} \tag{1-32}$$

定理 (十三) Hermitian 矩阵之本征向量, 构成一正交集 (set) 即

$$\sum_i z_i^{*(k)} z_i^{(l)} = 0 \quad 如\ k \neq l \tag{1-33}$$

证明 (1) 假设 $\lambda_k \neq \lambda_l$ 如 $k \neq l$ (换言之, k, l 为非简并态). 由 (28), 可得

$$\sum_m\sum_j z_m^{*(k)} H_{mj} z_j^{(l)} = \lambda_l \sum_m z_m^{*(k)} z_m^{(l)}$$

$$\sum_m\sum_j z_m^{(l)} H_{mj}^* z_j^{*(k)} = \lambda_k^* \sum_m z_m^{(l)} z_m^{*(k)}$$

故

$$\begin{aligned}&(\lambda_l-\lambda_k^*)\sum_m z_m^{*(k)} z_m^{(l)}\\ =&\sum_m\sum_j (z_m^{*(k)} H_{mj}\cdot z_j^{(l)} - z_j^{*(k)} H_{jm} z_m^{(l)}) = 0\end{aligned} \tag{1-34}$$

按假设 $\lambda_l-\lambda_k\neq 0$, 故得 (33).

(2) 假设 $\lambda_k=\lambda_l(k,l$ 系简并态). 在此情形下, 由 (34) 式, 不复能证 (33) 式. 但由 $z^{(l)}$ 我们可定义一新矢量 $y^{(k)}$ 如下:

$$y^{(k)} = c_2 z^{(k)} + c_1 z^{(l)} \tag{1-35}$$

使 $y^{(k)}$ 与 $z^{(l)}$ 正交, 即

$$(y^{(k)}, z^{(l)}) \underset{m}{\equiv} \sum y_m^{*(k)} z_m^{(l)} = 0$$

或

$$c_2^*(z^{(k)}, z^{(l)}) + c_1^*(z^{(l)}, z^{(l)}) = 0$$

此式可定 c_2 之值 (或 c_2/c_1 之值).

如 $j, k, l, \cdots$ 系简并态 $(\lambda_j=\lambda_k=\lambda_l=\cdots)$, 可用同法构成 $y^{(j)}, y^{(k)}, y^{(l)}, \cdots$ 一组的正交向量. 此法称 Schmidt 法.

定义十四 幺正变换.

设将矩阵 H 以下式变换为 W：

$$U^{-1}HU = W \tag{1-36}$$

而 U 系一幺正矩阵, 则此变换称为幺正变换.

定理 (十四)　Hermitian 矩阵经幺正变换, 仍系 Hermitian 矩阵.

证明　设 H 系一 Hermitian 矩阵, U 一幺正矩阵. 使

$$W = U^{-1}HU$$

取两方之伴矩阵, 按定理 (17) 及定义 (23)、(16),

$$\begin{aligned} W^{+} &= U^{+}H^{+}(U^{-1})^{+} \\ &= U^{-1}HU = W \quad \text{q.e.d.} \end{aligned}$$

定理 (十五)　设 (36) 式中 H 及 W 皆系 Hermitian 矩阵, 则 U 务必系幺正矩阵乘一常数.

证明　由 (36), $HU = UW$, 取两方之伴矩阵, 按 (16), 即得 $U^{+}H = WU^{+}$, 由此二式, 即得 $HUU^{+} = UWU^{+}$ 及

$$UU^{+}H = UWU^{+}$$

故

$$HUU^{+} - UU^{+}H = 0$$

按定理 (一) 之 (12) 式,

$$UU^{+} = aE, \quad a = \text{常数}$$

使 $V \equiv \dfrac{1}{\sqrt{a}}U, V^{+} \equiv \dfrac{1}{\sqrt{a}}U^{+}$, 此式可写为 $VV^{+} = E$, 故

$$V^{+} = V^{-1}$$

定义十五　主轴变换.

设 H 系一 Hermitian 矩阵. 兹求一 S 方阵, 使 $S^{-1}HS$ 变换成一对角矩阵, 亦即

$$S^{-1}HS = W, \quad W_{mn} = 0 \text{ 如 } m \neq n \tag{1-37}$$

或

$$HS = SW, \quad W \text{ 为对角矩阵} \tag{1-37a}$$

此变换谓为主轴变换, (37a) 式乃一联立方程式:

$$\sum_i H_{mi}S_{in} = S_{mn}W_{nn}$$

即

$$\begin{aligned}
(H_{11} - W_{nn})S_{1n} + H_{12}S_{2n} + H_{13}S_{3n} + \cdots = 0 \\
H_{21}S_{1n} + (H_{22} - W_{nn})S_{2n} + H_{23}S_{3n} + \cdots = 0 \\
H_{31}S_{3n} + H_{32}S_{2n} + (H_{33} - W_{nn})S_{3n} + \cdots = 0 \\
\cdots\cdots
\end{aligned}$$

使此联立方程式之解 $S_{1n}, S_{2n}, S_{3n}, \cdots$ 不皆永等于零之条件系下方程式：

$$\begin{vmatrix} H_{11} - V_{nn} & H_{12} & H_{13} & \cdots \\ H_{21} & H_{22} - W_{nn} & H_{23} & \cdots \\ H_{31} & H_{32} & H_{33} - W_{nn} & \cdots \\ \vdots & \vdots & \vdots & \vdots \end{vmatrix} = 0 \tag{1-38}$$

以此式与 (30) 式较, 即见 W_{nn}, $n = 1, 2, 3, \cdots$ 乃 H 矩阵之本征值. (38) 式之根为 $W_{nn}^{(k)}$, $k = 1, 2, 3, \cdots$. 对每一根 $W^{(k)}$, 该式之解为

$$S_{1n}^{(k)}, S_{2n}^{(k)}, S_{3n}^{(k)}, \cdots \tag{1-38a}$$

按定义十三, 此乃 H 之本征向量. 故 (37) 式之变换矩阵 S 之各竖行, 乃系由 H 之本征向量构成.

设 (37) 变换之矩阵 S 系一幺正矩阵 $S = U$,

$$U^{+} = U^{-1}(\text{亦即 } \tilde{U}^{*} = U^{-1})$$

则经下变换：

$$\begin{aligned}
x_n &= \sum U_{nj}x'_j \\
x^*_m &= \sum U^*_{mi}x^{*'}_i
\end{aligned}$$

后, 下述的二次式

$$\sum_{m,n} x^*_m H_{mn} x_n \tag{1-39}$$

变换成

$$\begin{aligned}
\sum_{m,n}\sum_{i,j} x^{*'}_i U^*_{mi} H_{mn} U_{nj} x'_j &= \sum_{i,j} x^{*'}_i (U^{-1}HU)_{ij} x'_j \\
&= \sum_i x^{*'}_i W_{ii} x'_i
\end{aligned} \tag{1-40}$$

换言之, 如 (37) 之变换系一幺正变换 U, 则 U 将 (39) 二次式之坐标轴变换至其主轴 (principal axes), 使 (39) 式成简正式 (40)(即平方之和).

故使 H 变换成一对角矩阵

$$U^{-1}HU = W, \quad W = \text{对角矩阵}$$

之幺正变换, 又称为 "主轴变换". 从几何的观点, U 系一个坐标轴的转动 —— 由一任意坐标系至主轴系.

幺正变换系前述之相似变换之一特例, 故相似变换下的定理, 亦皆成立.

定理 (十六)　两 Hermitian 矩阵可同时变换成对角矩阵, 若且唯若二矩阵满足对易关系 ($AB - BA = 0$).

证明　(1) 充足部分. 设 $AB - BA = 0$. 兹作变换

$$U^{-1}AU = a, \quad U^{-1}BU = b$$

并假设 a 已由此变换成一对角矩阵 (此乃永可能的, 故此假设不影响此证的一般性). 故得

$$U^{-1}(AUU^{-1}B - BUU^{-1}A)U = 0$$

或

$$ab - ba = 0$$

$$a_{mm}b_{mn} - b_{mn}a_{nn} = b_{mn}(a_{mm} - a_{nn}) = 0$$

设 $m \neq n$ 时 $a_{mm} \neq a_{nn}$, 则 $b_{mn} = 0$. 故 b 亦系一对角矩阵. 设 $m \neq n$ 时 $a_{mm} = a_{nn} = a$, 则 A 必系 $A = aE$ 形式, 不再为任何变换而改变. 故 B 可以 U 变换使其成对角形 *.

(2) 必需部分. 如 A、B 可同时变换成对角矩阵 a 及 b, 则

$$ab - ba = 0$$

按定义十二下之定理 (十一), 即得 $AB - BA = 0$.

定理 (十七)　二 Hermitian 矩阵有共同之本微向量, 若且唯若该二矩阵满足对易关系 $AB - BA = 0$.

此定理与前定理的内涵相同, 此二定理在量子力学中极为重要 (见下文第 5 节 (vii) 段).

1.4　矩阵微积分

设矩阵 A 之元素 A_{mn} 系一参数 t 之函数 $A_{mn}(t)$.

定义十六　矩阵 A 对 t 之微分导数 $\dfrac{\mathrm{d}}{\mathrm{d}t}A$, 系一矩阵, 其元素系

---

* 注意! 如 $A = aE$, 则 A 与任何矩阵 B 皆可对易, 故 B 无须系对角矩阵. 参阅第 2 章第 1 节末脚注.

$$\frac{\mathrm{d}}{\mathrm{d}t}A_{mn}\frac{\mathrm{d}A}{\mathrm{d}t}=\begin{vmatrix}\frac{\mathrm{d}A_{11}}{\mathrm{d}t} & \frac{\mathrm{d}A_{12}}{\mathrm{d}t} & \cdots \\ \frac{\mathrm{d}A_{21}}{\mathrm{d}t} & \frac{\mathrm{d}A_{22}}{\mathrm{d}t} & \cdots \\ \vdots & \vdots & \vdots\end{vmatrix}$$

定义十七 矩阵函数 $f(X)$, $X=$ 矩阵, 对 X 之微分导数系

$$\frac{\mathrm{d}f}{\mathrm{d}X}=\lim_{a\to 0}\frac{f(X+aE)-f(X)}{aE}$$

E 系单位矩阵 $E_{mn}=\delta_{mn}$, a 系一参数. 按此定义, 即得下关系:

$$\frac{\mathrm{d}X^2}{\mathrm{d}X}=2XE=2X$$

$$\frac{\mathrm{d}f(X)g(X)}{\mathrm{d}X}=f\frac{\mathrm{d}g}{\mathrm{d}X}+\frac{\mathrm{d}f}{\mathrm{d}X}g,\text{ 余类此} \tag{1-41}$$

定理 (十八) 如矩阵 p,q 满足下关系:

$$pq-qp=kE \tag{1-42}$$

E 为单位矩阵, k 为一寻常 (非矩阵) 数, 又设 H 系由 p, q 以相加及相乘的运作构成的矩阵函数 $H(q,p)$, 则 q,p 满足下关系:

$$Hq-qH=k\frac{\partial H}{\partial p},\quad pH-Hp=k\frac{\partial H}{\partial q} \tag{1-43}$$

证明 兹先证如二函数 f, g 满足 (43), 则 $f+g$ 及 fg 亦满足该关系

$$\begin{aligned}(f+g)q-q(f+g)&=fq-qf+gq-qg\\&=k\frac{\partial f}{\partial p}+k\frac{\partial g}{\partial p}=k\frac{\partial}{\partial p}(f+g)\\(fg)q-q(fg)&=f(gq-qg)+(fq-qf)g\\&=fk\frac{\partial g}{\partial p}+k\frac{\partial f}{\partial p}q=k\frac{\partial}{\partial p}(fq)\end{aligned}$$

同法, 可证任何 f, g 之和及乘积之函数, 皆满足 (43) 式.

次使 $f=q$ 或 p, $g=q$ 或 p, 显皆满足 (43), 故定理乃证讫.

定义十八 连续矩阵.

矩阵有连续之横行及竖行, 如图 1.1 之情形者, 谓为连续矩阵两个如是之矩阵之乘积之定义乃

$$(AB)_{mn}=\sum_i A_{mi}B_{in}+\int A(m,\alpha)\mathrm{d}\alpha B(\alpha,n) \tag{1-44}$$

第一项系对 i 作所有不连续部分之和, 第二项乃系对 α 作连续 (横行及竖行) 部分作积分 ($A(m,\alpha)$) 的 m 系横行指数, α 系竖行指数. $A(m\alpha)$ 系代 $A_{m\alpha}$ 之写法).

图 1.1

定义十九 Dirac 之 δ 函数.

设 $\delta(x-a)$ 系 x 之函数, 有下列特性:

$$\delta(x-a)=\begin{cases}0, & 如\ x\neq a\\ \infty, & 如\ x=a\end{cases} \tag{1-45}$$

$$\int_{-b}^{b}\delta(x-a)\mathrm{d}x=1,\quad 如\ -b<a<b \tag{1-46}$$

由此, 故得

$$\int_{-b}^{b}f(x)\delta(x-a)\mathrm{d}x=f(a),\quad 如\ -b<a<b \tag{1-47}$$

此 δ 函数称为 Dirac δ 函数.

定义二十 连续单位矩阵.

取一连续矩阵 δ, 其元素 $\delta(\alpha',\alpha'')$ 之定义为

$$\delta(\alpha',\alpha'')=\delta(\alpha'-\alpha'') \tag{1-48}$$

$\delta(\alpha'-\alpha'')$ 为 Dirac 之 δ 函数. 此 $\delta(\alpha',\alpha'')$ 与任一连续矩阵之乘积乃

$$\begin{aligned}(\delta A)(\alpha',\alpha'')&=\int\delta(\alpha',\beta)\mathrm{d}\beta A(\beta,\alpha'')\\&=\int\delta(\alpha'-\beta)\mathrm{d}\beta A(\beta,\alpha'')\\&=A(\alpha',\alpha'')\ (按\ (47)\ 式)\end{aligned} \tag{1-49}$$

换言之, $\delta A = A$, 故 δ 满足单位矩阵的性质条件.

定义二十一 δ 矩阵之导数 δ', 定义如下:

$$\delta' \equiv \frac{\mathrm{d}\delta}{\mathrm{d}\alpha} \tag{1-50}$$

或

$$\begin{aligned}
\int \delta'(\alpha', \beta)\mathrm{d}\beta A(\beta, \alpha'') \equiv & \int \frac{\mathrm{d}\delta(\alpha', \beta)}{\mathrm{d}\beta}\mathrm{d}\beta A(\beta, \alpha'') \\
= & \int \frac{\mathrm{d}\delta(\alpha' - \beta)}{\mathrm{d}\beta}\mathrm{d}\beta A(\beta, \alpha'') \\
= & \delta(\alpha' - \beta)A(\beta, \alpha'') \\
& - \int \delta(\alpha' - \beta)\mathrm{d}\beta \frac{\partial A(\beta, \alpha'')}{\partial \beta} \\
= & - \left.\frac{\partial A(\beta, \alpha'')}{\partial \beta}\right|_{\beta=\alpha'} \equiv -A'(\alpha', \alpha'')
\end{aligned} \tag{1-51}$$

换言之, 以 δ' 乘 A, 结果是取 A 的负导数.

按 (48)~(51) 之定义, 可得下述结果:

(i) 一个对角连续矩阵 f, 可表作下式:

$$f(\alpha', \alpha'') = f(\alpha')\delta(\alpha' - \alpha'') \tag{1-52}$$

$f(\alpha')$ 乃 f 矩阵之对角元素 $f(\alpha', \alpha')$ 之值, $f(\alpha') \equiv f(\alpha', \alpha')$.

下文我们将采取下述的符号规则: 如 q 矩阵系一对角矩阵, 其对角元素为 $q', q'', q''', \cdots$ (连续值), 我们即亦 q', q'', q''', 作其他矩阵之横竖行指数. 故上式将表以

$$f(q', q'') = f(q')\delta(q' - q'')$$

而

$$q(q', q'') = q'\delta(q' - q'') \tag{1-53}$$

基于 q 为对角矩阵时所作之符号规则 (如上), 称为 q- 表象.

此表象的观念, 于量子力学极为重要.

(ii) 如 p, q 二矩阵满足下关系:

$$pq - qp = \frac{\hbar}{\mathrm{i}}\delta \tag{1-54}$$

在 q- 表象, p 矩阵则如下: 取上式之 (q', q'') 元素,

$$\int p(q', q''')\mathrm{d}q'''q'''\delta(q''' - q'') - \int q'\delta(q' - q''')\mathrm{d}q'''p(q''', q'') = \frac{\hbar}{\mathrm{i}}\delta(q' - q'')$$

$$p(q', q'')q'' - q'p(q', q'') = \frac{\hbar}{\mathrm{i}}\delta(q' - q'')$$

$$p(q',q'')=\frac{\hbar}{\mathrm{i}}\frac{\delta(q'-q'')}{q''-q'} \tag{1-55}$$

如引用 (50), (51) 求之 δ' 矩阵, 可得

$$\begin{aligned}\int(q'-q''')\delta'(q',q''')\mathrm{d}q'''f(q''',q'')&=-\frac{\partial}{\partial q'''}\{(q'-q''')f(q''',q'')\}_{q'''=q'}\\&=f(q',q'')\end{aligned}$$

故从算符观点,

$$(q'-q''')\delta'(q'-q''')=\delta(q'-q''') \tag{1-56}$$

按此, (55) 所表以下式:

$$p(q',q'')=-\frac{\hbar}{\mathrm{i}}\delta'(q',q'') \tag{1-57}$$

再由 (51) 式, pA 乃成 $\dfrac{\hbar}{\mathrm{i}}\dfrac{\partial}{\partial q}A$, 盖

$$\int p(q',q''')\mathrm{d}q'''A(q''',q'')=\frac{\hbar}{\mathrm{i}}\frac{\partial A(q',q'')}{\partial q'} \tag{1-58}$$

此结果乃由 (2-51) 之 "对易关系"(commutation relation) 来的. (54)、(58) 在量子力学中有基本的重要性.

1.5 矩阵力学

Heisenberg* 氏思想的出发点, 已略见前第 2 节. 初时伊只知将古典物理的 Fourier 级数 (2) 代以二维数的安排如 (6). Max Born 与 P. Jordan 二氏认出此新理论所需的数学, 正是矩阵的代数. 于是此新理论即迅速发展而成为 "矩阵力学", 此 1925 年事也. 1926 年初, Erwin Schrödinger 由另一完全不同的出发点, 创立波动力学 (详见下文第 3 章), 不一年而大体告竣, 此两项独立发展, 在基本观点及数学工具上皆不同. 然旋即由 Schrödinger 指出此两个外貌绝异的理论, 在数学上是相等的. 同时英国 Paul. A.M. Dirac 更创立一在数学上更一般性的理论, 可包括矩阵及波动两形式的. 后来矩阵力学和波动力学, 统称为量子力学. 在实际问题的处理和计算, 波动力学远较矩阵方法为便易, 唯矩阵的观念及术语, 在日常仍不可缺. 本节将述矩阵力学的基本假设及结构.

量子力学可谓建于下述的假定上:

(1) 凡物理量, 皆表以 Hermitian 矩阵. 一个物理系统之 Hamiltonian H 为 p, q 矩阵的函数 (有如古典力学中之 Hamiltonian H 之为 p, q 变数之函数然).

---

* Werner Heisenberg, 1901 年生, 1976 年卒: M. Born, 1882～1970; E. Schrödinger, 1887～1961; P. A. M. Dirac, 1902～1984.

(2) 一物理量 F(其矩阵为 F) 之观察所得值, 系 F 矩阵之本征值 f_{mm}. 一个系统之能 E, 系 Hamiltonian H 之本征值 E_{mm}.

(3) 坐标矩阵 q 与其共轭动量矩阵 p 满足下对易关系:

$$pq - qp = \frac{\hbar}{\mathrm{i}}E, \quad E = \text{单位矩阵} \tag{1-59}$$

(4) 一个物理系统 (如原子) 的光谱线频率 ν, 乃由下关系定之:

$$h\nu_{mn} = E_{mm} - E_{nn} \tag{1-60}$$

E_{mm} 乃 H 之本征值.

上数假定的意义及由其可得之结果如下:

(i) 物理量之所以表以 Hermitian 矩阵者, 盖按第 3 节定理 (十二), 其本征值系实数也.

(ii) 假定 F 之本征值为观察所得值者, 盖当 Hermitian F 矩阵经幺正变换成一对角矩阵时, 该矩阵乃与时间 t 无关, 对角元素 (本征值) 乃系稳定态之值, 适宜于假定其为观察所得值也.

(iii) 对易关系 (59), 系一基本性的假定, 不能由古典物理导出, 而系由对应原理 (correspondence principle) 示意而来的 (见前第 2 节末).

(iv) 频率定规 (60) 系取自 Bohr 理论二基本假定之一.

(v) 由对易关系 (59) 及第 4 节定理 (十八), 即得

$$\frac{\hbar}{\mathrm{i}}\frac{\partial H}{\partial p} = Hq - qH \tag{1-61}$$

$$-\frac{\hbar}{\mathrm{i}}\frac{\partial H}{\partial q} = Hp - pH$$

此二方程式, 可视为矩阵力学之 “运动方程式”.

兹假先设经一幺正变换, 使 H 成一对角矩阵, 则

$$\begin{aligned}(Hq - qH)_{mn} &= (H_{mm} - H_{nn})q_{mn} \\ &= h\nu_{mn}q_{mn} = h\frac{1}{2\pi\mathrm{i}}\frac{\mathrm{d}}{\mathrm{d}t}q_{mn} \\ &= h\frac{1}{2\pi\mathrm{i}}\dot{q}_{mn}, \quad \text{按 (6) 式}\end{aligned} \tag{1-62}$$

同法, 可得

$$(Hp - pH)_{mn} = h\frac{1}{2\pi\mathrm{i}}\dot{p}_{mn}$$

由 (61), (62) 式, 可得下列矩阵方程式:

$$\dot{q} = \frac{\partial H}{\partial p}, \quad \dot{p} = -\frac{\partial H}{\partial q} \tag{1-63}$$

此与古典力学之正则方程式 (或 Hamilton 方程式) 同形式, 故亦系运动方程式, 与 (61) 式同.

如定义 “量子 Poisson 括弧式”

$$\mathrm{i}\hbar[A,B] \equiv (AB - BA) \tag{1-64}$$

则 (61)、(63) 可表以下式:

$$\dot{q} = [q, H], \quad \dot{p} = [p, H] \tag{1-65}$$

此形式较 (61)、(63) 为对称, 且与古典力学的方程式同形式 (见《古典动力学》乙部 (4-49) 式)

(vi) 由

$$\begin{aligned}\frac{\mathrm{d}H}{\mathrm{d}t} &= \frac{\mathrm{d}H}{\partial p}\dot{p} + \frac{\partial H}{\partial q}\dot{p} + \frac{\partial H}{\partial t} \\ &= \frac{\partial H}{\partial t}, \quad \text{按 (63) 式}\end{aligned} \tag{1-66}$$

如 H 非时间 t 之显示的函数, 则

$$\frac{\mathrm{d}H}{\mathrm{d}t} = 0 \tag{1-67}$$

换言之, H 矩阵乃系一对角矩阵, 对时间 t 系一常数.

故如假设 H 为一对角矩阵, 则得 (63)、(65). 如取 (63) 或 (65) 为基本运动方程式, 则得 (67) 或 $H =$ 对角矩阵.

(vii) 由 (65) 方程式, 可证明任何 p, q 之函数 $f(g, p)$, 其时间之导数满足下方程式:

$$\frac{\mathrm{d}f}{\mathrm{d}t} = \dot{f} = [f, H] \tag{1-68}$$

故如 f 与 H 可对易, 即 $Hf - fH = 0$, 则 f 系一常数. 反之, 如 f 系一常数 (运动之常数), 则 f 与 H 可对易; 按第 3 节定理 (十五), 可同时变换为对角矩阵; 又按定理 (十六), f 与 H 有共同之本征矢量.

(viii) 如 $Hf - fH \neq 0$, 则此二矩阵不可能同时变换成对角矩阵. 由此乃引入下节的 “变换论”.

1.6 变换理论 —— 变换矩阵与概率

设以 “A- 表象” 为始 (即谓已知 A 系一对角矩阵), 并以其对角元素值 a', a'', $a'''', \cdots$ 为横竖行的指数, 如

$$A(a', a'') = a'\delta(a' - a'') \tag{1-69}$$

$a', a'', a''', \cdots$ 亦即 A 之本征值.

兹有另一表象 Q, Q 之本征值为 $q', q'', q''', \cdots$ 在 Q 表象, A 不再是对角矩阵, 其元素乃

$$A(q', q'')$$

设 U 为一幺正矩阵, 使 $A(q', q'')$ 变换成一对角矩阵, 如下式：

$$\begin{aligned}\sum_{q', q''} U^{-1}(a', q')A(q', q'')U(q'', a'') &= A(a', a'') \\ &= a'\delta(a' - a'')\end{aligned} \tag{1-70}$$

如 Q 之本征值 $q', q'', q''', \cdots$ 有不连续及连续值的, 则此式可写作

$$\begin{aligned}&\sum \int U^{-1}(a', q')\mathrm{d}q' A(q', q'')\mathrm{d}q'' U(q'', a'') \\ =&a'\delta(a' - a'')\end{aligned} \tag{1-71}$$

此变换关系可一般化至下述的情形：一个系 Q 矩阵的函数 f, 在 Q 表象之矩阵元素乃 $f(q', q'')$. 兹以幺正矩阵 U, 变换至 A- 表象 (即另一矩阵 A 系对角矩阵). 在 A- 表象, f 之元素乃

$$f(a', a'') = \sum \int U^{-1}(a', q')\mathrm{d}q' f(q', q'')\mathrm{d}q'' U(q'', a'') \tag{1-72}$$

此式之意义, 可由下特例见之. 兹使 $f = Q$, 则

$$f(q', q'') = Q(q', q'') = q'\delta(q' - q'') \tag{1-73}$$

故 (72) 成 (因 U 系幺正矩阵, $U^{-1} = \tilde{U}^*$)

$$Q(a', a'') = \sum \int U^*(q', a')\mathrm{d}q' q'\delta(q' - q'')\mathrm{d}q'' U(q'', a'') \tag{1-74}$$

$$\begin{aligned}Q(a', a') &= \sum \int U^*(q', a')U(q', a')q'\mathrm{d}q' \\ &= \sum \int |U(q', a')|^2 q'\mathrm{d}q'\end{aligned} \tag{1-75}$$

由此 *,

$$1 = \sum \int |U(q', a')|^2 \mathrm{d}q' \tag{1-76}$$

此二式引致下述的解释：$|U(q', a')|^2 \mathrm{d}q'$ 乃系当已知 A 之值为 a' 时, Q 之值在 q' 与 $q' + \mathrm{d}q'$ 间之概率. (76) 式乃此概率之归一条件; (75) 式乃系已知 A 为 a' 时, Q 之平均值.

---

* $\int U^{-2}(a, q')\mathrm{d}q' U(q', a'')\delta(a' - a'') = \delta(a' - a'')$.

按此解释, $U(q',a')$ 乃系概率幅度 (probability amplitude).

上述结果, 极为重要. 我们在波动力学中, 将见此处之 $|U(q',a')|^2\,\mathrm{d}q'$, 与用波函数 $\psi_a(q)$ 所得之 $|\psi_a(q)|^2\,\mathrm{d}q$ 相当.

习 题

1. 证一个幺正矩阵的本征值, 其绝对值为 1, 即

$$Uz = az, \quad a^*a = 1$$

2. 证一个幺正矩阵的不同本征值的本征向量系正交的, 即

$$Uz_1 = a_1z_1, \quad Uz_2 = a_2z_2, \quad z_1z_2 = 0$$

3. 设 A 系一 Hermitian 矩阵, 其本征值为 a_n 证

$$U = \mathrm{e}^{\mathrm{i}A}$$

系一幺正矩阵, 其本征值为 $\mathrm{e}^{\mathrm{i}a}$.

4. 设 X 系一 (坐标)Hermitian 矩阵, 其本征值为 x, 本征向量为 ξ_x.

$$X\xi_x = x\xi_x$$

设 P 系一共轭 (Hermitian) 矩阵, 其本征值及本征向量为 p, η_p,

$$P\eta_p = p\eta_p$$

设

$$PX - XP = \frac{\hbar}{\mathrm{i}}1$$

设 x' 系一任意实数, 证明 $(\mathrm{e}^{-\mathrm{i}px'/\hbar}\xi_x)$ 系 X 本征值为 $x+x'$ 的本征向量.

如 p' 系一任意实数, 证明 $(\mathrm{e}^{-\mathrm{i}p'x/\hbar}\eta_p)$ 系 P 本征值为 $p-p'$ 的本征向量.

此二题将于第 5 章第 3 节 (5-122) 式见之.

5. 按第 (47) 式, Dirac 的 $\delta(x)$ 的重要性质为

$$\int_{-\infty}^{\infty} f(x)\delta(x)\mathrm{d}x = f(0)$$

证明

$$\frac{1}{2\pi}\int_{-\infty}^{\infty}\mathrm{e}^{\mathrm{i}kx}\mathrm{d}k = \lim_{a\to\infty}\frac{1}{2\pi}\int_{-a}^{a}\mathrm{e}^{\mathrm{i}kx}\mathrm{d}k = \lim_{a\to\infty}\frac{\sin ax}{\pi x}$$

有 $\delta(x)$ 上述的特性, 故 $\dfrac{1}{2\pi}\displaystyle\int_{-\infty}^{\infty}\mathrm{e}^{\mathrm{i}kx}\mathrm{d}k$ 可取为 $\delta(x)$ 的多种表象之一.

6. 同上题法, 证明 (50) 的 δ 导数 δ' 可表以下式:

$$\delta'(x) = \lim_{a\to\infty}\frac{\mathrm{d}}{\mathrm{d}x}\left(\frac{\sin ax}{\pi x}\right)$$

故可得

$$\int_{-\infty}^{\infty} f(x)\delta'(x)\mathrm{d}x = -\left(\frac{\mathrm{d}f}{\mathrm{d}x}\right)_{x=0}$$

与 (51) 式符.

7. 证明下各关系:

(1) $\delta(ax) = \dfrac{1}{a}\delta(x)$, $a =$ 常数;

(2) $\delta\{(x-a)(x-b)\} = \dfrac{1}{|a-b|}\{\delta(x-a) - \delta(x-b)\}$, $a \neq b$;

(3) $\delta(x+y)\delta(x-y) = \dfrac{1}{2}\delta(x)\delta(y)$;

(4) $\displaystyle\prod_{i=1}^{n}\delta\left(\sum_{k=1}^{n} A_{ik}x_k\right) = \frac{1}{||A_{ik}||}\prod_{k=1}^{n}\delta(x_k)$, $||A_{ik}|| = |\det \cdot A_{ik}| \neq 0$.

8. 证一任意矩阵 A, 皆可视为

$$A = B + \mathrm{i}C$$

B、C 皆 Hermitian 矩阵.

9. 证明如 A、B 系二任意幺正矩阵, AB 亦系幺正矩阵.

10. 证 AB 矩阵之对角和, 与 BA 矩阵之对角和相等,

$$\mathrm{Tr}AB = \mathrm{Tr}BA.$$

第2章　矩 阵 力 学

2.1　角动量矩阵

角动量 M 及其分量 M_x, M_y, M_z 之定义为

$$\begin{aligned} M_x &= yp_z - zp_y \\ M_y &= zp_x - xp_z \\ M_z &= xp_y - yp_x \end{aligned} \tag{2-1}$$

$$M^2 = M_x^2 + M_y^2 + M_z^2 \tag{2-2}$$

由于下列基本对易关系 (见 (1-59) 及 (1-64) 式):

$$[p_x, x] = -1, \quad [p_y, y] = -1, \quad [p_z, z] = -1 \tag{2-3}$$

及所有其他的 "量子 Poisson 括号式" 皆等于零,

$$[p_x, y] = 0, \quad [x, y] = 0, \text{ 等} \tag{2-4}$$

可得下列关系:

$$[M_z, x] = y, \quad [M_z, y] = -x, \quad [M_z, z] = 0 \tag{2-5}$$

$$[M_z, p_x] = p_y, \quad [M_z, p_y] = -p_x, \quad [M_z, p_z] = 0 \tag{2-6}$$

$$\begin{gathered} [M_x, M_y] = M_z, \quad [M_y, M_z] = M_x \\ [M_z, M_x] = M_y \end{gathered} \tag{2-7}$$

$$[M^2, M_x] = 0, \quad [M^2, M_y] = 0, \quad [M^2, M_z] = 0 \tag{2-8}$$

按 (8) 末一式及第 1 章第 3 节定理 (十六), 更用第 1 章 (1-53) 式下之表象观念, 我们可取 (M^2, M_z)- 表象, 即 M^2, M_z 同时系对角矩阵. 兹定义

$$M_\pm \equiv M_x \pm \mathrm{i} M_y \tag{2-9}$$

由 (5), (7) 式, 可得 *

$$M_z(x + \mathrm{i}y) - (x + \mathrm{i}y)M_z = (x + \mathrm{i}y)h$$

---

* 本章所有的 h, 均系 $\dfrac{1}{2\pi}h$.

$$M_+(x+\mathrm{i}y)-(x+\mathrm{i}y)M_+=0$$
$$M_\pm M_z - M_z M_\pm = \mp M_\pm h \tag{2-10}$$

兹用下符号表矩阵元素：

$$\langle m|A|n\rangle \equiv A_{mn} \tag{2-11}$$

取 (10) 式之 $\langle m|\cdots|n\rangle$ 元素

$$\langle m|M_\pm|n\rangle[\langle n|M_z|n\rangle - \langle m|M_z|m\rangle] = \mp\langle m|M_\pm|n\rangle h$$

故除非

$$\langle n|M_z|n\rangle = \langle m|M_z|m\rangle \mp h \tag{2-12}$$

则

$$\langle m|M_\pm|n\rangle = 0 \tag{2-12a}$$

由 (2) 及 (7), 可得

$$M_+M_- = M^2 - M_z^2 + M_z h \tag{2-13}$$

故

$$\begin{aligned}&\sum_n \langle m|M_+|n\rangle\langle n|M_-|m\rangle\\ =&\langle m|M^2|m\rangle - \langle m|M_z^2|m\rangle + \langle m|M|_z m\rangle h\\ =&\langle m|M^2|m\rangle - \left(\langle m|M_z|m\rangle - \frac{h}{2}\right)^2 + \frac{1}{4}h^2\end{aligned} \tag{2-14}$$

因 M_+, M_- 皆系 Hermitian 矩阵, 故左方可写为

$$\sum_n |\langle m|M_+|n\rangle|^2 \geqslant 0$$

故 (14) 式之右方乃

$$\langle m|M^2|m\rangle - \left(\langle m|M_z|m\rangle - \frac{1}{2}h\right)^2 + \frac{1}{4}h^2 \geqslant 0 \tag{2-15}$$

由 (2) 及 (7), 亦可得

$$M_-M_+ = M^2 - M_z^2 - M_z h \tag{2-13a}$$

同 (14), (15) 法, 可得

$$\langle m|M^2|m\rangle - \left(\langle m|M_z|m\rangle + \frac{1}{2}h\right)^2 + \frac{1}{4}h^2 \geqslant 0 \tag{2-16}$$

因 (2) 式关系, 故必有下条件：

$$\langle m\left|M^2\right|m\rangle \geqslant \langle m\left|M_z^2\right|m\rangle$$

故对每一固定 $\langle m\left|M^2\right|m\rangle$ 定, $\langle m\left|M_z\right|m\rangle$ 必有一最小值, 及一最大值, 即

$$\langle m\left|M^2\right|m\rangle - \left(\langle m\left|M_z\right|m\rangle_{\min} - \frac{1}{2}h\right)^2 + \frac{1}{4}h^2 = 0$$

$$\langle m\left|M^2\right|m\rangle - \left(\langle m\left|M_z\right|m\rangle_{\max} + \frac{1}{2}h\right)^2 + \frac{1}{4}h^2 = 0$$

二者之差, 务必为

$$\langle m\left|M_z\right|m\rangle_{\max} - \langle m\left|M_z\right|m\rangle_{\min} = 2lh \tag{2-17}$$

$2l$ 为一整数 *, 故 l 可系整数或半整数. 以 (17) 代入上二式, 即得

$$2\left[\langle m\left|M^2\right|m\rangle + \frac{1}{4}h^2\right]^{\frac{1}{2}} = 2lh + h$$

或

$$\langle m\left|M^2\right|m\rangle = l(l+1)h^2 \tag{2-18}$$

按 (17), $\langle m\left|M_z\right|m\rangle$ 介于最大值与最小值之间,

$$-lh \leqslant \langle m\left|M_z\right|m\rangle \leqslant lh$$

此式可写作下式:

$$\langle m\left|M_z\right|m\rangle = mh, \quad -l \leqslant m \leqslant l \tag{2-19}$$

(18), (19) 系 M_z, M^2 的本征值. M_z, M^2 两矩阵同时成对角矩阵. 这个表象, 称为 (M^2, M_z)- 表象.

由 (18) 式, M^2 的本征值只视 l 而定, 与 m 无关. 按 (19), l 态系 $(2l+1)$ 度简并的. (18), (19) 式可如下表之:

$$\begin{aligned}\langle l,m\left|M^2\right|l',m'\rangle &= l(l+1)h^2\delta_{ll'}\delta_{mm'}\\ \langle l,m\left|M_z\right|l',m'\rangle &= mh\delta_{ll'}\delta_{mm'}\end{aligned} \tag{2-20}$$

兹欲求在 (M^2, M_z)- 表象中的 M_x, M_y 矩阵.

由第 (10) 式及 (20) 式, 即得不等于零的 M_+, M_- 元素为

$$\langle m\left|M_+\right|m-1\rangle \neq 0, \quad \langle m\left|M_-\right|m+1\rangle \neq 0 \tag{2-21}$$

以此代入 (13) 式, 即得

* 可参看第 4 章 (4-126)~(4-127a) 各式.

$$\langle m\,|M_+|\,m-1\rangle\langle m-1\,|M_-|\,m\rangle=[l(l+1)-m^2+m]h^2$$

或

$$|\langle m\,|M_+|\,m-1\rangle|^2=(l+m)(l+1-m)h^2 \tag{2-22}$$

同法, 由 (13a), 即得

$$|\langle m\,|M_-|\,m+1\rangle|^2=(l+m+1)(l-m)h^2 \tag{2-23}$$

由 (7) 式

$$\frac{\mathrm{i}}{h}(M_yM_z-M_zM_y)=-M_x$$

即得

$$\begin{aligned}\langle m\,|\mathrm{i}M_y|\,m-1\rangle&=\langle m\,|M_x|\,m-1\rangle\\ \langle m\,|\mathrm{i}M_y|\,m+1\rangle&=-\langle m\,|M_x|\,m+1\rangle\end{aligned} \tag{2-24}$$

故得

$$\begin{aligned}\langle m\,|M_x|\,m-1\rangle&=\mathrm{i}\langle m\,|M_y|\,m-1\rangle\\ &=+\sqrt{(l+m)(l+1-m)}\frac{h}{2}\\ \langle m\,|M_x|\,m+1\rangle&=-\mathrm{i}\langle m\,|M_y|\,m+1\rangle\\ &=+\sqrt{(l+m+1)(l-m)}\frac{h}{2}.\end{aligned} \tag{2-25}$$

上述一切结果, 只由 (1)~(8) 角动量定义及对易关系 (3) 导来的, 系一般性的结果, 不限于 l 等于整数而可用于 l 等于半整数的情形的, 本节末将以 $l=1$, $l=\dfrac{3}{2}$ 为例. $l=\dfrac{1}{2}$ 系一特别重要的情形, 此与电子自旋角动量有关, 将于第 7 章第 3 节详述之. l 等于整数情形, 相当于电子运动的角动量, 将于第 4 章第 4 节详述之.

(18), (19), (20), (25) 乃 (M^2, M_z)- 表象中 M^2, M_z, M_x, M_y 矩阵. 我们务须注意的: 虽 M^2 与 M_x, M_y, M_z 皆对易 (见 (8) 式), 但 M_x, M_y, M_z 彼此不对易 (见第 (7) 式), 故 M_z 系对角矩阵时, M_x, M_y 不能同时成对角矩阵. M_x, M_y 虽非对角而仍与 M^2 对易者, 则因 M^2 对 m 量子数系简并 (degenerate) 的, 按第 1 章定理 (十六) 下的脚注, 乃与 M_x、M_y 对易也.

在此我们可指出下一点, 示量子力学与古典力学不同处. 按古典力学, 一个隔离系统 (如假设太阳系统是孤立的) 的总角动量是一个不变量, 它的向量是一个在空间固定的不变量, 故它的分量 M_x, M_y, M_z 亦皆是不变的. 但在量子力学, 角动量 M^2 是一运动常数, M_z, M_x, M_y 三者之一亦可选认为运动常数 (换言之, M^2 及 M_z 可表以对角的矩阵), 其他两个角动量分量 (如 M_x, M_y) 虽亦系运动常数 (见 (1-65) 运动力程式), 但不能同时表以对角矩阵, 故他们之值, 亦不能同时确知的. 量子力学与古典力学的不同点, 自然是量子力学的对易关系 (3) 的结果.

例题 (1) 证 $l=1$ 之 M_z, M_x, M_z 矩阵为

$$M_z = \begin{array}{c|ccc|} m\backslash m & 1 & 0 & -1 \\ \hline 1 & 1 & 0 & 0 \\ 0 & 0 & 0 & 0 \\ -1 & 0 & 0 & -1 \end{array}\ \hbar$$

$$M_x = \begin{vmatrix} 0 & 1 & 0 \\ 1 & 0 & 1 \\ 0 & 1 & 0 \end{vmatrix} \frac{1}{\sqrt{2}}\hbar, \quad M_y = \begin{vmatrix} 0 & -1 & 0 \\ 1 & 0 & -1 \\ 0 & 1 & 0 \end{vmatrix} \frac{\mathrm{i}}{\sqrt{2}}\hbar$$

并求 M^2. 觅一变换 U, 使 $U^{-1}M_xU$ 成一对角矩阵. 例题 (2) 证 $l=\dfrac{3}{2}$ 之 M_z, M_x, M_y 矩阵为

$$M_z = \begin{array}{c|cccc|} m\backslash m & 3/2 & 1/2 & -1/2 & -3/2 \\ \hline 3/2 & \frac{3}{2} & 0 & 0 & 0 \\ 1/2 & 0 & \frac{1}{2} & 0 & 0 \\ -1/2 & 0 & 0 & -\frac{1}{2} & 0 \\ -3/2 & 0 & 0 & 0 & -\frac{3}{2} \end{array}\ \hbar$$

$$M_x = \begin{vmatrix} 0 & \sqrt{3}/2 & 0 & 0 \\ \sqrt{3}/2 & 0 & 1 & 0 \\ 0 & 1 & 0 & \sqrt{3}/2 \\ 0 & 0 & \sqrt{3}/2 & 0 \end{vmatrix} \hbar$$

$$M_y = \begin{vmatrix} 0 & -\sqrt{3}/2 & 0 & 0 \\ \sqrt{3}/2 & 0 & -1 & 0 \\ 0 & 1 & 0 & -\sqrt{3}/2 \\ 0 & 0 & \sqrt{3}/2 & 0 \end{vmatrix} \mathrm{i}\hbar$$

并求 M^2. 觅一变换, 使 $U^{-1}M_xU$ 成一对角矩阵.

2.2 简谐振荡

使 Hamiltonian 为

$$H = \frac{1}{2\mu}p^2 + \frac{1}{2}\omega_0^2\mu q^2, \quad \omega_0 = 2\pi\nu_0 \tag{2-26}$$

其运动方程式为 (1-63), 由之可得 $\mu\dot{q}=p$, $\dot{p}=-\mu\omega_0^2 q$, 或

$$\ddot{q}=-\omega_0^2 q \tag{2-27}$$

按 (1-6)

$$q_{mn}=q_{mn}^{\circ}\mathrm{e}^{\mathrm{i}\omega_{mn}t} \tag{2-28}$$

由 (27), 得

$$(-\omega_{mn}^2+\omega_0^2)q_{mn}^{\circ}=0$$

故幅度 $q_{mn}^{\circ}=0$, 除非

$$\omega_{mn}=\pm\omega_0 \tag{2-29}$$

换言之, 一简谐振元之光谱频率即该振元之频率.

由对易关系 (1-59), 用 $p=\mu\dot{q}$, 即得 *

$$\mathrm{i}\mu\sum_k(\omega_{mk}q_{mk}q_{kx}-q_{mk}\omega_{kn}q_{kn})=\frac{h}{\mathrm{i}}\delta_{mn}$$

因 $q_{mk}=q_{km}^*$, $\omega_{mk}=-\omega_{km}$, 故 $m=n$ 项为

$$\sum_k\omega_{mk}\left|q_{mk}\right|^2=-\frac{h}{2\mu}$$

由 (29) 式, 对每一固定 m 值, k 只有二值 $k=j,l$,

$$\omega_{mj}=\omega_0,\quad \omega_{ml}=-\omega_0$$

可使 q_{mk} 不等于零的, 故上式成

$$\omega_{mj}(\left|q_{mj}\right|^2-\left|q_{ml}\right|^2)=-\frac{h}{2\mu} \tag{2-30}$$

在此, 我们引入 "最低态" 的观念: 设 m 系一态, 只有 l 使 $\omega_{ml}=-\omega_0$ 而无 j 使 $\omega_{mj}=\omega_0$ 的. 我们即以 $m=0$ 表此态. (30) 式乃成

$$\begin{aligned}
-\left|q_{01}\right|^2&=-\frac{h}{2\mu\omega_0}\\
\left|q_{10}\right|^2-\left|q_{12}\right|^2&=-\frac{h}{2\mu\omega_0}\\
\left|q_{21}\right|^2-\left|q_{23}\right|^2&=-\frac{h}{2\mu\omega_0},\ \text{余类推}
\end{aligned} \tag{2-31}$$

* 下文之 q_{mk} 等, 皆系 (28) 式中之 q_{mk}°.

由此得

$$|q_{12}|^2 = 2\frac{h}{2\mu\omega_0}, \quad |q_{23}|^2 = 3\frac{h}{2\mu\omega_0}$$

$$|q_{m,m+1}|^2 = \frac{(m+1)h}{2\mu\omega^0} \tag{2-32}$$

(26) 之 Hamiltonian, 可写其 (m,n) 元素如下：

$$H_{mn} = \frac{1}{2}\mu\sum_k(\omega_0^2 - \omega_{mk}\omega_{kn})q_{mk}q_{kn}\mathrm{e}^{\mathrm{i}\omega_{mn}t}$$

唯按 (29) 式及 (31) 式, $\omega_{m,m+1} = -\omega_0$, $\omega_{m+1,m} = \omega_0$, 只当 $m = n$ 时 $q_{mk}q_{kn}$ 不等于零, 故 H 只有对角元素不等于零,

$$\begin{aligned} H_{mm} &= \mu\omega_0^2(|q_{m,m-1}|^2 + |q_{m,m+1}|^2) \\ &= \left(m + \frac{1}{2}\right)h\omega_0 \end{aligned} \tag{2-33}$$

我们宜注意的：我们选择 (28) 式的 q 形式, 却计算得对角矩阵 H, 换言之, 我们恰好是用了 “能的表象”, 故 (33) 即是 H 的本征值了. 但在一般的系统, 用 (28) 的 q, 并不使其 H 成对角矩阵, 故亦不即行获得 H 的本征值.

欲求这样的 H 的本征值, 按基本原理, 是作一幺正变换, 使 H 成一对角矩阵. 求这个幺正变换, 原则上是可能的, 但实际上是难的. 于是有微扰理论的方法.

2.3　微扰理论：非简并系统 (perturbation theory：non-degenerate systems)

设考虑下的系统的 Hamiltonian 为 H. 兹欲求 H 之本征值, 亦即觅一幺正矩阵 S, 变换 H 为一对角矩阵 W

$$SHS^{-1} = W \quad 或 \quad SH = WS \tag{2-34}$$

此问题之准确解可能甚难. 微扰理论的方法, 是由一与 H 近似之 H° 着手, H° 是可以变换成一对角矩阵的. H 与 H° 之差, 假设是远 “小” 于 H°, 可以展开为一个 “小” 参数 λ 的级数

$$H = H^\circ + \lambda H^{(1)} + \lambda^2 H^{(2)} + \cdots \tag{2-35}$$

H° 可假设已变换成一对角矩阵, $H^{(1)}, H^{(2)}, \cdots$ 则否. S 及 W 亦展开为 λ 之级数

$$S = S^\circ + \lambda S^{(1)} + \lambda^2 S^{(2)} + \cdots \tag{2-36}$$

$$W = H^\circ + \lambda E^{(1)} + \lambda^2 E^{(2)} + \cdots \tag{2-37}$$

$E^{(1)}, E^{(2)}, \cdots$ 皆对角矩阵. 以此三式代入 (34) 式, 按 λ 各级值, 得

$$\lambda^\circ \quad S^\circ H^\circ = H^\circ S^\circ \tag{2-38}$$

$$\lambda' \quad S^\circ H^{(1)} + S^{(1)} H^\circ = H^\circ S^{(1)} + E^{(1)} S^\circ \tag{2-39}$$

$$\lambda^2 \quad S^\circ H^{(2)} + S^{(1)} H^{(1)} + S^{(2)} H^\circ = H^\circ S^{(2)} + E^{(1)} S^{(1)} + E^{(2)} S^\circ \tag{2-40}$$

由 (38), 因 H° 已系对角的, 故

$$S^\circ_{mn}(H^\circ_{nn} - H^\circ_{mm}) = 0$$

兹假设 H° 系非简并系统, 即

$$H^\circ_{mm} \neq H^\circ_{nn} \quad 如\ m \neq n \tag{2-41}$$

如是则

$$S^\circ_{mn} = 0 \quad 当 \quad m \neq n$$

因 S 系一幺正矩阵, 故由 $S^+ S = E$ 即得

$$S^{*\circ}_{mm} S^\circ_{mm} = 1$$

此方程式之解, 为 $S^\circ_{mm} = 1$ 或 $\mathrm{e}^{\pi \mathrm{i}/2}$. 我们可取

$$S^\circ = E, \quad 单位矩阵 \tag{2-42}$$

由 (39), 可得

$$H^{(1)}_{mn} + S^{(1)}_{mn}(H^\circ_{nn} - H^\circ_{mm}) = E^{(1)}_{mn} \delta_{mn}$$

或

$$E^{(1)}_{mm} = H^{(1)}_{mm} \tag{2-43}$$

$$S^{(1)}_{mn} = \frac{H^{(1)}_{mn}}{H^\circ_{mm} - H^\circ_{nn}}, \quad m \neq n \tag{2-44}$$

由 $\tilde{S}^* S = E$ 及 $S^\circ = E$, 即得 $S^{\circ *} S^{(1)} + \tilde{S}^{(1)*} S^\circ = 0$, 或

$$S^{(1)} + \tilde{S}^{(1)*} = 0$$

故 $S^{(1)}_{mm} = 0$ 或 i. 我们取

$$S^{(1)}_{mm} = 0 \tag{2-44a}$$

用同法, 可得

$$S_{mm}^{(2)} = 0 \tag{2-45}$$

$$S_{mn}^{(2)} = -\frac{(H_{mm}^{(1)} - H_{nn}^{(1)})H_{mn}^{(1)}}{(H_{mm}^{\circ} - H_{nn}^{\circ})^2} + \frac{H_{mn}^{(2)}}{(H_{mm}^{\circ} - H_{nn}^{\circ})} + \sum{}' \frac{H_{mi}^{(1)} H_{in}^{(1)}}{(H_{mm}^{\circ} - H_{nn}^{\circ})(H_{mm}^{\circ} - H_{ii}^{\circ})} \tag{2-45a}$$

由 $SS^{-1} = E$ 及 (36), 可得

$$S^{-1} = E - \lambda S^{(1)} + \lambda^2((S^{(1)})^2 - S^{(2)}) + \cdots \tag{2-46}$$

由 (40),

$$E_{nn}^{(2)} = H_{nn}^{(2)} + \sum_k{}' \frac{H_{mk}^{(1)} H_{kn}^{(1)}}{H_{nn}^0 - H_{kk}^0} \tag{2-47}$$

$$W_{nn} = H_{nn}^0 + \lambda H_{nn}^{(1)} + \lambda^2 \left(H_{nn}^{(2)} + \sum_k{}' \frac{\left| H_{nk}^{(1)} \right|^2}{E_n^0 - E_k^0} \right) + \cdots \tag{2-48}$$

$\sum$ 上之 $'$ 符, 系在对 k 作和时, $k = n$ 之项除外之意. 由此式得见 $H^{(1)}$ 之对角元素, 出现于 λ 阶, $H^{(1)}$ 之非对角元素 $H_{nk}^{(1)}, n \neq k$, 则于 λ^2 阶始出现.

我们宜注意者, $S^0 + \lambda S^{(1)}$ 诚将 $H^0 + \lambda H^{(1)}$ 变换为 H°, 用 (46),

$$\begin{aligned} &(S^0 + \lambda S^{(1)})(H^0 + \lambda H^{(1)})(S^0 - \lambda S^{(1)}) \\ =&H^0 + \lambda(H^{(1)} + S^{(1)}H^0 - H^0 S^{(1)}) + \lambda^2(\cdots) \\ =&H^0 \ (\text{按 (44), (44a)}) \end{aligned}$$

唯 $S^0 + \lambda S^{(1)}$ 则将 H^0 变换成一非对角矩量 $H^0 - H^{(1)}$ 了

$$(S^0 + \lambda S^{(1)})H^0(S^0 - \lambda S^{(1)}) = H^0 - \lambda H^{(1)}$$

见 (44), (44a).

例　非简谐振荡 (anharmonic oscillator), 质量 μ

$$H = \frac{1}{2\mu}p^2 + \frac{1}{2}k_1 x^2 + \frac{1}{3!}k_2 x^3 + \frac{1}{4!}k_3 x^4 + \cdots \tag{2-49}$$

使

$$H^0 = \frac{1}{2\mu}p^2 + \frac{1}{2}k_1 x^2, \quad H^{(1)} = \frac{1}{6}k_2 x^3, \quad H^{(2)} = \frac{1}{24}k_3 x^4$$

(48) 式中各矩阵元素, 可计算如下, 由 (32) 式, 即得

$$x_{m,m+1} = \sqrt{\frac{(m+1)h}{2\mu\omega_0}}, \quad k = \mu\omega_0^2$$

$$(H^{(1)})_{mn} = (x^3)_{mn} = \sum_{x,j} x_{mi}x_{ij}x_{jn}$$

$$(H^{(2)})_{mn} = (x^4)_{mn} = \sum_{i,j,k} x_{mi}x_{ij}x_{jk}x_{kn}$$

计算 $(x^3)_{mn}$ 时, i, j, n 之有效值, 可由图 2.1 见之.

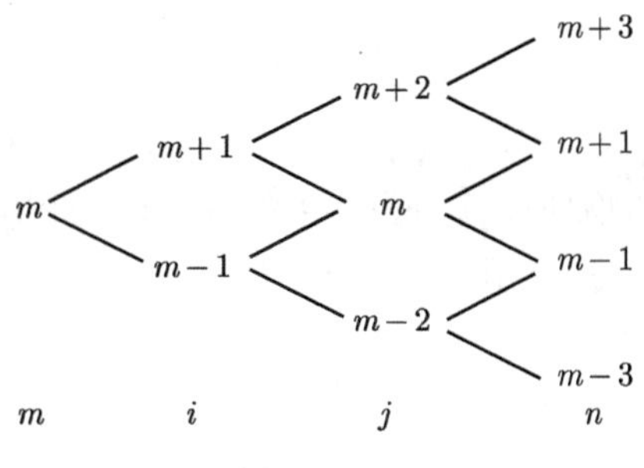

图 2.1

由 $x_{m,m+1}$ 之值, 计算结果如下：

$$H^{(1)}_{m,m} = 0$$

$$\left(\frac{6}{k_2}\right)^2 (H^{(1)}_{m,m+3})^2 = \left(\frac{h}{2\mu\omega_0}\right)^3 (m+1)(m+2)(m+3)$$

$$\left(\frac{6}{k_2}\right) (H^{(1)}_{m,m+1})^2 = \left(\frac{h}{2\mu\omega_0}\right)^3 (m+1)(3m+3)^2$$

$$\left(\frac{6}{k_2}\right)^2 (H^{(1)}_{m,m-1})^2 = \left(\frac{h}{2\mu\omega_0}\right)^3 m(3m)^2$$

$$\left(\frac{6}{k_2}\right)^2 (H^{(1)}_{m,m-3})^2 = \left(\frac{h}{2\mu\omega_0}\right)^3 m(m-1)(m-2)$$

$$H^{(2)}_{mm} = \frac{k_3}{24}\left(\frac{h}{2\mu\omega_0}\right)^2 6\left(m^2+m+\frac{1}{2}\right)$$

$$W_{nn} = \left(n+\frac{1}{2}\right)h\omega_0 - \frac{5}{6}\frac{k_2^2}{h\omega_0}\left(\frac{h}{2\mu\omega_0}\right)^3\left(n^2+n+\frac{11}{30}\right) + \frac{1}{4}k_3\left(\frac{h}{2\mu\omega_0}\right)^2\left(n^2+n+\frac{1}{2}\right) \tag{2-50}$$

上节及本节之结果, 如 (32), (33), (43), (47), (48), (50) 等, 皆与由波动力学方法所得相同.

简并系统之微扰理论, 自可展开. 唯兹不详述, 而将于波动力学中述之.

矩阵力学应用于谐振荡问题外, 初期亦曾应用于氢原子及对称陀螺 (symmetrical rotator) 之转动问题 *. 在许多问题的求解上, 波动力学方法较为便易, 故本书不再详述矩阵力学之他例题矣.

矩阵力学的主要基础, 系用不对易的代数, 而不对易的钥匙, 则系 "对易关系"

$$pq - qp = \frac{h}{\mathrm{i}}E \quad \left(h = \frac{1}{2\pi} \times \text{Planck } h\right) \tag{2-51}$$

此玄奥关系的物理意义, 可追溯至爱因斯坦与 de Broglie 的关系

$$E = h\nu, \quad p = \frac{h}{\lambda} \tag{2-52}$$

由 (52) 可获得 Heisenberg 的 "测不准原理"(principle of indeterminacy) 或称 "uncertainty principle" 的物理根据; 或由 (51) 式, 可得此原理的数学式. 凡此皆将于下文详论之 (第 4 章第 2, 3 节).

习　　题

1. 取 (1) 式的角动量 M_x, M_y, M_z. 定义 (见 (9) 式)

$$M_+ = M_x + \mathrm{i}M_y, \quad M_- = M_x - \mathrm{i}M_y$$

证 M_+ 与 M_- 系互为伴矩阵 (见 (1-16) 式定义), 即

$$M_+ = M_-^+, \quad M_+^+ = M_-$$

2. 定义 dispersion ΔA 为

$$\Delta A \equiv [\overline{(A - \bar{A})^2}]^{\frac{1}{2}}$$

$$\bar{A} \equiv \langle l, m\,|A|\,l, m\rangle$$

由 (25), (22) 计算

$$\Delta M_x, \quad \Delta M_y$$

并按古典力学的旋进陀螺 (precessing top, 见《古典动力学》, 甲部, 第 7 章) 模型, 讨论 ΔM_x, ΔM_y.

3. 简谐振荡 (26) 问题的另一解法.

使 $\xi = x\sqrt{\dfrac{\mu\omega_0}{\hbar}}$ $\left(\hbar \text{ 系 } \dfrac{1}{2\pi} \times \text{Planck } h\right)$, (26) 乃成下式:

$$\frac{1}{2}\left(\xi^2 + \frac{1}{\hbar^2}p^2\right) = \frac{E}{\hbar\omega_0}$$

* 对称陀螺的矩阵力学法, 见 D. M. Dennison, Physical Review, 28, 318 (1926); 氢原子的矩阵力学问题, 则于 1925 年冬, 先为 Pauli 计算解了, 见 Zeits. F. Physick, 36, 336(1926).

E 乃一对角矩阵, 故如取 (m,n) 元素, 则

$$\frac{1}{2}\left(\xi^2+\frac{1}{\hbar^2}p^2\right)_{mn}=\frac{E_m}{\hbar\omega}\delta_{mn}$$

使

$$b=\frac{1}{\sqrt{2}}\left(\xi+\frac{\mathrm{i}}{\hbar}p\right),\quad b^+=\frac{1}{\sqrt{2}}\left(\xi-\frac{\mathrm{i}}{\hbar}p\right)$$

证 b,b^+ 系互为伴矩阵.

由对易关系

$$p\xi-\xi p=\frac{\hbar}{\mathrm{i}}1$$

证明

$$bb^+-b^+b=1$$

使 λ 为一对角矩阵

$$\left(\frac{Em}{h\omega}-\frac{1}{2}\right)\delta_{mn}\equiv\lambda_m\delta_{mn}$$

证明

$$\lambda_m=\sum_n|b_{nm}|^2=\sum_n\left|b^+_{mn}\right|^2$$

$$b^+_{mn}(\lambda_m-\lambda_n-1)=0$$

及

$$b^+_{m,m-1}=b_{m-1,m}=\sqrt{m}$$

$$b^+=\begin{vmatrix}0&0&0&0&\cdots\\\sqrt{1}&0&0&0&\cdots\\0&\sqrt{2}&0&0&\cdots\\0&0&\sqrt{3}&0&\cdots\\\vdots&\vdots&\vdots&\sqrt{4}&\cdots\end{vmatrix}$$

$$\lambda=\begin{vmatrix}0&0&0&0&\cdots\\0&1&0&0&\cdots\\0&0&2&0&\cdots\\0&0&0&3&\cdots\\\vdots&\vdots&\vdots&\vdots&4\end{vmatrix}$$

证明

$$\xi_{m,m-1}=\xi_{m-1,m}=\sqrt{\frac{mh}{2\mu\omega_0}}$$

注意: ξ,p 系 Hermitian 变数, 唯 (b_+,b) 则系复数而非 Hermitian 故非所谓 observable; $\left|\varPsi(b^+)\right|^2$ 无概率性的意义. b^+,b 称为 Fock 表象; ξ,p (或 q,p) 则系 Schrödinger 表象 (参阅下文第 4 章附录戊).

4. 证明简谐振荡的本征值 E_n 有下述特性:

(1) E_n 均系正值;

(2) E_n 无最高值.

5. 取角动量 $l=1$ (见 (20), (25) 及例题 (1)). 在 (M^2, M_z) 表象中, 证明 $M^2=2h^2$,

$$(\Delta M_x)^2=(\Delta M_x)^2=\overline{M_x^2}=\begin{cases}\dfrac{1}{2}h^2, & m=\pm 1\\ h^2, & m=0\end{cases}$$

证明如一陀螺的总角动量为 $\sqrt{2}h$, 绕 z 轴旋进 (precess), 其角动量的 z 分量为 $\pm h(0)$ 时, 则 $\overline{M_x^2}, \overline{M_y^2}$ 的长时平均值为 $\dfrac{1}{2}h^2(h^2)$ 如上.

第3章 波动力学: L. de Broglie 及 E. Schrödinger 之基本概念

3.1 L. de Broglie 的理论 (1923)

1905 年爱因斯坦创一新理论, 谓电磁波固有波的特性 (波的传播、干涉、绕射等), 同时亦有粒子特性, 如粒子的能 E 及动量 p. 他谓波长为 λ、频率为 ν 之辐射, 有粒子性, 其能 E 及动量 p 为

$$E = h\nu, \quad p = \frac{h\nu}{c} = \frac{h}{\lambda} \tag{3-1}$$

此 "粒子" 称为光子 (photon). 电磁波有粒子特性之论, 由光电效应及 Compton 效应而获直接的支持.

1923 年 L. de Broglie (法国人, 1892 年生) 开始创一新建议, 谓一个粒子 (能 E, 动量 p), 附带着一种波动 (初称为 "相波"(phase wave), 亦称为 "物质波"), 其频率 ν 及波长 λ 与 E, p 之关系为

$$\nu = \frac{E}{h}, \quad \lambda = \frac{h^*}{p} \tag{3-2}$$

骤观之, 此二关系以即系爱因斯坦的关系 (1) 的倒转. 实则 (1), (2) 两组关系, 在观念上有基本的不同, 爱因斯坦谓波动有粒子特性, 而 de Broglie 则系谓粒子有波的特性. (1) 提出时已有 Planck 之量子论及光电现象的若干实验结果. (2) 提出时则尚无任何的实验提示. 两组关系皆可谓罕有的天才创见, 故下文略溯 de Broglie 创议 (2) 关系的思索途径.

按狭义相对论, 在一惯性坐标系以速度 v 运行之能–动量四维向量为

$$\left(p, \mathrm{i}\frac{E}{c}\right) = \left(\frac{m_0 v_x}{\sqrt{1-\beta^2}}, \frac{m_0 v_y}{\sqrt{1-\beta^2}}, \frac{m_0 v_z}{\sqrt{1-\beta^2}}, \frac{\mathrm{i} m_0 c}{\sqrt{1-\beta^2}}\right) \tag{3-3}$$

$$\beta = \frac{v}{c}, \quad m_0 = \text{静质量}$$

此四维向量与其自身之内乘积为不变量

---

* $\lambda \propto \frac{1}{p}$ 的关系, 先由 Fermat 原理及 Maupertuis 原理获得提示. 见《古典动力学》乙部第 8 章第 3 节.

$$p^2 - \frac{E^2}{c^2} = -m_0^2 c^2 \tag{3-4}$$

在同此惯性坐标系之平面波, 可以下式表之：

$$\mathrm{e}^{\mathrm{i}(kr-\omega t)} \tag{3-5}$$

$$k(k_x, k_z, k_z)\ 系\ “波向量”,\quad |k| = \frac{2\pi}{\lambda} \tag{3-6}$$

上式表示以 k 方向, 频率 $\nu = \omega/2\pi$ 前播之波. 兹

$$(r, \mathrm{i}ct) = (x, y, z, \mathrm{i}ct) \tag{3-7}$$

系一四维向量, 而 $(kr - \omega t)$ 系一纯量 (不变量), 故

$$\left(k, \mathrm{i}\frac{\omega}{c}\right) \tag{3-8}$$

必系一四维向量, 以此与 (8) 向量并观之, de Broglie 假定下列的比例关系：

$$k \propto p, \quad \omega \propto E \tag{3-9}$$

或

$$\hbar k = p, \quad \hbar\omega = E \tag{3-10}$$

或

$$\lambda = \frac{h}{p}, \quad \nu = \frac{E}{h} \tag{3-10a}$$

此即 (2) 关系也.

de Broglie 波有下特性：设其相速度为 u, 则按 (10a) 式

$$u = \lambda\nu = \frac{h}{mv}\frac{mc^2}{h} = \frac{c^2}{v} \tag{3-11}$$

$\left(p = \dfrac{m_0 v}{\sqrt{1-\beta^2}} = mv, E = \dfrac{m_0 c^2}{\sqrt{1-\beta^2}} = mc^2\right)$, v 为粒子之速度. 按相对论, $v \leqslant c$, 故

$$u \geqslant c \tag{3-12}$$

此波之相速度大于光速度, 但如波不传递讯息, 则此并不违反因果关系*. de Broglie 假设此波以群速度 v_{g} 传递信息. 群速度 v_{g} 与相速度 u 为

$$v_{\mathrm{g}} = \frac{\mathrm{d}\omega}{\mathrm{d}k} = \frac{\mathrm{d}\nu}{\mathrm{d}\left(\dfrac{1}{\lambda}\right)}, \quad u = v\lambda \tag{3-13}$$

* 参看《相对论》甲部, 狭义相对论第 3 章第 3 节. 群速度的观念亦见该处.

按 (10a),

$$v_{\mathrm{g}}=\frac{\mathrm{d}E}{\mathrm{d}p},\quad u=\frac{E}{p} \tag{3-13a}$$

$$v_{\mathrm{g}}u=\frac{\mathrm{d}E^2}{\mathrm{d}p^2}=c^2\quad (\text{按 (4) 式}) \tag{3-14}$$

以此与 (12) 式比较, 故群速度 v_{g} 等于质点速度 v.

此 "物质波" 观念的最简单的应用, 乃绕原子核转动的电子 (如氢原子中的). 如假设电子在一稳定态时, 其物质波在圆周上成一驻波 (standing wave), 即

$$\begin{aligned}2\pi a&=n\lambda\\&=n\frac{h}{mv},\quad n=1,2,3\end{aligned} \tag{3-15}$$

a 乃电子圆周轨道之半径. 此式恰是 Bohr 氢原子理论之 "稳定态条件", 由之可导出 Balmer 公式者也.

de Broglie 理论之最早实验证实, 乃 1927~1928 年美国 C. J. Davisson 与 L. H. Germer 的电子绕射实验. 二氏发现其能为 E 的电子经镍单晶体绕射后 (略如 Bragg 父子的 X 射线绕射实验), 其角度分布, 适如波长为

$$\lambda=\frac{h}{\sqrt{2mE}}=\frac{h}{p} \tag{3-16}$$

的波动. G. P. Thomson(1928 年) 以电子束射过金属薄膜, 亦获同此结论. 稍后更有 Rupp, Kikuchi 等之实验, 皆证实 de Broglie 式 (16).

前述及光电效应及 Compton 效应, 显示有波特性 (绕射、干涉、偏极化等) 的 "波", 在某情形下亦具有粒子特性 (能、动量). 兹 Davisson-Germer, Thomson 等实验显示有粒子特性 (能、动量) 的电子, 在某情形下亦具有波特性 (绕射、干涉等). 这些实验及爱因斯坦, de Broglie 的关系

$$E\rightleftarrows h\nu,\quad p\rightleftarrows\frac{h}{\lambda}$$

乃构成所谓 "粒子–波" 的二象性问题. 此问题的分析及解答, 构成量子力学的哲学基础的问题. 凡此将于下文第 5 章详论之.

3.2 Schrödinger 的理论 (1926)

1924 年 L. de Broglie 将其在 1923 年开始先后发表的论文 (略见前节), 合成他的博士论文. 据云 Schrödinger(时任教瑞士 Zurich 大学) 被 P. Debye(时任教 Zurich 之联邦工学院) 邀其在二校之联合讨论会中报告该论文的新理论, 使 Schrödinger

研究此问题. 由 1926 年 1 月 ∼6 月中, 发表四篇论文, 可谓完成了波动力学的基础工作*.

Schrödinger 的问题, 系：(1) 求一个 de Broglie 波的理论, 或此波所遵守的方程式, (2) 更进而创一新的力学, 在极限情形下趋近古典的质点力学, 有如古典波动光学在波长 λ 极短的极限时趋近几何光学 (线的光学) 然**.

他的出发点乃古典动力学的 Hamilton-Jacobi 方程式 ***

$$\frac{\partial S}{\partial t} + H\left(q, \frac{\partial S}{\partial q}\right) = 0 \tag{3-17}$$

S 乃主函数

$$S = \int_{t_0}^{t} L\mathrm{d}t = \int_{t_0}^{t} (T - V)\mathrm{d}t \tag{3-18}$$

如引入 "特性函数" S_0

$$S = S_0 - Et, \quad E = \text{能} = \text{常数} \tag{3-19}$$

则 (17) 式成

$$|\mathrm{grad} S_0|^2 = 2m(E - V) \tag{3-20}$$

$$\frac{\partial S}{\partial t} = -E \tag{3-21}$$

由

$$\begin{aligned} \mathrm{d}S &= |\mathrm{grad} S|\,\mathrm{d}r + \frac{\partial S}{\partial t}\mathrm{d}t \\ &= (|\mathrm{grad} S|\,u - E)\mathrm{d}t \end{aligned}$$

故波阵面之速度 (即相速度) 为

$$u = \frac{E}{|\mathrm{grad} S_0|} = \frac{E}{\sqrt{2m(E - V)}} \tag{3-22}$$

唯粒子的速度 v, 乃

$$v = \frac{1}{m}\sqrt{2m(E - V)} \tag{3-23}$$

此显与 u 不同. Schrödinger 以为这个差异, 乃极重要的. 由于古典波动光学在波长 $\lambda \to 0$ 极限时趋近线的 (几何的) 光学 (波方程式趋近 Hamilton-Jacobi 方程式, 见前注 *), 故 Schrödinger 以为欲得一相当于波动光学的波动力学, 宜从 Hamilton 发现的 Fermat 原理与 Maupertuis 原理的相似点着手 (见前第 1 节注 *).

* E. Schrödinger 以 "量子化视作本征值问题" 为题, 于 1926 年 1 月 27 日, 2 月 23 日, 5 月 10 日 ∼6 月 21 日发表一串的文于 Annalen der Physik, **79**,361,489: **80**, 437: **81**,109. 此外于同期刊**79**,734 一文, 则指出波动力学与矩阵力学的数学形式相同关系.

** 参看《古典动力学》乙部第 8 章第 1 节.

*** 参看《古典动力学》乙部第 6 章.

兹假设 (17) 中之主函数 $S\left(q_1,\cdots,\dfrac{\partial S}{\partial q_1},\cdots\right)$ 系可用变数分离的

$$S=\sum S_j\left(q_j,\frac{\mathrm{d}S_j}{\mathrm{d}q_j}\right) \tag{3-24}$$

或

$$S=K\ \ \ln\psi \tag{3-25}$$

(17) 式乃成

$$H\left(q_1,\cdots,g_n;\frac{K}{\psi}\frac{\partial\psi}{\partial q_1},\cdots,\frac{K}{\psi}\frac{\partial\psi}{\partial q_n}\right)=E \tag{3-26}$$

或

$$\frac{1}{2m}K^2\sum_j\left(\frac{\partial\psi}{\partial q_1}\right)^2+V(q_1,\cdots,q_2)\psi^2=E\psi^2 \tag{3-26a}$$

使下积分为极端值的变分问题

$$\delta\int\int\left\{-\sum_j\left(\frac{\partial\psi}{\partial q_j}\right)^2+\frac{2m}{K^2}(E-V)\psi^2\right\}\mathrm{d}q_1\cdots\mathrm{d}q_n=0 \tag{3-27}$$

乃 Euler 方程式

$$\sum_j\frac{K^2}{2m}\left(\frac{\partial^2\psi}{\partial q_j^2}\right)+(E-V)\psi=0 \tag{3-28}$$

如 q_j 似系三维空间之 x,y,x, 则此式成

$$\frac{K^2}{2m}\nabla^2\psi+(E-V)\psi=0 \tag{3-29}$$

(28) 或 (29) 称为 Schrödinger 方程式. 此方程式与时间无关, 故 ψ 亦与 t 无关, 故 ψ 可视为一稳定态. E 乃该态的能, 系一常数.

按 Bohr 的理论, 当一个系统由一稳定态跃迁至另一稳定态时, 该系统的能亦变, 或射出或吸收辐射. 欲觅一个代表随时间而变的波函数 $\Psi(q,t)$, 兹从一般的波动方程式

$$\left(\nabla^2-\frac{1}{u^2}\frac{\partial^2}{\partial t^2}\right)\Psi(\boldsymbol{r},t)=0 \tag{3-30}$$

入手. u 系相速度, 见 (22) 式. 如假设

$$\Psi(\boldsymbol{r},t)=\psi(\boldsymbol{r})\exp(-\mathrm{i}Et/\hbar) \tag{3-31}$$

即得

$$\frac{\hbar^2}{2m}\nabla^2\psi+(E-V)\psi=0 \tag{3-32}$$

此即与 (29) 同, 如取 $K^2 = \hbar^2$. 由 (31),

$$-\frac{\hbar}{\mathrm{i}}\frac{\partial \Psi}{\partial t} = E\Psi$$

由此式与 (32), 清去 (在跃迁中不再是常数之)E, 即得

$$\frac{\hbar}{\mathrm{i}}\frac{\partial \Psi}{\partial t} + \left(-\frac{\hbar^2}{2m}\nabla^2 + V\right)\Psi = 0 \tag{3-33}$$

此方程式称为含时的 Schrödinger 方程式 (time-dependent 方程式). 此方程式及不含时的方程式 (2-32), 皆系这新理论中的基本假定. 上文意是略溯 Schrödinger 的思想出发点, 万不可视为该方程式可由古典物理导出来.

Schrödinger 的重要贡献之一, 即见诸他 1926 年关于此新理论的首篇论文, 即是由 (2-32) 方程式, 以本征值的条件计算一个系统的能态, 代替了 Bohr 的稳定态条件, 由 (2-32) 应用于氢原子之解, 即获得 Bohr 的 Balmer 公式. 凡此及此新理论的推展, 皆将于下文及下章详述之.

Schrödinger 方程式 (2-33) 系时变数 t 的首次微分及坐标 x, y, z 变数的二次微分方程式, 故在 Lorentz 变换下无协变性, 换言之, 是不满足狭义相对论的要求的方程式. 故 (33) 式称为非相对论 (non- relativistic) Schrödinger 方程式, 这与 Dirac 1928 年创立的相对论的方程式的首阶近似相当, Dirac 的理论, 将于《量子力学 (乙部)》述之.

由 (32) 式 (本征值问题)

$$(H - E)\psi = 0 \tag{3-34}$$

$$H = -\frac{\hbar^2}{2m}\nabla^2 + V, \quad p = \frac{\hbar}{\mathrm{i}}\nabla \tag{3-34a}$$

得见从算符观点, 动量 $p_x = \frac{\hbar}{\mathrm{i}}\frac{\partial}{\partial x}$, 余类推.

由第 2 章, 已见 Heisenberg 的矩阵力学的基本假定, 乃系以矩阵表坐标 x 及动量 p_x, 而求 Hamiltonian

$$H = \frac{1}{2m}p^2 + V(r)$$

的本征值 E_{nn}

$$H_{mn} = E_{mm}\delta_{mn} \tag{3-35}$$

故波动力学与矩阵力学的基本出发点概念和数学方法, 皆大不相同, 然由二者所得的结果 (如谐振荡, 氢原子, 和稍后计算的对称陀螺的转动等问题) 则相同. 如此为偶然巧合, 似甚不可能. 早在 1926 年春, 在其发表 “量子化视为本征值的问题” 的第三篇文之前, Schrödinger 即发现矩阵与波动力学间, 有数学上的形式上的相等性.

矩阵力学的一基本假定, 乃 p_x, x 两矩阵遵守下对易关系 (见 (1-59) 式)

$$p_x x - x p_x = \frac{\hbar}{\mathrm{i}} E, \quad E = \text{单位矩阵} \tag{3-36}$$

在波动力学中, 如坐标 x 算符为 x, 则 p_x 算符乃 (34) 的微分算符

$$p_x = \frac{\hbar}{\mathrm{i}} \frac{\partial}{\partial x} \tag{3-37}$$

故 $p_x x - x p_x$ 算符有下性:

$$(p_x x - x p_x)\psi(x) = \frac{\hbar}{\mathrm{i}} \left(\frac{\partial}{\partial x} x - x \frac{\partial}{\partial x} \right) \psi(x)$$

或

$$\frac{\partial}{\partial x} x - x \frac{\partial}{\partial x} = 1 \tag{3-38}$$

此正与矩阵的对易关系 (36) 有相同的数学形式也.

3.3 Schrödinger 波动力学的特性

3.3.1 线性及重叠原则

Schrödinger 方程式 (33) 或其推广

$$\frac{\hbar}{\mathrm{i}} \frac{\partial \Psi}{\partial t} + H\Psi = 0 \tag{3-39}$$

$$H = H\left(q_1, q_2, \cdots, q_n, \frac{\hbar}{\mathrm{i}} \frac{\partial}{\partial q_1}, \cdots, \frac{\hbar}{\mathrm{i}} \frac{\partial}{\partial q_n} \right) \tag{3-40}$$

系线性方程式, 所谓线性, 乃下述的性质: 如 ψ_1, ψ_2 系方程式的解, c_1, c_2 系常数, 则

$$c_1\psi_1 + c_2\psi_2 \quad \text{亦系一解} \tag{3-41}$$

此线性乃所谓重叠原则 (superposition principle) 的基础. 最简单的例, 乃一自由粒子. (33) 式

$$\frac{\hbar}{\mathrm{i}} \frac{\partial \Psi}{\partial t} - \frac{\hbar^2}{2m} \nabla^2 \Psi = 0 \tag{3-42}$$

的解之一, 乃一平面波

$$\mathrm{e}^{\mathrm{i}(kr - \omega t)}$$

$$\hbar\omega - \frac{1}{2m} \hbar^2 k^2 = 0 \tag{3-43}$$

兹构成下一重叠式:

$$\Psi(r, t) = \frac{1}{(2\pi)^{3/2}} \int \mathrm{d}\boldsymbol{k} A(\boldsymbol{k}) \mathrm{e}^{\mathrm{i}(kr - \omega t)} \tag{3-44}$$

$A(\boldsymbol{k})$ 系 $\boldsymbol{k}$ 的函数. 以此代入 (42), 由于 (43) 式, 即见 (44) 满足第 (42) 方程式, 换言之, (44) 式的重叠, 亦系 (42) 的一解.

古典物理中的电磁场 (麦克斯韦方程式) 及热传导 (Fourier 方程式) 位场理论 (静电场、万有引力场等) 皆系线性理论. 线性的数学 (微分方程式、积分方程式、代数学) 所知甚多. 量子力学以 (39) 为基本假定之一, 故此线性及重叠原则, 亦系基本假定的一部.

目前的量子力学, 不仅构成一部逻辑上完整的理论, 且其应用于原子、分子、核子、固态各部门, 皆胜任异常. 唯在电动力场的量子理论, 仍有若干基本性的困难, 故曾有物理学家, 尝试放弃此线性的条件而代以一非线性的理论. 唯如放弃了线性特性, 则茫茫非线性大海中, 无何指标可循, 至目前为止, 尚未有成.

3.3.2　Ψ 的意义

在一个 N 个粒子的系统, 如其自由度为 n, 则 (33) 方程式的 Ψ, 系 n 维态空间 (configuration space)$(q_1, q_2, \cdots, q_n)$ 的波, 而非通常古典物理 (电磁、弹性) 的三维空间的波.

又 (33) 方程式之解 Ψ, 通常是复变函数, 故没有直接的物理意义, 唯 $\Psi^*\Psi = |\Psi|^2$ 则是实变函数, 且是正值的

$$\Psi^*\Psi \geqslant 0 \tag{3-45}$$

由 (33), 可得

$$\begin{aligned}\frac{\partial}{\partial t}\int \Psi^*\Psi \mathrm{d}\tau &= \int\left(\Psi^*\frac{\partial \Psi}{\partial t} + \frac{\partial \Psi^*}{\partial t}\Psi\right)\mathrm{d}\tau \\ &= \frac{\mathrm{i}}{\hbar}\int\{-\Psi^* H\Psi + (H^*\Psi^*)\Psi\}\mathrm{d}\tau \\ &= 0^*\end{aligned} \tag{3-46}$$

故 $\Psi^*\Psi\mathrm{d}\tau$ (对整个态空积分) 系与时不变常数. 如此积分是有限的, 则可将 Ψ 归一化

$$\int \Psi^*\Psi \mathrm{d}\tau = 1 \tag{3-47}$$

此式提示下述的解释：$\Psi^*\Psi\mathrm{d}\tau$ 乃该系统在 n- 维空间体积素 $\mathrm{d}\tau = \mathrm{d}q_1\mathrm{d}q_2\cdots\mathrm{d}q_n$ 中的概率. (47) 积分谓该系统在整个态空间的总概率等于一. M. Born 很早 (1926 年) 由于应用波动力学于粒子在力场中的散射问题, 创出这概率的解释 (见本书第 6 章第 3 节), 而成为量子力学的基本假定之一 (见第 8 章第 2 节).

由 (33) 式, 即得

$$\frac{\partial}{\partial t}(\Psi^*\Psi) + \frac{\hbar}{2m\mathrm{i}}\left\{\frac{\partial}{\partial x}\left(\Psi^*\frac{\partial}{\partial x}\Psi - \Psi\frac{\partial}{\partial x}\Psi^*\right)\right.$$

---

* 此处用了 $H^* = H$.

$$+\frac{\partial}{\partial y}\left(\Psi^*\frac{\partial}{\partial y}\Psi-\Psi\frac{\partial}{\partial y}\Psi^*\right)$$
$$+\frac{\partial}{\partial z}\left(\Psi^*\frac{\partial}{\partial z}\Psi-\Psi\frac{\partial}{\partial z}\Psi^*\right)\Bigg\}=0$$

如定义

$$\rho\equiv\Psi^*\Psi \tag{3-48}$$

$$\boldsymbol{I}=\frac{\hbar}{2m\mathrm{i}}\{\Psi^*\nabla\Psi-(\nabla\Psi^*)\Psi\} \tag{3-49}$$

上式可写成一连续性方程式的形式

$$\frac{\partial\rho}{\partial d}+\mathrm{div}\boldsymbol{I}=0 \tag{3-50}$$

按此式, ρ 可视为概率密度, $\boldsymbol{I}$ 为概率流密度, 将 (50) 对整个三维空间积分,

$$\frac{\partial}{\partial t}\int\rho\mathrm{d}\boldsymbol{r}+\int\mathrm{div}\boldsymbol{I}\mathrm{d}\boldsymbol{r}=0 \tag{3-51}$$

或

$$\frac{\partial}{\partial t}\int\rho\mathrm{d}r+\int\boldsymbol{I}\cdot\mathrm{d}\boldsymbol{\sigma}=0$$

后积分为一表面积分, 如 Ψ 或 $\nabla\Psi$ 在无限远处递减较 $\frac{1}{r}$ 为速, 则此面积分等于零, 而 (51) 或乃成 (46) 式的一特例.

3.3.3 Ψ 所须满足的条件

Schrödinger 的理论的最早新贡献, 乃由 (26) 方程式的本征值问题, 获得一个系统的稳定态, 在 1926 年初的第一篇论文中, 便即获得氢原子的 Bohr-Balmer 公式. 所谓本征值, 乃系求 Ψ, 使 $H\Psi$ 等于一个常数乘 Ψ. 兹 H 系一个微分算符, $H\Psi$ 一般言之将是另一函数; 只当 Ψ 符合某些条件时 $H\Psi$ 乃与 Ψ 成正比, 或*

$$H\Psi=E\Psi,\quad E=\text{常数} \tag{3-52}$$

故问题乃是: Ψ 应满足什么条件?

Schrödinger 初以为 Ψ 务须为实数、单值、可二次征分的连续函数, 但旋即放弃了实数的条件. 至若单值的要求, 初系由于角动量算符 $M_z=\frac{\hbar}{\mathrm{i}}\frac{\partial}{\partial\varphi}$ 之函数 $\Psi(\varphi)$

$$\frac{\hbar}{\mathrm{i}}\frac{\partial}{\partial\varphi}\Psi(\varphi)=m\hbar\Psi(\varphi),\quad \Psi(\varphi)\mathrm{e}^{\mathrm{i}m\varphi}$$

必须有

---

* 本征值 (eigenvalue, characteristic value); 本征函数 (eigenfunction, characteristic function).

$$\Psi(\varphi + 2\pi) = \Psi(\varphi)$$

性, 故

$$m = \pm \text{ 整数}$$

唯有物理意义的是 $\Psi^* \Psi$, 故只需要求 $\Psi^* \Psi$ 有单值, 而 Ψ 似无须单值, 这个 "单值" 条件, 曾引起许多讨论.

Ψ 的基本特性, 系 "平方可积分性"(quadratic integrability), 即

$$\int \Psi^* \Psi \mathrm{d}\tau \text{ 为有限值} \tag{3-53}$$

此条件乃来自 $\Psi^* \Psi$ 的概率密度的解释 * (见 (47) 式下文).

3.3.4 稳定态 (stationary state) 与本征值

设 (39) 方程式可有下式之解：

$$\Psi_m(q,t) = \psi_m(q) \exp\left(-\frac{\mathrm{i}}{\hbar} E_m t\right) \tag{3-54}$$

$$q \equiv q_1, q_2, \cdots, q_n, \quad E_m = \text{ 常数}$$

则 ψ_m 满足下方程式：

$$(H - E_m)\psi_m(q) = 0 \tag{3-55}$$

此乃 "不含时的 Schrödinger 方程式"(见 (32) 式的一例). 由 (55) 式, 即得

$$\Psi_m^* \Psi_m = \psi_m^* \psi_m(q) \tag{3-56}$$

此与时 t 无关, 乃一常数. 满足 (54) 式的态, 称为稳定态. 式中之 ψ_m, E_m, 系 H 的本征函数及本征值. 故求稳定态 ψ_m, 需先得 E_n, ψ_m.

按重叠原则, (39) 方程式的一般解, 可写为

$$\Psi(q,t) = \sum c_m \psi_m(q) \exp\left(-\frac{\mathrm{i}}{\hbar} E_m t\right) \tag{3-57}$$

c_m 系常数, 可由开始条件定之. $\sum$ 乃对所有的本征态之和包括对连续谱态的积分. (57) 式的 Ψ 自非稳定态.

欲求 (55) 式的本征值及本征函数 (或其他算符 Q 的本征值 q_n 及本征函数 u_n), 我们解偏微分方程式 (55)(或 $Qu_n = q_n u_n$).

---

* 如 Ψ 系连续谱的波函数, (47) 归一化式可代以 Weyl 的 "本征微分" 定义及条件, 此将于第 4 章第 7 节述之.

在量子力学中, 任何物理量 Q 的算符, 务必符合一基本的条件. 在矩阵力学中, 基本的假定乃表任何物理量的矩阵, 务必为 Hermitian 矩阵, 俾其本征值为实数 (见第 1 章第 5 节 (i)). 在波动力学, 表物理量的算术, 务必为自伴 (self-adjoint) 算符 (亦称 Hermitian 算符), 俾其本征值为实数. 一个微分方程式如算符系自伴的, 称为 Sturm-Liouville 方程式, 如

$$H\psi_m = E_m\psi_m$$

H, Q 系自伴算符, 求其本征值 E_m, q_n 的问题, 称为 Sturm-Liouville 问题.

"自伴" 的定义及自伴方程式之解, 将于下章第 3 节详述之.

习　题

1. 证明如 Ψ, ϕ 系 Schrödinger 方程式 (39) 之解,

$$\frac{\mathrm{d}}{\mathrm{d}t}\int \Psi^*\varphi \mathrm{d}\tau = 0$$

2. 兹取一维的 Schrödinger 方程式 (32)

$$\frac{\mathrm{d}^2\Psi}{\mathrm{d}x^2} + \frac{2m}{\hbar^2}(E-V)\Psi = 0$$

有如 (25) 式 (见《古典动力学》乙部第 8 章第 1 节, P. Debye 于 1900 早年引入 Bruns 的 eikonal), 使

$$\Psi = \mathrm{e}^{\mathrm{i}S/\hbar}$$

并使

$$S = \int_{x_0} y(x)\mathrm{d}x \quad \left(\frac{\mathrm{i}}{\hbar}y = \frac{1}{\Psi}\frac{\mathrm{d}\Psi}{\mathrm{d}x}\right)$$

$$p^2(x) \equiv 2m(E-V)$$

则得所谓 Riccati 方程式

$$\frac{\hbar}{\mathrm{i}}\frac{\mathrm{d}y}{\mathrm{d}x} = p^2 - y^2$$

兹假设下级数

$$y(x) = \sum_{n=0}\left(\frac{\hbar}{\mathrm{i}}\right)^n y_n(x)$$

说明

$$y_0 = \pm p, \quad y_1 = -\frac{1}{2y_0}\frac{\mathrm{d}y_0}{\mathrm{d}x}$$

如 Ψ'/Ψ 在整个复数 x 面系分析函数, 证明 (用 Cauchy 定理)

$$\oint p\mathrm{d}x = n2\pi h$$

上法乃所谓 WBK 法, 乃 Wentzel, Brillouin, Kramers 于 1926 年 (6 月、7 月、9 月) 发表的.

第4章 波 动 力 学

4.1 导 言

在第 2 章, 我们述 Heisenberg 和 Born 的矩阵力学, 它的基本假定可总结如下：

(i) 一个粒子的坐标 x 和动量 p_x 或任何物理量, 皆表以 Hermitian 矩阵, 一个系统的 Hamiltonian $H(x, p_x)$ 亦表以矩阵, 其为 x, p_x 的矩阵函数, 有如古典动力学的 H 之为古典变数 x, p_x 的函数.

(ii) x, p_x 矩阵满足下对易关系：

$$p_x x - x p_x = \frac{\hbar}{\mathrm{i}} E, \quad E = \text{单位矩阵} \tag{4-1}$$

(iii) 系统的能态, 乃 H 的本征值, 即当 H 经幺正变换成对角矩阵时的对角元素 E_{nn}

$$(U^{-1} H U)_{mn} = E_{nn} \delta_{mn} \tag{4-2}$$

在第 3 章, 我们述 Schrödinger 的波动力学, 它的基本假定可总结如下：

(i) 坐标 x 和动量 p_x, 或任何物理量, 皆表以自伴算符. 一个系统的 Hamiltonian $H(x, p_x)$ 亦表以自伴算符, 其为 x, p_x 算符之函数, 有如古典动力学的 H 之为古典变数 x, p_x 的函数.

(ii) 如 x 算符 "乘以 x", 则 p_x 算符乃

$$p_x = \frac{\hbar}{\mathrm{i}} \frac{\partial}{\partial x} \tag{4-3}$$

故

$$\frac{\partial}{\partial x} x - x \frac{\partial}{\partial x} = 1 \tag{4-3a}$$

(iii) 系统的能态, 乃 H 的本征值, 即

$$H \Psi_n = E_n \Psi_n \tag{4-4}$$

由此二理论的比较, 得见二者的基本出发点及所用数学工具虽大异, 而实有其相同处, 首先二者均以算符表物理量, 且算符皆有 Hermitian 性. 次乃二共轭变数 x, p_x 在二理论中皆符合同形式的对易关系 (1) 及 (3). 三乃理论中 H 的本征值和 H 的观察所得的能 E_n 的关系, 在二理论中皆相同 (见 (2) 及 (4) 式). 此外二理论的平行处甚多, 将于下文述及.

实际上量子力学的发展, 是如下的: 矩阵力学可谓始于 1925 年; 波动力学 (Schrödinger) 则始自 1926 年初. 1926 年 Dirac 建立一更一般性的理论, 表物理量的是 Hermitian 算符 (无须明确地指矩阵或微分算符), x, p_x 遵守与 (1) 式同形式的对易关系 $\left(\text{无须明确用矩阵或 } x, p_x = \dfrac{\hbar}{\mathrm{i}}\dfrac{\partial}{\partial x}\right)$, 此理论乃包括矩阵力学与波动力学为二特殊表象.

为避免过为抽象计, 下文将详展开波动力学, 俟对此新理论的物理意义、数学方法及其应用于数个问题, 达到若干熟稔后, 再述较一般性的形式.

本章将先述上 (1) 及 (3) 对易关系的物理意义 (或根据). 与此有密切关联的, 乃 Heisenberg 1927 年发现的 "测不准原理". 此二者皆与 Einstein-de Broglie 关系有密切关联.

次乃述量子力学的数学部分, 以数个简单问题为例. 下数章则将述量子力学在数部门物理学的应用, 如原子及分子的结构等.

4.2 Einstein-de Broglie 关系

爱因斯坦 (1905 年) 提出之光子假定, 谓波长 λ 频率 ν 之辐射, 有粒子性, 其能 E 及动量 p 为

$$E = h\nu, \quad p = \frac{h}{\lambda} \tag{4-5}$$

de Broglie(1923 年) 的假定, 谓一能 E 动量 p 之粒子, 附有波性, 其频率 ν 及波长 λ 为

$$\nu = \frac{E}{h}, \quad \lambda = \frac{h}{p} \tag{4-5a}$$

此二组关系表示粒子与波的二象性; 它们 (i) 系对易关系 (1) 的来源, 或可说对易关系乃此二组关系的数学表示式, (ii) 系 Heisenberg 测不准原则的物理基础, (iii) 系 Bohr 或所谓 Copenhagen 派的互补原理 (complementarity principle) 的来源. 下文将分述这些点.

4.2.1 对易关系 (commutation relation)

先取一波函数 $\varPsi(\boldsymbol{r}, t)$, 作一 Fourier 变换

$$\varPsi(\boldsymbol{r}, t) = \frac{1}{(2\pi)^{3/2}} \int \mathrm{d}\boldsymbol{k} A(\boldsymbol{k}) \mathrm{e}^{\mathrm{i}(kr - \omega t)} \tag{4-6}$$

使

$$\varPhi(\boldsymbol{k}, t) \equiv A(\boldsymbol{k}) \mathrm{e}^{\mathrm{i}\omega t}$$

故

$$\Psi(\boldsymbol{r},t)=\frac{1}{(2\pi)^{3/2}}\int \mathrm{d}\boldsymbol{k}\,\Phi(k,t)\mathrm{e}^{\mathrm{i}\boldsymbol{k}\cdot\boldsymbol{r}}$$

按 Fourier 定理,

$$\Phi(\boldsymbol{k},t)=\frac{1}{(2\pi)^{3/2}}\int \mathrm{d}\boldsymbol{r}\,\Psi(\boldsymbol{r},t)\mathrm{e}^{-\mathrm{i}\boldsymbol{k}\cdot\boldsymbol{r}} \tag{4-6a}$$

按 Plancherel 氏定理, 有下关系:

$$\int \Psi^*(\boldsymbol{r},t)\,\Psi(\boldsymbol{r},t)\mathrm{d}\boldsymbol{r}=\int \Phi^*(\boldsymbol{k},t)\,\Phi(\boldsymbol{k},t)\mathrm{d}\boldsymbol{k} \tag{4-7}$$

如 $\Psi(r,t)$ 满足 (3-42) 方程式, 则 $\Phi(k,t)$ 按 (6) 满足下式 *:

$$\frac{\hbar}{\mathrm{i}}\frac{\partial\Phi}{\partial t}+\frac{\hbar^2k^2}{2m}\Phi=0 \tag{4-8}$$

由此, 即得

$$\frac{\partial}{\partial t}\Phi^*\Phi=0 \tag{4-9}$$

及

$$\frac{\partial}{\partial t}\int \Phi^*\Phi\mathrm{d}\boldsymbol{k}=0$$

按 (3-47), $\Psi^*\Psi\mathrm{d}\boldsymbol{r}$ 乃系统之坐标在 $\boldsymbol{r}$ 及 $\boldsymbol{r}+\mathrm{d}\boldsymbol{r}$ 间之概率. 按 (7) 及上式, $\Phi^*\Phi\mathrm{d}\boldsymbol{k}$ 的意义乃系 $\boldsymbol{k}$ 在 $\boldsymbol{k}$ 与 $\boldsymbol{k}+\mathrm{d}\boldsymbol{k}$ 间之概率.

兹作 p_x 之对角矩阵元素 (见 (3-40)). 由 (5), (5a)

$$p=\hbar\frac{2\pi}{\lambda}=\hbar k,\quad |k|=\frac{2\pi}{\lambda} \tag{4-10}$$

故

$$\begin{aligned}\int \Phi^*(\boldsymbol{k},t)p_x\,\Phi(\boldsymbol{k},t)\mathrm{d}\boldsymbol{k}&=\int \mathrm{d}\boldsymbol{k}\,\Phi^*\hbar k_x\frac{1}{(2\pi)^{3/2}}\int \mathrm{d}\boldsymbol{r}\,\Psi\mathrm{e}^{-\mathrm{i}\boldsymbol{k}\cdot\boldsymbol{r}}\\&=\int \mathrm{d}\boldsymbol{k}\,\Phi^*\frac{1}{(2\pi)^{3/2}}\int \Psi\left(-\frac{\hbar}{\mathrm{i}}\frac{\partial}{\partial x}\mathrm{e}^{-\mathrm{i}\boldsymbol{k}\cdot\boldsymbol{r}}\right)\mathrm{d}\boldsymbol{r}\\&=\int \mathrm{d}\boldsymbol{k}\,\Phi^*\frac{1}{(2\pi)^{3/2}}\int \mathrm{e}^{-\mathrm{i}\boldsymbol{k}\cdot\boldsymbol{r}}\frac{\hbar}{\mathrm{i}}\frac{\partial}{\partial x}\Psi\mathrm{d}\boldsymbol{r}\\&=\int \Psi^*(r,t)\frac{\hbar}{\mathrm{i}}\frac{\partial}{\partial x}\Psi(\boldsymbol{r},t)\mathrm{d}\boldsymbol{r}\end{aligned} \tag{4-11}$$

---

* 由 (6a) 及 (3-42), 即得

$$\begin{aligned}\frac{\hbar}{\mathrm{i}}\frac{\partial\Phi}{\partial t}&=\frac{1}{(2\pi)^{3/2}}\int \mathrm{d}r\,\frac{\hbar^2}{2m}\nabla^2\Psi\mathrm{e}^{-\mathrm{i}\boldsymbol{k}\cdot\boldsymbol{r}}\\&=(-\mathrm{i}k)^2\frac{1}{(2\pi)^{3/2}}\int \mathrm{d}r\,\frac{\hbar^2}{2m}\Psi\mathrm{e}^{-\mathrm{i}\boldsymbol{k}\cdot\boldsymbol{r}}\qquad\text{(作部分积分二次)}\end{aligned}$$

此式之意义如下：在 $\boldsymbol{p}(=\hbar\boldsymbol{k})$ 的表象中，$\boldsymbol{p}$ 的算符即系 $\boldsymbol{p}=\hbar\boldsymbol{k}$. 唯经 Fourier 变换至 $\boldsymbol{r}$ 的表象，则 $\boldsymbol{p}$ 的算符乃成 $\frac{\hbar}{\mathrm{i}}\nabla$ 或

$$p_x \to \frac{\hbar}{\mathrm{i}}\frac{\partial}{\partial x}, \quad p_y \to \frac{\hbar}{\mathrm{i}}\frac{\partial}{\partial y}, \quad p_z \to \frac{\hbar}{\mathrm{i}}\frac{\partial}{\partial z} \tag{4-12}$$

这结果解释了 Schrödinger 在 (3) 式中以 $\frac{\hbar}{\mathrm{i}}\frac{\partial}{\partial x}$ 代入 p_x 的依据. 这些关系，乃由 (10) 式而来，而 (10) 乃 (5) 也.

由 (12), 即得 (3a)

$$p_x x - x p_x = \frac{\hbar}{\mathrm{i}}, \quad \text{余类此} \tag{4-13}$$

4.2.2 测不准原理 (principle of indeterminacy, 但常称为 uncertainty principle)

1927 年, Heisenberg 考虑 (3),(4) 关系对度量位置和动量的影响.

先取一粒子. 如其动量为 p, 按 (4), 亦可视为一个波, 其波长 $\lambda=\frac{h}{p}$. 如谓粒子的位置系在 Δx 间, 则从波的观点, 粒子可视为一波包, 波包在 Δx 外的幅度, 由于 Δx 领域外之相消干涉, 必系极小. 这相消干涉的条件, 乃

$$\frac{\Delta x}{\lambda}=n, \quad \frac{\Delta x}{\lambda-\Delta\lambda} \geqslant n+1, \quad n=\text{整数}$$

或

$$\frac{\Delta x \Delta\lambda}{\lambda^2} \geqslant 1 \tag{4-14}$$

因 $\lambda=\frac{h}{p}$, 故此条件系

$$\Delta x \Delta p_x \geqslant h \tag{4-15}$$

按此关系, 如欲准确地知 p_x 之值 (即 $\Delta p_x=0$), 按波的观点, 意即谓波包只有一个 λ 的波 $\left(\lambda=\frac{h}{p}\right)$, 则此乃是一无穷长的波列. 然如是则无从知粒子的位置何在了.

反之, 如欲准确的知粒子的位置 (即 $\Delta x=0$), 从波的观点, 此波包必由无数的不同 λ 的波重叠构成. 故 Δp 是无穷大了.

次取下述的实验, 以显微镜量一个粒子的位置. 设物镜的孔径角为 2α, 如图 4.1 所示. 按光学, 如以波长 λ 的光照射一粒子, 则该显微镜的鉴别率 Δx(由于绕射作用的限制, 可能分离开的最小两点间距) 为

$$\Delta x=\frac{\lambda}{\sin\alpha} \tag{4-16}$$

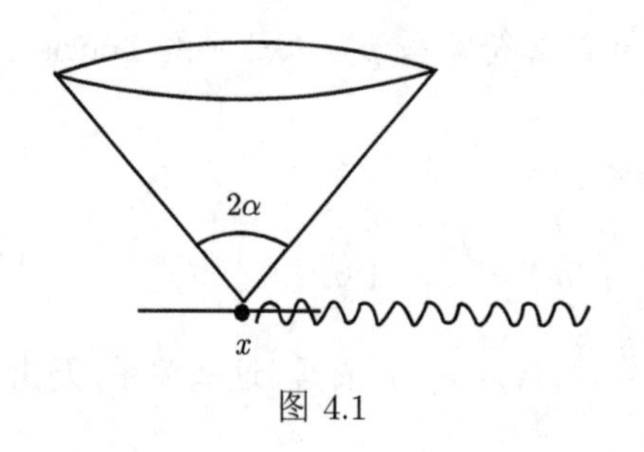

图 4.1

由于 Compton 效应, 光子被粒子散射入物镜孔径时, 对粒子产生一反冲. 光子可被散射于孔径 2α 中的任何方向, 故粒子的反冲方向亦随之而有一立体角, 其反冲的动量因之亦有一个范围 Δp_x. 按 Compton 效应的理论,

$$\Delta p_x \simeq \frac{h}{\lambda}\sin\alpha \tag{4-17}$$

由上二式, 即得 (15) 关系. 如用 γ- 线, 则 λ 减小而 Δp 增大.

兹更考虑下一实验. 设一屏其狭缝之宽为 Δx. 一束粒子以垂直方向射落狭缝, 如图 4.2 所示. 故粒子沿 x 方向的位置 x 的不准确度为 Δx. 从波的观点, 波长 λ 之波, 透经缝 Δx 时, 因绕射而射向 θ 角,

$$\sin\theta \simeq \frac{\lambda}{\Delta x} \tag{4-18}$$

绕射角为 θ 的粒子, 在 x 方向之分动量为 $\Delta p_x \simeq \frac{h}{\lambda}\sin\theta$, 由绕射方向可能为 $\pm\theta$, 故 p_x 之不准确度为

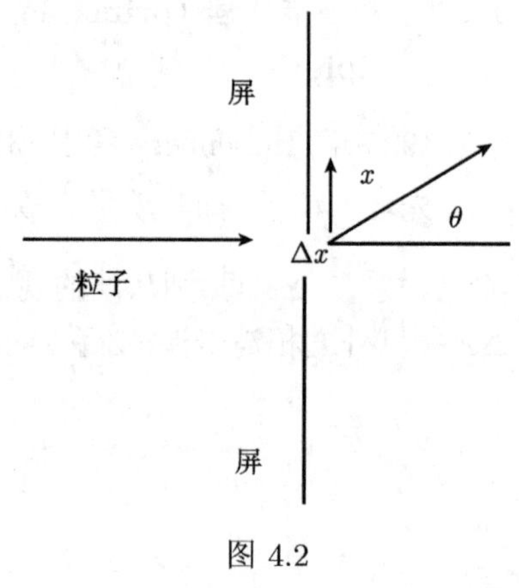

图 4.2

$$\Delta p_x \simeq \frac{h}{\lambda}\sin\theta \tag{4-19}$$

由上二式, 即得

$$\Delta p_x \Delta x \simeq h \tag{4-20}$$

使 Δx 减小, 则绕射角 θ 增大, 因之 Δp_x 亦大.

由上述的三个实验, 皆逃不出 (14) 关系的限制. 我们务须注意者, 是在导出这关系时, 我们对粒子与波的观点, 交互的应用, 二者的联系, 乃 Einstein-de Broglie 的关系 (3), (4).

上述的测不准原理 (14), 系对古典力学中两个互轭变数 (如 x 与 p_x) 的关系. 在古典力学中, 时间 t 与能 E 亦 (在形式上) 有似互轭的关系 (见《古典动力学》乙部第 4 章第 7 节). 我们试看在量子力学中, E 与 t 的度量, 是否有测不准原理的限制.

兹取一粒子, 其能为 E, 动量为 p, 速度 $v=\dfrac{p}{m}$, 沿 x 方向运行. 欲知粒子经过某一点 x 的时间 t, 我们置一幕于 x 点. 在波的观点, 一个粒子乃一个波包. 如波

包的长度 (沿 x 方向) 为 Δx, 则粒子透过幕的时间, 只可知到准确度 $\Delta t = \dfrac{\Delta x}{v}$, v 系群速度. 按前之 (15)$\Delta x \Delta p_x \simeq h$, 粒子的位置的不准确度 Δx, 有动量的不准确度 $\Delta p_x \simeq \dfrac{h}{\Delta x}$, 故

$$\Delta p_x v \Delta t \simeq h \tag{4-21}$$

因 $E = \dfrac{1}{2m}p^2$, $\Delta E = \dfrac{1}{m}p\Delta p = v\Delta p$, 故得

$$\Delta E \Delta t \simeq h \tag{4-22}$$

如用一无限长的单色列波, 俾 E 得知的极准确, $\Delta E = 0$, 则我们无从得知粒子经过幕的时刻 t. 反之, 如将列波以光闸于时 $t = t_1$, $t = t_2$ 剪出一段, 俾知道粒子是在 $\Delta t = t_2 - t_1$ 间经过幕的, 则此有限长度 $\Delta x = v(t_2 - t_1)$ 的波包, 不再是单色波, 而系由许多波长 λ 的波重叠组成的由 (14), (21), 即获 (22) 式如上.

我们务须注意下一点：我们导出 (22) 式, 是经由 (15) 式

$$\Delta x \Delta p_x \cong h \tag{4-23}$$

关系而来的, 换言之, 自根据 Einstein-de Broglie 的 (3), (4) 关系的. 在上节 (1) 中, 会见由 (3), (4) 关系, 可导出 (12) 及 (13) 式

$$p_x x - x p_x = \frac{\hbar}{\mathrm{i}} \tag{4-24}$$

(23) 和 (24) 是同一根据的. 我们将于下章 * 由 (24) 式可导出 (23) 式的更准确式

$$\Delta x \Delta p_x \geqslant \frac{\hbar}{2} \tag{4-25}$$

由 (22) 式, 我们或以为 $\Delta E \Delta t \cong h$ 的关系, 亦可由 T 与 H 间的一个对易关系如

$$HT - TH = -\frac{\hbar}{\mathrm{i}} \tag{4-26}$$

导来的. 在古典动力学中, H 和 $-t$ 间, 确似有如 p_x 和 x 间的共轭关系 **, 骤观之, 似与 (12) 式

$$p_x \to \frac{\hbar}{\mathrm{i}} \frac{\partial}{\partial x}$$

相应的, 亦有

$$H \to -\frac{\hbar}{\mathrm{i}} \frac{\partial}{\partial t}$$

的关系, 诚然的

$$\left(H + \frac{\hbar}{\mathrm{i}} \frac{\partial}{\partial t}\right) \varPsi = 0$$

---

* 第 5 章第 2 节, (5-52) 式下文.

** 见《古典动力学》乙部第 4 章第 7 节.

确是 Schrödinger 的基本方程式, 如 (3-39), 或 (3-33) 式.

唯早在 1933 年, Pauli 氏即证明不可能有一个 Hermitian 的时间的算符 T 的存在, 满足 (26) 式的 *, 故 (22) 式的来源, 不是 (26) 式; (23) 式则是来自 (24). 这不对称性是应注意及的.

4.2.3 互补原理 (complementarity principle)

Einstein-de Broglie 关系 (3), (4)

$$E \rightleftarrows h\nu, \quad p \rightleftarrows \frac{h}{\lambda} \tag{4-27}$$

表示粒子与波两个基本不同的观念间的关系, 谓我们一向认为是波的 (有波长及频率, 有绕射、干涉、偏极化等特性), 在某些观察情形下, 亦有粒子的特性, 如能、动量等. 反之亦然. 这 "粒子与波的二象性", 有许多的实验的证明, 如光电现象; Compton 效应; Geiger-Bothe, Compton-Simon 实验; Davisson-Germer, G. P. Thomson 等实验.

按古典物理, 这二象性是不可解的. 由 (27) 二式, 我们得到 "对易关系"(13)

$$p_x x - x p_x = \frac{\hbar}{\mathrm{i}}$$

和 "测不准原理"(15)

$$\Delta p_x \Delta x \geqslant \frac{\hbar}{2}$$

这些结果, 亦是古典物理所不能解的.

N. Bohr 对这个牵涉到物理的基础问题的态度, 可略述如下:

在古典物理中的各种观念, 皆是来自我们的观察经验的, 如上述的波和粒子的特性等. 现在发现了许多在原子领域的现象 (如上述的光电、Compton 效应等), 只用粒子的观念, 或只用波的观念, 便不足以描述它们, 而需两种观念并用. 我们可以认为我们所用的观念, 本身受到它们构成时的限制: 它们的来源是 "巨观的"、"日常的" 现象, 故其不适用于原子的、"微观的" 的现象, 是可以了解的. Bohr 以为在原子的领域, 粒子和波两种观念, 是互相补充的.

这样的哲学态度, 近于所谓实证哲学 (positivism)—— 接受经验所得结果.

但 Heisenberg 和 Bohr 对量子力学的解释, 远不止于上述的认为古典物理观念的限制. 他们以为一个物理量, 或特性, 不是本身即存在的, 而是由我们作观察或度量才有意义的. 举例言之, 一个电子, 如我们用实验方法量他的能或动量, 则我们得到能或动量, 于是我们以为它是一个粒子. 但如我对电子作另一种实验 (如电子绕

---

* 见 W. Pauli 在 Handbuch der Physik, 1933 或 1958 年版. Pauli 的结果的证明, 可用第 1 章习题 4. 又见下文第 5 章第 2 节 (5-92) 式下文.

射), 则我们得到它的波长 λ, 于是我们以为它是波. 一个电子, 究竟是粒子还是波, 是看我们所作的观察度量而定的. 故说电子是粒子, 或是波, 或是说粒子亦是波, 皆没有意义的.

这个理论的数学表示形式, 略约如下. 按 (4) 方程式, 一个系统的能的本征值 E_n 和本征态 Ψ_n 符合 Schrödinger 方程式

$$H\Psi_n = E\Psi_n \tag{4-28}$$

在此我们姑假定 $\Psi_1, \Psi_2, \cdots$ 构成一完全集 (complete set)*. 如我们已知一系统是在 Ψ_m 态, 则我们知道 H 之平均值即系

$$\int \Psi_m^* H \Psi_m \mathrm{d}\tau = E_m \tag{4-29}$$

在其他的

$$\int \Psi_n^* H \Psi_m d\tau = E_m \delta_{mn} \tag{4-30}$$

如现只知该系统在态 Φ, 则 Φ 可用全集的 Ψ_k 展开,

$$\Phi(q) = \sum c_k \Psi_k(q), \quad c_k = \text{常数} \tag{4-31}$$

(如 k 包括连续本征值 E_k, 则和 $\sum$ 包括积分 $\int \mathrm{d}k$ 在内). H 之平均值按 (4-30), (4-31), 乃

$$\int \Phi^* H \Phi d\tau = \sum_j \sum_k c_j^* c_k \delta_{jk} \tag{4-32}$$

$$= \sum_k |c_k|^2 E_k \tag{4-32a}$$

此式乃谓如度量 H 在 Φ 态之平均值, 其结将系 H 各 (无穷数的) 本征值 E_k 中之一, 各值 E_k 出现的几率为 $|c_k|^2$ 因由于 Φ 之归一化,

$$\sum_k |c_k|^2 = 1 \tag{4-33}$$

也. (4-32a) 的解释乃系: 如系统原在 Φ 态, 作 H 之度量, 将 "逼" 使系统进入 H 之本征态 Ψ_k 之一, 其结果为 Ψ_n 的几率为

$$|c_n|^2 = \left| \int \Psi_n \Phi \mathrm{d}\tau \right|^2 \tag{4-34}$$

上述的可说都是量子力学的基本假定的一部. 由 (29)~(34), 我们引入了几率的基本观念和假定. 此点略已在 (3-46)~(3-47) 作了些启示, 但下文将再申述之 (下文第 5 章第 2 节).

* 全集之态函数的观念, 见下文第 3 节.

4.3　本征值问题 ——Sturm-Liouville 方程式

第 3 章 3.3.3 节, 曾略述波动方程式的本征值及本征态 (函数). 兹更作较一般性的讨论, 并计算些其他问题.

一维的 Schrödinger 方程式 (3-34) 的一般性形式, 可写成下式 (称为 Sturm-Liouville 方程式):

$$\Lambda y + \lambda \rho(x) y = 0 \tag{4-35}$$

$\rho(x)$ 系一实数函数, λ 系一参数, Λ 系一自伴 (self-adjoint)*算符 (实数或复数)

$$\Lambda \equiv \frac{\mathrm{d}}{\mathrm{d}x}\left(p(x)\frac{\mathrm{d}}{\mathrm{d}x}\right) - q(x) \tag{4-36}$$

$p(x)$, $q(x)$ 皆系 x 之函数.

兹欲得 (4-35) 方程式之解 y 及 λ 值, 满足下述的边界条件: $a \leqslant x \leqslant b$,

$$F(a) = F(b) = 0, \quad \text{或} \quad F(b) - F(a) = 0 \tag{4-38}$$

此问题称为 Sturm-Liouville 问题.

定理一　Sturm-Liouville 方程式的不同本征值 λ 之本征函数 Ψ 系正交的.

设本征值 λ_1, λ_2 的本征函数为 Ψ_1, Ψ_2, 即

$$\begin{aligned} &\Lambda \Psi_1 = -\lambda_1 \rho \Psi_1, \quad \Lambda \Psi_2 = -\lambda_2 \rho \Psi_2 \\ &\Lambda^* \Psi_1^* = -\lambda^* \rho \Psi_1^*, \quad \Lambda^* \Psi_2^* = -\lambda_2^* \rho \Psi_2^* \end{aligned} \tag{4-39}$$

以 Ψ_2^* 乘首行第一式, 以 Ψ_1 乘次行第二式, 由 $x = a$ 积分至 $x = b$, 按自伴的条件 (37), 即得

$$\begin{aligned} \int_a^b (\Psi_2^* \Lambda \Psi_1 - \Psi_1 \Lambda^* \Psi_2^*) \mathrm{d}x &= (\lambda_2^* - \lambda_1) \int_a^b \rho \Psi_2^* \Psi_1 \mathrm{d}x \\ &= F(b) - F(a) \\ &= 0, \quad \text{按边界条件(38)} \end{aligned} \tag{4-40}$$

∗ 自伴 (亦称 Hermitian) 算符, 满足下述条件:

设 $y(x)$, $z(x)$ 系二任意函数, $F(x)$ 系一函数,

$$z\Lambda y - y\Lambda z = \frac{\mathrm{d}F}{\mathrm{d}x} \quad \text{如 } \Lambda \text{系实数的} \tag{4-37}$$

$$z^* \Lambda y - y\Lambda^* z^* = \frac{\mathrm{d}F}{\mathrm{d}x} \quad \text{如 } \Lambda \text{ 系复数的}$$

所以称 Hermitian 者, 盖 Λ 有第 1 章第 3 节定理 (十二)、(十三)Hermitian 矩阵的特性也. 见下文定理一及二.

故如 $\lambda_2^* - \lambda_1 \neq 0$, 则

$$\int_a^b \Psi_2^* \Psi_1 \rho \mathrm{d}x = 0 \tag{4-41}$$

此乃谓 Ψ_2, Ψ_1(对密度函数 $\rho(x)$) 作正交.

定理二 Sturm-Liouville 方程式之本征值系实数.

使 (39), (40) 式中之 λ_1, λ_2 为同一态, 故

$$(\lambda_1^* - \lambda_1) \int_a^b \rho \Psi_1^* \Psi_1 \mathrm{d}x = 0 \tag{4-42}$$

如 $\rho(x)$ 在 $a \leqslant x \leqslant b$ 间之值皆同正 (或负) 号, 则此积分不能等于零. 故

$$\lambda_1^* - \lambda_1 = 0, \quad \text{q.e.d.} \tag{4-43}$$

定理三 Sturm-Liouville 方程式之本征函数构成一全集.

设 Ψ_1, Ψ_2, Ψ_3, $\cdots$ 为一集正交归一的函数

$$\int \Psi_m^* \Psi_n \rho \mathrm{d}x = \delta_{mn} \tag{4-44}$$

设 $f(x)$ 为一满足和 Ψ_n 等相同的边界条件的任意函数. 兹假设将 $f(x)$ 以 Ψ_n 等展开

$$f(x) = \sum_{k=0}^{\infty} c_k \Psi_k(x) \tag{4-45}$$

(如 S-L 方程式有连续的本征值 E_k, 则此和包括对连续函数部分积分 $\int c_k \Psi_k \mathrm{d}k$). 由上式, 即得

$$c_k = \int_a^b \Psi_k^* f(x) \rho(x) \mathrm{d}x \tag{4-46}$$

$$\equiv (\Psi_k, \rho f) \tag{4-46a}$$

兹使 Δ_n 表

$$\begin{aligned}\Delta_n &\equiv \int_a^b f^*(x) f(x) \rho(x) \mathrm{d}x - \int_a^b \left(\sum_{k=0}^{n} c_k \Psi_k\right)^* \left(\sum_{l=0}^{n} c_l \Psi_l\right) \rho(x) \mathrm{d}x \\ &= \int_a^b f^*(x) f(x) \rho(x) \mathrm{d}x - \sum_{k=0}^{n} |c_k|^2 \end{aligned} \tag{4-47}$$

$\Psi_0 \Psi_1, \Psi_2, \cdots$ 成一全集之定义, 乃

$$\lim_{n \to \infty} \Delta_n = 0 \tag{4-48}$$

S-L 方程式 (35) 之本征函数 Ψ_k 满足此全集的定义之条件, 可证明为:

$$\text{(i)} \qquad \delta\lambda_{n+1} = \delta\left(-\frac{\int_a^b \Psi_{n+1}^* \Lambda \Psi_{n+1} \mathrm{d}x}{\int_a^b \Psi_{n+1}^* \Psi_{n+1} \rho \mathrm{d}x}\right) = 0 \tag{4-49}$$

其附带条件为

$$\int_a^b \Psi_{n+1}^* \Psi_k \rho(x) \mathrm{d}x = 0, \quad k = 1, 2, \cdots, n$$

$$\text{(ii)} \qquad \lim_{n\to\infty} \lambda_n = \infty. \tag{4-50}$$

(49), (50) 二条件为 Ψ_x 构成一全集之正交函数之证明, 可参阅 Courant-Hilbert 之 *Methoden der Math Physik*, 第一版, 第 6 章第 3 节, 或略见本章末附录乙.

S-L 方程式的本征值问题, 其例甚多, 如古典数学物理中之谐和函数 (Legendre, associated Legendre, Bessel 函数等) 及量子力学中的有心力场 (central field) 问题的径向波动方程式等. 兹于下节述这些问题. 下文将先以简谐振荡为例, 与第 2 章矩阵力学法比较.

例　简谐振荡.

Hamiltonian 为

$$H = \frac{1}{2\mu}p^2 + \frac{1}{2}\mu\omega^2 x^2, \quad \mu = \text{质量} \tag{4-51}$$

(35) 式系 *

$$-\frac{\hbar^2}{2\mu}\frac{\mathrm{d}^2\Psi}{\mathrm{d}x^2} + \frac{1}{2}\mu\omega^2 x^2 \Psi = E\Psi \tag{4-52}$$

兹引入无维次之变数 ξ 和参数 (能)λ

$$\xi = x\sqrt{\frac{\mu\omega}{\hbar}}, \quad \lambda = \frac{2E}{\hbar\omega} \tag{4-53}$$

则 (52) 成

$$\frac{\mathrm{d}^2\Psi}{\mathrm{d}\xi^2} + (\lambda - \xi^2)\Psi = 0 \tag{4-54}$$

ξ 极大时, Ψ 略如 $\mathrm{e}^{\pm\frac{1}{2}\xi^2}$ 使 **

$$\Psi(\xi) \equiv \upsilon(\xi)\mathrm{e}^{-\frac{1}{2}\xi^2} \tag{4-55}$$

则 (53) 成

$$\frac{\mathrm{d}^2\upsilon}{\mathrm{d}\xi^2} - 2\xi\frac{\mathrm{d}\upsilon}{\mathrm{d}\xi} + (\lambda - 1)\upsilon = 0 \tag{4-56}$$

---

* 以 $\frac{\hbar}{\mathrm{i}}\frac{\mathrm{d}}{\mathrm{d}x}$ 代 p_x, 虽可见于 (3), 但其基本的根据, 乃见上文第 2 节 (12).

** 如取 $\mathrm{e}^{\frac{1}{2}\xi^2}$, 则 Ψ 将平方不可积分.

使

$$v = \xi^l \sum_{n=0} a_n \xi^n \tag{4-57}$$

以此代入上式, 即得指数方程式

$$l(l-1) = 0, \quad 或 \quad l = 0, 1$$

兹取 $l = 0^*$. 以 (51) 代入 (56), 即得递推关系 (recurrence relation)

$$(n+1)(n+2)a_{n+2} + (\lambda - 1 - 2n)a_n = 0 \tag{4-58}$$

n 极大时, 两相连项之比为

$$\frac{a_{n+2}\xi^{n+2}}{a_n \xi^n} \simeq \frac{2n}{n^2}\xi^2 = \frac{2}{n}\xi^2$$

故 (57) 之渐近性为

$$v \to \mathrm{e}^{2\xi^2} \tag{4-59}$$

以此代入 (55), 则 Ψ 在 ξ 极大时略如 $\mathrm{e}^{\frac{3}{2}\xi^2}$. 如是则 Ψ 乃平方不可积分. 欲避免此结果. 我们可假定

$$\lambda - 1 - 2n = 0 \tag{4-60}$$

或由 (53), 即得

$$E = \left(n + \frac{1}{2}\right)\hbar\omega, \quad n = 0, 1, 2, \cdots \tag{4-61}$$

如是则 $a_{n+2} = 0$, 而 v 乃系一多项式而非无穷级数, 不复有 (59) 式之平方不可积分矣.

(61) 之 E, 即 (52) 之本征值. 兹求本征函数. 使

$$H_n(\xi) \equiv v = \sum_{k=0}^{n} a_k \xi^k \tag{4-63}$$

---

* 按微分方程式理论, $l = 0$ 与 $l = 1$ 系同一解 (见下文 67 页). 其另一独立解 u, 与 (57) 之 v 的关系为

$$u\frac{\mathrm{d}v}{\mathrm{d}\xi} - v\frac{\mathrm{d}u}{\mathrm{d}\xi} = b\mathrm{e}^{\xi^2}, \quad b = 常数 \tag{4-62}$$

如 v 系 $\sum_{k=0}^{n} a_k \xi^k$ 多项式, 则按上式, u 或 $\frac{\mathrm{d}u}{\mathrm{d}\xi}$ 在 ξ 极大时, 必略如 e^{ξ^2}. 如此则 (55) 之 ψ

$$\begin{aligned}\psi &= u(\xi)\mathrm{e}^{-\frac{1}{2}\xi^2} \\ &\to \mathrm{e}^{\frac{1}{2}\xi^2}, \quad 当\ \xi\ 极大时\end{aligned}$$

乃平方不可积分矣. 故 $u(\xi)$ 解是不适用而须弃去的.

(62) 之 $uv' - vu'$ 称为 Wrönskian, 上述讨论法, 是一般性的, 将于下文氢原子的沿径波动方程式亦用之.

由 (58)

$$a_{k+2} = \frac{2n-2k}{(k+1)(k+2)} a_k \tag{4-64}$$

H_3 之方程式 (56) 及 (60),

$$\left(\frac{\mathrm{d}^2}{\mathrm{d}\xi^2} - 2\xi\frac{\mathrm{d}}{\mathrm{d}\xi} + 2n\right) H_n = 0 \tag{4-65}$$

按 (64), H_n 乃一多项式, 称为 Hermite 多项式

$$\begin{aligned} H_n(\xi) =& (2\xi)^n - n(n-1)(2\xi)^{n-2} \\ &+ \frac{n(n-1)(n-2)(n-3)}{2!}(2\xi)^{n-4} \\ &+ \cdots + \begin{cases} (-1)^{n/2} n! \Big/ \left(\dfrac{n}{2}\right)! \text{如 } n = \text{偶数} \\ (-1)^{(n-1)/2} n! \xi \Big/ \left(\dfrac{n-1}{2}\right)! \text{如 } n = \text{奇数} \end{cases} \end{aligned} \tag{4-66}$$

$$\begin{aligned} &H_0 = 1, & &H_3 = (2\xi)^3 - 12\xi \\ &H_1 = 2\xi, & &H_4 = (2\xi)^4 - 12(2\xi)^2 + 12 \\ &H_2 = (2\xi)^2 - 2, & &H_5 = (2\xi)^5 - 20(2\xi)^3 + 120\xi \end{aligned} \tag{4-67}$$

$H_n(\xi)$ 系 ξ 之偶 (奇) 函数, 视 n 之偶 (奇) 而定.

$H_n(\xi)$ 有下积分性质 (见本章末附录甲):

$$\int_{-\infty}^{\infty} H_m(\xi) H_n(\xi) \mathrm{e}^{-\xi} \mathrm{d}\xi = \begin{cases} 0, & m \neq n \\ 2^n \sqrt{\pi} n!, & m = n \end{cases} \tag{4-68}$$

(54) 方程式的本征函数 (按 (4-68) 归一化的) 乃

$$\Psi_n(\xi) = \frac{1}{\sqrt{2^n \sqrt{\pi} n!}} \mathrm{e}^{-\frac{1}{2}\xi^2} H_n(\xi) \tag{4-69}$$

(52) 方程式的归一化本征函数

$$\Psi_n(x) = \sqrt[4]{\frac{\mu\omega}{\hbar}} \frac{1}{\sqrt{2^n \sqrt{\pi} n!}} \mathrm{e}^{-\frac{\mu\omega}{2\hbar}x^2} H_n\left(\sqrt{\frac{\mu\omega}{\hbar}} x\right) \tag{4-70}$$

$$\int_{-\infty}^{\infty} \Psi_n^*(x) \Psi_n(x) \mathrm{d}x = 1$$

本节有一重要结果, 即 (61) 式之最低态之能为

$$E_0 = \frac{1}{2}\hbar\omega \tag{4-71}$$

而非零是也. 由 (52), 此乃谓

$$\int_{-\infty}^{\infty} \varPsi_0^* \left(-\frac{\hbar^2}{2\mu}\frac{\mathrm{d}^2}{\mathrm{d}x^2} + \frac{1}{2}\mu\omega^2 x^2\right) \varPsi_0 \mathrm{d}x = E_0 = \frac{1}{2}\hbar\omega$$

按 (69), (54), (67) 等式, 此即系

$$\begin{aligned}&\int_{-\infty}^{\infty} \varPsi_0^* \left(-\frac{\hbar^2}{2\mu}\frac{\mathrm{d}^2}{\mathrm{d}x^2}\right) \varPsi_0 \mathrm{d}x \\ =&\int_{-\infty}^{\infty} \varPsi_0^* \left(\frac{1}{2}\mu\omega^2 x^2\right) \varPsi_0 \mathrm{d}x = \frac{1}{4}\hbar\omega\end{aligned}$$

换言之, 动能及位能之本征值皆等于 $\frac{1}{4}\hbar\omega$ 而非零. 此意谓一谐振荡不能静止不动. 这是 Heisenberg 的测不准原则的一例子. 表面上 Schrödinger 似未用到此原则, 但其实却隐藏了此原则, 盖在他的波动方程式 (52), (51) 中以 $\frac{\hbar}{\mathrm{i}}\frac{\partial}{\partial x}$ 代 p_x, 而使 p_x 与 x 间有

$$p_x x - x p_x = \frac{\hbar}{\mathrm{i}} \tag{4-72}$$

或

$$\frac{\hbar}{\mathrm{i}}\left(\frac{\partial}{\partial x}x - x\frac{\partial}{\partial x}\right)\varPsi = \frac{\hbar}{\mathrm{i}}\varPsi$$

的关系, 引入了测不准原则也 (详见上文第 2 节 (2)).

第 (54) 方程式的另一解法, 将于本章附录戊述之.

4.4 圆心场 (central field) 宇称性 (parity)

兹考虑一个有圆心对称性的系统. 最简单的例子是一个电子在有心场 $V(|\boldsymbol{r}|)$ 中, 如氢原子然. 为清楚简单故, 本节将考虑这个简例来引入宇称性的观念. 实则宇称性不限于"一个电子的原子"而系一般性的观念. 其于"多电子原子"的问题, 将在第 10 章第 3 节述之.

在圆心场的一个粒子的 Schrödinger 方程式为

$$\left(-\frac{\hbar^2}{2\mu}\boldsymbol{\nabla}^2 + V(\boldsymbol{r}) - E\right)\varPsi(\boldsymbol{r}) = 0 \tag{4-73}$$

此处 $V(\boldsymbol{r})$ 只系 $\boldsymbol{r}$ 的绝对值的函数, 与 $\boldsymbol{r}$ 的方向无关. 兹引入"宇称性"的观念如下. 先定义宇称运算符 P, 施 P 于 $\boldsymbol{r}$ 向量是使 $\boldsymbol{r}$ 对坐标原点 $r = 0$ 反倒,

$$P\boldsymbol{r} = -\boldsymbol{r} \tag{4-74}$$

兹施 P 于 (73) 式. 因 $P\nabla^2 = \nabla^2$, $PV(r) = V(r)$, 故 $P\varPsi(\boldsymbol{r})$ 可有二可能情形

$$P\Psi(\boldsymbol{r}) = \pm \Psi(\boldsymbol{r}) \tag{4-75}$$

此方程式可视为一个本征值方程式; P 算符的本征值为 $+1$ 及 -1. 属于前者的本征态 $\Psi_{(+)}$, 称为偶 (even) 态; 属于后者称为奇 (odd) 态, $\Psi_{(-)}$.

任何一个物理量, 其算符 Q, 非奇性即偶性. 如坐标矢 $\boldsymbol{r}$、电偶矩 $e\boldsymbol{r}$、速度 $\dot{\boldsymbol{r}}$、力 $m\ddot{\boldsymbol{r}}$ 等, 皆经 P 运作而变符号, 故为奇性. 如角动场 $[\boldsymbol{p} \times \boldsymbol{r}]$、磁场 $\boldsymbol{B}$、磁偶矩 $\boldsymbol{\mu}$ 等, 经 P 运作而不变符号的, 皆为偶性.

兹取 Q 之矩阵元素 $\langle \Psi_m | Q | \Psi_n \rangle$. 吾人甚易证明此元素不恒等于零的条件如下:

$$\begin{aligned}
&\langle \Psi_{m(+)} | Q_{(+)} | \Psi_{n(+)} \rangle = \int \Psi^*_{m(+)} Q_{(+)} \Psi^{\mathrm{dr}}_{(+)} \neq 0 \\
&\langle \Psi_{m(-)} | Q_{(+)} | \Psi_{n(-)} \rangle = \int \Psi^*_{m(-)} Q_{(+)} \Psi^{\mathrm{dr}}_{n(-)} \neq 0 \\
&\langle \Psi_{m(+)} | Q_{(-)} | \Psi_{n(-)} \rangle \neq 0 \\
&\langle \Psi_{m(-)} | Q_{(-)} | \Psi_{n(+)} \rangle \neq 0
\end{aligned} \tag{4-76}$$

换言之, 积分内的 $(\Psi^*_m Q \Psi_n)$ 必须为偶性 (此定理的证明, 留给读者).

上述 (76) 的结果, 不仅对一个粒子在圆心对称场有效, 而系对所有具有圆心对称性的系统皆有效. 我们将在第 8 章第 1 节应用 (76) 式, 获得所谓 Laporte 定则的解释 *.

一个粒子在有圆心对称性的场的 Schrödinger 方程式 (73). 如用圆极坐标, 即成

$$\begin{aligned}
&\left\{ -\frac{\hbar^2}{2\mu} \left[\frac{\partial^2}{\partial r^2} + \frac{2}{r}\frac{\partial}{\partial r} + \frac{1}{r^2 \sin\theta}\frac{\partial}{\partial\theta}\left(\sin\theta \frac{\partial}{\partial\theta}\right) \right.\right. \\
&\qquad \left.\left. + \frac{1}{r^2\sin^2\theta}\frac{\partial^2}{\partial\varphi^2} \right] + V(r) \right\} \Psi(\boldsymbol{r}) = E\Psi(\boldsymbol{r})
\end{aligned} \tag{4-77}$$

此方程式可以变数分离法处理之. 使

$$\Psi(\boldsymbol{r}) = R(\boldsymbol{r})\Theta(\theta)\Phi(\varphi) \tag{4-78}$$

以此代入 (77) 式, 由使 (78) 为 (77) 之解的条件, 可得下三个微分方程式:

$$\frac{1}{\Phi}\frac{\mathrm{d}^2\Phi}{\mathrm{d}\varphi^2} = -m^2 \tag{4-79}$$

$$\frac{1}{\sin\theta}\frac{\mathrm{d}}{\mathrm{d}\theta}\left(\sin\theta\frac{\mathrm{d}\Theta}{\mathrm{d}\theta}\right) + \left(\lambda - \frac{m^2}{\sin^2\theta}\right)\Theta = 0 \tag{4-80}$$

$$r\frac{\mathrm{d}^2}{\mathrm{d}r^2}(rR) + \frac{2\mu}{\hbar^2}(E - V(r))r^2R = \lambda R \tag{4-81}$$

此三方程式中之 m^2, λ 皆系常数 (所谓 “分离变数的常数”), m^2, λ, E 的确定, 乃成为 (79), (80), (81) 三方程式的本征值的问题.

---

* 见《量子论与原子结构》乙部第 1 章.

(79) 式的解为

$$\Phi(\varphi)=\frac{1}{\sqrt{2\pi}}\mathrm{e}^{\mathrm{i}m\varphi},\quad m=\pm\text{ 整数} \tag{4-82}$$

(80) 式可写成下式:

$$\frac{\mathrm{d}}{\mathrm{d}x}\left[(1-x^2)\frac{\mathrm{d}\Theta}{\mathrm{d}x}\right]+\left(\lambda-\frac{m^2}{1-x^2}\right)\Theta(x)=0 \tag{4-80a}$$

$$x\equiv\cos\theta$$

(80) 或 (80a) 式的本征值为

$$\lambda=l(l+1),\quad l=0,1,2,\cdots\text{ 整数} \tag{4-83}$$

及其 (归一化的) 本征函数为

$$\Theta_{l,m}(x)=(-1)^l\left[\frac{2l+1}{2}\frac{(l-m)!}{(l+m)!}\right]^{\frac{1}{2}}P_l^m(x) \tag{4-84}$$

$$P_l^m(x)=(-1)^m(1-x^2)^{\frac{m}{2}}\frac{\mathrm{d}^mP_l(x)}{\mathrm{d}x^m} \tag{4-84a}$$

$$P_l(x)=\frac{1}{2^ll!}-\frac{\mathrm{d}^l}{\mathrm{d}x^l}(x^2-1)^l \tag{4-84b}$$

$$\int_{-1}^{1}P_l^m(x)P_k^m(x)dx=\frac{2}{2l+1}\frac{(l+m)!}{(l-m)!}\delta_{l,k} \tag{4-85}$$

凡此皆见《电磁学》第 2 章第 4 节 *. 本节的若干结果, 亦可由较一般性的角动量算符及其本征值法得之. 详见下文第 6 节.

上 (85), (84a), (84b) 各式中的 $P_l^m(x),m$ 系正值. 如遇 $P_l^{-m}(x)(m\geqslant 0)$, 则

$$\Theta_{l,m}(x)=(-1)^{l-m}\left[\frac{2l+1}{2}\frac{(l+m)!}{(l-m)!}\right]^{\frac{1}{2}}P_l^{-m}(x) \tag{4-86}$$

$$P_l^{-m}(x)=\frac{1}{2^ll!}(1-x^2)^{-\frac{m}{2}}\frac{\mathrm{d}^{l-m}}{\mathrm{d}x^{l-m}}(x^2-1)^l \tag{4-86a}$$

$$P_l^{-m}(x)=(-1)^m\frac{(l-m)!}{(l+m)!}P_l^m(x)^{**} \tag{4-86b}$$

(86b) 乃由 (84) 与 (86) 二式的相等效得之.

在量子力学中, 通常对角波函数 (归一化)

$$Y_{lm}(\theta,\varphi)=\Theta_{lm}(\theta)\Phi_m(\varphi) \tag{4-87}$$

---

* (83) 式见本书 (2-81) 式, (84) 式见本书 (2-91) 式, (84a) 式见本书 (2-83) 式, (84b) 式见本书 (2-58) 式, (85) 式见本书 (2-90) 式.

** 此关系可参看 W. Magnus 与 F. Oberhettinger, Formeln und Sätze für die spezieller Funktionen der mathematischen, Physik, 第 84 页.

的相 (phase) 作下各式的选择：$\varPhi_m$ 见 (82) 式,

$$
\begin{aligned}
&\varTheta_{0,0}=\frac{1}{\sqrt{2}},\quad \varTheta_{1,0}=\sqrt{\frac{3}{2}}\cos\theta,\quad \varTheta_{1,\pm1}=\mp\sqrt{\frac{3}{4}}\sin\theta\\
&\varTheta_{2,0}=\sqrt{\frac{5}{8}}(2\cos^2\theta-\sin^2\theta),\quad \varTheta_{2,+1}=\mp\sqrt{\frac{15}{4}}\cos\theta\sin\theta\\
&\varTheta_{2,\pm2}=\sqrt{\frac{15}{16}}\sin^2\theta\\
&\varTheta_{3,0}=\sqrt{\frac{7}{8}}(2\cos^2\theta-3\sin^2\theta)\cos\theta\\
&\varTheta_{3,\pm1}=\mp\sqrt{\frac{21}{32}}(4\cos^2\theta-\sin^2\theta)\sin\theta\\
&\varTheta_{3,\pm2}=\sqrt{\frac{105}{16}}\cos\theta\sin^2\theta,\quad \varTheta_{3,\pm3}=\mp\sqrt{\frac{35}{32}}\sin^3\theta
\end{aligned}
\tag{4-88}
$$

欲求 $\boldsymbol{r}(x,y,z)$ 的矩阵元素, 或

$$
\frac{z}{r}=\cos\theta,\quad \frac{x\pm \mathrm{i}y}{r}=\sin\theta\mathrm{e}^{\pm\mathrm{i}\varphi}
$$

的元素

$$
\iint \varTheta_{lm}\varPhi_m^*\left\{\begin{matrix}\cos\theta\\ \sin\theta\mathrm{e}^{\pm\mathrm{i}\varphi}\end{matrix}\right\}\varTheta_{l'm'}\varPhi_m'\mathrm{d}x\mathrm{d}\varphi \tag{4-89}
$$

我们可用 $P_l^m(x)$ 的递推关系 * 及 (85) 公式.

兹用 (76) 式的矩阵元素符号式, 则 (89) 的计算结果如下：

$$
\langle l+1,m\,|\cos\theta|\,l,m\rangle=-\left[\frac{(l-m+1)(l+m+1)}{(2l+1)(2l+3)}\right]^{1/2} \tag{4-90a}
$$

$$
\begin{aligned}
\left\langle l+1,m+1\left|\sin\theta\mathrm{e}^{\mathrm{i}\varphi}\right|l,m\right\rangle&=\left\langle l,m\left|\sin\theta\mathrm{e}^{-\mathrm{i}\varphi}\right|l+1,m+1\right\rangle\\
&=\left[\frac{(l+m+1)(l+m+2)}{(2l+1)(2l+3)}\right]^{1/2}
\end{aligned}
\tag{4-90b}
$$

$$
\begin{aligned}
\langle l,m+1|\sin\theta\mathrm{e}^{\mathrm{i}\varphi}|l+1,m\rangle&=\langle l+1,m|\sin\theta\mathrm{e}^{-\mathrm{i}\varphi}|l,m+1\rangle\\
&=-\left[\frac{(l-m)(l-m+1)}{(2l+1)(2l+3)}\right]^{\frac{1}{2}}
\end{aligned}
\tag{4-90c}
$$

其他的元素皆等于零.

(90a,b,c) 等结果, 于原子的电偶跃迁的概率 (或光谱线的强度) 的计算时出现 (见第 7 章第 1 节).

---

* 参阅《电磁学》第 2 章 (2-88a)~(2-88f) 式.

(87) 式的谐函数 (归一化的)

$$Y_{l,m}(\theta,\varphi)=(-1)^l\frac{1}{\sqrt{2\pi}}\mathrm{e}^{\mathrm{i}m\varphi}\left[\frac{2l+1}{2}\frac{(l-m)!}{(l+m)!}\right]^{\frac{1}{2}}P_l^m(\cos\theta) \tag{4-91}$$

有下列的关系 *:

$$\sum_{m=-l}^{l}Y_{l,m}^*Y_{l,m}=\frac{2l+1}{4\pi} \tag{4-92}$$

此式于原子的满壳层特性的问题中用之. 见第 10 章 (10-28) 式.

现再回到本节首段讨论的宇称奇偶性的问题. 由 (91) 式, 我们可得 (78) 式 $\Psi(\boldsymbol{r})$ 的奇偶性与量子数 m, l 的关系.

由 (74) 式的定义, 用圆球极坐标, 即得

$$Pr=r,\quad P\theta=\pi-\theta,\quad P\varphi=\pi+\varphi \tag{4-93a}$$

由 (82) 式, 可得

$$P\varPhi_n=\mathrm{e}^{\mathrm{i}m\pi}\varPhi_m=(-1)^m\varPhi_m \tag{4-93b}$$

由 (84a), (84b), 可得

$$P\varTheta_{l,m}=(-1)^{l-m}\varTheta_{l,m} \tag{4-94c}$$

故

$$P\varPsi(r)=(-1)^l\varPsi(r) \tag{4-94}$$

此显示 $\varPsi_{lm}(r)$ 的 $\left\{\begin{array}{c}偶\\奇\end{array}\right\}$ 宇称性, 按量子数 $l=\left\{\begin{array}{c}偶\\奇\end{array}\right\}$ 整数而定.

兹由 (93a,b,c) 及 (94) 观点及 (76) 式定理, 即得

$$\int\varPsi_{nlm}^*r\varPsi_{n'l'm'}r^2\mathrm{d}r\mathrm{d}\cos\theta\mathrm{d}\varphi=0 \tag{4-95}$$

除非

$$\begin{aligned}l-l'&=奇数\\&=\pm1,\quad 按\ (90a,b,c)\end{aligned}$$

(90a,b,c) 是满足此定理的. 如以电子的电荷 $-e$ 乘 $\boldsymbol{r}$, 则 (95) 式谓电偶矩 $-e\boldsymbol{r}$ 的矩阵元素 $\langle\varPsi_a|e\boldsymbol{r}|\varPsi_b\rangle$ 只于 $\varPsi_a$, $\varPsi_b$ 系相反的宇称性时可不等于零. 此项结果于第 6 章第 2 节的“电偶跃迁概率”问题, 极为重要.

(95) 式于原子的 Stark 效应 (微扰理论, 见第 5 章第 1 节及第 6 章第 3 节) 亦极重要.

---

* 此关系的证明, 见《电磁学》第 2 章 (2-101) 式.

4.5 氢 原 子

在原子核 (电荷 Ze) 的场中, 一电子的位能 $V(r)=-\dfrac{Ze^2}{r}$, (81) 方程式乃成

$$\frac{\mathrm{d}^2R}{\mathrm{d}r^2}+\frac{2}{r}\frac{\mathrm{d}R}{\mathrm{d}r}+\left[\frac{2\mu}{h^2}\left(E+\frac{Ze^2}{r}\right)-\frac{l(l+1)}{r^2}\right]R(r)=0 \tag{4-96}$$

μ 为电子与原子核的折合质量, $\mu=\dfrac{mM}{m+M}$.

兹引入所谓 (Hartree 氏的)“原子的单位”, 长度以 Bohr 半径 $a=\dfrac{h^2}{me^2}=5.29\times 10^{-9}\mathrm{cm}$ 为单位, 能以 $\dfrac{e^2}{a}=\dfrac{me^4}{h^2}=4.36\times10^{-11}\mathrm{erg}=27.2\mathrm{eV}$ 为单位.

用这些单位, (96) 式乃成

$$\frac{\mathrm{d}^2R}{\mathrm{d}r^2}+\frac{2}{r}\frac{\mathrm{d}R}{\mathrm{d}r}+\left[2E+\frac{2Z}{r}-\frac{l(l+1)}{r^2}\right]R=0 \tag{4-96a}$$

E 之值, 乃由此方程式的本征值及本征函数定的, 先考虑稳定态 (即 $E<0$).

4.5.1 稳定态 ($E<0$)

使

$$\epsilon\equiv+\sqrt{-2E} \tag{4-97}$$

当 r 极大时, (96a) 式的渐近解为

$$R(r)\cong\mathrm{e}^{-\varepsilon r}$$

使

$$R(r)=\mathrm{e}^{-\epsilon r}u(r) \tag{4-98}$$

即得

$$\frac{\mathrm{d}^2u}{\mathrm{d}r^2}+2\left(\frac{1}{r}-\epsilon\right)\frac{\mathrm{d}u}{\mathrm{d}r}+\left[\frac{2(Z-\epsilon)}{r}-\frac{l(l+1)}{r^2}\right]u=0 \tag{4-99}$$

$r=0$ 点为一极 (pole). 使

$$u(r)=r^a\sum_{k=0}^{\infty}b_kr^k\equiv\omega(r)r^a \tag{4-100}$$

以此代入 (99) 式, 即得

$$\sum_{k=0}[\{(\alpha+k)(\alpha+k+1)-l(l+1)\}r^{\alpha+k-2}-2\{\epsilon(\alpha+k+1)-Z\}\times r^{\alpha+k-1}]b_k=0 \tag{4-101}$$

由此, 得所谓指数方程或 ($k=0$ 项的系数 =0)

$$\alpha(\alpha+1)-l(l+1)=0$$

故

$$\alpha=l, \quad \text{或} \quad -(l+1) \tag{4-102}$$

以 $\alpha=l$ 代入 (101) 式, 即得下推递关系:

$$b_{k+1}=2\frac{(k+l+1)\epsilon-Z}{(k+1)(k+2l+2)}b_k \tag{4-103}$$

如 (100) 系一无限级数, 则相连两项之比为

$$\lim_{h\to\infty}\frac{b_{k+1}}{b_k}r=\frac{2\epsilon}{k}r$$

$\omega(r)$ 之渐近式为

$$\omega(r)\simeq \mathrm{e}^{2\epsilon r}$$

由 (98),

$$R(r)\simeq \mathrm{e}^{\epsilon r}, \quad \epsilon>0$$

乃是不可平方积分的. 欲避免此情形, 我们使 (100) 级数终止于 $k=n_r$ 一项, 俾 $b_{n_r+1}=b_{n_r+2}=\cdots=0$, 换言之, 使

$$\epsilon=\frac{Z}{n_r+l+1} \tag{4-104}$$

或

$$E=-\frac{Z^2}{2n^2}, \quad n=n_r+l+1 \tag{4-104a}$$

$$=-\frac{Z^2me^4}{2n^2\hbar^2} \quad (\text{c.g.s. 单位}) \tag{4-104b}$$

此即 Bohr 的 Balmer 公式也.

按微分方程式之理论, 如指数方程式的两个根之差, 为一整数时, 则由此两个根之解, 不是独立的. 一个解可由任一个根得之, 另一独立解, 则需另法求之 (见 Whittaker 与 Watson 书, *A Course on Modern Analysis*, 1927 年版, 第 200 页) 如取 (102) 式的 $\alpha=-(l+1)$, 代入 (101) 式, 其推递关系乃

$$b_{k+1}=2\frac{(k-l)\epsilon-Z}{(k+1)(k-2l)}b_k$$

如 $b_0\neq 0$, 则 $b_{k+1}, b_{k+2}, \cdots$ 各项皆将是无穷大, (100) 将不成一解. 如 $b_0=0$, 则由上式, 可见

$$b_1=b_2=\cdots=b_{2l}=0$$

$$b_{2l+1} = \text{有限值}(\neq 0)$$

$$b_{2l+l+v} = 2\frac{(v+l+1)\epsilon - Z}{(v+1)(v+2l+2)} b_{2l+1+v}$$

此式与 (103) 式相同. 故 $\alpha = -(l+1)$ 的解, 亦即 $\alpha = l$ 情形下之解.

由 (100) 及上述之 $\alpha = l$, 我们得 (99) 的一个解

$$u(r) = r^l \omega(r)$$

其另独立解 $V(i)$, 可由 (99) 式证明其满足下所谓 Wronskian 关系 *：

$$\left(\frac{\mathrm{d}u}{\mathrm{d}r}v - \frac{\mathrm{d}v}{\mathrm{d}r}u\right) r^2 = C\mathrm{e}^{2\epsilon r}, \quad C = \text{常数} \tag{4-105}$$

如 $u(r)$ 系一多项式 (见前 (93) 式及 (104), 则由 (105) 式, 得见在 r 极大值时, $V(r)$ 或 $\dfrac{\mathrm{d}V}{\mathrm{d}r}$ 务必有 $\mathrm{e}^{2\epsilon r}$ 性质. 如是则 (98) 的其他独立解在 r 值大时之渐近性为

$$\lim_{\epsilon r \leftarrow \infty} rR(r) \propto \mathrm{e}^{\epsilon r} \tag{4-106}$$

此系不可平方积分的, 故须弃去. 此独立解 $v(r)$ 可证明有下式：

$$v(r) = r^{-(l+1)}\omega(r) + u(r)\ln r \tag{4-107}$$

此处之函数 ω, 其 $\omega(0) \neq 0$, 当 $l \neq 0$, 此式的首项在 $r = 0$ 亦不可平方积分, 唯此考虑于 $l = 0$ 时无碍. v 之须弃去的理由, 乃系 (106) 式的不可平方积分性 **.

兹将 (104a) 代入 (96a), (97) 式, 并使

$$\rho = \frac{2Z}{n}r \quad (r \text{ 的单位为 } a) \tag{4-108}$$

则 (96a) 及 (98) 成

$$\frac{\mathrm{d}^2R}{\mathrm{d}\rho^2} + \frac{2}{\rho}\frac{\mathrm{d}R}{\mathrm{d}\rho} + \left[-\frac{1}{4} + \frac{n}{\rho} - \frac{l(l+1)}{\rho^2}\right] R = 0 \tag{4-109}$$

$$R(\rho) = \mathrm{e}^{-\rho/2}\rho^l\omega(\rho) \tag{4-110}$$

此式中之函数 $\omega(\rho)$, 虽其多项式的系数的推递关系, 已见 (102) 式, 但可表以已知的函数, 如联附 Laguerre 多项式或超几何函数. 又 (110) 式的归一式, 皆于本章末附录丁述之.

---

* 使 $U = ur, V = vr$. (105) 式乃成

$$VU' - UV' = C\mathrm{e}^{2\epsilon r}$$

** 文献中皆谓 (100) 式的第二解 $\alpha = -(l+1)$ 应弃去的理由, 乃因在 $r = 0$, $r^{-(l+1)}u(r)$ 系不收敛的 (不可平方积分). 此错误各书辗转抄袭, 垂五十年. (文献中, 只 Schrödinger 1926 年的原著, 不用级数 (100) 之解法而用 Laplace 变换法求本征值, 未犯此错误.) 笔者于 1956 年在中国台湾大学及清华大学的量子力学讲义 (英文的) 中, 曾指出上述各点.

4.5.2 连续能谱 ($E>0$)

如 (96a), (97) 式中之能系正值, 则

$$\epsilon = \mathrm{i}\sqrt{2E} \equiv \mathrm{i}k, \quad k = \text{ 实数} \tag{4-111}$$

(98) 式成

$$R(r) = \mathrm{e}^{\mathrm{i}kr}u(r) \tag{4-112}$$

(99)~(102) 各式仍旧, 唯 $\epsilon = \mathrm{i}k$ 为虚数, (100) 级数无需截断成一多项式, 故 E 亦无 (104) 式的限制而可有任意值. 此与古典力学相似而无量子化条件了. 故 E 可有任何的正值, 皆可能有解.

由 (104), (108) 式及 (111)

$$\epsilon = \frac{Z}{n}, \quad \rho = \frac{2Z}{n}r, \quad \epsilon = \mathrm{i}k$$

可得

$$n = \frac{Z}{\epsilon} = -\mathrm{i}\frac{Z}{k}, \quad \rho = 2\epsilon r = 2\mathrm{i}kr \tag{4-113}$$

(112) 的连续谱函数可写成下式 (F 定义见附录 (4D-22) 式):

$$R_{nl}(\rho) = (-\mathrm{i}\rho)^l \frac{c}{(2l+1)!}\mathrm{e}^{-\rho/2}F(l+1-n, 2l+2, \rho) \tag{4-114}$$

$$\rho = 2\mathrm{i}kr, \quad k = \sqrt{2E}, \quad E \text{ 之单位为 } \frac{e^2}{a}, \quad r \text{ 之单位为 } a$$

r 之值极大时, R_{nl} 之渐近式为

$$R = \frac{c\exp\left(-\dfrac{\pi Z}{2k}\right)}{\left|\Gamma\left(l+1-\mathrm{i}\dfrac{Z}{k}\right)\right|}\frac{1}{kr}\cos\left[kr + \frac{Z}{k}\ln 2kr - \frac{\pi}{2}(l-1) - \sigma_l\right] \tag{4-115}$$

$$\sigma_l = \arg\Gamma\left(l+1+\mathrm{i}\frac{Z}{k}\right)$$

此函数系一球状波, 其波长非一常数而系随 r 而变的. 此乃由于 (115) 式中的 $\dfrac{Z}{k}\ln 2kr$ 一项的影响, 而此项则系来自 Coulomb 定律的 *.

---

* 由 (112), $k=\sqrt{2E}$. 如电子的动量 p 为 $K\hbar$, 则

$$2E = \frac{(K\hbar)^2}{m}\frac{\hbar^2}{Me^4} = \frac{p^2}{(mc)^2}\cdot\frac{1}{\alpha^2}, \quad \alpha = \frac{e^2}{\hbar c} = \frac{1}{137}$$

$$\frac{Z}{K} = Z\alpha\frac{c}{v}, \quad v = \text{ 电子速度}$$

(115) 式中的 $\ln 2kr$ 项, 可与第 6 章附录乙 (6B-9,10) 式中 $\alpha\ln(2kr)$ 项比较.

(115) 波函数之归一化, 可按下文第 7 节 (142) 或本章本习题 6, 计算之.

本节原始文献为 A. Sommerfeld 与 G. Schur, Ann. der Physik, 4.409(1930): M. Stobbe. Ann. der Physik, 7,661(1930) 参看 H. A. Bethe 与 E. E. Salpeter 书 (见本章附录丁).

4.6 角 动 量

第 3 节有球心场的函数 $Y_{ln}(\theta,\rho)$, 系角动量 M^2, M_z 的本征函数. 故该节的结果, 可从较一般性的角动量考虑得之.

角动量 $\boldsymbol{M}(M_x, M_y, M_z)$ 的定义, 及其因对易关系

$$p_x x - x p_x = \frac{\hbar}{\mathrm{i}}, \quad y,\ z \text{ 类推}$$

所得的关系, 皆已见第 2 章 (2-1), (2-10), (2-13), (2-13a), (2-18)~(2-20) 各式, 兹列 (2-10), (2-13, 13a), (2-20) 数式如下:

$$M_+M_z - M_zM_+ = -M_+\hbar \tag{4-116}$$

$$M_-M_z - M_zM_- = M_-\hbar$$

$$M_+M_- = M^2 - M_z^2 + M_z\hbar \tag{4-117}$$

$$M_-M_+ = M^2 - M_z^2 - M_z\hbar$$

$$\langle\lambda\mu|M^2|\lambda'\mu'\rangle = \lambda(\lambda+1)\hbar^2\delta_{\lambda\lambda'}\delta_{\mu\mu'} \tag{4-118}$$

$$\langle\lambda\mu|M_z|\lambda'\mu'\rangle = \mu\hbar\delta_{\lambda\lambda'}\delta_{\mu\mu'} \tag{4-119}$$

设 $Y_{\lambda\mu}$ 系 M^2, M_z 之本征矢 *, 故 (118), (119) 同写为

$$M^2Y_{\lambda\mu} = \lambda(\lambda+1)\hbar^2Y_{\lambda\mu} \tag{4-120}$$

$$M_zY_{\lambda\mu} = \mu\hbar Y_{\lambda\mu} \tag{4-121}$$

由 $\langle\lambda\mu|M^2|\lambda\mu\rangle \geqslant \langle\lambda\mu|M_z^2|\lambda\mu\rangle$, 故

$$\lambda(\lambda+1) \geqslant \mu^2 \tag{4-122}$$

兹施 M_+ 于 (121), 应用 (116), 即得

$$M_z(M_+Y_{\lambda\mu}) = (\mu+1)(M_+Y_{\lambda\mu}) \tag{4-123}$$

* 由 (116) 式起, 各式皆系一般性的, 不限于 l, m 等为整数, (见 (2-17) 式下句), Y_{lm} 亦系一般性的而不限于 (91) 式的 $Y_{lm}(\theta,\varphi)$. 故兹以 (λ,μ) 代整数的 (l,m).

此乃示 $(M_+M_{\lambda\mu})$ 系 M_z 的本征值 $\mu+1$ 的本征向量, 故

$$M_+Y_{\lambda\mu} = a_{\lambda\mu}Y_{\lambda\mu+1}$$

$a_{\lambda\mu}$ 常数, 可由归一化条件得之. 兹假设 $Y_{\lambda\mu}$ 皆系归一化的. 故

$$\begin{aligned}|a_{\lambda\mu}|^2 &= (M_+Y_{\lambda\mu}, M_+Y_{\lambda\mu})\\ &= (M_+^+M_+Y_{\lambda\mu}, Y_{\lambda\mu}) = (M_-M_+Y_{\lambda\mu}, Y_{\lambda\mu})\\ &= ((M^2 - M_z^2 - M_z\hbar)Y_{\lambda\mu}, Y_{\lambda\mu})\\ &= \lambda(\lambda+1) - \mu(\mu+1)\end{aligned} \tag{4-124}$$

$$M_+Y_{\lambda\mu} = \sqrt{(\lambda+\mu+1)(\lambda-\mu)}Y_{\lambda\mu+1} \tag{4-125}$$

同法, 可得

$$M_-Y_{\lambda\mu} = \sqrt{(\lambda-\mu+1)(\lambda+\mu)}Y_{\lambda\mu-1} \tag{4-125a}$$

由 (122), 知 μ 有一最大值 $\mu_{\max}$ 及一最低值 $\mu_{\min}$. 由 (125), (125a), 即得

$$\mu_{\max} = \lambda, \quad \mu_{\min} = -\lambda \tag{4-126}$$

使

$$M_+Y_{\lambda\lambda} = 0, \quad M_-Y_{\lambda-\lambda} = 0 \tag{4-127}$$

由 (126),

$$\mu_{\max} - \mu_{\min} = 2\lambda \tag{4-127a}$$

$2\lambda =$ 整数, 使 $\lambda = l, \mu = m$.

如 $l = 0, 1, 2, \cdots$, 则 Y_{lm} 即第 4 节的谐函数. 如 $l = \frac{1}{2}, \frac{3}{2}, \cdots$, 则 Y_{lm} 不能以微分算符表之. $l = \frac{1}{2}$ 乃电子自旋角动量的情形.

兹取第 4 节 $(l = 0, 1, 2, \cdots)$ 的问题, 以球极坐标,

$$\begin{aligned}&x = r\sin\theta\cos\varphi, \quad y = r\sin\theta\sin\varphi, \quad z = r\cos\theta\\ &\frac{\partial}{\partial z} = \cos\theta\frac{\partial}{\partial r} - \frac{\sin\theta}{r}\frac{\partial}{\partial\theta}\\ &\frac{\partial}{\partial x} = \sin\theta\cos\varphi\frac{\partial}{\partial r} + \frac{\cos\theta\cos\varphi}{r}\frac{\partial}{\partial\theta} - \frac{\sin\varphi}{r\sin\theta}\frac{\partial}{\partial\varphi}\\ &\frac{\partial}{\partial y} = \sin\theta\sin\varphi\frac{\partial}{\partial r} + \frac{\cos\theta\sin\varphi}{r}\frac{\partial}{\partial\theta} + \frac{\cos\varphi}{r\sin\theta}\frac{\partial}{\partial\varphi}\\ &\quad M_z = \frac{\hbar}{\mathrm{i}}\frac{\partial}{\partial\varphi}\end{aligned} \tag{4-128}$$

$$M_x = \mathrm{i}\hbar\left(\sin\varphi\frac{\partial}{\partial\theta} + \cos\varphi\cot\theta\frac{\partial}{\partial\varphi}\right) \tag{4-129}$$

$$M_y = \mathrm{i}\hbar\left(-\cos\varphi\frac{\partial}{\partial\theta} + \sin\varphi\cot\theta\frac{\partial}{\partial\varphi}\right)$$

$$M_\pm = \pm\hbar\mathrm{e}^{\pm\mathrm{i}\varphi}\left(\frac{\partial}{\partial\theta} \pm \mathrm{i}\cot\theta\frac{\partial}{\partial\varphi}\right)$$

$$M^2 = -\hbar^2\left[\frac{1}{\sin\theta}\frac{\partial}{\partial\theta}\left(\sin\theta\frac{\partial}{\partial\theta}\right) + \frac{1}{\sin^2\theta}\frac{\partial^2}{\partial\varphi^2}\right] \tag{4-130}$$

M_z, M^2 的本征值已见 (82), (83), 其本征函数则见 (91)(及本章末附录乙).

下文将以另一法得 $Y_{lm}(\theta,\varphi)$ (以下之 Y_{lm} 乃已归一化的, 亦即 (91) 式之 Y_{lm}).

由 (127) 及 (129), 可得

$$M_+ Y_{ll} = 0$$

或

$$\left(\frac{\partial}{\partial\theta} + \mathrm{i}\cot\theta\frac{\partial}{\partial\varphi}\right)Y_{ll}(\theta,\varphi) = 0 \tag{4-131}$$

此方程式之解乃

$$Y_{ll}(\theta,\varphi) = N_{ll}\mathrm{e}^{\mathrm{i}l\varphi}\sin^l\theta \tag{4-132}$$

由对 φ 周期性的条件, 故 $l =$ 整数. 归一常数 N_{ll} 为

$$N_{ll} = \frac{1}{2^l l!}\sqrt{\frac{(2l+1)!}{4\pi}} \tag{4-133}$$

由 (125a), (129), 可得

$$\sqrt{(l-m+1)(l+m)}Y_{lm-1} = \mathrm{e}^{-\mathrm{i}\varphi}\left(-\frac{\partial}{\partial\theta} + \mathrm{i}\cot\theta\frac{\partial}{\partial\varphi}\right)Y_{lm}$$

由 (121), 右方可写成 ($x \equiv \cos$)

$$= \frac{\mathrm{e}^{-\mathrm{i}\varphi}}{\sin^{m-1}\theta}\frac{\partial}{\partial x}(\sin^m\theta Y_{lm}) \tag{4-134}$$

由 (132)Y_{ll} 按此式递减的计算 $Y_{ll-1}, Y_{ll-2}, \cdots$, 可得下数式

$$Y_{lm} = \frac{1}{2^l l!}\sqrt{\frac{2l+1}{4\pi}\frac{(l+m)!}{(l-m)!}}\frac{1}{\sin^m\theta}\frac{\mathrm{d}^{l-m}}{\mathrm{d}x^{l-m}}(\sin^{2l}\theta)\mathrm{e}^{\mathrm{i}m\varphi} \tag{4-135}$$

$$Y_{lo} = \frac{1}{2^l l!}\sqrt{\frac{2l+1}{4\pi}}\frac{\mathrm{d}^l\sin^{2l}\theta}{\mathrm{d}x^l}, \quad x \equiv \cos\theta \tag{4-136}$$

$$Y_{l-l} = \frac{(-1)^l}{2^l l!}\sqrt{\frac{(2l+1)!}{4\pi}}\sin^l\theta\mathrm{e}^{-\mathrm{i}l\varphi} \tag{4-137}$$

兹引用 Legendre 函数 $P_{l(x)}$(84b) 及联附 Legendre 函数 $P_{l(x)}^m$(84a),

$$P_l(x) = \frac{1}{2^l l!}\frac{\mathrm{d}^l(x^2-1)^l}{\mathrm{d}x^l}$$

$$P_l^m(x) = (-1)^m \sin^m\theta \frac{\mathrm{d}^m P_l(x)}{\mathrm{d}x^m} = \frac{(-\sin\theta)^m}{2^l l!}\frac{\mathrm{d}^{l+m}(x^2-1)^l}{\mathrm{d}x^{l+m}}$$

则 (135) 可写成

$$Y_{lm} = (-1)^{l-m}\sqrt{\frac{2l+1}{4\pi}\frac{(l+m)!}{(l-m)!}}P_l^{-m}(x)\mathrm{e}^{\mathrm{i}m\varphi} \tag{4-135a}$$

由 (127) 及 (129), 可得

$$M_- Y_{l-1} = 0$$

或

$$\left(-\frac{\partial}{\partial\theta} + \mathrm{i}\cot\theta\frac{\partial}{\partial\varphi}\right)Y_{l-l} = 0 \tag{4-138}$$

此式之解为

$$Y_{l-l} = N_{ll}\mathrm{e}^{-\mathrm{i}l\varphi}\sin^l\theta \tag{4-139}$$

N_{ll} 与 (133) 式同. 由 (125) 及 (129), 可得

$$\begin{aligned}\sqrt{(l+m+1)(l-m)}Y_{lm+1} &= \frac{1}{\hbar}M_+ Y_{lm}\\ &= -\mathrm{e}^{\mathrm{i}\varphi}\sin^{m+1}\theta\frac{\mathrm{d}}{\mathrm{d}x}\left(\frac{1}{\sin^m\theta}Y_{lm}\right)\end{aligned} \tag{4-140}$$

由 (138) 式, (139) 式乃此式, 即得

$$Y_{lm} = \frac{(-1)^m}{2^l l!}\sqrt{\frac{2l+1}{4\pi}\frac{(l-m)!}{(l+m)!}}\sin^m\theta\frac{\mathrm{d}^{l+m}}{\mathrm{d}x^{l+m}}(\sin^{2l}\theta)\mathrm{e}^{\mathrm{i}m\varphi} \tag{4-141}$$

$$= (-1)^l\sqrt{\frac{2l+1}{4\pi}\frac{(l-m)!}{(l+m)!}}P_l^m(x)\mathrm{e}^{\mathrm{i}m\varphi} \tag{4-141a}$$

(135) 与 (141) 可证明是相同的. (135a) 与 (141a) 可证明是相同的, 因

$$P_l^{-m} = (-1)^m\frac{(l-m)!}{(l+m)!}P_l^m$$

(见 (86b) 式下注.)

兹计算 M_t, M_y, M_y 的矩阵元素. 由 (121), (125), (125a) 即得

$$\langle l,m|M_z|l,m\rangle = \iint Y_{lm}^* M_z Y_l \mathrm{d}\cos\theta\mathrm{d}\varphi = m\hbar \tag{4-142}$$

$$\langle l, m+1|M_+|l, m\rangle = \sqrt{(l-m)(l-m+1)}\hbar \tag{4-143}$$

$$\langle l, m-1|M_-|l, m\rangle = \sqrt{(l-m+1)(l+m)}\hbar \tag{4-144}$$

后二式可写为

$$\begin{aligned}\langle l, m+1|M_\times|l, m\rangle &= \langle l, m+1|\mathrm{i}M_y|l, m\rangle \\ &= \sqrt{(l-m)(l+m+1)}\frac{1}{2}\hbar\end{aligned} \tag{4-145}$$

$$\begin{aligned}\langle l, m|M_\times|l, m-1\rangle &= \langle l, m|\mathrm{i}M_y|l, m-1\rangle \\ &= \sqrt{(l-m+1)(l+m)}\frac{1}{2}\hbar\end{aligned} \tag{4-146}$$

此外其他的元素皆等于零.

上 (145), (146) 式与第 2 章用矩阵计算所得结果 (2-25) 相同.

4.7 连续本征值谱函数

第 3 节 (35, 36) 式之 Sturm-Liouville 方程式

$$\frac{\mathrm{d}}{\mathrm{d}x}\left(p(x)\frac{\mathrm{d}y}{\mathrm{d}x}\right) - q(x)y + \lambda\rho(x)y = 0 \tag{4-147}$$

的本征值谱, 可能有一非连续谱部分 $\Omega_1 : \lambda_0, \lambda_1, \lambda_2, \cdots, \lambda_n$($n$ 可能有限值, 亦可能无限大), 及一连续谱部分 $\Omega_2 : \lambda$. 兹使 Ψ_0, Ψ_1, Ψ_2,$\cdots$ 代表非连续本征值之本征波函数, 使 Ψ_λ 示连续谱波函数 $\Psi_n(\Psi_0, \Psi_1, \Psi_2, \cdots)$ 之归一化条件为

$$\int^\infty \Psi_n^* \Psi_n \rho \mathrm{d}x = 1$$

Ψ_λ 连续波函数则不满足 "平方可积分" 条件, 故其积分务需引入 "本征微分"(eigen-differential) 的观念 (见 H. Weyl, Math. Annalen, 68, 220(1910) 文).

本征微分 $\Delta_\lambda \Psi$ 之定义为

$$\Delta_\lambda \Psi = \int_\lambda^{\lambda+\epsilon} \Psi_{\lambda'}(x)\mathrm{d}\lambda' \tag{4-148}$$

$\Delta_\lambda \Psi$ 之归一定义为

$$\lim_{\epsilon\to 0}\left[\frac{1}{\epsilon}\int_0^\infty |\Delta_\lambda y|^2 \rho(x)\mathrm{d}x\right] = 1 \tag{4-149}$$

或

$$\lim_{\epsilon\to 0}\left[\frac{1}{\epsilon}\int_0^\infty \mathrm{d}x\rho(x)|\int_\lambda^{\lambda+\varepsilon} \Psi(x, \lambda')\mathrm{d}\lambda'|^2\right] = 1 \tag{4-150}$$

此处

$$\Psi(x,\lambda') \equiv \Psi'_\lambda(x)$$

设 $f(x)$ 系一任意, 可二次微分之函数, 其下列积分系收敛的:

$$\int_0^\infty |f(x)|^2\rho \mathrm{d}x, \quad \int_0^\infty \frac{1}{\rho}|\Lambda f|^2\mathrm{d}x \tag{4-151}$$

兹将 $f(x)$ 按 Ψ_n, Ψ_λ 全集展开 (假设 $\Psi_\lambda(x)$ 系实数函数)

$$f(x) = \sum_{n=0}^{\Omega_1} C_n \Psi_n(x) + \int_{\Omega_2} \mathrm{d}\lambda C(\lambda)\Psi_\lambda(x) \tag{4-152}$$

$$C_n = \int_0^\infty \Psi_n^* f(x)\rho \mathrm{d}x = (\Psi_n, \rho f) \tag{4-153}$$

$$\begin{aligned} C(\lambda) &= \lim_{\epsilon\to 0}\frac{1}{\epsilon}\int_0^\infty \mathrm{d}x\rho f(x)\left[\int_\lambda^{\lambda+\epsilon}\Psi(x,\lambda')\mathrm{d}\lambda'\right] \\ &= \lim_{\epsilon\to 0}\frac{1}{\epsilon}\left(\int_\lambda^{\lambda+\epsilon}\Psi(x,\lambda')\mathrm{d}\lambda', \rho f(x)\right) \end{aligned} \tag{4-154}$$

如 $f(x)$ 系 “绝对值可积分”(absolutely integrable) 且有一上限值 (upper bound), 则 $C(\lambda)$ 可代以

$$C(\lambda) = (\Psi(x,y), \rho f) \tag{4-155}$$

当本征值有非连续及连续谱时, 所有的 Ψ_n 与 Ψ_λ 构为一全集,

$$(f, \rho f) = \sum_{\Omega_1}|C_n|^2 + \int_{\Omega_2}\mathrm{d}\lambda|C(\lambda)|^2 \tag{4-156}$$

$$(g, \rho f) = \sum_{\Omega_1} C_n b_n^* + \int_{\Omega_2}\mathrm{d}\lambda C(x) b^*(\lambda) \tag{4-157}$$

$$b_n^* = (\Psi_n, \rho g)^* \tag{4-158}$$

$$b^*(\lambda) = \lim_{\epsilon\to 0}\frac{1}{\epsilon}\left(\int_\lambda^{\lambda+\epsilon}\psi(x,\lambda')\mathrm{d}\lambda', \rho g\right)^*$$

兹举一例. 设

$$\Psi(x,k) = A\mathrm{e}^{\mathrm{i}kx}$$

则 (148) 式成

$$\Delta_k\Psi = \frac{A}{\mathrm{i}x}(\mathrm{e}^{\mathrm{i}(k+\epsilon)^x} - \mathrm{e}^{\mathrm{i}kx})$$

(150) 式乃

$$\frac{2}{\epsilon}A^2\int_0^\infty \mathrm{d}x\frac{1-\cos\epsilon x}{x^2}=1$$

由此得

$$A^2\pi=1$$

4.8 Schrödinger 方程式的积分方程式形式

第 3 章 (3-32) 之偏微分方程式, 可经一变换, 写成一个积分方程式的形式. 在某些问题情形下, 这积分方程式的表象, 特为方便 (如散射 scattering 理论).

设有质量 m 之质点在势场 $V(\boldsymbol{r})$ 中, 其总能为 E. (3-32) 方程式

$$\frac{h^2}{2m}\boldsymbol{\nabla}^2\Psi+(E-V)\Psi=0 \tag{4-159}$$

可写成下式：

$$(\boldsymbol{\nabla}^2+k^2)\Psi=\chi(\boldsymbol{r}) \tag{4-160}$$

$$E=\frac{1}{2m}\hbar^2k^2,\quad \chi(\boldsymbol{r})=\frac{2m}{\hbar^2}V\Psi \tag{4-161}$$

(160) 可视为一非齐次微分方程式. 按微分方程式的理论, 其解乃系

$$\Psi(r)=(160)\text{ 的一个特解 + 辅助函数} \tag{4-162}$$

所谓辅助函数 (complementary 函数), 乃下述齐次方程式：

$$(\boldsymbol{\nabla}^2+k^2)\phi=0 \tag{4-163}$$

之解, 即

$$\phi_k(r)=\mathrm{e}^{\mathrm{i}kr} \tag{4-164}$$

(160) 的特解 (particular integral), 可用 Green 氏函数法求之 *, 兹使

$$(\boldsymbol{\nabla}^2+k^2)G(\boldsymbol{r},\boldsymbol{r}')=-\delta(\boldsymbol{r}-\boldsymbol{r}') \tag{4-165}$$

$\delta(\boldsymbol{r}-\boldsymbol{r}')$ 系三维的 Dirac δ 函数.

(168) 式之解, 可取为 **

$$G_k(\boldsymbol{r},\boldsymbol{r}')=-\frac{1}{(2\pi)^3}\int\frac{1}{k^2-\kappa^2}\phi\kappa(\boldsymbol{r})\phi_\kappa^*(\boldsymbol{r}')\mathrm{d}\kappa \tag{4-166}$$

---

* 参阅《电磁学》第 2 章第 2 节.

** 以 (166) 式代入 (165) 式, 用 (163) 式及

$$\int\mathrm{e}^{\mathrm{i}\kappa}(\boldsymbol{r}-\boldsymbol{r}')\mathrm{d}\kappa=(2\pi)^3\delta(\boldsymbol{r}-\boldsymbol{r}') \tag{4-167}$$

即可见 (166) 右方满足 (165) 方程式.

(161) 的特解乃 (见前注 *)*

$$\Psi(\boldsymbol{r}) = -\int G(\boldsymbol{r}, \boldsymbol{r}')\chi(\boldsymbol{r}')\mathrm{d}\boldsymbol{r}' \tag{4-168}$$

故 (160) 可写成下式:

$$\Psi(\boldsymbol{r}) = \phi(\boldsymbol{r}) - \int \frac{2m}{\hbar^2} G(\boldsymbol{r}, \boldsymbol{r}') V(\boldsymbol{r}') \Psi(\boldsymbol{r}')\mathrm{d}\boldsymbol{r}' \tag{4-169}$$

此乃一积分方程式, 与原 Schrödinger 方程式 (159) 相当. (159) 式, 便于稳定态 (本征值的讨论, 见前第 3, 4, 5 节) 的探讨, 而 (169) 式则便于散射态的问题. 详见第 6 章第 3(1) 节.

附录甲 Hermite 多项式

由 (65), Hermite 多项式所满足之方程式为

$$\frac{\mathrm{d}^2 H_n}{\mathrm{d}x^2} - 2x\frac{\mathrm{d}H_n}{\mathrm{d}x} + 2nH_n(x) = 0 \tag{4A-1}$$

兹引用母函数 (generating function)

$$\begin{aligned}\phi(x,t) &= \mathrm{e}^{-t^2+2t^x} \\ &= \mathrm{e}^{x^2}\mathrm{e}^{-(t-x)^2} \\ &\equiv \sum_{n=0}^{\infty}\frac{H_n(x)}{n!}t^n\end{aligned} \tag{4A-2}$$

换言之, $H_n(x)$ 系

$$H_n(x) = \left(\frac{\partial^n \phi}{\partial t^n}\right)_{t=0} = (-1)^n \mathrm{e}^{x^2}\frac{\mathrm{d}^n}{\mathrm{d}x^n}\mathrm{e}^{-x^2} \tag{4A-3}$$

由此式甚易证明此处之 $H_n(x)$ 满足 (4A-1) 方程式. 换言之, (4A-1) 之解, 乃第 (4A-2) 式之 $\phi(x,t)$ 展开为 t 之级数时 $\frac{1}{n!}t^n$ 的系数.

---

* (160) 的特解 $\Psi(\boldsymbol{r})$, 亦可由下法得之. 因 $\phi_\kappa(\boldsymbol{r})$ 构成一全集, 故 $\Psi(\boldsymbol{r})$ 可写作

$$\Psi(\boldsymbol{r}) = \int C_\kappa \phi_\kappa(\boldsymbol{r})\mathrm{d}\kappa$$

此式中的 C_κ, 由 (160) 式, 乃

$$(2\pi)^3 C_\kappa = \frac{1}{k^2-\kappa^2}\int \phi_\kappa^*(\boldsymbol{r}')\chi(\boldsymbol{r}')\mathrm{d}r'$$

由 (161) 之 χ, 即得 (166) 式之 $G_k(\boldsymbol{r}, \boldsymbol{r}')$, 及 (169) 式.

由 (4A-2) 及 $\dfrac{\partial \phi}{\partial x} = 2t\phi$, 及 $\dfrac{\partial \phi}{\partial t} + 2(t-x)\phi = 0$, 即得

$$\frac{\mathrm{d}H_n}{\mathrm{d}x} - 2nH_{n-1}, \quad n \geqslant 1 \tag{4A-4}$$

$$H_{n+1} - 2xH_n + 2nH_{n-1} = 0, \quad n \geqslant 1 \tag{4A-5}$$

由此二式, 即得 (4A-1).

由 (4A-2), 即得

$$\begin{aligned}
&\int_{-\infty}^{\infty} \phi(x,t)\phi(x,s)\mathrm{e}^{-x^2}\mathrm{d}x \\
&= \sum_{m=0}^{\infty}\sum_{n=0}^{\infty} s^m t^n \frac{1}{m!n!}\int_{-\infty}^{8} H_m H_n \mathrm{e}^{-x^2}\mathrm{d}x \\
&= \int_{-\infty}^{\infty} \mathrm{e}^{-s^2-t^2+2(s+t)x-x^2}\mathrm{d}x \\
&= \mathrm{e}^{2st}\int_{-\infty}^{\infty} \mathrm{e}^{-(x-s-t)^2}\mathrm{d}(x-s-t) \\
&= \sqrt{\pi}\left\{1 + 2st + \frac{(2st)^2}{2!} + \frac{(2st)^3}{3!} + \cdots\right\}
\end{aligned} \tag{4A-6}$$

比较上式 s, t 同幂数之项, 即得 (68) 式

$$\int_{-\infty}^{\infty} H_m H_n \mathrm{e}^{-x^2}\mathrm{d}x = \begin{cases} 0, & m \neq n \\ 2^n\sqrt{\pi}n!, & m = n \end{cases} \tag{4A-7}$$

由 (4A-5) 及 (7), 即得

$$\begin{aligned}
\int_{-\infty}^{\infty} H_m x H_n \mathrm{e}^{-x^2}\mathrm{d}x &= \frac{1}{2}\int_{-\infty}^{\infty} H_m H_{n+1}\mathrm{e}^{-x^2}\mathrm{d}x + n\int_{-8}^{\infty} H_m H_{n-1}\mathrm{e}^{-x^2}\mathrm{d}x \\
&= \begin{cases} 2^n\sqrt{\pi}(n+1)!, & m = n+1 \\ 2^n\sqrt{\pi}(n-1)!, & m = m-1 \end{cases}
\end{aligned}$$

如 H_n 皆归一化如 (70), 则

$$\begin{aligned}
\int_{-\infty}^{\infty} H_{n+1} x H_n \mathrm{e}^{-x^2}\mathrm{d}x &= \sqrt{\frac{n+1}{2}} \\
\int_{-\infty}^{\infty} H_{n-1} x H_n \mathrm{e}^{-x^2}\mathrm{d}x &= \sqrt{\frac{n}{2}}
\end{aligned} \tag{4A-8}$$

以 (32) 之谐振荡计算, 则须用 (70) 式

$$\int_{-\infty}^{\infty} \Psi_{n+1} x \Psi_n \mathrm{e}^{-\frac{\mu\omega}{2\hbar}x^2}\mathrm{d}x = \sqrt{\frac{(n+1)\hbar}{2\mu\omega}}$$

$$\int_{-\infty}^{\infty} \Psi_{n-1} x \Psi_n \mathrm{e}^{-\frac{\mu\omega}{2\hbar}x^2}\mathrm{d}x = \sqrt{\frac{n\hbar}{2\mu\omega}} \tag{4A-9}$$

附录乙 Sturm-Liouville 方程式解之全集性

(本章第 3 节, (35 和 36) 方程式)

设 Ψ_1, Ψ_2, Ψ_3,$\cdots$ 系 (35,36) 方程式之本征函数

$$\Lambda y + \lambda\rho y = 0, \quad \rho = \text{实数函数} \tag{4B-1}$$

(见 Λ 自伴性 (37); 边界条件 (38)). 兹可证明下述定理:

定理一 上方程式之本征值 λ 及本征函数 Ψ, 与下变分问题之极端值及极端函数相同

$$\delta J \equiv \delta\int_a^b y^*(\Lambda y + \lambda\rho y)\mathrm{d}x = 0 \tag{4B-2}$$

$$J = 0 \tag{4-B2a}$$

其边界条件为

$$\lim_{x\to b}\Phi(x) - \lim_{x\to a}\Phi(x) = 0 \tag{4B-3}$$

$$\Phi(x) \equiv p\left(y^*\frac{\mathrm{d}}{\mathrm{d}x}\delta y - \delta y\frac{\mathrm{d}y^*}{\mathrm{d}x}\right)$$

证明

$$\delta J = \int_a^b [\delta y^*(\Lambda y + \lambda\rho y) + y^*(\Lambda\rho y + \lambda\rho\delta y)]\mathrm{d}x = 0$$

由

$$\int_a^b (y^*\Lambda\delta y - \delta y\Lambda^* y^*)\mathrm{d}x = \Phi(b) - \Phi(a)$$

及 (4B-3), 故得

$$\delta J = 2\left[\mathrm{Re}\int_a^b \delta y^*(\Lambda y + \lambda\rho y)\mathrm{d}x\right] = 0$$

Re 表示 "实数部分", 故此变分问题 (4B-2) 之微分方程式乃即系 (4B-1).

定理二　设

$$Q[y] \equiv -\int_a^b y^* \Lambda y \mathrm{d}x, \quad N[y] \equiv \int_a^b \rho y^* y \mathrm{d}x \tag{4B-4}$$

则下变分问题

$$\delta\lambda \equiv \delta\left(\frac{Q}{N}\right) = 0 \tag{4B-5}$$

之 λ 及解 y 与 (4B-2) 问题相同.

证　(甲) 首证 (4B-2) 之解 $y=\phi$ 及 $\lambda_\phi \equiv \dfrac{Q[\phi]}{N[\phi]}$ 系 (4B-5) 之解. 由 (4B-2a),

$$J[\phi] = 0 = -Q[\phi] + \lambda_\phi N[\phi]$$

$$\delta J = 0 = -\delta Q + \lambda_\phi \delta N$$

故

$$-\delta Q + \frac{Q[\phi]}{N[\phi]}\delta N = 0$$

或

$$\delta\left(\frac{Q}{N}\right) = -\frac{1}{N[\phi]}(\delta Q - \lambda_\phi \delta N) = \frac{\delta J}{N[\phi]} = 0 \quad \text{(q.e.d)}$$

(乙) 次证 (4B-5) 之解系 (4B-2) 之解. 由 (4B-5)

$$\delta\left(\frac{Q}{N}\right) = \frac{1}{N[y]}\left(\delta Q - \frac{Q[y]}{N[y]}\delta N\right) = 0$$
$$= \frac{1}{N[y]}(\delta Q - \lambda_y \delta N) = 0$$

或

$$0 = -\delta Q + \lambda \delta N = \delta J$$

此乃 (4B-2) 式也.

定理三　(4B-2) 或 (4B-5) 之解, 皆系下变分问题之解:

$$\delta Q \equiv -\delta \int_a^b y^* \Lambda y \mathrm{d}x = 0 \tag{4B-6}$$

附有条件

$$N \equiv \int_a^b y^* y \rho \mathrm{d}x = 1$$

Q 之稳定值即 (4B-2) 之 λ 值.

此定理之证甚易, 将留给读者为习题.

定理四 方程式 (4B-1) 之解 $\Psi_0, \Psi_1, \Psi_2, \cdots$ 构成一全集的条件乃第 (49) 及 (50) 二式.

按 (48), 全集的定义, 乃

$$\lim_{n\to\infty} \Delta_n = 0$$

证明 使

$$t_n \equiv f(x) - \sum_{k=0}^{n} C_k \Psi_k(x) \tag{4B-7}$$

$$C_k = (\Psi_k, \rho f), \quad 见\ (46a)$$

故

$$\begin{aligned}(t_n, \rho\Psi_i) &= \sum_{k=0}^{\infty} C_k^*(\Psi_k, \rho\Psi_i) - \sum_{k=0}^{n} C_k^*(\Psi_k, \rho\Psi_i)\\ &= 0, \quad 如\ \Psi_i\ 在\ \Psi_0,\ \Psi_1, \cdots, \Psi_n\ 之内\end{aligned}$$

同理, 可得

$$(\rho\Psi_i, t_n) = (t_n, \rho\Psi_i)^* = 0, \quad n \geqslant i$$

由 (4B-1),

$$\begin{aligned}(t_n, \Lambda\Psi_i) &= -(t_n, \lambda\rho\Psi_i) = -\lambda_i(t_n, \rho\Psi_i)\\ &= 0, \quad n \geqslant i\end{aligned} \tag{4B-8}$$

由 (37), 因 Λ 系自伴算符, 故按边界条件 (38),

$$\int_a^b t_n^* \Lambda\Psi_i \mathrm{d}x - \int_a^b \Psi_i \Lambda^* t_n^* \mathrm{d}x = 0$$

或

$$(t_n, \Lambda\Psi_i) - (\Lambda t_n, \Psi_i) = 0 \tag{4B-9}$$

兹按 (49) 的条件, 如

$$(\Psi_{n+1}, \rho\Psi_i) = 0, \quad i = 0, 1, 2, \cdots, n$$

其次一个本征值 λ_{n+1} 乃

$$-\frac{(\Psi_{n+1}, \Lambda\Psi_{n+1})}{(\Psi_{n+1}, \rho\Psi_{n+1})}$$

之最低值, 由 (4B-7) 得见 t_n 只含有 $\Psi_{n+1}, \Psi_{n+2}, \cdots$. 故

$$\lambda_{n+1} \leqslant -\frac{(t_n, \Lambda t_n)}{(t_n, \rho t_n)} \tag{4B-10}$$

兹按 (50) 条件

$$\lim_{n\to\infty} \lambda_{n+1} = \infty$$

则非

$$\lim_{n\to\infty} \{-(t_n, \Lambda t_n)\} = \infty \tag{4B-11}$$

即需

$$\lim_{n\to\infty} (t_n, \rho t_n) = 0 \tag{4B-12}$$

唯由 (4B-7),

$$(f, \Lambda f) = (t_n, \Lambda t_n) + \sum_{k=0}^{n} |C_k|^2 \lambda_k + \sum_{k=0}^{n} \{c_k^*(\Psi_k, \Lambda t_n) + c_k(t_n, \Lambda \Psi_k)\}$$

由 (4B-8) 及 (4B-9), 即得

$$-(t_n, \Lambda t_n) = -(f, \Lambda f) + \sum_{0}^{n} |c_k|^2 \lambda_k = -\sum_{k=n}^{\infty} |c_k|^2 \lambda_k$$

此不符 (11) 式, 故 (50) 条件务要求 (4B-12) 式,

$$0 = \lim_{n\to\infty} (n, \rho t_n) = (f, \rho f) - \lim_{n\uparrow\infty} \sum_{0}^{n} |c_k|^2 \lambda_k = \lim_{n\to\infty} \Delta_n, \quad \text{按(47)} \quad \text{(q.e.d.)}$$

附录丙 Legendre 及联附 Legendre 系数

Legendre 系数 $P_l(x)$ 之定义, 可按下方程式:

$$(1 - x^2)P_l'' - 2xP_l' + l(l+1)P_l = 0 \tag{4C-1}$$

或视为下母函数:

$$\phi(x, t) \equiv \frac{1}{\sqrt{1 - 2xt - t^2}} \tag{4C-2}$$

展开成 t 的级数中 t^l 项的系数,

$$\phi(x, t) = \sum_{l=0}^{\infty} P_l(x) t^l \tag{4C-3}$$

由

$$\frac{\partial \phi}{\partial t} = \frac{x - t}{(1 - 2xt + t^2)^{3/2}} = \sum_{0}^{\infty} l P_l t^{l-1}$$

或

$$(1-2xt+t^2)\sum lP_lt^{l-1}=(x-t)\sum P_lt^l$$

及比较两方同幂的 t 的系数, 即得

$$(l+1)P_{l+1}-(2l+1)xP_l+lP_l=0 \tag{4C-4}$$

同法, 由

$$\frac{\partial\phi}{\partial x}=\frac{t}{(1-2xt+t^2)^{3/2}}=\sum_0^\infty P_l'(x)t^l$$

即得

$$P_{l+1}'-2xP_l'+P_{l-1}'-P_l=0$$

由此式及 (4) 之微分, 即得

$$xP_l'-P_{l-1}'-lP_l=0 \tag{4C-5}$$

$$P_{l+1}'-xP_l'-(l+1)P_l=0 \tag{4C-6}$$

由此二式, 即得

$$P_{l+1}'-P_{l-1}'-(2l+1)P_l=0 \tag{4C-7}$$

$$(1-x^2)P_l'+lxP_l-lP_{l-1}=0 \tag{4C-8}$$

微分此式并用第 (5) 式, 即得第 (1) 式. 故第 (1) 式与第 (3) 式的定义相同.

由第 (1) 式, 甚易得,

$$\int_{-1}^1 P_m(x)P_n(x)\mathrm{d}x=0,\quad m\neq n \tag{4C-9}$$

如 $m=n$, 最简易之法, 乃用第 (3) 式及 (9) 式, 得

$$\int_{-1}^1\frac{\mathrm{d}x}{1+t^2-2tx}=\sum_{l=0}^\infty t^{2l}\int_{-1}^1 P_lP_l\mathrm{d}x$$

左方积分为

$$\frac{1}{t}\ln\frac{1+t}{1-t}=2\sum_{l=0}^\infty\frac{t^{2l}}{2l+1},\quad |t|<1$$

故得 (并同 (9) 式)

$$\int_{-1}^1 P_m(x)P_n(x)\mathrm{d}x=\frac{2}{2m+1}\delta_{mn} \tag{4C-10}$$

联附 (associated)Legendre 系数 $P_l^m(x)$, 可定义为

$$P_l^m(x) = (-1)^m(1-x^2)^{\frac{m}{2}}\frac{\mathrm{d}^m P_l}{\mathrm{d}x^m} \tag{4C-11}$$

式为下方程式之解：

$$\left\{(1-x^2)\frac{\mathrm{d}^2}{\mathrm{d}x^2} - 2x\frac{\mathrm{d}}{\mathrm{d}x} + l(l+1) - \frac{m^2}{1-x^2}\right\}P_l^m(x) = 0 \tag{4C-12}$$

P_l^m 满足下各关系 *：

$$\begin{aligned}
(2l+1)xP_l^m &= (l-m+1)P_{l+1}^m + (l+m)P_{l-1}^m \\
(1-x^2)\frac{\mathrm{d}P_l^m}{\mathrm{d}x^2} &= -\sqrt{l-x^2}P_l^{m+1} - mxP_l^m \\
&= (l+m)P_{l-1}^m - lxP_l^m \\
&= (l+1)xP_l^m - (l-m+1)P_{l+1}^m
\end{aligned} \tag{4C-13}$$

$$\begin{aligned}
(2l+1)\sqrt{1-x^2}P_l^m &= P_{l-1}^{m+1} - P_{l+1}^{m+1} \\
&= (l-m+1)(l-m+2)P_{l+1}^{m-1} \\
&\quad - (l+m-1)(l+m)P_{l-1}^{m-1}
\end{aligned}$$

$$\sqrt{1-x^2}(P_l^{m+1} + (l-m+1)(l+m)P_l^{m-1}) = -2mxP_l^m$$

$$\int_{-1}^{1} P_l^m(x)P_k^m(x)\mathrm{d}x = \frac{2}{2l+1}\frac{(l+m)!}{(l-m)!}\delta_{l,k}$$

$P_l(x)$(未归一化的) 如下：

$$\begin{aligned}
&P_l(1) = 1, \quad P_0(x) = 1, \quad P_1(x) = x \\
&P_2(x) = \frac{1}{2}(3x^2-1), \quad P_3(x) = \frac{1}{2}(5x^2-1)x \\
&P_4(x) = \frac{1}{8}(35x^4 - 30x^2 + 3) \\
&P_5(x) = \frac{1}{8}(63x^4 - 70x^2 + 15)x
\end{aligned} \tag{4C-14}$$

$P_l^m(x)$(未归一化的) 如下：

* 见《电磁学》第 2 章 (2-88a)～(2-88f), (2-90) 各式, (2-88) 各式中之 P_l^m 与上 (4C-11) 式之 P_l^m 不同处, 在无 (4C-11) 的 $(-1)^m$ 因子, 故 (2-88) 各式中某些项与上 (4C-13) 式中的项有负号之差.

$$
\begin{aligned}
&P_0^0 = 1 && P_3^2 = 15(1-x^2)x \\
&P_1^0 = x && P_3^3 = 15(1-x^2)^{\frac{3}{2}} \\
&P_1^1 = (1-x^2)^{\frac{1}{2}} && P_4^0 = \frac{1}{8}(35x^4-30x^2+3) \\
&P_2^0 = \frac{1}{2}(3x^2-1) && P_4^1 = \frac{5}{2}(1-x^2)^{\frac{1}{2}}(7x^3-3x) \\
&P_2^1 = 3(1-x^2)^{\frac{1}{2}}x && P_4^2 = \frac{15}{2}(1-x^2)(7x^2-1) \\
&P_2^2 = 3(1-x^2) && P_4^3 = 105(1-x^2)^{\frac{3}{2}}x \\
&P_3^0 = \frac{1}{2}(5x^3-3x) && P_4^4 = 105(1-x^2)^2 \\
&P_3^1 = \frac{3}{2}(1-x^2)^{\frac{1}{2}}(5x^2-1)
\end{aligned}
\tag{4C-15}
$$

其归一化式, 则见正文 (88) 各式.

附录丁　联附 (associated) Laguerre 式

(见第 5 节)

以 (110) 代入 (109) 方程式, 即得 (ρ) 所满足的方程式

$$
\rho\frac{\mathrm{d}^2 w}{\mathrm{d}\rho^2} + [2(l+1)-\rho]\frac{\mathrm{d}w}{\mathrm{d}\rho} + (n-l-1)w = 0 \tag{4D-1}
$$

兹取下所谓 Laguerre 多项式 $L_k(\rho)$, 其定义为下方程式之解:

$$
\rho\frac{\mathrm{d}^2 L_k}{\mathrm{d}\rho^2} + (1-\rho)\frac{\mathrm{d}L_k}{\mathrm{d}\rho} + kL_k = 0 \tag{4D-2}
$$

或

$$
L_k(\rho) = \mathrm{e}^{\rho}\frac{\mathrm{d}^k}{\mathrm{d}\rho^k}(\mathrm{e}^{-\rho}\rho^k) \tag{4D-3}
$$

兹将 (4D-2) 式微分 j 次, 即得

$$
\rho\frac{\mathrm{d}^2}{\mathrm{d}\rho^2}\left(\frac{\mathrm{d}^j}{\mathrm{d}\rho^j}L_k\right) + (j+1-\rho)\frac{\mathrm{d}}{\mathrm{d}\rho}\left(\frac{\mathrm{d}^j}{\mathrm{d}\rho^j}L_k\right) + (k-j)\left(\frac{\mathrm{d}^j}{\mathrm{d}\rho^j}L_k\right) = 0
$$

如使

$$
j = 2l+1
$$

$$
k = n+l
$$

则由 (4D-1) 可见 $w(\rho)$ 与 $\dfrac{\mathrm{d}^{2l+1}L_{n+l}}{\mathrm{d}\rho^{2l+1}}$ 满足同一方程式, 故

$$w(\rho)=\frac{\mathrm{d}^{2l+1}}{\mathrm{d}\rho^{2l+1}}L_{n+l}(\rho) \tag{4D-4}$$

此式将写为下式:

$$w(\rho)=L_{n+l}^{2l+1}(\rho) \tag{4D-5}$$

称为联系 Laguerre 多项式.

此函数 $L_k^j(\rho)$, 可表以下母函数:

$$\phi(\rho,t)=(-1)^j\frac{\exp\left(-\dfrac{\rho t}{1-\rho}\right)}{(1-t)^{j+1}}t^j \tag{4D-6}$$

$$=\sum_{k=j}^{\infty}\frac{1}{k!}L_k^j(\rho)t^k \tag{4D-7}$$

或 *

$$L_k^j(\rho)=\sum_{v=0}^{k-j}(-1)^{v+j}\frac{(k!)^2}{(k-j-v)!(j+v)!v!}\rho^v \tag{4D-8}$$

$$L_0^0(\rho)=1,\quad L_1^0(\rho)=-\rho+1,\quad L_1^1(\rho)=-1$$

$$L_2^0(\rho)=\rho^2-4\rho+2,\quad L_2^1(\rho)=2\rho-4$$

$$\begin{aligned}&L_2^2(\rho)=2,\quad L_3^0(\rho)=-\rho^3+9\rho^2-18\rho+6\\&L_3^1(\rho)=-3\rho^2+18\rho-18\\&L_3^2(\rho)=-6\rho+18,\quad L_3^3(\rho)=-6\end{aligned} \tag{4D-9}$$

$L_k^j(\rho)$ 满足下推递关系:

---

* 在数学文献中, L_k^j 之定义, 常为下式:

$$L_k^j(\rho)=\sum_{v=0}^{k}(-1)^v\frac{(k+j)!}{(k-v)!(j+v)!v!}\rho^v,\quad k\gtreqless j \tag{4D-12}$$

$L_k^j(\rho)$ 与 $L_k^j(\rho)$ 之关系, 乃

$$L_k^j(\rho)=\frac{(-1)^j}{(k+j)!}L_{k+j}^j(\rho) \tag{4D-13}$$

L_k^j 满足下推递关系:

$$\rho L_k^j=-(k+1)L_{k+1}^j+(2k+j+1)L_k^j-(k+j)L_{k-1}^j \tag{4D-14}$$

$$L_{k-1}^{j-1} = \frac{1}{k} L_k^j - L_{k-1}^j \tag{4D-10}$$

$$\rho L_k^j = -\frac{k-j+1}{k+1} L_{k+1}^j + (2k-j+1) L_k^j - k^2 L_{k-1}^j \tag{4D-11}$$

此 L_k^j, 按 (4D-7), 务有 $k \geqslant j$ 之关系.

由 (110) 及 (4D-5), 氢原子之本征函数乃

$$R_{nl}(\rho) = N_{n,l} \mathrm{e}^{-\frac{1}{2}\rho} \rho^l L_{n+l}^{2l+1}(\rho)$$

$$\rho = \frac{2Z}{na} r, \quad a = \frac{\hbar^2}{me^2}, \quad \text{见 (105) 下}$$

$N_{n,l}$ 乃归一化系数, 其值系由下式定之:

$$\int_0^\infty [R_{nl}(\rho)]^2 r^2 \mathrm{d}r = 1 \tag{4D-15}$$

此积分之计算, 可用 (4D-6) 母函数及其级数 (7).

$$\begin{aligned}
&\int_0^\infty \mathrm{e}^{-\rho} \rho^{\beta+1} \phi(\rho, t) \phi(\rho, s) \mathrm{d}\rho \\
&= \sum_{n,m=s}^{8} \frac{1}{n!m!} t^n s^m \int_0^\infty \mathrm{e}^{-\rho} \rho^{\beta+1} L_n^\beta(\rho) L_m^\beta(\rho) \mathrm{d}\rho \\
&= \frac{(ts)^\beta}{(1-t)^{\beta+1}(1-s)^{\beta+1}} \int_0^\infty \rho^{\beta+1} \exp\left[-\left(1 + \frac{t}{1-t} + \frac{s}{1-s}\right)\rho\right] \mathrm{d}\rho \\
&= \frac{(\beta+1)!(ts)^\beta (1-t)(1-s)}{(1-ts)^{\beta+2}} \\
&= (\beta+1)!(1-t-s+ts) \sum_{k=0}^\infty \frac{(\beta+k+1)!}{k!(\beta+k)!} (ts)^{\beta+k}
\end{aligned} \tag{4D-16}$$

由右方第一行与第四行 ts 同幂数项之比较, 即得

$$\int_0^\infty \mathrm{e}^{-\rho} \rho^{\beta+1} L_n^\beta(\rho) L_n^\beta(\rho) \mathrm{d}\rho = \frac{(n!)^3 (2n-\beta+1)}{(n-\beta)!} \tag{4D-17}$$

$$\int_0^\infty \mathrm{e}^{-\rho} \rho^{\beta+1} L_n^\beta(\rho) L_{n'}^\beta(\rho) \mathrm{d}\rho = 0 \quad \text{如} \quad n' \neq \begin{cases} n \\ n \pm 1 \end{cases} \tag{4D-18}$$

由 (4D-17), 即得归一化的类氢原子径波函数 *

$$R_{nl}(r)=\left[\frac{(n-l-1)!}{2n[(n+l)!]^3}\left(\frac{2Z}{na}\right)^{3/2}\right]^{1/2}\mathrm{e}^{-\rho/2}\rho^l L_{n+l}^{2l+1}(\rho) \tag{4D-19}$$

$$\rho=\frac{2Z}{na}r,\quad a=\frac{\hbar^2}{me^2},\quad \text{见 (105) 下}$$

图 4D.1 系 (21) 式中的 $|R_{nl}(r)|^2r^2$. 由图得见此概率的最大值处的 $r_{\max}$, 约略按 n 的平方递增 (此略与 Bohr 的旧理论 "轨道半径与 n^2 成正比" 同); 具同量子数 n 的态, 则此 $r_{\max}$ 随 l 递减低而微增大.

图之直坐标为氢原子 ($Z=1$) 的 $|rR_{nl}(r)|^2$ 值, 其归一条件为 (4D-20) 式. 横坐标为 r, 其单位为 Bohr 半径 $a=\dfrac{\hbar^2}{me^2}$.

(4D-19) 式的 R_{nl}, 亦可用所谓简并超几何函数 (confluent or degenerate hypergeometric function) 表之. 此函数的定义为

$$F(a,b,x)=1+\frac{a}{b\cdot 1}x+\frac{a(a+1)}{b(b+1)2!}x^2+\cdots \tag{4D-22}$$

按 (4D-8) 式,

---

* 如取 $Z=1$, 并取 a 为长度单位 (故下文之 r 系无因次的). $R_{nl}(r)$ 按下式归一化:

$$\int_0^\infty [R_{nl}(r)]^2r^2\mathrm{d}r=1 \tag{4D-20}$$

则得

$$\begin{aligned}
&R_{1s}=2\mathrm{e}^{-r},\quad R_{2s}=\frac{1}{\sqrt{2}}\mathrm{e}^{-r/2}\left(1-\frac{r}{2}\right)\\
&R_{3s}=\frac{2}{\sqrt{27}}\mathrm{e}^{-r/3}\left(1-\frac{2}{3}r+\frac{2}{27}r^2\right)\\
&R_{4s}=\frac{1}{4}\mathrm{e}^{-r/4}\left(1-\frac{3}{4}r+\frac{1}{8}r^2-\frac{1}{192}r^3\right)\\
&R_{2p}=\frac{1}{\sqrt{24}}r\mathrm{e}^{-r/2},\quad R_{3p}=\frac{8}{27\sqrt{6}}r\mathrm{e}^{-r/3}\left(1-\frac{1}{3}r\right)\\
&R_{4p}=\frac{1}{16}\sqrt{\frac{5}{3}}r\mathrm{e}^{-r/4}\left(1-\frac{1}{4}r+\frac{1}{80}r^2\right)\\
&R_{3d}=\frac{1}{64\sqrt{5}}r^2\mathrm{e}^{-r/3}\\
&R_{4d}=\frac{1}{64\sqrt{5}}r^2\mathrm{e}^{-r/4}\left(1-\frac{1}{12}r\right)\\
&R_{4f}=\frac{1}{768\sqrt{35}}r^3\mathrm{e}^{-r/4}
\end{aligned} \tag{4D-21}$$

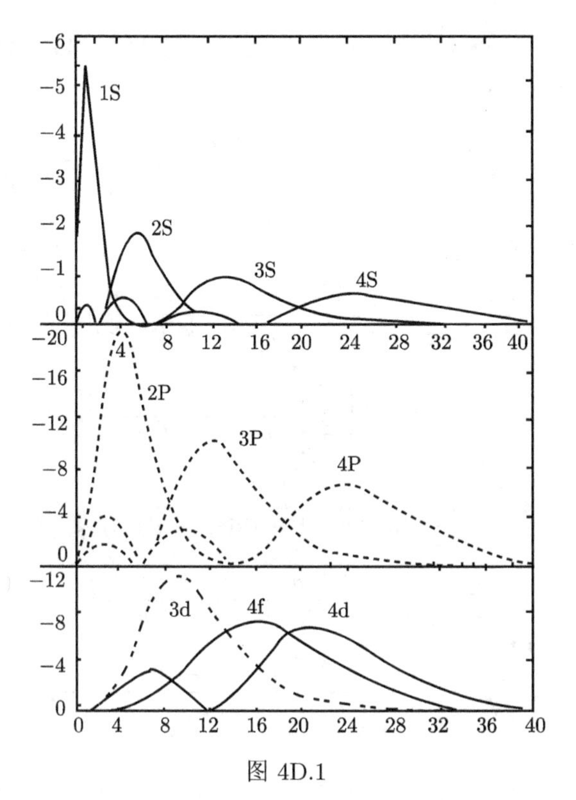

图 4D.1

$$L_{n+l}^{2l+1}(\rho)=\frac{[(n+l)!]^2}{(n-l-1)!(2l+1)}F(l+1-n,2l+2,\rho) \tag{4D-23}$$

故归一化的 $R_{nl}(r)$ 可表为

$$R_{n,l}(r)=\left[\frac{(n+l)}{2n(n-l-1)![(2l+1)!]^2}\left(\frac{2Z}{na}\right)^3\right]^{1/2}$$

$$\times\,\mathrm{e}^{-\frac{Z}{na}r}\left(\frac{2Z}{na}r\right)^l F\left(l+1-n,2l+2,\frac{2Z}{na}r\right) \tag{4D-24}$$

在许多问题的计算中, 所遇到的积分是 (λ 包括复数)

$$\int_0^\infty \mathrm{e}^{-\lambda\rho}\rho^{c+d}L_m^c(a\rho)L_n^{c'}(b\rho)\mathrm{d}\rho \tag{4D-25}$$

如 $c\neq c'$, 我们可重复的用 (4D-10) 推递式, 使此积分变为下形式的积分之和:

$$J_d\equiv\int_0^\infty \mathrm{e}^{-\lambda\rho}\rho^{c+d}L_m^c(a\rho)L_n^c(b\rho)\mathrm{d}\rho \tag{4D-26}$$

此处务须注意者, 乃 a 与 b 不相等! 此积分之计算, 甚不简单. 兹将 J_d, $d = 0, 1, 2$, 之结果列出如下:

$$\sigma \equiv \frac{\lambda - a}{\lambda}, \quad \tau = \frac{\lambda - b}{\lambda}, \quad \mu \equiv \frac{b + a - \lambda}{\lambda}, \quad \xi = \frac{\sigma\tau}{\mu} \tag{4D-27}$$

则经繁长之计算, 得

$$J_0 = \frac{m!n!}{\lambda^{c+1}}\mu^{n-c}\sigma^{m-n}\sum_{s=0}^{n-c}\frac{(m+s)!}{(n-c-s)!(m-n+s)!s!}\xi^s \tag{4D-28}$$

$$\begin{aligned}
J_1 =& \frac{m!n!}{\lambda^{c+2}}\mu^{n-c}\sigma^{m-n}\left\{\sum_{s=0}^{n-c}\frac{(m+1+s)!}{(n-c-s)!(m-n+s)!s!}\xi^s\right. \\
&+ \frac{1}{\mu}\sum_{s=0}^{n-c-1}\frac{(m+s)!}{(n-c-1-s)!(m-n+s)!s!}\xi^s \\
&- \frac{1}{\sigma}\sum_{s=0}^{n-c}\frac{(m+s)!}{(n-c-s)!(m-n-1+s)!s!}\xi^s \\
&\left.- \frac{\sigma}{\mu}\sum_{s=0}^{n-c-1}\frac{(m+1+s)!}{(n-c-1-s)!(m-n+1+s)!s!}\xi^s\right\}
\end{aligned} \tag{4D-29}$$

$$\begin{aligned}
J_2 =& \frac{m!n!}{\lambda^{c+3}}\mu^{n-c}\sigma^{m-n}\left\{\sum_{s=0}^{n-c}\frac{(m+2+s)!}{(n-c-s)!(m-n+s)!s!}\xi^s\right. \\
&+ \frac{4}{\mu}\sum_{s=0}^{n-c+1}\frac{(m+1+s)!}{(n-c-1-s)!(m-n+s)!s!}\xi^s \\
&+ \frac{1}{\mu^2}\sum_{s=0}^{n-c-1}\frac{(m+s)!}{(n-c-2-s)!(m-n+s)!s!}\xi^s \\
&- \frac{2}{\sigma}\sum_{s=0}^{n-c}\frac{(m+1+s)!}{(n-c-s)!(m-n-1+s)!s!}\xi^s \\
&- \frac{2\sigma}{\mu}\sum_{s=0}^{n-c-1}\frac{(m+2+s)!}{(n-c-1-s)!(m-n+1+s)!s!}\xi^s
\end{aligned} \tag{4D-30}$$

上数式中皆为 $m \geqslant n$. 如 $m < n$, 则只需将 m, n 对调, 同时将 a, b 互换 (即 σ, τ 互换) 即可.

上数式中之 λ, 包括复数的情形. 在某些问题中 (散射问题, 见下文第 7 章第 8 节), λ 是复数的, 在稳定态的问题, 通常

$$\lambda = \frac{a+b}{2} \tag{4D-31}$$

故

$$\sigma = \frac{b-a}{b+a} = -\tau, \quad \mu = 1, \quad \xi = -\left(\frac{b-a}{b+a}\right)^2 \tag{4D-31a}$$

(28,29,30) 之结果, 见作者 Annual Reports, 中央研究院物理研究所, (1972), The Collisional Broadening of Hydrogen Lines in the Nebulae 文之附录. G. Elwert, Z. f. Naturforschung, 10A, 361(1955), 一文, 以另一法, 曾得较上数式远为繁复的结果. 又 H. Kallmann 与 M. Päsler 在 Z. f. Phys., 128, 178(1950), 一文, 用 Laplace 变换法, 计算 (4D-25) 积分, 得甚繁复的结果.

氢原子光谱线之强度, 乃与电偶之矩阵元素

$$\langle n,l|r|n',l-1\rangle \equiv \int_0^\infty R_{nl}\left(\frac{2Z}{na}r\right) rR_{n'l-1}\left(\frac{2Z}{n'a}\right) r^2 \mathrm{d}r \tag{4D-32}$$

之平方成正比. 此积分之计算甚不易. 其结果 (见 W. Gordon, Ann. d. Physik, 2, 1031,(1929) 文) 为

$$\begin{aligned}\langle n,l|r|n',l-1\rangle =& a\frac{(-1)^{n'-l}}{4(2l-1)!}\left[\frac{(n+l)!(n'+l-1)!}{(n-l-1)!(n'-l)!}\right]^{1/2}\\ &\times \frac{(4nn')^{l+1}(n-n')^{n+n'-2l-2}}{(n+n')^{n+n'}}\\ &\times \left\{F\left(-n_r,-n_r';2l;-\frac{4nn'}{(n-n')^2}\right)\right.\\ &\left.-\left(\frac{n-n'}{n+n'}\right)^2 F\left(-n_r-2,-n_r';2l;-\frac{4nn'}{(n-n')^2}\right)\right\}\end{aligned} \tag{4D-33}$$

$$n_r = n-l-1, \quad n_r' = n'-l, \quad a = \frac{\hbar^2}{\mu e^2} = \text{Bohr 半径}$$

$$F(\alpha,\beta;\gamma;x) = 1 + \frac{\alpha\cdot\beta}{\gamma\cdot 1}x + \frac{\alpha(\alpha+1)\beta(\beta+1)}{\gamma(\gamma+1)2!}x^2 + \cdots \tag{4D-34}$$

(4D-33) 式当 $n = n'$ 时不适用, $\langle n,l|r|n,l-1\rangle$ 必须另行计算, 其结果为

$$\langle n,l|r|n,l-1\rangle = \frac{3}{2Z}an\sqrt{n^2-l^2} \tag{4D-35}$$

下列之积分:

$$\int_0^8 \left(\frac{r}{a}\right)^k \left[R_{n,l}\left(\frac{2Z}{na}r\right)\right]^2 r^2 \mathrm{d}r \tag{4D-36}$$

之计算, 可参阅 H. A. Bethe 与 E. E. Salpeter, Quantum Mechanics of One and Two Electron Atoms, Sect. 3. 其结果如下：

$$
\begin{aligned}
k&=4, && \frac{n^4}{8Z^4}[63n^4-35n^2(2l^2+2l-3)+5l(l+1)(3l^2+3l-10)+12]\\
k&=3, && \frac{n^3}{8Z^3}[35n^2(n^2-1)-30n^2(l+2)(l-1)+3(l+2)(l+1)l(l-1)]\\
k&=2, && \frac{n^3}{2Z^2}[5n^2+1-3l(l+1)]\\
k&=1, && \frac{1}{2Z}[3n^2-l(l+1)]\\
k&=-1, && \frac{Z}{n^2}\\
k&=-2, && \frac{Z^2}{n^3\left(l+\frac{1}{2}\right)}\\
k&=-3, && \frac{Z^3}{n^3(l+1)\left(l+\frac{1}{2}\right)l}\\
k&=-4, && \frac{Z^4}{n^5\left(l+\frac{3}{2}\right)(l+1)\left(l+\frac{1}{2}\right)l\left(l-\frac{1}{1}\right)}\times\frac{1}{2}[3n^2-l(l+1)]
\end{aligned}
\tag{4D-37}
$$

$k=-5,-6$ 见 J. H. Van Vleck, Proc. Roy. Soc., A143, 679 (1934)

附录戊 简谐振荡方程式

第 (18a) 方程式可写作下式：

$$\frac{1}{2}\left(\xi^2-\frac{\mathrm{d}^2}{\mathrm{d}\xi^2}\right)\Psi=\frac{E}{\hbar\omega}\Psi \tag{4E-1}$$

兹定义下算符 *：

$$b\equiv\frac{1}{\sqrt{2}}\left(\xi+\frac{\mathrm{d}}{\mathrm{d}\xi}\right),\quad b^+=\frac{1}{\sqrt{2}}\left(\xi-\frac{\mathrm{d}}{\mathrm{d}\xi}\right) \tag{4E-2}$$

故对任意的函数 f,

$$b^+bf=\frac{1}{2}\left(\xi^2-\frac{\mathrm{d}^2}{\mathrm{d}\xi^2}\right)f-\frac{1}{2}f \tag{4E-3}$$

$$(bb^+-b^+b)f=f$$

* b, b^+ 称为 Fock 表象. 参阅第 2 章末习题 3.

或

$$bb^+ - b^+b = 1 \tag{4E-4}$$

由 (2), 即得

$$\int_{-\infty}^{\infty} fb\, g\mathrm{d}\xi = \int_{-\infty}^{\infty} (b^+ f) g\mathrm{d}\xi \tag{4E-5}$$

任何两算符 b, b^+, 如满足此关系, 则 b^+ 称为 b 的伴算符, 或 b 为 b^+ 的伴算符 (adjoint operator).

兹使

$$\lambda \equiv \frac{E}{\hbar\omega} - \frac{1}{2} \tag{4E-6}$$

则 (1), (3) 可写作下式:

$$b^+ b\Psi = \lambda\Psi \tag{4E-7}$$

由此,

$$\int \Psi b^+ b\Psi \mathrm{d}\xi = \lambda \int \Psi^2 \mathrm{d}\xi$$

假设 ψ 乃已归一化的. 由 (5) 式, 乃得

$$\lambda = \int (b\Psi)^2 \mathrm{d}\xi \geqslant 0 \tag{4E-8}$$

故除 $b\Psi = 0$ 外,

$$\lambda = \frac{E}{\hbar\omega} - \frac{1}{2} > 0 \tag{4E-8a}$$

由 (7) 及 (4), 可得

$$\begin{aligned} b(b^+ b\Psi) &= \lambda b\Psi \\ (b^+ b + 1) b\Psi &= \lambda b\Psi \\ b^+ b(b\Psi) &= (\lambda - 1)(b\Psi) \end{aligned} \tag{4E-9}$$

以此与 (7) 比, 可见 $(b\Psi)$ 系 b^+b 的本征函数, 其本征值为 $\lambda - 1$. 用同法, 可得

$$b^+ b(b^+ \Psi) = (\lambda + 1)(b^+ \Psi) \tag{4E-10}$$

兹取 (9) 式. 设继续施以 b 算符 n 次, 则得

$$b^+ b(b^n \Psi) = (\lambda - n)(b^n \Psi) \tag{4E-11}$$

如 n 足够大, $\lambda - n$ 可成负值. 唯此与 (8) 式抵触. 欲免此抵触, 只有当 $b\Psi$, $b^2\Psi$, $b^2\Psi, \cdots$ 中有一 Ψ_0, 使

$$b\Psi_0 = 0 \tag{4E-12}$$

及

$$(\lambda - \nu) = 0 \tag{4E-13}$$

换言之, 有一个本征函数 Ψ_0, 其本征值 λ 为零.

$$b^+b(\Psi_0) = 0 \tag{4E-14}$$

其他的本征值则为 (见 (10) 式)

$$\lambda = 1, 2, 3, \cdots \tag{4E-15}$$

由 (8a), 故得

$$E = \left(n + \frac{1}{2}\right)\hbar\omega, \quad n = 0, 1, 2, \cdots \tag{4E-16}$$

Ψ^0 函数可由 (12) 及 (2) 得之

$$\frac{\mathrm{d}\Psi_0}{\mathrm{d}\xi} + \xi\Psi_0 = 0$$

其解为

$$\begin{aligned}\Psi_0 &= C\mathrm{e}^{-\frac{1}{2}\xi^2}\\ &= \frac{1}{\sqrt[4]{\pi}}\mathrm{e}^{-\frac{1}{2}\xi^2}\end{aligned} \tag{4E-17}$$

由 (10) 式, 即得

$$b^+\Psi_n = N\Psi_{n+1} \tag{4E-18}$$

由 (4),

$$\begin{aligned}bb^+\Psi_n &= b^+b\Psi_n + \Psi_n\\ &= n\Psi_n + \Psi_n\end{aligned} \tag{4E-19}$$

故 (18) 的归一化式为

$$\begin{aligned}N^2\int \Psi_{n+1}\Psi_{n+1}\mathrm{d}\xi &= N^2\int (b^+\Psi_n)(b^+\Psi_n)\mathrm{d}\xi\\ &= \int (bb^+\Psi_n)\Psi_n\mathrm{d}\xi \quad 用 (5)\\ &= n+1 \qquad\qquad 用 (19)\end{aligned}$$

所以

$$b^+\Psi_n = \sqrt{n+1}\,\Psi_{n+1} \tag{4E-20}$$

由 (19), 即得

$$b\Psi_n = \sqrt{n}\Psi_{n-1} \tag{4E-21}$$

由 (20),

$$\Psi_n = \frac{1}{\sqrt{n!}}(b^+)^n \Psi_0 \tag{4E-22}$$

由 (2)

$$\begin{aligned} b^+ f(\xi) &= \frac{1}{\sqrt{2}}\left(\xi - \frac{\mathrm{d}}{\mathrm{d}\xi}\right) f \\ &= -\frac{1}{\sqrt{2}}\mathrm{e}^{-\frac{1}{2}\xi^2}\frac{\mathrm{d}}{\mathrm{d}\xi}(\mathrm{e}^{-\frac{1}{2}\xi^2} f) \end{aligned}$$

以 (17) 代入此式之 f, 则 (22) 式成

$$\Psi_n(\xi) = \frac{(-1)^n}{\sqrt{n!2^n\sqrt{\pi}}}\mathrm{e}^{\frac{1}{2}\xi^2}\frac{\mathrm{d}^n}{\mathrm{d}\xi^n}(\mathrm{e}^{-\xi^2}) \tag{4E-23}$$

按附录甲 (4A-3) 式 Hermite 多项式 $H_n(\xi)$ 的定义

$$H_n(\xi) = (-1)^n \mathrm{e}^{\xi^2}\frac{\mathrm{d}^n}{\mathrm{d}\xi^n}(\mathrm{e}^{-\xi^2})$$

故

$$\Psi_n(\xi) = \frac{1}{\sqrt{n!2^n\sqrt{\pi}}}\mathrm{e}^{-\frac{1}{2}\xi^2}H_n(\xi) \tag{4E-24}$$

此式与 (35) 相同.

用 b, b^+ 算符, 可简化若干计算. 例如, 下矩阵元素

$$\langle m|\xi|n\rangle = \int \Psi_m \xi \Psi_n \mathrm{d}\xi$$

由 (2), 可得

$$\xi = \frac{1}{\sqrt{2}}(b + b^+)$$

由 (20) 及 (21),

$$\xi\Psi_n = \frac{1}{\sqrt{2}}(\sqrt{n}\Psi_{n-1} + \sqrt{n+1}\Psi_{n+1})$$

故即得

$$\langle n-1|\xi|n\rangle = \sqrt{\frac{n}{2}}$$

$$\langle n+1|\xi|n\rangle = \sqrt{\frac{n+1}{2}}$$

此与 (4A-8) 相同.

习 题

1. 证明：如动量的算符为 p_x，则坐标 x 的算符为

$$x \to -\frac{\hbar}{\mathrm{i}}\frac{\partial}{\partial p_x}$$

(注：4.2.1 节.)

2. 求二维空间的 “氢原子” 的本征值及本征函数.

3. 求 Schrödinger 方程式

$$\frac{\hbar}{\mathrm{i}}\frac{\partial \Psi}{\partial t} + H\Psi = 0$$

及

$$(H-E)\Psi = 0$$

的动量表象形式，尤其为圆心对称力场的情形.

4. 试述一维简谐振荡的零点能 $\frac{1}{2}\hbar\omega$ 与测不准原理

$$\Delta x \Delta p_x \geqslant h$$

之关系.

5. 证明 Pauli 定理：如 H 系 Hamiltonion，别无 Hermitian 算符 T 存在，可满足下对易关系：

$$HT - TH = -\mathrm{i}\hbar$$

者. (注：见 (26) 式下的注.)

6. 证明 (143) 之连续谱函数归一定义

$$\lim_{\epsilon\to 0}\left[\frac{1}{2\epsilon}\int_0^\infty \mathrm{d}x\rho(x)\left|\int_{\lambda-\epsilon}^{\lambda+\epsilon}\Psi(x,\lambda')\mathrm{d}\lambda'\right|^2\right] = 1$$

与下形式之定义相同：

$$\int_0^\infty \mathrm{d}x\rho(x)\Psi(x,\lambda)\int_{\lambda-\epsilon}^{\lambda+\epsilon}\Psi(x,\lambda')\mathrm{d}\lambda' = 1$$

注：试 $\Psi(x,\lambda) = \cos(\lambda x)$.

7. 由 (3-33) 式，证下守恒定理：

$$\frac{\partial \rho}{\partial t} + \mathrm{div}\boldsymbol{J} = 0$$

$$\rho = (\nabla\Psi)^* \cdot (\nabla\Psi) + \frac{2m}{\hbar^2}V\Psi^*\Psi$$

$$\boldsymbol{J} = -\left(\frac{\partial \Psi^*}{\partial t}\nabla\Psi + \frac{\partial \Psi}{\partial t}\nabla\Psi^*\right)$$

试解上守恒定理的意义 (提示：乘上式以 $\hbar^2/2m$).

如 $V=$ 常数, 证上守恒式可写成下式:

$$\frac{\partial u}{\partial t}+\mathrm{div}(uv_{\mathrm{g}})=0$$

v_{g} 为 Ψ 波之群速度,

$$u=\frac{1}{2}m\Psi^*\Psi v_{\mathrm{g}}^2+V\Psi^*\Psi$$

8. 波包, 测不准原理. 取 (4-40) 的一维式

$$\Psi(x,t)=\frac{1}{\sqrt{2\pi}}\int\mathrm{d}kA(k)\mathrm{e}^{x(kr-\omega t)}$$

设

$$A(k)=a\exp\left(-\frac{(k-k_0)^2}{4s^2}\right),\quad a=\text{常数}$$

$$\omega=\omega(k),\quad v_{\mathrm{g}}=\frac{\partial\omega}{\partial k}$$

$\Psi(x,t)$ 乃一波包. 以上 $A\hbar$ 代入 Ψ 式, 证明积分后 (短时间 t)

$$\Psi(x,t)=s\sqrt{2}a\mathrm{e}^{\mathrm{i}(k_0x-\omega 0t)}\exp(-(x-v_{\mathrm{g}}t)^2s^2)$$

上乃系古典物理, 与量子力学无关的. 如兹作 de Broglie 假定

$$p=\frac{h}{\lambda}=\hbar k$$

证明 $|A(p)|^2$ 的宽与 $|\Psi(x,t)|^2$ 的宽, 有 "测不准" $\Delta p\Delta x\simeq\dfrac{\hbar}{2}$ 的关系.

9. 一波包的 "重心" 定义为

$$\bar{x}=\int x\Psi^*\Psi\mathrm{d}x\Big/\int\Psi^*\Psi\mathrm{d}x$$

证明在无外力场时,

$$x=\frac{\displaystyle\int j\mathrm{d}x}{\displaystyle\int\Psi^*\Psi\mathrm{d}x}\equiv v,\quad j=\frac{\hbar}{2mi}(\Psi^*\nabla\Psi-\Psi\nabla\Psi^*)$$

又证明此速度系波包的各群速度 $\dfrac{\mathrm{d}\omega}{\mathrm{d}k}$ 的平均值

$$v=\frac{\displaystyle\int\frac{\mathrm{d}\omega}{\mathrm{d}k}|A(k)|^2\mathrm{d}k}{\displaystyle\int|A(k)|^2\mathrm{d}k}$$

$A(k)$ 系前第 8 题中的 $A(k)$. (提示: 用 (42) 式 Plancherel 定理)

10. 由第 1 章 (1-63),

$$\dot{x}=\frac{\partial H}{\partial p},\quad\dot{p}=-\frac{\partial H}{\partial x}$$

设

$$H=\frac{1}{2m}p^2+V(x)$$

使

$$\bar{Q}\equiv(\Psi,Q\Psi)\equiv\int\Psi^*Q\Psi\mathrm{d}x$$

证明

$$m\ddot{x}=-\overline{\left(\frac{\partial V}{\partial x}\right)}$$

此称为 Ehrenfest 定理.

又证

$$2\overline{E_{\text{kin}}}\equiv\frac{1}{m}\overline{p^2}=\overline{\boldsymbol{r}\cdot\nabla V}$$

此乃古典 Virial 定理的量子力学的相应式. (注意: 此处的平均, 与古典力学的平均, 不同意义, 参阅《热力学, 气体运动论与统计力学》第 7 章第 4 节.)

11. 讨论 (申述)(a)Coulomb 场, (b) 简谐振荡情形下的 Virial 定理

$$2E_{\text{kin}}=\overline{\boldsymbol{r}\cdot\nabla V}.$$

12. 使

$$a_z=\frac{z}{r}=\cos\theta,\quad a_\pm=\frac{x\pm\mathrm{i}y}{r}=\sin\theta\mathrm{e}^{\pm\mathrm{i}\varphi}$$

证下列各关系:

$$\begin{aligned}
&M_+a_+-a_+M_+=0\\
&M_-a_--a_-M_-=0\\
&M_+a_--a_-M_+=-(M_-a_+-a_+M_-)\\
&\qquad\qquad\qquad\ =2a_z
\end{aligned}$$

及

$$\begin{aligned}
a_-Y_{ll}=&-\sqrt{\frac{2}{(2l+1)(2l+3)}}Y_{l+1l-1}\\
&+\sqrt{\frac{2l}{2l+1}}Y_{l-1l-1}\\
a_-Y_{lm}=&-\sqrt{\frac{(l-m+1)(l-m+2)}{(2l+1)(2l+3)}}Y_{l+1m-1}\\
&+\sqrt{\frac{(l+m)(l+m-1)}{(2l-1)(2l+1)}}Y_{l+1m-1}\\
a_+Y_{lm}=&\sqrt{\frac{(l+m+1)(l+m+2)}{(2l+1)(2l+3)}}Y_{l+1m+1}\\
&-\sqrt{\frac{(l-m)(l-m-1)}{(2l-1)(2l+1)}}Y_{l-1m+1}
\end{aligned}$$

$$a_zY_{lm} = -\sqrt{\frac{(l+m+1)(l-m+1)}{(2l+1)(2l+3)}}Y_{l+1m} - \sqrt{\frac{(l-m)(l+m)}{(2l-1)(2l+1)}}Y_{l-1m}$$

这些结果与第 4 节 (99a,b,c) 结果相同.

13. 试用下法计算附录丁 (4D-36) 的积分

$$\int_0^\infty \left(\frac{r}{a}\right)^k \left[R_{nl}\left(\frac{2Z}{na}r\right)\right]^2 r^2 \mathrm{d}r$$

(1) $k=-1$, 用第 11 题之 Virial 定理;

(2) $k=-2$, 由 (96) 式, 写作下形式：

$$(H-E)\Psi_{n,l}=0, \quad \Psi_{n,l}=rR_{n,l}$$

$$H=-\frac{\mathrm{d}^2}{\mathrm{d}r^2}-\frac{2Z}{r}+\frac{l(l+1)}{r^2}, \quad E=-\frac{Z^2}{(n_r+l+1)^2}$$

视 H, E 及 $\Psi_{n,l}$ 为 l 的连续函数, 微分上方程式;

(3) $k=-3$, 将上 $\Psi_{n,l}$ 方程式对 r 作微分.

14. 以球极坐标 r,θ,φ 表 $-\dfrac{\hbar^2}{2m}\nabla^2$ 时, 求

$$p_r=\frac{\hbar}{\mathrm{i}}\frac{\partial}{\partial r}$$

的伴算符 p_r^+, 将 ∇^2 的 r 部分

$$-\frac{\hbar^2}{2m}\frac{1}{r^2}\frac{\partial}{\partial r}r^2\frac{\partial}{\partial r}=-\frac{\hbar^2}{2m}\frac{1}{r}\frac{\partial^2}{\partial r^2}r$$

以 p_r 及 p_r^+ 表出, 显示其自伴性 (Hermitian).

15. 在氢原子的波函波

$$\Psi_{n,l,m}(r,\theta,\varphi)$$

证明 $l=n-1$ 态电子距核的 r 平均值 $\bar{r}$ 等于 Bohr 理论 $n,l=n-1$ 轨道的半径. 证明此 $n,l=n-1$ 态的平方差

$$(\Delta r)^2=\overline{(r-\bar{r})^2}=\overline{r^2}-\bar{r}^2$$

为同 n 各 l 态中的最小值.

第 5 章　量子力学的结构

在前数章, 我们约略沿量子力学发展的过程, 叙述矩阵力学和波动力学的基本概念和对若干物理系统的应用. 本章将从一个较一般的观点, 把矩阵和波动力学, 表成一个广义的理论, 使矩阵和波动力学成为这理论的两个特殊形式. 这广义的理论, 将称为量子力学, 我们将试着建立一个公理式的量子力学, 应求这部理论的物理及哲学基础.

5.1　量子力学的基础 —— 引言及提要

5.1.1　Einstein-de Broglie 关系 —— 互补原理

早在 1905 年, 爱因斯坦创立电磁波的量子 (光子) 性论, 光子的能 E 及动量 p, 和波的频率 ν 及波长 λ, 有下列关系:

$$E = h\nu, \quad p = \frac{h}{\lambda} \tag{5-1}$$

此两个新颖难解的关系, 旋得实验 (如光电现象、Compton 效应等) 的支持.

1923 年 L. de Broglie 创 "物质波" 的理论, 谓一个能为 E、动量为 p 的质点, 有波动的性质, 其频率 ν 及波长 λ 为

$$\nu = \frac{E}{h}, \quad \lambda = \frac{h}{p} \tag{5-2}$$

此二更新颖难解的关系, 旋得实验 (如电子的绕散) 的证明. (1), (2) 两组关系, 将来源和性质都不同的观念 (如粒子与波动, 能及动量与频率及波长) 联系起来, 在古典物理上是不可了解的. 我们称之为 Einstein-de Broglie 关系. 此二关系, 引致另一新颖的结果 —— 称曰 "测不准原则"(indeterminacy principle, 或 uncertainty principle)—— 和物理学一个新的哲学观点, 同时为物理学引致一个 (古典物理所未曾有的) 新的数学形式.

所谓新的哲学观点, 是如何的去看 (1) 及 (2) 的 "显是无意义的" 关系; 一个 "粒子" 同时亦是 "波", 或 "波" 亦同时是 "粒子" 的二重性. Bohr(和 Heisenberg) 的看法是以为 (1), (2) 关系的来源, 是由于我们的 "粒子" 和 "波" 的观念的本身的限制; 我们由日常 (或称曰 "巨观的") 经验, 建立 "粒子" 和 "波" 的观念, 如将这样形成的概念用于原子的范围, 则我们没有逻辑上的理由可必其适宜. (1), (2) 关

系的 “显然的无古典物理的意义”, 正是指示 “粒子”、“波” 观念的不适用于原子区域的现象! 这个观点, 是 Bohr(和所谓 Copenhagen 派) 所坚持的. 按 Bohr 氏, 我们不应视 “粒子” 和 “波” 为两个互为排斥的观念, 而应视为互相补充的观念, 意即谓两个观念都是需要的, 有时需用其一, 有时其他, Bohr 称这个看法为 “互补原理”(complementarity principle). 第 (1), (2) 关系称为 “互补关系”.

随着这样的观点而来的, 便是下一个问题: 取一个我们认为是 “粒子” 的电子. 何时应视之为 “粒子”, 又何时应视之为 “波” 呢? 这又是一个哲学问题. Bohr, Heisenberg 采下述的看法: 一个电子的究以 “粒子” 状态出现, 抑或以 “波” 出现, 则全视我们作何观察度量而定. 如我们的观察, 是量它的能及动量, 则量得粒子的性质如能与动量; 如我们的观察, 是量它的波长 (如 Davisson-Germer 或 Thomson 的绕射实验), 则量得波的性质. Bohr 等更进而坚持下点: 一个电子, 只当我们去量他的某一性质 (如动量、波长等) 时, 该性质才有意义; 如不去量 Q, 而去讨论 Q, 是无意义的 *. Bohr 派对量子力学的哲学态度, 是可以建立一个逻辑上完整的系统的. 但亦有不能接受这样观点的物理学家, 最著名者, 即是爱因斯坦.

5.1.2 测不准原理

由 Einstein-de Broglie 关系 (1) 及 (2), Heisenberg 早在 1927 年获得 “测不准关系”

$$\Delta x \Delta p_x \geqslant \frac{\hbar}{2} \tag{5-3}$$

$$\Delta E \Delta t \geqslant \hbar \tag{5-4}$$

详见第 4 章第 2 节 (2). 在此拟着重者, 系下数点:

(i) 此 “测不准关系” 的意义, 按上第 (1) 节 Bohr 派的观点, 乃系谓由于互补关系 (1) 及 (2), 不可能的给予两个共轭变数 (如 x 与 p_x) 以无限度准确程度的古典意义. 换言之, (3), (4) 两关系, 较谓两个共轭变数不能同时量到无限准确, 更为深入; (3), (4) 是说由于 (1), (2) 关系对 x, p_x 概念本身的限制, 根本不可能以无限准确程度作 x, p_x 的古典性的概念的定义也.

(ii) 由于 (3), (4) 两关系的准确限度为 $\hbar$, 显然这测不准是量子的现象, 为古典物理领域之外的. 自然, 这 $\hbar$ 的来源, 正是 (1), (2) 互补关系.

(iii) 由互补关系 (1), (2) 导出测不准关系 (3), (4), 可经许多的途径:

(a) Heisenberg 的假想的实验, 如第 4 章第 2 节 (2);

(b) 由 (1), (2) 导致 p_x, x 的对易关系

$$p_x x - x p_x = \frac{\hbar}{\mathrm{i}}\left(\frac{\partial}{\partial x}x - x\frac{\partial}{\partial x}\right) = \frac{\hbar}{\mathrm{i}} \tag{5-5}$$

---

* 这但观点的极端, 是以为整个世界或宇宙, 皆只于我们的思想、观察、接触知觉中存在. 我们不讨论这个哲学的问题.

再由此导致 (3). 见第 4 章第 1 节乃第 2 节 (2) 末.

5.1.3 概率的观念

古典物理中的气体运动论及统计力学, 皆用概率的观念. 最熟知的例子, 系 *

(i) 分布函数, 如 Maxwell 的分子速度分布;

(ii) Boltzmann 的分子在相空间的分布函数 $f(\boldsymbol{r},\boldsymbol{p},t)$;

(iii) Boltzmann 的热力学第二定律的概率性解释, 等. 在古典物理中, 概率观念的引入, 乃系因一个通常所处理的气体, 分子的数甚大, 吾人事实上不愿知每个分子的运动态而只想知若干 "巨观" 的性质, 而这些巨观的性质, 皆系由各分布函数得来的平均值. 总言之, 在古典物理中, 因为牺牲或放弃了准确的确定的微观运动态的知识, 而采用巨观的描述, 才引入概率的概念 (即分布函数). 我们为实际上的方便而作了这选择, 而非基本原则上必需用概率的方法的. 古典物理在基本上原则上, 是确定的 (deterministic), 遵守因果律的 (causal).

量子力学则不然. 上第 (2) 节已见有测不准关系 (3), 和这原理对两个共轭变数如 x, p_x 的同时定义的准确度的限制. 这个限制 (3), 不是来自许多个度量结果的统计性的参差, 而系指单一个系统的度量而言. 这是一个内在性、基本性的限制, 和在古典物理中, 标准差可借极大数目的度量而减小不同.

由于这个测不准关系 (3) 的基本性、内在性, 量子力学需要引入的概率性, 亦须为基本性的、内在性的, 和古典物理所引用的概率性质不同, 否则便会和测不准关系 (3) 抵触. 例如以一个氢原子言, 电子的态函数 $\Psi(\boldsymbol{r})$ 的意义如下: 如原子的能态已知为 $\Psi_n(\boldsymbol{r})$, 则

$$|\Psi_n(\boldsymbol{r})|^2\,\mathrm{d}\boldsymbol{r} \tag{5-6}$$

系该电子在 $\boldsymbol{r}$ 与 $\boldsymbol{r}+d\boldsymbol{r}$ 间的概率. 换言之, 如我们已确知原子的能 E_n, 则对电子的坐标 r, 只有 (6) 式的概率分布的知识, 而永不能知确定的位置 $\boldsymbol{r}$.

更举一例以阐明此点. 第 4 章第 3 节述简谐振荡. 由于 Einstein-de Broglie 关系 (1), (2), 我们得 $p_x = \dfrac{\hbar}{\mathrm{i}}\dfrac{\partial}{\partial x}$ 及对易关系 (5). 由此得 Schrödinger 方程式 (4-52), 其本征值 (4-61) 式的 $E_n = \left(n+\dfrac{1}{2}\right)\hbar\omega$, 及本征函数 $\Psi_n(x)$, (4-70) 式. Ψ_n 的解释, 乃谓当我们知振荡的能, 确系 E_n 时, 我们只知其坐标 x, 系 $|\Psi_n(x)|^2$ 的分布 (概率) 函数, 而不知其确值. 即在最低的态 $n=0$, x 仍是按 $|\Psi_0(x)|^2$ 以 Gaussian 分布于由 $-\infty$ 至 $+\infty$ 各值, 而非静止于 $x=0$ 点.

上述有概率解释的 Ψ, 为了不与测不准原理 (3) 抵触, 只可以系坐标 $\boldsymbol{r}(x,y,z)$ 或动量 $\boldsymbol{P}(p_x,p_y,p_z)$ 的函数, 而不可同时系 $\boldsymbol{r}$ 与 $\boldsymbol{P}$ 的函数.

---

* 参阅《热力学, 气体运动论与统计力学》的第二、三部各章, 尤其该书末第 21 章.

上数节 (1), (2), (3) 约略的指出由于 Einstein-de Broglie 关系 (1), (2) 所引致的考虑, 为建立量子力学的基础. 第 1 章及第 2 章曾述 Heisenberg, Born 等创立的矩阵力学, 引入以矩阵表物理量的概念, 并对易关系 (5) 的矩阵形式. 第 3、4 章曾述 de Broglie, Schrödinger 创立的波动力学, 并在该理论中很自然的有对易关系 (5) 的出现, 证明矩阵力学和波动力学在数学上的相同性. 第 4 章又述 Heisenberg 由 Einstein-de Broglie 关系获得测不准原理 (3). Ψ 的概率解释, 则由 Born 提出 (见下文第 6 章第 3 节). 至此, 量子力学的数学结构及物理意义, 皆已建立 *.

前数章, 曾略循矩阵力学及波动力学的历史上发展观点, 作分别的且微有重复的叙述. 唯早在 1926 年起, Dirac 氏即展开一较矩阵及波动力学为广义的, 较形式化的理论系统. 本章下文将总纳前数章的物理基础及数学结构, 以公理式 (axiomatic), 或称假定式 (postulational), 建立一个量子力学系统.

5.2 量子力学的结构 —— 基本假定

量子力学, 可建立于数个基本假定上. 大体上, 这些基本假定, 可分属两大项, 一项可称为 "互补原理的基本假定"(complementarity postalates), 包涵 Einstein-de Broglie 关系和其结果的含义; 一项可称为 "概率的假定"(probabitity postulates), 引入基本内在性的概率观念. 概率的假定, 系与互补原理的假定独立 (不冲突) 的; 两项的假定, 构成一完整的量子力学系统.

我们宜着重的, 是量子力学的假定的性质; 他们在下文中虽以基本假定 (postulates) 出现, 但其本身系由许多经验 (如 Einstein-de Broglie 关系) 归纳及推广而来; 量子力学发展的过程, 并非先由纯智慧创立这些假定而来的.

5.2.1 互补原理的基本假定

I. *一个物理系统的态 (state), 以一无限维次的线性空间的一个向量的线向表之.*

此无限维次的线性空间 (a linear space of infinitely many dimensions), 称为 Hilbert 空间.

所谓 "线向", 乃示与 "矢向" 之别. 一个线向有两个矢向. 譬如一条南北线, 有南向和北向两个矢向. 在量子力学中, 一个线向的两个矢向, 只是一个相因子 (phase factor)e^{ix} 之别, 我们假定他们是表同一个 "态" 的. 又同一个线向, 乘以任何常数, 皆表同一个态. 这是定义, 不是推论. 在申述量子力学的 "态" 的意义前, 我们将先申述 Hilbert 空间的向量和表象的观念.

---

* 关于量子力学的基础 (如概率观念的基本内在性问题), 爱因斯坦持极不同的哲学态度. 爱因斯坦的观点, 将于本章末节略述之.

在通常的三维空间, 我们可以有无限数的选择, 取三个方向为一垂直坐标系. 在古典动力学的刚体问题, 我们可以取刚体的三个惯性矩的主轴坐标轴 (x, y, z 轴). 设 $\boldsymbol{x}, \boldsymbol{y}, \boldsymbol{z}$ 系沿坐标轴的单位向量. 任何一向量 $\boldsymbol{F}$ 在此坐标系的分量系,

$$F_x = (\boldsymbol{x} \cdot \boldsymbol{F}), \quad F_y = (\boldsymbol{y} \cdot \boldsymbol{F}), \quad F_z = (\boldsymbol{z} \cdot \boldsymbol{F}) \tag{5-7}$$

F_x, F_y, F_z 可视为 $\boldsymbol{F}$ 向量的 “坐标”.

如我们由 (x,y,z) 坐标系变换至另一 (x',y',z') 坐标系, 按变换方程式为熟知的转动变换式

$$(x', y', z') = \begin{pmatrix} \alpha_{11} & \alpha_{12} & \alpha_{13} \\ \alpha_{21} & \alpha_{22} & \alpha_{23} \\ \alpha_{31} & \alpha_{32} & \alpha_{33} \end{pmatrix} \begin{pmatrix} x \\ y \\ z \end{pmatrix} \tag{5-8}$$

$$\sum \alpha^{ik} \alpha^{jk} = \delta_{ij} \tag{5-8a}$$

则 $\boldsymbol{F}$ 向量的坐标乃为

$$\boldsymbol{F}_{x'} = (\boldsymbol{x}' \cdot \boldsymbol{F}), \quad \boldsymbol{F}_{y'} = (\boldsymbol{y}' \cdot \boldsymbol{F}), \quad \boldsymbol{F}_{z'} = (\boldsymbol{z}' \cdot \boldsymbol{F}) \tag{5-9}$$

(6) 与 (7) 坐标间的关系, 乃 (7) 式的旋转 α_{ij}.

现我们将对 Hilbert 空间, 作些和通常空间相似的性质的伸广及定义.

如引用 Dirac 的符号, 以 $|\rangle$(读 ket, 系 bracket 字的后半截) 表一个向量. 两个向量之和乃

$$c_1|1\rangle + c_2|2\rangle \tag{5-10}$$

c_1, c_2 乃常数. 第 (10) 式提示向量的重叠关系. 这是第 I 基本假定引用 Hilbert 空间的向量的原因.

“线性独立”的定义乃谓: 如 $|1\rangle, |2\rangle, \cdots, |n\rangle$ 向量间, 无常数 $c_1, c_2, \cdots, c_n$ 的存在, 使

$$\sum_k^n c_k |k\rangle = 0 \tag{5-11}$$

则这些向量谓为线性独立的. $\sum\limits_k$ 之和, 包括对连续 k 的积分 $\int \mathrm{d}k$.

“全集性”的定义如下 (见第 4 章第 3 节定理三): 如在此空间中的任何一向量 $\boldsymbol{F}$ 皆可表以

$$|F\rangle = \sum_k c_k |k\rangle, \quad \sum_k \text{包括} \int \mathrm{d}k \tag{5-12}$$

则此集 $|k\rangle$ 谓为一全集.

"向量的乘积", 设 $|k\rangle$ 为一个 Hilbert 空间 Γ 的向量. 我们定义另外一个与 Γ 相应的空间 Γ', 在 Γ' 的向量表以 $\langle|$, (读 bra, 系 bracket 字的左方之半). 在 Γ 的 $|k\rangle$, 与在 Γ' 的 $\langle k|$ 的关系, 互称为 "共轭虚向量"(Dirac 名之为 conjugate imaginary, 以与 conjugate complex $x+\mathrm{i}y, x-\mathrm{i}y$ 二者有别). 如 α 为一复数, $\alpha|k\rangle$ket 的 bra, 定义为 $\alpha^*\langle k|$. 一个 ket 乃在 Γ, bra 乃在 $\Gamma'.\Gamma,\Gamma'$ 乃不同的空间, 故 $|k\rangle+\langle j|$ 是无意义的. 但两个 ket$|k\rangle,|j\rangle$ 的乘积可定义为 $|k\rangle$ 和相应于 $|j\rangle$ 的 bra$\langle j|$ 的 "内乘积"

$$\langle j|k\rangle = \text{一个数} \tag{5-13}$$

我们更定义这内乘积的性质

$$\langle k|j\rangle = \langle j|k\rangle^* \tag{5-14}$$

故

$$\langle k|k\rangle = \text{实数} \tag{5-15}$$

此处及下文中之 $*$, 代表取共轭复数 (由 $x+\mathrm{i}y$ 至 $x-\mathrm{i}y$). 故 $\alpha|k\rangle$, α 为一复数, 与其 bra 的内乘积为

$$\alpha^*\alpha\langle k|k\rangle = \text{实数} \tag{5-15a}$$

由此, 我们定义归一化的 ket$|k\rangle$ 为满足下式的 ket:

$$\langle k|k\rangle = 1 \tag{5-15b}$$

正交归一的全集 ket

设 $|k\rangle$, $k=$ 整数或 (及) 连续数值, 系归一如 (15b). 有全集性如 (12), 且各 $|k\rangle$ 间的内乘积 (13) 皆为零,

$$\langle j|k\rangle = \delta_{jk}(\text{或}\delta(j-k)) \tag{5-16}$$

($\delta(j-k)$ 为 Diracδ 函数, 当 j,k 系连续值时用之), 则此集的 $|k\rangle$ 称为一正交归一的全集 (a complete set of orthonormal kets).

如 $|k\rangle$ 为一正交归一全集, $|F\rangle$ 为一任意 ket, 按 (12) 及 (17), 即得

$$c_k = \langle k|F\rangle \tag{5-17}$$

由 (9) 式的伸引, 我们可称 $\langle k|F\rangle$(一个数值) 为 $|F\rangle$ 的 "坐标"—— 在基本单位向量为 $|k\rangle$ 的坐标系中的分向量. 按 Dirac, $\langle k|F\rangle$ 亦称为 $|F\rangle$ 在 "$|k\rangle$ 表象" 中的 "表"(representative).

基本向量 (basic kets)

任何的一个全集的正交归一 kets, 都可视为一全集的基本 kets. 在 Hilbert 空间, 有无限数的基本 ket 集的选择. 由一集的基本 kets, 可变换至另一集的基本 kets, 略如三维空间由一垂直坐标系以旋转 (8) 变换至另一垂直坐标系.

为方便计, 我们可以取一个 Hermitian 算符 (operator) 的本征向量为一全集的基本 ket. 设 Q 系 Hilbert 空间的算符; 施 Q 于一个 ket$|k\rangle$ 的结果, 是将 $|k\rangle$ 变成另一 ket$|a\rangle$.

$$Q|k\rangle = |a\rangle \tag{5-18}$$

$$(\langle j|Q)|k\rangle = \langle j|(Q|k\rangle) \tag{5-19}$$

如 $Q|k\rangle$ 系一常数 q_k 乘 $|k\rangle$,

$$Q|q_k\rangle = q_k|q_k\rangle \tag{5-20}$$

q_k 称为 Q 的本征值, $|q_k\rangle$ 称为 Q 的本征向量 (本征值为 q_k 时的 ket). 如 Q 系 Hermitian 的, 则他的本征 ket 构成一全集 *. 在许多问题中, 能量据特殊重要的地位, 故我们很自然的以 Hamiltonian H 的本征 ket 为基本 ket, 我们采用下述的符号: 如 H 的本征值为 $E_1, E_2, E_3, \cdots, E_n$ 我们以 $|E_1\rangle, |E_2\rangle, \cdots, |E_n\rangle \cdots$ 表 H 的本征向量 **.

唯我们当然可取坐标 Q 的本征向量 $|q_1\rangle, |q_2\rangle, \cdots$ 为基本向量. 这些 kets$|q_k\rangle$ 有他们的 bras$\langle q_k|$. ket$|E_n\rangle$ 在坐标 Q 的表象中的 "表", 按 (17) 式, 乃系下列 (无限数的, 且连续的):

$$\langle q_j|E_n\rangle$$

下文我们将见这系列的 $\langle q_k|E_n\rangle$, 即系 Schrödinger 理论中的波函数 $\Psi_{En}(q)$

$$\langle q_k|E_n\rangle \leftrightarrow \Psi_n(q) \tag{5-21}$$

$$\langle E_n|q_k\rangle\langle q_k|E_n\rangle \overset{(14)}{=} |\langle q_k|E_n\rangle|^2 \leftrightarrow |\Psi_n(q)|^2 \tag{5-21a}$$

由于第 3 章第 3.3.2 节 $|\Psi|^2$ 的解释, 故只 $|\langle q_k|E_n\rangle|^2$ 是有物理意义 (而非 $\langle q_k|E_n\rangle$).

量子力学的次一个基本假定乃如下. 唯在引入第二基本假定前, 我们将更指出 "态" 在量子力学中的意义.

态 (state) 一个名词, 有许多不同的意义, 如

(a) 在古典动力学中, 一个系统的态, 可以其广义的坐标及其共轭动量 $(q_1, \cdots, q_n, p_1, p_n)$ 定义之 (这些是微观变数).

---

* Hermitian 算符的定义, 见下文 (24)~(29) 式. 在第 1 章矩阵代数中, 我们曾述一个 Hermitian 矩阵的本征值及本征向量, 见 (1-38, 38a) 式. 在 Sturm-Liouville 问题, 一个自伴 (或 Hermitian) 算符的本征函数构成一全集, 见第 4 章附录乙的定理四.

** "一个物理量, 如 H 的本征值 E_n, 本征向量 $|E_n\rangle$" 一语的意义, 将候于下文引入第二基本假定后阐明之, 唯读者可暂以矩阵力学的 (4-2) 式及波动力学的 (4-4) 式为例; 如 $|E_n\rangle$ 有一个任意相因子 $e^{i\alpha}|E_n\rangle$, $\alpha=$ 实数, 则 $|\langle q_k|E_n\rangle|^2$ 之值与 α 无关. 见本书甲部第 1 章首段.

(b) 在热力学中，一个 (均匀的系统)，如气体，他的态是以 p, V, T 三个变数之二定的，或是以热力学态函数如自由能、熵等. 这是巨观的热力平衡态.

(c) 在气体运动论，一个系统是以分布函数定义的 (这是微观而引入了概率观念的态函数).

(d) 在量子力学中，"态" 是一个抽象的观念. 在 Bohr 的原子理论，稳定态虽是由量子化条件引入的量子数而定的，但 "态" 仍是指有一定能量的态. 在量子力学的态，便较抽象且广义了. 能量可定 "稳定态"，但坐标，动量，角动量，任何物理量皆可以定一个系统的态 —— 不同性质的态. 在 Schrödinger 的理论中，能量的态，系 Schrödinger(不含时的) 方程式的本征函数. 这函数系坐标的函数；每一能值 E_n，态是表以一函数 $\Psi_{En}(q)$. 但同此能值 E_n，该系统的态，亦可表以一个动量 p 的函数 $\phi_{En}(p)$. $\Psi_{En}(q)$ 和 $\phi_{En}(p)$ 系能 (Hamiltonian H) 的态的两个表象中的表 (representative). 量子力学不容许同时有坐标和动量 (共轭变数 x, p_x 等) 的函数. 这是由于测不准原理的限制，而此原理是来自 Einstein-de Broglie 关系 (1), (2) 所谓互补关系.

在较一般化的量子力学形式，一个物理系统的态，是以 Hilbert 空间的向量表示的. 态的改变，表以 ket 的改变. 导致 ket 的改变者，是算符 (或运作子, operator)*. 故乃有量子力学第二基本假定的引入.

II. 凡物理量 (可观察的物理量)，皆以线性的 hermitian 算符表之. 此算符运作于态向量，使一向量变换为另一向量. 坐标 Q 与其共轭动量 P 遵守下关系：

$$PQ - QP = \frac{\hbar}{\mathrm{i}} \tag{5-22}$$

(1) 线性算符的定义，乃

$$Q(c_1|a\rangle + c_2|b\rangle) = c_1 Q|a\rangle + c_2 Q|b\rangle \tag{5-23}$$

c_1, c_2 系常数 (复数或实数).

(2) Hermitian 算符. 先定义一个 Q 的伴算符 Q^+. 设 $|a\rangle$ 为一 ket，其共轭 bra，按 (15) 式下定义，为 $\langle a|$. 如 $\langle a|Q^+$ 定义为 $Q|a\rangle$ 的共轭 bra，则 Q^+ 称为 Q 的 adjoint(伴算符). 按 (14) 式，

$$\langle c|b\rangle = \langle b|c\rangle^*$$

兹使

* 以算符 (operator) 表物理量，或可谓始自 Heaviside 氏 (1893). 在量子力学 (矩阵力学) 中，引入算符观念及方法，系始自 M. Born 与 N. Wiener(1926 年一月, Zeits. f. Physik, 36, 174. Born 被麻省理工学院邀访与数学家 Wiener 合作的结果).

$$\langle c| = \langle a|Q^{+}, \quad Q|a\rangle = |c\rangle \tag{5-24a}$$

则

$$\langle a|Q^{+}|b\rangle = \langle b|Q|a\rangle^{*} \tag{5-24}$$

兹代 Q 以 Q^{+}, 代 Q^{+} 以 $Q^{++}(=(Q^{+})^{+})$. 则 (24) 式成

$$\langle a|Q^{++}|b\rangle = \langle b|Q^{+}|a\rangle^{*}$$

或取其复数,

$$\langle a|Q^{++}|b\rangle^{*} = \langle b|Q^{+}|a\rangle \tag{5-25}$$

如在 (24) 式中将 a, b 互易, 则

$$\langle b|Q^{+}|a\rangle = \langle a|Q|b\rangle^{*} \tag{5-26}$$

由 (25), (26), 得见

$$\langle a|(Q^{++} - Q)|b\rangle^{*} = 0$$

因 $\langle a|, |b\rangle$ 系任意的, 故

$$Q^{++} = Q \tag{5-27}$$

定理一　一个线性算符 Q 的伴算符 Q^{+} 的伴算符 $(Q^{+})^{+}$, 即 Q 本身.

如 Q^{+} 等于 Q

$$Q^{+} = Q \tag{5-28}$$

则 Q 称为自伴 (self-adjoint) 或 Hermitian 算符.

定理二　如 Q 系 Hermitian 算符, 则

$$\langle a|Q|b\rangle^{*} = \langle b|Q|a\rangle \tag{5-29}$$

定理三

$$(PQ)^{+} = Q^{+}P^{+} \tag{5-30}$$

(3) 对易关系：一般言之

$$PQ - QP \neq 0 \tag{5-31}$$

此不对易性引致下述的结果. 设

$$P|p_k\rangle = p_k|p_k\rangle, \quad Q|q_k\rangle = q_k|q_k\rangle \tag{5-32}$$

p_k, q_k 乃系数 (复数或实数). 前式谓 P 运作于 $|p_k\rangle$ 时引致同一态 $|p_k\rangle$, 只差一乘因子 p_k. 次式对 $Q, |q_k\rangle$ 同此. $p_k, |p_k\rangle$ 称为 P 的本征值及本征向量; $q_k, |q_k\rangle$ 为 Q 的本征值及本征向量.

如 A, B 两算符满足下对易条件:

$$AB - BA = 0 \tag{5-33}$$

则永可得一集向量, 同时系 A 和 B 的本征向量

$$A|ab\rangle = a|ab\rangle, \quad B|ab\rangle = b|ab\rangle$$

$$BA|ab\rangle = aB|ab\rangle = ab|ab\rangle = AB|ab\rangle$$

如 P, Q 不对易, 如 (31) 式, 则永不能有二者的共同本征向量.

在矩阵的表象, 上述结果已见第 1 章定理 (十六)、(十七).

在第 II 基本假定中, 表物理量的算符乃 Hermitian 的. 兹使 a_1, a_2 为 A 的本征值, $|a_1\rangle, |a_2\rangle$ 为本征向量

$$A|a_1\rangle = a_1|a_1\rangle, \quad A|a_2\rangle = a_2|a_2\rangle$$

由此,

$$\langle a_2|A|a_1\rangle = a_1\langle a_2|a_1\rangle$$

$$\langle a_1|A|a_2 = a_2\langle a_1|a_2\rangle$$

按 (14) 及 (26), (28), 上式取其复数后成 (因 $A^+ = A$),

$$\langle a_2|A|a_1\rangle = {a_2}^*\langle a_2|a_1\rangle$$

故

$$(a_1 - {a_2}^*)\langle a_2|a_1\rangle = 0 \tag{5-34}$$

如使 1=2,

$$(a_1 - {a_1}^*)\langle a_1|a_1\rangle = 0 \tag{5-35}$$

如 $\langle a_1|a_1\rangle \neq 0$, 则

$$a = a^* = \text{实数} \tag{5-36}$$

再由 (34), 如 $a_1 \neq a_2$, 则

$$\langle a_2|a_1\rangle = 0 \tag{5-37}$$

定理四 Hermitian 算符的本征值系实数, 其本征向量作正交.

此结果已见诸矩阵表象 (第 1 章定理 (十二)、(十三)), 及波动表象 (第 4 章第 3 节定理一、二).

定理五 Hermitian 算符的本征向量构成一个全集的正交归一的向量. 在波动力学的表象, 此 “全集性” 的定义和证明已见第 4 章第 3 节及附录乙. 在一般性的情形 (Hilbert 空间), 这全集性可视为一个假定. 此全集性甚为重要, 见下文.

(4) 变换理论 —— 幺正算符. 由于上述的全集性, 设 A, B 的本征向量为 $|a\rangle, |b\rangle$

$$A|a_m\rangle = a_m|a_m\rangle$$

$$B|b_n\rangle = b_n|b_n\rangle$$

则任一 $|a_m\rangle$ 可展开如下：

$$|a_m\rangle = \sum_k \int |b_k\rangle\langle b_k|a_m\rangle \tag{5-38a}$$

$$\equiv \sum_k \int |b_k\rangle U_{km} \tag{5-38b}$$

同理

$$|b_n\rangle = \sum_j \int |a_j\rangle\langle a_j|b_n\rangle \tag{5-39a}$$

$$= \sum_j \int |a_j\rangle \bar{U}^*_{jn} \quad (\text{用(14)式}) \tag{5-39b}$$

上式定义了 U 的矩阵

$$U_{km} \equiv \langle b_k|a_m\rangle, \quad \bar{U}^*_{jn} = \langle a_j|b_n\rangle$$

唯

$$\bar{U}^* = U^+, \quad U^+ = \text{伴矩阵} \tag{5-40}$$

由 (38-b), (39-b), 得

$$|a_m\rangle = \sum_{k,j} \int U_{km}{U^+}_{jk}|a_j\rangle$$

故

$$\sum_k \int U^+_{jk} U_{km} = \delta_{jm} \tag{5-41}$$

故

$$U_{km} = \langle b_k|a_m\rangle \text{乃一幺正矩阵}$$

此结果甚为重要. 按此, (38), (39) 谓由一个 “表象 A”(即以 $|a\rangle$ 为基本向量) 变换至另一个 “表象 B”(以 $|b\rangle$ 为基本向量), 乃系一个幺正变换 *

$$|b_k\rangle = \sum\int |a_j\rangle U^+{}_{jk}, \quad |a_m\rangle = \sum\int |b_k\rangle U_{km}$$

$$U^+{}_{jk} = \langle a_j|b_k\rangle, \quad U_{km} = \langle b_k|a_m\rangle$$

$$\sum\int U^+{}_{jk}U_{km} = \sum\int \langle a_j|b_k\rangle\langle b_k|a_m\rangle = \delta_{jm} \tag{5-42}$$

由 (41)

$$\sum_j\int |\langle a_j|b_k\rangle|^2 = 1 \tag{5-43}$$

同此

$$\sum_k\int |\langle b_k|a_i\rangle|^2 = 1$$

由 (42), 可定义 $|b_k\rangle\langle b_k|$ 为一投射 (projection) 算符, 其意义可视为第 (7) 式的 $\cos(XF)$, $\cos(YF)$, $\cos(ZF)$ 的推广.

$$\sum_k\int |b_k\rangle\langle b_k| = 1 \tag{5-44}$$

即上 $\cos^2(XF)+\cos^2(YF)+\cos^2(ZF)=1$ 的推广.

(5) Schrödinger 的 Ψ 函数. 设 Hamiltonion$H$ 的本征向量为 $|E_n\rangle$,

$$H|E_n\rangle = E_n|E_n\rangle \tag{5-45}$$

使 $|q_k\rangle$ 为坐标 Q 的本征向量

$$Q|q_k\rangle = q_k|q_k\rangle \tag{5-46}$$

按 (38a)

$$|E_n\rangle = \sum\int |q_k\rangle\langle q_k|E_n\rangle \tag{5-47}$$

$\langle q_k|E_n\rangle(q_k=q$ 所有的值), 在每一 E_n 值, 系一 (连续) 系列的 q_k 值 (即系 q_k 的函数). $\langle q_k|E_n\rangle$ 即波函数 $\Psi_{En}(q)$, 见前 (20)~(21) 式. $\langle q_k|E_n\rangle$ 系由 Q 表象变换至 H 表象的幺正矩阵 (算符)$U_{q_E}|U_{qE}|^2$ 乃 $|\Psi_E(q)|^2$, 其意义, 由 (43) 乃系当能量确知为 E 时, 其坐标为 q 的概率.

---

* 见下文 (60)~(63) 各式, 由 p 表象至 q 表象的变换.

同理, 如 Q 之共轭动量为 P,

$$P|p_k\rangle = p_k|p_k\rangle$$

则 $\langle p_k|E_n\rangle$ 系由 P 表象变换至 H 表象的幺正矩阵 U_{pE}.

由于 P, Q 不对易, 如 (22) 式, 按前定理, P, Q 不可能有共同之本征向量 $|p_k, q_k\rangle$, 故不可能有 $\langle p_k, q_k|E\rangle$, 或 $\Psi_E(q,p)^*$. $\langle q_k|E_n\rangle$ 与 $\langle p_k|E_n\rangle$ 间的关系, 系一幺正变换, 见下文 (63, 64, 65).

(6) q, p 表象的变换. 按第 II 基本假定 (22), 坐标算符 Q 与其共轭动量算符 P 不对易而满足下式:

$$PQ - QP = \frac{\hbar}{\mathrm{i}} \tag{5-48}$$

在 Q 表象, Q 算符系 "以 Q 乘" 的运作. 问题是: 在此 Q 表象, P 的算符为何? 在 Schrödinger 理论中, 我们于第 4 章 (4-12) 式已知 $p_x = \dfrac{\hbar}{\mathrm{i}}\dfrac{\partial}{\partial x}$. 获得此结果, 我们用了 Einstein-de Broglie 关系. 下文将由 (48) 式, 求 $p_x = \dfrac{\hbar}{\mathrm{i}}\dfrac{\partial}{\partial x}$ 的关系

兹取一 Q 表象, 其基本 ket 为 $|q_k\rangle$. 一任意的 ket, 可写作

$$|\Psi(q)\rangle.$$

我们定义一个算符 $\dfrac{\mathrm{d}}{\mathrm{d}q}$ 如下:

$$\frac{\mathrm{d}}{\mathrm{d}q}|\Psi(q)\rangle = |\frac{\mathrm{d}\Psi}{\mathrm{d}q}\rangle \tag{5-49}$$

按 (24a), 此式两方的共轭虚 bra 为

$$\langle\Psi(q)\left|\frac{\mathrm{d}^+}{\mathrm{d}q} = \langle\frac{\mathrm{d}\Psi}{\mathrm{d}q}\right| \tag{5-50}$$

按 (19) 式, $\langle\Psi\left|\dfrac{\mathrm{d}}{\mathrm{d}q}\right.$ 的意义系下式的关系:

$$\left\{\langle\Psi|\frac{\mathrm{d}}{\mathrm{d}q}\right\}|\phi\rangle = \langle\Psi\left\{\frac{\mathrm{d}}{\mathrm{d}q}|\phi\rangle\right\} \tag{5-51}$$

用 (38a) 或 (44) 式之投射算符, 即得

$$\int\langle\Psi|\frac{\mathrm{d}}{\mathrm{d}q}|q'\rangle\mathrm{d}q'\langle q'|\phi\rangle = \int\langle\Psi|q'\rangle\mathrm{d}q'\langle q'|\frac{\mathrm{d}\phi}{\mathrm{d}q'}\rangle, \quad 用(49)$$

* 关于此点, 爱因斯坦以为此系量子力学的一基本弱点, 可参读下文本章第 5 节.

$$\int\langle\Psi|\frac{\mathrm{d}}{\mathrm{d}q}|q'\rangle\mathrm{d}q'\phi(q')\overset{*}{=}\int\langle\Psi|q'\rangle\mathrm{d}q\frac{\mathrm{d}\phi(q')}{\mathrm{d}q'}$$
$$=-\int\frac{\mathrm{d}}{\mathrm{d}q'}\langle\Psi|q'\rangle\mathrm{d}q'\phi(q')$$
$$\overset{*}{=}-\int\langle\frac{\mathrm{d}\Psi}{\mathrm{d}q}|q'\rangle\mathrm{d}q'\phi(q') \tag{5-52}$$

故得

$$\langle\Psi|\frac{\mathrm{d}}{\mathrm{d}q}=-\langle\frac{\mathrm{d}\Psi}{\mathrm{d}q} \tag{5-52a}$$

以此与 (50) 比较, 得见 $\frac{\mathrm{d}}{\mathrm{d}q}$ 的伴算符 $\frac{\mathrm{d}^+}{\mathrm{d}q}$ 与 $\frac{\mathrm{d}}{\mathrm{d}q}$ 的关系为

$$\frac{\mathrm{d}^+}{\mathrm{d}q}=-\frac{\mathrm{d}}{\mathrm{d}q} \tag{5-53}$$

故 $\frac{\mathrm{d}}{\mathrm{d}q}$ 系一纯虚数算符, 或 $\mathrm{i}\frac{\mathrm{d}}{\mathrm{d}q}$ 系一实算符 (Hermitian). 由

$$\frac{\mathrm{d}}{\mathrm{d}q}q|\phi\rangle=q\frac{\mathrm{d}}{\mathrm{d}q}|\phi\rangle+|\phi\rangle$$

可得

$$\frac{\mathrm{d}}{\mathrm{d}q}q-q\frac{\mathrm{d}}{\mathrm{d}q}=1 \tag{5-54}$$

故可见 $\frac{\hbar}{\mathrm{i}}\frac{\partial}{\partial q}$ 满足 p 所遵守的 (22) 对易关系.

由 (49) 式, 取两方的 q 表象之表

$$\langle q'\left|\frac{\mathrm{d}}{\mathrm{d}q}\right|\Psi\rangle=\langle q'\left|\frac{\mathrm{d}\Psi}{\mathrm{d}q}\right.\rangle$$
$$=\frac{\mathrm{d}}{\mathrm{d}q'}\langle q'|\Psi\rangle,\quad \text{按(53)}$$

$|\Psi\rangle$ 是任意之 ket. 故

$$\langle q'\left|\frac{\mathrm{d}}{\mathrm{d}q}\right.=\frac{\mathrm{d}}{\mathrm{d}q'}\langle q'|$$

乘两方以 $\frac{\hbar}{\mathrm{i}}$ 则

$$\langle q'|p=\frac{\hbar}{\mathrm{i}}\frac{\mathrm{d}}{\mathrm{d}q'}\langle q'| \tag{5-55}$$

---

* 用 (21) 式的符号

$$\langle q'|\phi\rangle\equiv\phi(q'),\quad \langle q'|\frac{\mathrm{d}\phi}{\mathrm{d}q}\rangle\equiv\frac{\mathrm{d}\phi(q')}{\mathrm{d}q'}=-\frac{\mathrm{d}}{\mathrm{d}q'}\langle q'|\phi\rangle$$

由 (52a), 同上各步骤, 可得 *

$$p|q'\rangle = -\frac{\hbar}{\mathrm{i}}\frac{\mathrm{d}}{\mathrm{d}q'}|q'\rangle \tag{5-56}$$

由 (49), 可得下述的结果：如 $|\Psi\rangle$ket 系与 q 值无关的 ket(Dirac 称之为标准 (standard ket)), 则

$$p|\rangle = -\frac{\hbar}{\mathrm{i}}\frac{\mathrm{d}}{\mathrm{d}q}|\rangle = -\frac{\hbar}{\mathrm{i}}|\frac{\mathrm{d}}{\mathrm{d}q}\rangle = 0 \tag{5-57}$$

此乃谓 q 表象中之 $|\rangle$, 同时系所有的 p, 当本征值为 0 的本征 ket, 此亦即谓如确知 p 之值为 0, 则无从知 q 的确值, 可由 $-\infty$ 至 $+\infty$. 此即测不准原理一形式也.

上文系由 q 表象作开始点, 以 q 的本征 ket$|q'\rangle$ 作基本 ket, q' 之值为一由 $-\infty$ 至 $+\infty$ 的连续谱. 在此 q 表象, 由

$$pq - qp = \frac{\hbar}{\mathrm{i}}$$

可得 p 的算符

$$p = \frac{\hbar}{\mathrm{i}}\frac{\partial}{\partial q} \tag{5-58}$$

如我们由 p 表象作开始点, 以 p 的本征 ket$|p'\rangle$ 作基本 ket, 本征值 p' 为由 $-\infty$ 至 $+\infty$ 的连续谱. 如将上式中之 i 改为 $-$i, 则

$$qp - pq = \frac{\hbar}{\mathrm{i}}$$

故 q 的算符 (按在 p 表象的计算), 为

$$q = -\frac{\hbar}{\mathrm{i}}\frac{\partial}{\partial p} \tag{5-59}$$

在 q 表象, $p|p'\rangle = p'|p'\rangle$ 的表为

$$\begin{aligned} \langle q'|p'|p'\rangle &= \langle q'|p|p'\rangle \\ p'\langle q'|p'\rangle &= \frac{\hbar}{i}\frac{\mathrm{d}}{\mathrm{d}q'}\langle q'|p'\rangle, \quad \text{用(55)式}^{**} \end{aligned} \tag{5-60}$$

此乃 $\langle q'|p'\rangle$ 的微分方程式. 其解为

$$\langle q'|p'\rangle = C(p')\exp(\mathrm{i}p'q'/\hbar) \tag{5-61}$$

---

* 见 (60) 式注.

** 我们务须注意 (60) 式 (56) 式的分别. 对 ket$|q\rangle$ 时, p 算符为 $p = -\frac{\hbar}{\mathrm{i}}\frac{\partial}{\partial q}$. 对 $|p\rangle$ket 的 q- 表 (representative) 时, 则为 $p = \frac{\hbar}{\mathrm{i}}\frac{\partial}{\partial q}$. 在 Schrödinger 表象用 $\Psi(q)$ 时, 则为后者.

(60), (61) 式中之 p', 可视作一参数. $C(p')$ 乃 p' 的函数. 故

$$\langle q'|p''\rangle = C(p'')\exp(\mathrm{i}p''q'/\hbar)$$

由 (38a) 及 (42) 式, 即得

$$\begin{aligned}\langle p'|p''\rangle &= \int_{-\infty}^{\infty}\langle p'|q'\rangle \mathrm{d}q'\langle q'|p''\rangle \\ &= C^*(p'')C(p')\int_{-\infty}^{\infty}\exp\{-\mathrm{i}(p'-p'')q'/\hbar\}\,\mathrm{d}q' \\ &= |C(p')|^2 2\pi\hbar\delta(p'-p'')\end{aligned} \tag{5-62}$$

$C(p')$ 可选定如下. 由 (14) 及 (61), 得

$$\langle p'|q'\rangle = C^*(p')\exp(-\mathrm{i}p'q'/\hbar) \tag{5-63}$$

唯由上述 (58), (59)p, q 间之对称性 (经 i 与–i 的变换), (63) 式中应系 $C^*(q')$; 故 C^* 不能系 q' 或 p' 的函数, 而系一常数. 又由 (62), 及 $\langle p'|p''\rangle = \delta(p'-p'')$ 的直交归一条件, 如

$$|C| = \frac{1}{\sqrt{h}}$$

(61) 乃成

$$\langle q'|p'\rangle = \frac{1}{\sqrt{h}}\mathrm{e}^{\mathrm{i}p'q'/\hbar}$$

按 (40), (41) 式, $\langle q'|p'\rangle$ 乃由 p 表象的 $|p'\rangle$ 变换至 q 表象的幺正变换 * 的矩阵元素 (见 (38a)~(43) 各式).

(7) 测不准原理. 兹取一任意 ket, 如 $|X\rangle$. 按 (38a) 及 (63), 即得

$$\begin{aligned}\langle q'|X\rangle &= \int\langle q'|p'\rangle \mathrm{d}p'\langle p'|X\rangle \\ &= \frac{1}{\sqrt{h}}\int_{-\infty}^{\infty}\mathrm{e}^{\mathrm{i}q'p'/\hbar}\mathrm{d}p'\langle p'|X\rangle\end{aligned} \tag{5-64}$$

$$\langle p'|X\rangle = \frac{1}{\sqrt{h}}\int_{-\infty}^{\infty}\mathrm{e}^{-\mathrm{i}q'p'h/}\mathrm{d}q'\langle q'|X\rangle \tag{5-65}$$

由此二式, 得见 $\langle p'|X\rangle$ 与 $\langle q'|X\rangle$ 间的互为 Fourier 变换的关系. 由第 4 章第 8 题, 我们已见, 如 $\langle q'|X\rangle$ 系一波包, 其在空间的 "宽" 为 Δq, 则其频率 $\nu = \dfrac{c}{\lambda} = \dfrac{cp}{h}$ 的宽 $\Delta\nu$, 有 $\Delta p\Delta q \simeq h$ 的关系,

$$\Delta p\Delta q \simeq h \tag{5-66}$$

∗ 见本册第 1 章第 6 节矩阵的表象.

此乃 Heisenberg 1927 年提出的测不准原理. 其由 Einstein-de Broglie 的关系的导出, 已见第 4 章 4.2.2 节及本章 (3), (4) 式. (64), (65) 乃系由第二基本假定中 (22) 对易关系导出的. 这 (66) 关系的较准确式, 将于引入量力学第三基本假定 (概率性假定) 后导出之.

5.2.2　概率性的基本假定

上述第Ⅰ, Ⅱ两基本假定, 系由于 Einstein-de Broglie 的关系 (1), (2), 引入 “态” 和 “算符” 的观念和数学形式. 将这些定义和数学形式, 应用到物理系统, 还需另加些观念, 使Ⅰ, Ⅱ两个假定的数学形式和观察结果联系起来. 这是下述的第Ⅲ基本假定:

III. *当一个物理系统在态* $|a\rangle$ *时量其一物理量* Q, *则预期所得之值* $\langle Q\rangle$, *乃系*

$$\langle Q\rangle = \langle a|Q|a\rangle \tag{5-67}$$

由此假定, 可得下列的结果:

(1) 如态 $|a\rangle$ 系 Q 的本征向量之一, 如 $|q_k\rangle$, 则按 (46),

$$\begin{aligned}\langle Q\rangle &= \langle q_k|Q|q_k\rangle = \langle q_k|q_k|q_k\rangle \\ &= q_k\end{aligned} \tag{5-68}$$

换言之, 观察的结果, 确定的必为属于该态 $|q_k\rangle$ 的本征值 q_k.

(2) 如态 $|a\rangle$ 系 A 的本征向量之一, 而 A 与 Q 系对易的

$$AQ - QA = 0$$

则按前定理, $|a\rangle$ 同时亦系 Q 的本征向量之一,

$$A|a_k q_k\rangle = a_k|a_k q_k\rangle$$

$$Q|a_k q_k\rangle = q_k|a_k q_k\rangle$$

$$\begin{aligned}\langle Q\rangle &= \langle a_k q_k|Q|a_k q_k\rangle \\ &= q_k\end{aligned} \tag{5-69}$$

如 $|a\rangle$ 系 A 的本征向量, 而 A 与 Q 不对易如 (31), 则按 (38a)

$$|a\rangle = \sum_n \int |q_n\rangle\langle q_n|a\rangle$$

$$\langle a| = \sum_n \int \langle a|q_n\rangle\langle q_n|$$

$$
\begin{aligned}
\langle a|Q|a\rangle &= \sum_{m,n}\int \langle a|q_m\rangle\langle q_m|Q|q_n\rangle\langle q_n|a\rangle \\
&= \sum_{n}\int |\langle a|q_n\rangle|^2 q_n
\end{aligned} \tag{5-70}
$$

此结果极为重要. 当系统在一任意的态 $|a\rangle$ 时去量 Q, 可预期的观察结果, 乃系 Q 的 (无限数的) 本征值之一. 各 q_n 值出现的几率为 $|\langle a|q_n\rangle|^2$, 但我们不能确知何一 q_n 值出现.

我们务须意者, 乃系这个几率性, 不是由于作许多个观察的统计而来的; 他是指即使对 "一个原子", 亦不能确定的预知观察的结果, 而只能知各可能得的结果的几率而已, 换言之, 由于 Q, A 的不封易性 $AQ-QA\neq 0$, 我们有一内在的, 基本的几率性, 和古典物理的几率性不同 (见 5.1.3 节)*.

(3) 测不准原理. 前第 4 章 4.2.2 节及本章 (3, 4) 式已曾论及测不准原理的意义及来源. 下文将由第 II 基本假定 (22) 对易关系, 以第III基本假定 (67) 式, 导出测不准关系的较确式.

下文为便于读者与一般文献比较起见, 将采用较常见的符号, 以 Schrödinger 的 Ψ(或 ϕ) 代 Dirac 的 ket$|\rangle$ 符号, 为方便计, 兹作一对照表如下:

$$
(5\text{-}14)\quad \langle j|k\rangle = \langle k|j\rangle^*,\quad (\phi,\Psi) = (\Psi,\phi)^* \tag{5-71}
$$

$$
\langle a_i|a_j\rangle = \delta_{ij},\quad (\phi_i,\phi_j) = \delta_{ij} \tag{5-72}
$$

$$
(5\text{-}1)\quad \langle a|Q|a\rangle,\qquad (\Psi,Q\Psi) = \int \Psi^* Q\Psi \mathrm{d}\tau \tag{5-73}
$$

$$
\begin{aligned}
(5\text{-}24)\quad \langle a|Q^+|b\rangle = \langle b|Q|a\rangle^*,\quad & (\Psi,Q^+\phi) = (\phi,Q\Psi)^* \\
& \text{或}(Q^+\phi,\Psi) = (\phi,Q\Psi)
\end{aligned} \tag{5-74}
$$

如 $Q^+=Q$(Hermitian), 则

$$
(Q\phi,\Psi) = (\phi,Q\Psi) \tag{5-75}
$$

设 ϕ,Ψ 为 (Hilbert 空间的) 两个向量 ($|\phi\rangle, |\Psi\rangle$)

$$
(\phi,\phi)\neq 0,\quad (\Psi,\Psi)\neq 0,\quad (\phi,\Psi)\neq 0 \tag{5-76}
$$

由 ϕ 及 Ψ, 可将 ϕ 写作一分向量 $a\Psi$ 及一与 $a\Psi$ 正交的 χ,

$$
\phi = a\Psi + \chi
$$

* (70) 式的结果, 自然和对许多个 "原子"(系统) 作观察而将结果的分布作一分析, 无冲突处. 分别点是在基本观念上而非在实验上的. 参阅前文第 1 节末的注.

$$a = \frac{(\Psi, \phi)}{(\Psi, \Psi)}, \quad \chi = \phi - \frac{(\Psi, \phi)}{(\Psi, \Psi)} \Psi \tag{5-77}$$

故

$$(\phi, \phi)(\Psi, \Psi) = |(\phi, \Psi)|^2 + (\chi, \chi)$$

由 $(\chi, \chi) \geqslant 0$, 故得下所谓 Schwarz 不等式

$$(\phi, \phi)(\Psi, \Psi) \geqslant |(\phi, \Psi)|^2 \tag{5-78}$$

上式中 ϕ, Ψ 乃任何 "非零的" 向量. 兹设 A, B 为两 Hermitian 算符, 并使

$$\phi = A\phi, \quad \Psi = B\phi \tag{5-79}$$

(78) 式乃成

$$(A\phi, A\phi)(B\phi, B\phi) \geqslant |(A\phi, B\phi)|^2 \tag{5-80}$$

由 (75), (71),

$$(A\phi, B\phi) = (BA\phi, \phi) = (\phi, BA\phi)^*$$

$$(A\phi, B\phi) = (B\phi, A\phi)^* = (AB\phi, \phi)^* = (\phi, AB\phi)$$

如

$$(\phi, AB\phi) = a + \mathrm{i}b, \quad a, b = \text{实数}$$

则

$$(\phi, BA\phi) = a - \mathrm{i}b \tag{5-81}$$

如

$$AB - BA = \frac{\hbar}{\mathrm{i}} \tag{5-82}$$

则由 (80) 式得

$$2b = -\hbar \tag{5-83}$$

$$|(A\phi, B\phi)|^2 = a^2 + \left(\frac{\hbar}{2}\right)^2 \tag{5-84}$$

(80) 式乃成

$$(A\phi, A\phi)(B\phi, B\phi) \geqslant |(A\phi, B\phi)|^2 = a^2 + \left(\frac{\hbar}{2}\right) \tag{5-85}$$

兹使

$$A = \Delta P = P - (\phi, P\phi) \tag{5-86}$$

$$B = \Delta Q = Q - (\phi, Q\phi)$$

……

$$\bar{A}^2 \equiv (\phi, A^2\phi)$$

(85) 式乃成

$$\overline{(\Delta p)^2}\ \overline{(\Delta Q)^2} \geqslant \left(\frac{\hbar}{2}\right)^2 \tag{5-87}$$

此乃测不准原理也.

(87) 左方之最小值, 乃系 $\left(\frac{\hbar}{2}\right)^2$. 由 (84) 及 (81), 此乃当 $a=0$ 时, 亦即当 $(\phi, AB\phi)=$ 虚数. 此情形乃当

$$A = \mathrm{i}\alpha B, \quad \alpha = \text{实数时} \tag{5-88}$$

故最小的 "不准" 额乃当

$$P - \bar{P} = \mathrm{i}\alpha(Q - \bar{Q})$$

或

$$\left(\frac{\hbar}{\mathrm{i}}\frac{\partial}{\partial x} - \bar{p}\right)\phi = \mathrm{i}\alpha(x - \bar{x})\phi \tag{5-89}$$

此乃一微分方程式. 其解乃

$$\phi(x) = \exp\left(\frac{\mathrm{i}}{\hbar}\bar{p}x\right)\exp\left(-\frac{\alpha}{2\hbar}(x-\bar{x})^2\right) \tag{5-90}$$

此乃一个波包. 以此计 $\overline{(\Delta P)^2}, \overline{(\Delta Q)^2}$, 即得

$$\overline{(\Delta P)^2} = \frac{\hbar}{2\alpha}, \quad \overline{(\Delta Q)^2} = \frac{\alpha\hbar}{2} \tag{5-91}$$

(4) $\Delta E \Delta t \simeq h$ 关系. 第 4 章 4.2.2 节 (4-26) 曾提及无 Hermitian T 可符合

$$HT - TH = -\frac{\hbar}{\mathrm{i}} \tag{5-92}$$

此定理之证明如下:

(i) A 系一 Hermitian 算符, a 系一实数. 则

$$\mathrm{e}^{\mathrm{i}aA}\text{系一幺正算符}$$

其证明见第 1 章习题 3.

(ii) 设 Hermitian H 的本征值为 E, 其本征向量为 Ψ_E,

$$H\Psi_E = E\Psi_E$$

设 T 系满足 (73) 式的 Hermitian 算符. 则

$$H\{e^{iaT}\Psi_E\} = (E + a\hbar)\{e^{iaT}\Psi_E\}, \quad a = \text{实数}$$

换言之, $e^{iaT\Psi_E}$ 系 H 的本征值为 $E+a\hbar$ 的本征向量. 此部的证明见第 1 章习题 4.

(iii) 但 a 系一任意实数. 故按上 (ii), H 可有本征值 $E + a\hbar$ 由 $-\infty$ 至 $+\infty$ 的连续谱. 又 H 系任意系统的 Hamiltonian, 故 H 不能永有连续的本征值. 故满足 (92) 式的 T Hermitian 算符是不能存在的.

但我们切勿遂下结论, 以为不能如 $\frac{\hbar}{i}\frac{\partial}{\partial x}$ 的引入一个算符 $\frac{\hbar}{i}\frac{\partial}{\partial t}$.

上述的三个基本假定, 都未介入时间的观念, 一个物理系统的态在时间上的变迁所遵守的定律, 需要另一个基本假定, 这即是 Schrödinger 的含时波动方程式, 我们引入第四个基本假定如下:

IV. *一个物理的态 $|a,t\rangle$ 随时变迁的定律, 乃下方程式:*

$$\left(\frac{\hbar}{i}\frac{\partial}{\partial t} + H(q,p)\right)|a,t\rangle = 0^* \tag{5-93}$$

式中 H 乃 Hamiltonian, $H(q,p) = H\left(q, \frac{\hbar}{i}\frac{\partial}{\partial q}\right)$.

在讨论此方程式之前, 我们务须着重下一点, 即此 Schrödinger 方程式, 系一个基本假定, 不能由上述的其他三个基本假定导得的, 更不能由古典观念导出来的.

虽是如此, 我们仍将证明, 或了解, $\frac{\hbar}{i}\frac{\partial}{\partial t}$ 确是一个 Hermitian 算符, 且确有些好论据, 使 $i\hbar\frac{\partial}{\partial t} = H$. 唯这部分的讨论, 当俟下文第 3 节讨论 "平移"(translation)、"转移"(rotation)、"时移"(time displacement) 等幺正算符后述之. 下文将论 (93) 式的若干性质.

(1) Schrödinger 方程式 (93) 系时变数 t 的第一次微分方程式. 此点极为重要, 其故如下:

由归一条件

$$\int \Psi^*(q,t)\Psi(q,t)\mathrm{d}q = 1 \tag{5-95}$$

得

$$\int \left(\Psi^*\frac{\partial \Psi}{\partial t} + \frac{\partial \Psi^*}{\partial t}\Psi\right)\mathrm{d}q = 0 \tag{5-96}$$

---

* 为便于与普通文献比较计, 下文将常用 $|a,t\rangle$ 在坐标 q 表象 $\langle q|a,t\rangle$ 及 $\langle q|a,t\rangle \equiv \Psi_a(q,t)$ 的符号, 见 (21), (53) 等式. (93) 乃下式:

$$\left[\frac{\hbar}{i}\frac{\partial}{\partial t} + H(q,p)\right]|\Psi(q,t)\rangle = 0 \tag{5-94}$$

此式乃 Ψ 与 $\dfrac{\partial\Psi}{\partial t}$ 应满足的一个方程式.

如 (94) 系 t 的第一次微分方程式, 则在解所谓开始条件问题时, 我们只需知 $\Psi(q,t)$ 在 $t=t_0$ 时的函数 $\Psi(q,t_0)$ 即足. 如 (94) 系 t 的第二次微分方程式, 则需 $t=t_0$ 时的 Ψ 及 $\dfrac{\partial\Psi}{\partial t}$ 函数之值; 故 $\Psi,\dfrac{\partial\Psi}{\partial t}$ 应可任意取择的. 唯此乃与 (96) 式抵触.

(2) 式中有动量 p 的平方, 故 (94) 系坐标 x,y,z 的第二次微分方程式. 故 (94) 显系无 Lorentz 变换的不变性, 换言之, (94) 式系不满足狭义相对论要求的.

关于此点, Schrödinger,O . Klein, W. Gordon 早已企图代 (94) 以一满足 Lorentz 变换不变性条件的方程式. 唯他们的方程式对 x,y,t 皆系二次微分的方程式, 如应用于电子的系统 (如氢原子), 则所得理论结果与实验结果不符 (精微结构等). 此问题至 1928 年, 为 P. A. M. Dirac 的理论所解答. 此理论成为量子电动力场的出发点. 将于《量子力学 (乙部)》第 9 章中论之.

(3) 此方程式 (94) 于 H 与 t 无关情形下, 有稳定态的存在;

如视

$$(H(q,p)-E_n)\,\Psi_n(q)=0 \tag{5-97}$$

为本征值问题解之, 则 (94) 可以

$$\Psi(q,t)=\Psi_n(q)\mathrm{e}^{-\mathrm{i}E_nt}/\hbar \tag{5-98}$$

解之.

(4) Schrödinger 方程式 (94) 系一微分方程式, 从开始时 t_0 之 $\Psi(q,t^0)$, 该方程式完全的确定了 $\Psi(q,t)$ 任何时 t 之值 —— 只需该系统不受任何外来的扰动. 故对 $\Psi(q,t)$ 言, 量子力学是有确定性的 (deterministic), 是有因果性的 (causal).

唯按量子力学的第Ⅲ基本假定一, $|\Psi_a(q,t)|^2\equiv|\langle q|at\rangle|^2$ 的概率性意义, 乃系如第 (70) 式. 故此概率 $|\Psi_a(q,t)|^2$ 与时 t 改变的关系, 虽是确定的, 但对度量的结果 (量一个物理系统在态 $|a,t\rangle$ 时的 q 量的值), 则是遵守 (70) 式的概率分布, 而不能确定的预知度量的结果的 (除非该态 $|a,t\rangle$ 恰好是 q 的本征态 $|q_k,t\rangle$).

总结此段: 量子力学的基本方程式 (94), 对 "概率幅度"(probability amplitude) $\Psi_a(q,t)$ 与时 t 改变的定律, 是确定的, 但 $|\Psi|^2$ 仍是概率性的 *.

(5) 如 H 有某些对称性, 则按 (94) 式, $\Psi(q,t)$ 的对称性将守恒不变. 此定理的证明甚显明.

例一 一有球心对称性的系统, 其 H 对宇称性运作有不变性 (见第 4 章第 4 节). 此系统的态, 有奇宇称性或偶宇称性. 如系统不受外力的扰动 (如电磁波), 则一奇 (偶) 态将永为奇 (偶) 态.

---

* 关于量子力学的概率意义的基本性、内在性, 爱因斯坦持基本上不同的态度. 参阅本章第 2 节末.

例二　一个有二个电子的系统 (氦原子). H 对两个电子的互换位置, 是不变的, (亦即或谓 H 对此互换系对称的). 这系统的态, 对此互换, 可以有对称性, 但也可以有反对称性 (事实上, 自然界的定律, 只容许有反对称性的态). 无论其为对称或反对称性, 如某时刻, 态为对称性, 则按 (94) 式, 将永为对称性. 反对称性亦然.

例二涉及具有相同粒子的系统. 关于此系统的态的 (对相同粒子的互换) 对称性, 我们需要另一定律. 此定律是由经验来的. 故我们虽称之为第 V 基本假定, 但其基础则与前此四个基本假定有异了.

V. *有相同粒子的系统的态, 对两个粒子的互易, 有下述的对称性:*

(1) 对自旋角动量为 $\frac{1}{2}\hbar, \frac{3}{2}\hbar, \cdots$ 的粒子 (如电子、质子、中子等), 态函数对两个粒子的互易位置, 有反对称性, 即 *

$$\Psi(\boldsymbol{r}_1, \boldsymbol{r}_2, \boldsymbol{r}_3, \cdots) = -\Psi(\boldsymbol{r}_2, \boldsymbol{r}_1, \boldsymbol{r}_3, \cdots) \tag{5-99}$$

(2) 对自旋角动量为 $0, \hbar, 2\hbar, \cdots$ 的粒子 (如 α 粒子、π 介子等), 态函数对两个粒子的互易位置, 有对称性, 即

$$\Psi(\boldsymbol{r}_1, \boldsymbol{r}_2, \boldsymbol{r}_3, \cdots) = \Psi(\boldsymbol{r}_2, \boldsymbol{r}_1, \boldsymbol{r}_3, \cdots) \tag{5-100}$$

此二假定, 可视为系经验的结果. 我们将见在电子的系统, (99) 式的反对称性, 与 Pauli 的 "排斥原理"(exclusion principle) 相当. 又相同粒子互易的对称性及对称性, 与粒子在一巨观系统中的统计分布函数, 有密切关系 **. 此假定的重要性, 对于下文第 9 章二电子的原子系统问题详述之.

5.3　幺 正 变 换

5.3.1　幺正变换 U

设 a 为一任意线性算符, 其本征值 a', 本征向量 $|a'\rangle$ 乃

$$a|a'\rangle = a'|a'\rangle \tag{5-101}$$

设 S 为一任意线性算符, 并假设其有反算符 S^{-1} 存在, 使

$$A = SaS^{-1} \tag{5-102}$$

由

$$AS|a'\rangle = SaS^{-1}S|a'\rangle = Sa|a'\rangle$$

* (99), (100) 式中之 r_k, 系包括粒子的位置坐标和自旋坐标.

** 可参阅《热力学, 分子运动论与统计力学》第 20 章.

$$= a'S|a'\rangle$$

得见 $S|a'\rangle$ 乃 A 的本征向量, 其本征值为 a'.

同法可证明 A 的任何本征值, 亦 a 的本征值. 换言之, (102) 式的变换, 不改变一个算符的本征值.

设 a 系一 Hermitian 算符, 为要求 UaU^{-1} 变换, 使

$$A = UaU^{-1} \tag{5-103}$$

仍系 Hermitian. 由此式及 (30) 定理及 (28) 的定义,

$$AU = Ua \tag{5-104}$$

$$U^+A = aU^+ \tag{5-105}$$

由 (104)

$$U^+AU = U^+Ua$$

由 (105)

$$U^+AU = aU^+U$$

故

$$U^+Ua - aU^+U = 0 \tag{5-106}$$

或 U^+U 与任何 Hermitian 算符对易 (commute). 一任何线性算符 x, 可写为一 Hermitian 算符与 i 乘另一 Hermitian 算符之和

$$x = a + \mathrm{i}b$$

故 U^+U 与任何线性算符亦对易. 故 U^+U 系一个数 c. 又 $(U^+U)^+ = U^+U$, 故 U^+U 系 Hermitian. 故 c 系一实数. 又如 $|A\rangle$ 系一任意 ket, 则 $\langle A|A\rangle =$ 正的实数, $\langle A|U^+U|A\rangle$ 亦系正的实数. 故 c 系正实数, 我们可取 $c = 1$, 故

$$U^+U = 1 \tag{5-107}$$

按 (5-41) 定义, U 乃幺正算符.

设 F 系一 Hermitian 算符, 则甚易证明

$$U = \mathrm{e}^{\mathrm{i}F} \tag{5-108}$$

系一幺正算符. 如代 F 以 ϵF, $\epsilon =$ 无限小实数, 则

$$U = 1 + \mathrm{i}\epsilon F \tag{5-109}$$

系一无限小幺正算符. 一 Hermitian 算符 a 的变换 (103), 乃成

$$\begin{aligned} A &= a + \mathrm{i}\epsilon(Fa - aF) \\ &= a + \epsilon\hbar[a, F] \quad (\text{用(1-64)式}) \end{aligned} \tag{5-110}$$

5.3.2 空间平移 (translation, 或 displacement)

设 $|k\rangle$ 系一任意 ket; $|kd\rangle$ 系经平移的 ket. 使 D 算符表此平移

$$D|k\rangle = |k\mathrm{d}\rangle \tag{5-111}$$

故

$$\langle kd| = \langle k|\mathrm{d}^+$$

由 $\langle k|\mathrm{d}^+ D|k\rangle = \langle kd|kd\rangle = \langle k|k\rangle$, 可得

$$D^+ D = 1 \tag{5-112}$$

故 D 乃幺正算符.

设 α 为一任意算符 (包括 Hermitian 的, 如 (103) 之 a). 经平移变换,

$$\alpha|j\rangle = |k\rangle$$

的关系变换成

$$\alpha_d|jd\rangle = |kd\rangle$$

由

$$\alpha_d|jd\rangle = |kd\rangle = D|k\rangle = D\alpha|j\rangle = D\alpha D^{-1}|jd\rangle$$

故得

$$\alpha_d = D\alpha D^{-1} \tag{5-113}$$

兹欲求 D 之式 (如 (108) 式者). 取一无限小的平移 δ 并定义算符 d_x

$$d_x|k\rangle \equiv \lim_{\delta x \to 0} \frac{|kd\rangle - |k\rangle}{\delta x} = \lim_{\delta x \to 0} \frac{D-1}{\delta x}|k\rangle \tag{5-114}$$

或

$$D = 1 + \delta x d_x, \quad \delta x \to 0 \tag{5-115}$$

$$D^+ = 1 + \delta x {d_x}^+$$

由 (112), 故 $(d_x + {d_x}^+)\delta x = 0$. 因 $\delta x \neq 0$, 故 $d_x = -{d_x}^+$, 或

$$d_x = \text{一个纯虚数的算符} \tag{5-116}$$

由 (113), 即得 (同 (110) 式)

$$\begin{aligned}\alpha_d &= \alpha + \delta x(d_x\alpha - \alpha d_x) \\ &= \alpha + \mathrm{i}\hbar\delta x[\alpha, d_x]\end{aligned} \tag{5-117}$$

d_x 的意义如下. 设 (117) 式中之 α 为 x 坐标. 将量 x 的仪器作 δx 平移, 则所量得之 x 值, 将为 $x - \delta x$.

$$x_d = x - \delta x$$

由 (117) 式, 得

$$d_x x - x d_x = -1 \tag{5-118}$$

以此与对易关系

$$px - xp = \frac{\hbar}{\mathrm{i}}$$

比, 得见如 $p = \frac{\hbar}{\mathrm{i}}\frac{\mathrm{d}}{\mathrm{d}x}$, 则 (除了一常数项外)

$$\mathrm{i}\hbar d_x = p \quad (\text{Hermitian算符}) \tag{5-119}$$

(115) 之无限小算符乃

$$D = 1 - \frac{\mathrm{i}}{\hbar}p\delta x \tag{5-120}$$

以此与 (107), (108) 比较, 得见有限平移 x' 的算符乃

$$D_{x'} = \exp\left(-\frac{\mathrm{i}}{\hbar}x'p\right) \tag{5-121}$$

使 $\phi(x)$ 为一任意 ket$|\rangle$ 之 x' 表象之表. 由 (60),

$$p\phi(x) = \frac{\hbar}{\mathrm{i}}\frac{\mathrm{d}}{\mathrm{d}x}\phi(x)$$

故 *

$$D_{x'}\phi(x) = \phi(x - x') \tag{5-122}$$

此与上式 $x_d = x - \delta x$ 相符.

如

$$x|x'\rangle = x|x'\rangle$$

按 (56) 式

$$p|x\rangle = -\frac{\hbar}{\mathrm{i}}\frac{\mathrm{d}}{\mathrm{d}x}|x\rangle$$

故 *

$$D_{x'}|x\rangle = |x + x'\rangle$$

或

$$x(D_{x'}|x\rangle) = (x + x')|x + x'\rangle \tag{5-123}$$

此与第 1 章习题 4 的结果相同

$D_{x'}$ 幺正算符的本征值, 其绝对值必为 1(见第 1 章习题 1). 又由 (122) 式, 得见

$$(D_a)^2 = D_{2a} \tag{5-124}$$

设 $\phi_k(x)$ 系 $D_{x'}$ 的本征函数 (本征 ket 的 x- 表象之表),

$$D_a\phi_k(x) = \mathrm{e}^{-\mathrm{i}kA}\phi_k(x), \quad k = \text{实数} \tag{5-125}$$

由此式与 (122) 式乃得

$$\phi_k(x - a) = \mathrm{e}^{-\mathrm{i}ka}\phi_k(x) \tag{5-126}$$

此乃一函数方程式, 其解可表之如下:

$$\phi_k(x) = \mathrm{e}^{\mathrm{i}kx}u_k(x) \tag{5-127}$$

$$u_k(x) = u_k(x - a) \tag{5-128}$$

$u_x(x)$ 乃系 x 的周期函数, 其周期为 a.

上述结果, 极为浅显而重要. (127), (128) 可谓为晶体 (或金属) 的电子波函数的基本特性. 我们宜注意者, 乃该结果, 纯系由平移幺正算符 D_a 而来的.

5.3.3　转移 (rotation)

转移的幺正算符, 可以由同上述 $D_{x'}$ 的考虑得之. 设 φ 为绕 z 轴之角, M_z 为绕 z 轴的角动量

$$M_z = \frac{\hbar}{\mathrm{i}}\frac{\partial}{\partial\varphi} \tag{5-129}$$

如 D_α 系转移的幺正算符, 按 (121), (122) 等式, 以同一方法, 即得

$$D_\alpha = \exp\left(-\frac{\mathrm{i}}{\hbar}\alpha M_z\right) \quad (\text{见(121)式}) \tag{5-130}$$

$$(D_\alpha)^2 = D_{2\alpha} \qquad (\text{见(124)式}) \tag{5-131}$$

$$D_\alpha\Psi(\varphi) = \Psi(\varphi - \alpha) \qquad (\text{见(122)式}) \tag{5-132}$$

---

* 将 $D_{x'}$ 展开成一级数, 用 Taylor 级数, 即得 (122), (123).

$$D_\alpha \Psi_m(\varphi) = \mathrm{e}^{-\mathrm{i}m\alpha}\Psi_m(\varphi), \quad m = 整数 \quad (见(125)式) \tag{5-133}$$

$$\Psi_m(r,\theta,\varphi) = \mathrm{e}^{\mathrm{i}m\varphi}\omega_m(r,\theta,\varphi) \quad (见(127)式) \tag{5-134}$$

$$W_m(r,\theta,\varphi) = W_m(r,\theta,\varphi-\alpha), \alpha = 2\pi/n \quad (见(128)式) \tag{5-135}$$

上式中 $m=$ 整数及 $\alpha = \dfrac{2\pi}{n}$, $n=$ 整数的条件, 乃系使 $\Psi_m(r,\theta,\varphi)$ 为单值函数的条件 *.

5.3.4 时移 (time translation) 算符 $U(t)$

一般的理论, 与 5.3.2 节的空间平移 $D_{x'}$ 的相同.

设 $|kt_0\rangle$ 经时移为 $|kt\rangle$. 二者之间的关系为

$$|kt\rangle = U\,|kt_0\rangle \tag{5-136}$$

$U = U(t-t_0)$ 算符, 可用同 5.3.2 节的法, 证明系一幺正算符

$$U^+U = 1 \quad (见第\ (112)\ 式) \tag{5-137}$$

定义 u_t

$$u_t \equiv \frac{\mathrm{d}\,|kt_0\rangle}{\mathrm{d}t_0} = \lim_{t\to t_0}\frac{U-1}{t-t_0}|kt_0\rangle, \quad (见\ (144)\ 式) \tag{5-138}$$

$$u_t = 一纯虚数的算符(见\ (116)\ 式) \tag{5-139}$$

$$\mathrm{i}\hbar\frac{\mathrm{d}}{\mathrm{d}t_0} = -\mathrm{Hermitian}算符\ (见\ (120)\ 式) \tag{5-140}$$

时移与空移的相同处, 至此为止. 由前第 2 节 (92) 式下, 已证明无类似 $px - xp = 1$ 的关系 (如 (92)) 的存在, 故由 (139) 我们不能导出如 (120) 或 (125) 的式. 但我们可假定

$$\mathrm{i}\hbar\frac{\mathrm{d}}{\mathrm{d}t} = H \tag{5-141}$$

或

$$\mathrm{i}\hbar\frac{\mathrm{d}}{\mathrm{d}t}|k,t\rangle = H|k,t\rangle \tag{5-142}$$

$$\mathrm{i}\hbar\frac{\mathrm{d}}{\mathrm{d}t}U\,|k,t_0\rangle = HU\,|k,t_0\rangle \tag{5-143}$$

由 (142), 如引入 $|k,t\rangle$ 的 q- 表象之表 $\Psi(q',t) = \langle q'|kt\rangle$, 即得

$$\mathrm{i}\hbar\frac{\partial}{\partial t}|\Psi(q,t)\rangle = H|\Psi(q,t)\rangle \tag{5-144}$$

---

* 上文 5.3.2 节, 为简单起见, 只取一维的 x, 故只有 $p = \dfrac{\hbar}{\mathrm{i}}\dfrac{\mathrm{d}}{\mathrm{d}x}$, 如有多 $q's$, 则 $p = \dfrac{\hbar}{\mathrm{i}}\dfrac{\partial}{\partial q}$. 由此, (130)~(135) 皆系指对 z 轴转动. 三维度的转动, 各式皆需变更些.

此即 Schrödinger 所假定的方程式 (94). (141) 乃系一个假定; 假定的依据, 一则为与古典动力学的相似, 一则系与 (120) 相应. 唯 Schrödinger 方程式终系一个基本的假定也.

(144) 可用 $|\Psi(q,k)\rangle$ 的表 $\Psi(q,t)$ 而写作通常的形式

$$\mathrm{i}\hbar\frac{\partial\Psi}{\partial t}=H\Psi \tag{5-144a}$$

此方程式乃在开始条件 $\Psi=\Psi(q,0), t=0$ 下求解.

唯同一问题, 可由 (136) 解之, 由 (143), 可得幺正 U 的方程式

$$\mathrm{i}\hbar\frac{\mathrm{d}U}{\mathrm{d}t}=HU \tag{5-145}$$

如此方程式之解写 $U(t-t_0)$, 则由 (136), 即得

$$|k,t\rangle=U(t-t_0)|k,t_0\rangle \tag{5-146}$$

以 (145) 方程式解 Schrödinger 方程式之法, 见下文第 7 章第 7 节.

5.4 Schrödinger 方程式与 Heisenberg 方程式

上节 (136), (142), (143) 各式的观点, 系视各物理量算符 α((113) 式, 如 $\alpha=H,p,x,M_z,\cdots$) 为固定不变的, 而物理系统的态 ket$|k,t\rangle$ 则按 Schrödinger 方程式 (144) 随时 t 而变的. 如 U 按 (145) 改变, 则 (144) 式可写为

$$|k,t\rangle=U\,|k,t_0\rangle$$

这观点称为 Schrödinger 观 (picture).

兹施 U^{-1} 于此式两方, 即得

$$U^{-1}|k,t\rangle=|k,t_0\rangle \tag{5-147}$$

这使随时改变的 $|k,t\rangle$ 变为一固定不点的 $|k,t_0\rangle$. 同时使各固定的 α, 按下式变换:

$$\alpha_t=U^{-1}\alpha U \tag{5-148}$$

使原固定不变的 α, 乃随时而变. α_t 的改变定律, 已藏于 U 的方程式 (145), 然亦可明显表出, 如下.

由 $U\alpha_t=\alpha U$ 之对 t 微分

$$\frac{\mathrm{d}U}{\mathrm{d}t}\alpha_t+U\frac{\mathrm{d}\alpha_t}{\mathrm{d}t}=\alpha\frac{\mathrm{d}U}{\mathrm{d}t}$$

及 (145), 即得 α_t 的运动方程式

$$
\begin{aligned}
\mathrm{i}\hbar\frac{\mathrm{d}\alpha_t}{\mathrm{d}t} &= U^{-1}\alpha UU^{-1}HU - U^{-1}HUU^{-1}\alpha U \\
&= \alpha_t H_t - H_t\alpha_t
\end{aligned}
\tag{5-149}
$$

$$
H_t = U^{-1}HU
$$

如引用第 1 章 (1-64) 的量子 Poisson 括弧, 则

$$
\frac{\mathrm{d}\alpha_t}{\mathrm{d}t} = [\alpha_t, H_t] \tag{5-149a}
$$

如使 $\alpha = q, p$, 则得

$$
\frac{\mathrm{d}q}{\mathrm{d}t} = [q, H], \quad \frac{\mathrm{d}p}{\mathrm{d}t} = [p, H] \tag{5-150}
$$

此称为 Heisenberg 运动方程式, 乃第 1 章 (1-65) 式的矩阵力学运动方程式也.

上述的观点——视态 $|k, t_0\rangle$ 为固定不变的, 而视物理量算符 $H, p, x, M_y, \cdots$ 为按 (149) 或 (149a) 式改变的—— 称为 Heisenberg 观.

Schrödinger 观与 Heisenberg 观的分别, 只系一个幺正变换而已; 他们的结果是相等的, 盖算符与 ket, 不论何者固定及何者在改变, 皆无直接的物理意义的; 有意义的, 按量子力学第III基本假定, 乃 "预期值".

由 (145) 式, 得

$$
U = \exp\left(-\frac{\mathrm{i}}{\hbar}Ht\right)
$$

由 (147) 式

$$
|\Psi(t)\rangle = U|\Psi(0)\rangle \tag{5-151}
$$

由 (148) 式

$$
\alpha_t = U^{-1}\alpha U
$$

按 Heisenberg 观

$$
(\Psi(0), \alpha_t\Psi(0)) = \left(\Psi(0), U^{-1}\alpha U\Psi(0)\right) \tag{5-152}
$$

按 Schrödinger 观

$$
\begin{aligned}
(\Psi(t), \alpha\Psi(t)) &= (U\Psi(0), \alpha U\Psi(0) \\
&= \left(\Psi(0), U^{-1}\alpha U\Psi(0)\right), \quad U^{+} = U^{-1}
\end{aligned}
\tag{5-153}
$$

故此二式的左方相等.

(151) 方程式 (的第二式)

$$
|\Psi(t)\rangle = \exp\left(-\frac{\mathrm{i}}{\hbar}Ht\right)|\Psi(0)\rangle \tag{5-154}
$$

实系 (144) 微分方程式的积分, 故 (154) 谓为 Schrödinger 方程式的形式的解.

(151) 之第三式

$$\alpha_t = \exp\left(\frac{\mathrm{i}Ht}{\hbar}\right)\alpha\exp\left(-\frac{\mathrm{i}Ht}{\hbar}\right) \tag{5-155}$$

系 Heisenberg 方程式 (149) 的积分 (此甚易证明, 因 $H\exp\left(\frac{\mathrm{i}H}{\hbar}t\right) = \exp\left(\frac{\mathrm{i}H}{\hbar}t\right)H$, 故 $H_t = H$).

设在 (144) 式中之 $|\Psi(0)\rangle$, 系 H 的本征向量,

$$H|\Psi(q,0)\rangle = E|\Psi(q,0)\rangle \tag{5-156}$$

E 系本征值, 则 (144) 式乃成

$$|\Psi(q,t)\rangle = \exp\left(-\frac{\mathrm{i}}{\hbar}Et\right)|\Psi(q,0)\rangle \tag{5-157}$$

此乃 "稳定态", 与 (98) 式同.

Heisenberg 观与古典力学有形式上相同处甚多. (149a), (150) 之解 (155), 系 α_t 与 α_0 间的一幺正变换. 如 t 系无限小 δt, 则 $\alpha_{\delta t}$ 与 α_0 系一无限小变换, 此与古典力学中变数 q, p 或任何函数 F 的正则变换关系相同 *,

$$\frac{\mathrm{d}F}{\mathrm{d}t} = (F,H) + \frac{\partial F}{\partial t}, \quad \frac{\mathrm{d}q}{\mathrm{d}t} = (q,H), \quad \frac{\mathrm{d}p}{\mathrm{d}t} = (p,H) \tag{5-158}$$

量子力学的幺正变换, 与古典力学的正则变换相应.

5.5 爱因斯坦氏与 Copenhagen 派哲学观点的分歧

本章第 1 节曾总结量子力学的物理基础及 Bohr 与 Heisenberg——所谓哥本哈根学派——的哲学观点. 由 Einstein-de Broglie 关系, 引致测不准原理, 亦由此而引起概率的解释. 第 2 节详述根据这些基本观念而建立的量子力学的数学结构. 这部量子力学, 在发展早期的一二年间, 即在原子及分子结构问题的应用上, 获得可谓完全的成功, 至目前止, 他在金属、核子的物理领域, 虽亦未解决所有的问题, 但亦未遇有原则上 "不适用" 的困难.

但早在量子力学发展的初年 ——1927 年测不准原理与哥木哈根哲学观点建立时 —— 爱因斯坦对测不准原理, 即持犹疑的观点. 他先后的提出些假想的实验, 想超越测不准原理 $\Delta x\Delta p \sim h$ 的限制, 但 Bohr 每次都能根据 Einstein-de Broglie 关系, 反证了那假想的实验 **.

* 参看《古典动力学》乙部第 4 章第 5 节.

** 最后的一个假想实验, 是将一个放射性原子 (核), 置于一密封箱中, 箱置天秤上, "同时" 秤箱的重及量放射线离箱的窗的时间. 经长思后, Bohr 终能引用爱因斯坦的 (广义相对论的)"引力" 理论, 答复了这个难题. 爱因斯坦不得不承认, 如接受了 Einstein-de Broglie 关系, 则不能超越测不准原理的限度.

爱因斯坦后来接受量子力学系统的内在的逻辑上的完整性, 但一直到他死 (1955 年), 他不能接受量子力学的哲学观点和解释.

在上文 (见 (47) 式下文), 曾知由于 p, Q 之不对易, p, Q 不能有共同之本征向量 (亦即谓波函数 Ψ 不能同时系 p, q 的函数).

爱因斯坦, Poldosky 与 Rosen 于 1935 年有一篇论文, 题为 "量子力学的描述, 是完全吗？" 他们的出发点, 是他们对一个物理的理论的一个要求, 以为一个完整的理论, 应包括所有的 "物理的实质"(physical realities). 他们的物理的实质, 系指凡可以观察度量的性质. 因 p 和 q 皆是可以准确量定的, 故他们以为一个完整的理论, 二者皆应包纳于其中, 目前的量子力学, Ψ 只能是 q 的函数 $\Psi(q, t)$ 或只是 p 的函数 $\phi(p, t)$, 故他们以为是未对物理的实质作完全的叙述.

关于量子力学的概率的基本内在性的假设, 爱因斯坦亦不能接受. 他的信念是: 自然界一切都是有确定性的; "上帝不会掷骰子的." 他以为量子力学的概率性的解释, 应和古典物理的气体运动论或统计力学的相同, 是由于处理极大数目的分子时, 不用个别分子的坐标与动量变数, 而去取平均值时引入概率观念而来的.

总结起来, 爱因斯坦对量子力学的不满, 是因为对物理的理论的要求和哥本哈根学派的不同; 他以为自然界所遵守的定律是古典的, 确定的; 以为目前的量子力学的数学结构, 可能是一个目前未知的一个理论的一种 "平均" 的、"近似" 的形式, 这是他的对科学的哲学态度; 他追求一个理想目标, 是确定的, 对物理的实质有完全叙述的理论.

但他所冀求的 "统计性" 的概率解释, 虽在与实验结果比较时, 和量子力学所假定的 "基本内在性" 的观点无别, 但在基本上, 则这两个解释大不同. 按统计性的解释 (如气体运动论的), 则概率观念的基层, 有个别分子的坐标 q 与动量 p 的存在. 如量子力学的概率, 亦系统计性的, 则这隐含着有些目前未知的基层变数的存在 (所谓隐藏的变数 hidden variables), 目前的概率, 乃对这些隐藏变数作某种平均的结果.

几十年来, 曾有物理学家, 企图寻觅某些隐藏变数以建立一个新的量子力学, 但尚未有成功的. 又按 von Neumann 的书《量子力学的数学基础》(德文原著), 在关于 Hilbert 空间的某些条件情形下, 目前的量子力学的数学结构, 是不能容有隐藏的变数的存在的. 这或强示如引入隐藏的变数, 则目前量子力学的结构形式, 亦需变更之.

Bohr 对爱因斯坦所提出的批评, 都有答案. 他的 "法宝', 是量子力学本身, 在逻辑上的完整一致性. 他以为量子力学的基础, 是 Einstein-de Broglie 关系对我们的观念 —— 甚至知识 —— 的限度. 凡超出这个限度 (所谓互补原理、测不准原理), 便是没有物理上的意义的. 他以为准确的知道 p 动量, 便根本不能同时的知道 q 坐标. 故虽 p, q 各自个别的可以准确的量定, 但如已知 p 而问 q 之值, 是没有意义的. 总结 Bohr 的立场, 是凡在量子力学的基本假定范围以内的问题, 量子力学皆有答案; 但如超出上述的限度的问题, 则根本是没有意义的问题, 是不应提出来的问题.

Bohr 在许多文章和讲演中, 对爱因斯坦的对量子力学的感到不满足, 一再的重复申述的, 是量子力学本身的逻辑上一致性, 而似未能握着爱因斯坦的要点. 爱因斯坦不再企图发现量子力学本身的矛盾, 而是在申述他对物理学理论的哲学观点 —— 他所希望的物理学理论的性质. Bohr 的争辩, 颇似站在欧几里得几何的公理上, 坚拒建立非欧几何的企图然.

对量子力学的哲学观点和哥本哈根学派的态度, 持有不同程度的异见的, 爱因斯坦之外, 尚有多位在量子论、量子力学的创立和发展有极大贡献的物理学家, 如 Planck, de Broglie, Schrödinger 等. 爱因斯坦早年是创立划时代性的新物理观念的首一人 —— 相对论的对时空观念的分析, 电磁场的量子化. 唯中年却回到古典物理观念的怀抱. 这是他的哲学观点的改变. 许多哥本哈根学派的物理学者, 亦仅知量子力学自身的 "能自完其说", 但基此而讥笑爱因斯坦, 是未明爱因斯坦的冀求, 是基于一不同的哲学态度也.

5.6　密度矩阵 —— 纯态及杂态

按本章第 2 节第Ⅲ基本假定 (67), 我们见量子力学的基本假定之一, 乃系一内在性的、基本性的概率性 (见 (70) 式下文). 此概率性系对每一个原子 (或分子, 或任何一个简单系统) 而言的, 非如古典物理中所引入的概率观念, 乃因处理一个大数目的原子 (如气体中的许多分子) 而来的. 上节中我们曾述爱因斯坦不能接受这个内在的、基本性的概率假定; 他以为量子力学的概率性, 应看作和古典物理的统计性的概率, 有相同的意义. 这个观点隐含有所谓隐藏的变数的存在, 但这是和目前的量子力学系统的内在逻辑完整性有冲突的.

5.6.1　纯态与杂态

但我们所处理的物理系统, 确非永是一个原子, 而常系数目很大的原子 (或分子). 故在量子力学中, 我们亦有 "统计性的概率" 的问题, 如古典物理中的气体运动论然. 为阐明此点, 试取一个由 N 个原子构成的系统. 我们如确知每个原子皆在同一态 $|p\rangle$ (或一以 $\Psi(p)$ 表之), 则按量子力学的第Ⅲ假定, 量一物理量 Q 所得的值 (预期所得之值) 为

$$\langle p|Q|p\rangle$$

设 $|n\rangle$ 为某 Hermitian 算符的全集本征向量, 并设

$$|p\rangle = \sum_n C_n^{(p)} |n\rangle^* \tag{5-159}$$

则

$$\langle Q\rangle_p \equiv \langle p|Q|p\rangle = \sum_{n,m} C_n^* C_m \langle n|Q|m\rangle^* \tag{5-160}$$

此处的 $\langle n|Q|m\rangle$ 和 $|p\rangle$ 是无关的

如 $|n\rangle$ 即系 Q 的本征向量, 则 *

$$|p\rangle = \sum_k C_k |q_k\rangle, \quad C_k = \langle q_k|p\rangle \tag{5-161}$$

$$\langle Q\rangle_p \equiv \langle p|Q|p\rangle = \sum_k |C_k|^2 q_k \tag{5-162}$$

凡此皆通常量子力学熟知的结果 (见 (70) 式). 可按 (159) 式展开的态 $|p\rangle$, 称曰 "纯态"(pure state). $\sum_k |C_k|^2$ 乃 $|p\rangle$ 态在 $|q_k\rangle$ 态的概率

$$\sum_k^n |C_k|^2 = 1 \tag{5-163}$$

兹设 N 个原子的态各不同, 且我们无充分的资据, 得知各原子的态. 我们不能以一个态向量表此系统的态, 换言之, 我们不能以 (159) 或 (161) 式表此系统的态, 而只能以下式表 Q 的平均值:

$$\langle Q\rangle_m = \sum_p w_p \langle p\,|Q|\,p\rangle \tag{5-164}$$

此式中的 $\langle p\,|Q|\,p\rangle$ 乃 (160) 式中的纯态预期值 $\langle Q\rangle_p$, w_p 乃系统的态为纯态 $|p\rangle$ 的概率

$$w_p \geqslant 0, \quad \sum_p w_p = 1 \tag{5-165}$$

$\langle Q\rangle_m$ 的指数 m, 乃示系统的态非一纯态 $|p\rangle$, 而系所谓 "杂态"(mixed state).

(162) 式中的概率 $|C_n|^2$, 和 (5-164) 式中的概率 w_p, 意义和来源皆不同. 前者系量子力学的内在的概率; 后者则系来自系统的数目很大的原子 (或分子、粒子), (164) 式的平均, 略如古典统计力学里的对系综 (ensemble) 的平均.

5.6.2 密度算符与密度矩阵

兹定义密度算符 (density operator)ρ 如下:

$$\rho = \sum_p w_p\, |p\rangle\langle p| \tag{5-166}$$

* (159), (160) 对 n 之和, 可能伸展至全集的 $|n\rangle$ 或 $|q\rangle$, 但亦可能不需用全集的 $|n\rangle$ 或 $|q\rangle$, 视 $|p\rangle$ 态而定. (160), (162) 的指数 p, 乃 "纯" 之意.

按 (159),

$$= \sum_p w_p \sum_{n,m} C_n^{*(p)} C_m^{(p)} |m\rangle\langle n| \tag{5-167}$$

密度矩阵 (density matrix) 的定义乃

$$\langle m|\rho|n\rangle = \sum_p^N w_p C_n^{*(p)} C_m^{(p)} \tag{5-168}$$

$$= \sum_p w_p \langle m|p\rangle\langle p|n\rangle \tag{5-168a}$$

由此式, 得见密度矩阵有 N^2 个复数

由 (168a), 可证明 ρ 为一 Hermitian 算符

$$\langle m|\rho|n\rangle^* = \sum_p^n w_p \langle m|p\rangle^* \langle p|n\rangle^*$$

$$= \sum_p w_p \langle n|p\rangle\langle p|m\rangle = \langle n|\rho|m\rangle \tag{5-169}$$

此 Hermitian 性使密度矩阵只有 N^2 个实数.

如系统的态系纯态, 即 $\omega_p = 1$, 则 (166), (167) 简化为

$$\rho_p = |p\rangle\langle p| \tag{5-170}$$

$$= \sum_{n,m} C_n^* C_m |m\rangle\langle n|$$

$$\langle m|\rho_p|n\rangle = \langle m|p\rangle\langle p|n\rangle = C_n^* C_m \tag{5-170a}$$

$$= \langle n|\rho_p|m\rangle^*.$$

---

* 如用 (168) 式, 则上证如下:

$$\mathrm{Tr}(\rho Q)\mathrm{Tr}\Sigma w_p \sum_{n,m} C_n^* C_m |m\rangle\langle n| Q$$

$$= \mathrm{Tr} \sum w_p \sum_{n,m} \sum_k C_n^* C_m |m\rangle\langle n| Q |k\rangle\langle k|$$

$$= \mathrm{Tr} \sum w_p \sum_{m,n} \sum_k C_n^* C_m \langle n|Q|k\rangle |m\rangle\langle k|$$

由

$$\mathrm{Tr}|m\rangle\langle k| = \langle k|m\rangle| \delta_{mk}$$

故

$$\mathrm{Tr}(PQ) \equiv \sum_p w_p \sum_m C_n^* {}_n^{(p)(p)} {}_m \langle n|Q|m\rangle$$

$$= \langle Q\rangle_m \quad (按(160)) \tag{5-172}$$

5.6.3 对角和

定理

$$\langle Q\rangle_m = \mathrm{Tr}(\rho Q) \tag{5-171}$$

证

$$\begin{aligned}
\mathrm{Tr}(\rho Q) &= \mathrm{Tr}\sum_p w_p(|p\rangle\langle p|\, Q)\\
&= \mathrm{Tr}\sum_p w_p\, |p\rangle\langle p|\, p\rangle\langle p|\, Q\\
&= \mathrm{Tr}\sum w_p\, |p\rangle\langle p|\, Q\, |p\rangle\langle p|\\
&= \mathrm{Tr}\sum w_p\langle p\,|Q|\,p\rangle\, |p\rangle\langle p|\\
&= \sum w_p\langle p\,|Q|\,p\rangle \mathrm{Tr}(|p\rangle\langle p|)\\
&= \sum w_p\langle p\,|Q|\,p\rangle\langle p\,|p\rangle\\
&= \langle Q\rangle_m \quad (\text{用}(164))
\end{aligned}$$

如系统之态系一纯态, 则

$$w_p = 1 \tag{5-173}$$

故 (171) 定理仍成立

$$\langle Q\rangle_p = \mathrm{Tr}(\rho_p Q) \tag{5-174}$$

5.6.4 归一化

由 (171), 使 Q= 1, 即得

$$\mathrm{Tr}\rho = 1 \tag{5-175}$$

或由 (168)

$$\begin{aligned}
\mathrm{Tr}\rho &= \sum_n \langle n\,|\rho|\,n\rangle\\
&= \sum_p w_p \sum_n^N \left|C_n^{(p)}\right|^2\\
&= \sum_p w_p = 1 \quad (\text{用}(163), (165))
\end{aligned}$$

此归一化关系 (175) 使 $\langle n\,|\rho|\,m\rangle$ 由 N^2 个实数减至 N^2-1 个独立实数.

5.6.5 ρ^2 及纯态的条件

由 (166),

$$\begin{aligned}\rho^2 &= (\sum_p w_p\,|p\rangle\langle p|)(\sum_{p'} w_{p'}\,|p'\rangle\langle p'|) \\ &= \sum_{p'p'} w_p\omega_{p'}\,|p\rangle\langle p|\,p'\rangle\langle p'| \\ &= \sum_p w_p^2\,|p\rangle\langle p| \end{aligned} \tag{5-176}$$

此显与 ρ 不相等.

$$\begin{aligned}\mathrm{Tr}\rho^2 &= \sum_p w_p^2 \sum_n \langle n\,|p\rangle\langle p|\,n\rangle \\ &= \sum_p w_p^2 \sum_n^N \left|C_n^{(p)}\right|^2 \\ &= \sum_p w^2{}_p \qquad 用(163) \end{aligned} \tag{5-177}$$

$$\leqslant 1 \qquad 用(165) \tag{5-177a}$$

如态系纯态, 则 $w_p = 1$,

$$\begin{aligned}\rho_p^2 &= (|p\rangle\langle p|)(|p'\rangle\langle p'|) \\ &= |p\rangle\langle p| \\ &= \rho_p \end{aligned} \tag{5-178}$$

且

$$\begin{aligned}\mathrm{Tr}\rho_p^2 &= \mathrm{Tr}\rho_p \\ &= 1 \quad (见(175) \end{aligned} \tag{5-179}$$

由 (174)

$$\langle Q\rangle_p = \mathrm{Tr}(\rho_p Q)$$

即

$$\langle k\,|Q|\,k\rangle = \sum_{n,m} \langle m\,|\rho_p|\,n\rangle\langle n\,|Q|\,m\rangle \tag{5-180}$$

如我们用一使 ρ_p 成一对角矩阵的基 ket, 则 (180) 式可以

$$\langle m\,|\rho_p|\,n\rangle = \delta_{mk}\delta_{nk} \tag{5-181}$$

满足之, 即

$$\langle m\,|\rho_p|\,n\rangle = \begin{vmatrix} 0 & & & & & & & & \\ & 0 & & & & & & & \\ & & \ddots & & & & & & \\ & & & 0 & & & & & \\ & & & & 1 & & & & \\ & & & & & 0 & & & \\ & & & & & & \ddots & & \\ & & & & & & & 0 & \\ & & & & & & & & 0 \end{vmatrix} \tag{5-182}$$

此 ρ 的本征值, 有一个为 1, 其他皆为 0. (178), (179) 及 (182) 三个关系之一, 皆系纯态的必需及充足条件.

5.6.6 密度矩阵及杂态的物理解释

由 (168), 即得

$$\begin{aligned}\langle n\,|\rho|\,n\rangle_m &= \sum_p w_p \left|\langle p|\ n\rangle\right|^2 = \sum w_p \left|\Psi_n^{(p)}\right|^2 \\ &= \sum w_p \left|C_n^{(p)}\right|^2\end{aligned} \tag{5-183}$$

故 $\langle n\,|\varphi|\,n\rangle$ 乃该系统在态 $|n\rangle$ 的概率, 此概率的意义, 乃系统计性的, 如古典统计力学的系综概率然.

如我们确知系统中 N 个原子皆同在一个态 $|p\rangle$, 则此系统谓为在一纯态 $|p\rangle$, 如是 $w_p = 1$,

$$\begin{aligned}\langle n\,|\rho|\,n\rangle_p &= \left|\langle p\,|n\rangle\right|^2 \\ &= \left|\Psi_n^{(p)}\right|^2\end{aligned} \tag{5-184}$$

此乃通常习见的结果.

杂态及密度矩阵的意义, 可阐述如下: 设有一封闭系统 S, 内有次系统 $S_1(x)$ 为其一部分. x 为 S_1 中的变数; x, ξ 为整个系统 S 的变数. 由于 x 与 ξ 间的交互作用, S 的态 $\Psi(x,\xi)$ 不能表以下式:

$$\Psi(x,\xi) = \Phi(\xi)\varphi(x) \tag{5-185}$$

如 $\varphi_n(x)$ 系一 (全集的对易的) 物理量 n 的全集本征函数, 则 $\Psi(x,\xi)$ 只可表以下式:

$$\Psi(x,\xi) = \sum_n \Phi_n(\xi)\varphi(x) \tag{5-186}$$

此处对 n 之和, 包括对连续 n 的积分.

设一物理量 (算符)Q, 只运作于 x 变数. 则 Q 的预期值 (平均值) 将为

$$\begin{aligned}\langle Q\rangle &= \int\int \Psi^*(x,\xi)Q(x)\Psi(x,\xi)\mathrm{d}x\mathrm{d}\xi \\ &= \sum_{n,m'}\int \Phi_n^*(\xi)\Phi_{n'}(\xi)\mathrm{d}\xi\int \varphi_n^*(x)Q\varphi_{n'}(x)\mathrm{d}x\end{aligned} \tag{5-187}$$

兹定义 ρ 算符为

$$\rho_{n'n}\equiv\langle n'|\rho|n\rangle=\int \Phi_n^*(\xi)\Phi_{n'}(\xi)\mathrm{d}\xi \tag{5-188}$$

则

$$\begin{aligned}\langle Q\rangle &= \sum_{n,n'}\langle n'|\rho|n\rangle\langle n|Q|n'\rangle \\ &= \mathrm{Tr}(\rho Q)\end{aligned} \tag{5-189}$$

此乃即 (170) 式. 故密度矩阵 (168), 其意义之一, 乃 (188) 式. (188) 乃密度算符 ρ 在 n- 表象的矩阵元素.

ρ 亦可以 x- 表象表之如下.(187) 式可写作下式:

$$\langle Q\rangle=\int \mathrm{d}xQ(x)\left[\int \Psi^*(\xi,x')\Psi(\xi,x)\mathrm{d}\xi\right]_{x'=x} \tag{5-190}$$

兹定义 $\rho(x,x')$ 如下:

$$\begin{aligned}\rho(x,x') &\equiv \int \Psi^*(\xi,x')\Psi(\xi,x)\mathrm{d}\xi \\ &= \Sigma\int \Phi_n^*(\xi)\Phi_{n'}(\xi)\mathrm{d}\xi\varphi_n^*(x)\varphi_{n'}(x')\end{aligned}$$

由 (188)

$$\begin{aligned}&= \sum_{n,n'}\langle n'|\rho|n\rangle\varphi_n^*(x)\varphi_{n'}(x') \\ &= \sum_{n,n'}\rho_{n'n}\varphi_n^*(x)\varphi_n'(x')\end{aligned} \tag{5-191}$$

$\rho(x,x')$ 乃 ρ 在 x- 表象的矩阵元素.(190) 乃成

$$\langle Q\rangle=\int \mathrm{d}xQ(x)\rho(x,x')|_{x'=x} \tag{5-192}$$

此式可写作

$$=\int\int Q(x)\rho(x,x')\delta(x'-x)\mathrm{d}x\mathrm{d}x' \tag{5-193}$$

如 $Q(x)\delta(x'-x)$, Q 在 x- 表象的矩阵元素, 写作下式:

$$Q(x)\delta(x'-x)=\langle x'|Q|x\rangle \tag{5-194}$$

则

$$\begin{aligned}\langle Q\rangle&=\int\int\rho(x,x')\langle x'|Q|x\rangle\mathrm{d}x'\mathrm{d}x\\&=\mathrm{Tr}(\rho Q)\qquad \text{亦(189)式也}\end{aligned} \tag{5-195}$$

如 S 系统中之 ξ 与 x 变数间无交互作用, 则 (186) 为一纯态 (185)

$$\Psi(\xi,x)=\Phi_n(\xi)\varphi_n(x)$$

按 (182) 式, (191) 成

$$\rho(x,x')=\varphi_n^*(x')\varphi_n(x) \tag{5-196}$$

5.6.7 ρ 的变换特性

设 Q 经一幺正变换 U 成 Q', ρ 经同一变换为 ρ'

$$Q'=U^+QU \tag{5-197}$$

$$\rho'=U^+\rho U \tag{5-198}$$

则由 (171),

$$\begin{aligned}\langle Q'\rangle_m&=\mathrm{Tr}(\rho'Q')\\&=\mathrm{Tr}(U^+\rho UU^+QU)\\&=\mathrm{Tr}(U^+\rho QU)\\&=\mathrm{Tr}(\rho Q)\quad \text{按第 1 章定理(十)}\\&=\langle Q\rangle_m\end{aligned} \tag{5-199}$$

反之, 由 (197) 变换及 $\langle Q'\rangle_m=\langle Q\rangle_m$, 即得 ρ 之变换 (198).

5.6.8 量子 Liouville 方程式

兹取一个非稳定态 (即与时而变) 的系统. 故 (161) 式乃

$$\Big|pt\rangle=\sum C_n^{(p)}(t)\Big|q_n\rangle \tag{5-200}$$

或以 x- 表象的表

$$\Psi^{(p)}(t)=\sum C_n^{(p)}(t)\,\Psi_n(x) \tag{5-201}$$

由 (168) 式 (用 (188) 式的 $\rho_{mn} \equiv \langle m|\rho|n\rangle$ 写式)

$$\rho_{mn}(t) = \sum_p \omega_p C_n^{*(p)}(t) C_m^{(p)}(t) \tag{5-202}$$

由 Schrödinger 方程式

$$\mathrm{i}\hbar \frac{\partial \Psi^{(p)}}{\partial t} = H \Psi^{(p)} \tag{5-203}$$

即得

$$\mathrm{i}\hbar \frac{\partial C_m^{(p)}}{\partial t} = \sum_n \langle m|H|n\rangle C_n^{(p)} \tag{5-204}$$

$$\langle m|H|n\rangle = \int \Psi_m^* H \Psi_n \mathrm{d}x \tag{5-205}$$

由 (202)

$$\begin{aligned}
\frac{\partial}{\partial t}\rho_{mn} &= \sum_p w_p \left[\frac{\partial C_n^{*(p)}}{\partial t} C_m^{(p)} + C_n^{*(p)} \frac{\partial C_m^{(p)}}{\partial t}\right] \\
&= \frac{1}{\mathrm{i}\hbar} \sum_p w_p \left[-\sum_k \langle n|H|k\rangle^* C_k^{*(p)} C_m^{(p)} + \sum_k C_n^{*(p)} \langle m|H|k\rangle C_k^{(p)}\right] \\
&= \frac{1}{\mathrm{i}\hbar} \sum_k [-\langle k|H|n\rangle \rho_{mk} + \langle m|H|k\rangle \rho_{kn}] \\
&= \frac{1}{\mathrm{i}\hbar}(H\rho - \rho H)_{mn}
\end{aligned} \tag{5-206}$$

如用第 1 章 (1-64) 式的量子 Poisson 括弧

$$[A, B] \equiv \frac{1}{\mathrm{i}\hbar}(AB - BA) \tag{5-207}$$

则 (206) 式可写为一矩阵 ρ_{mn} 的方程式

$$\frac{\partial \rho}{\partial t} = [H, \rho] \tag{5-208}$$

此方程式与古典力学及统计力学的 Liouville 方程式同形 *. Liouville 方程式系表示稳定系综 (ensemble) 密度 ρ 的守恒. 按 Heisenberg 方程式 (5-150),

$$\begin{aligned}
\frac{\mathrm{d}\rho}{\mathrm{d}t} &= [\rho, H] + \frac{\partial \rho}{\partial t} \\
&= 0, \quad 按(208)
\end{aligned}$$

* 见《古典动力学》乙部第 4 章第 3 节, 及《热力学, 气体运动论与统计力学》第 14 章第 4 节.

故 (208) 系 Liouville 方程式的量子力学形式. 其对时变数 t 的逆转有不变性. 此乃因 Schrödinger 方程式 (203) 对 $t \to -t$ 运作 *, 有不变性也. 古典统计力学的 Liouville 方程式对 $t \to -t$ 运作有不变性, 乃系来自古典力学运动方程式的对时可逆性也.

如 (201) 式中之 $\Psi_n(x)$, 系 H 的本征函数, 则 (206) 式可简化为

$$\frac{\partial \rho_{mn}}{\partial t} = \frac{1}{\mathrm{i}\hbar}(E_m - E_n)\rho_{mn}(t) \tag{5-210}$$

E_m, E_n 系 H 之本征值, 此式之解为

$$\rho_{mn}(t) = \rho_{mn}(0)\exp(-\mathrm{i}(E_m - E_n)t/\hbar) \tag{5-211}$$

5.6.9 密度矩阵与巨观过程的不可逆性

(206) 或 (208) 式对时变数 t 的逆转 $t \to -t$, 有不变性, 已如前述, 故问题乃系如何以 (206) 方程式描述一个系统 (例如气体) 的巨观性质的不可逆性. 这问题实和以古典 Liouville 方程式应用于这个系统的相同. 关于后者, 可参阅《热力学, 气体运动论与统计力学》—— 尤其末章 —— 的研讨.

关于 (206) 的量子密度矩阵方程式, 此处不拟阐述. 读者可参阅作者与 Rivier 氏于 Helvetica Physica Acta, 34, 661 (1961) 一文, 或作者的 Kinetic Equations of Gases and Plasmas, (1966), 一书的第一章第 2 节.

杂态及密度矩阵观念, 创自 V. Neumann, 见 Göttingen Nachr., 245, 273 (1927); P. A. M. Dirac, 见 Proc. Camb. Phil. Soc., 25, 62(1929); 26, 376; 27, 240 (1930). 参考文献如下:

v. Neumann, Math. Found. of Quan. Mech.

u. Fano, Rev. Mod. Phys, 29, 74 (1957)

ter Haar, Rep. Prog. Phys. 24 (1961)

P. Roman, Advanced Quantum Mechanics.

5.7 表象论 —— 度量论

量子力学引入物理系统的 "态" 和 "物理量" 的观念, 已见本章第 2 节. 我们已先后的述过关于态和物理量的定义、假设和结果. 在继续补充前此未讨论及处之前, 为方便计, 我们将简要的总结若干点.

---

* 对下述运作 (所谓 Wigner 的时逆转)

$$t \to -t, \text{及取 (203) 式的共轭复数} \tag{5-209}$$

Schrödinger 方程式有不变性. 可参阅作者一文, Am. Jour. Phys, 26, 568 (1958).

(1) 凡我们能观察、度量的物理量 (称为 observable), 系以hermitian(或称 “实数的”) 算符表之; 这些算符有线性的性质, 俾量子力学的数学遵守 (在古典物理学中若干部门我们所熟识的) 重叠原理.

(2) 一个物理系统的 “态”, 是以一个无限维次的空间的向量表之 (所谓 Hilbert 氏空间). 表物理量的算符乃运作于这空间的向量的. 一般言之, 一物理量 A 施于一态 (向量)$|c\rangle$ 将使态变为 $|a\rangle$,

$$A\,|c\rangle = a_i\,|a\rangle \tag{5-212}$$

唯有当 A 施于 $|a\rangle$ 态时始不改变此态

$$A\,|a\rangle = a_i\,|a\rangle \tag{5-213}$$

这数学的关系的物理意义乃如下：我们度量 A, 我们将得一个值 a_i ; 量的结果是将该系统置于态 $|a_i\rangle$.

如我们随着在该系统再作该物理量 A 的度量, 则我们必将再获 a_i 之值.

唯如我们量另一物理量 B, 则结果为何呢? 量子力量的基本假设的答案如下：

(3) 如 B 算符和 A 有对易关系

$$BA - AB = 0 \tag{5-214}$$

则 A, B 有共同的本征态

$$A\,|a_1b_1\rangle = a_1|\,a_1b_1\rangle \tag{5-215}$$

$$B\,|a_1b_1\rangle = b_1|\,a_1b_1\rangle \tag{5-216}$$

如

$$AB - BA \neq 0 \tag{5-217}$$

则 A, B 不能有共同的本征态.

上述数学的结果的物理意义乃如下：我们先量 A, 如得 a_1 值, 再继续的量 A 将仍必得 a_1 值唯如量 A 后继量 B, 所得结果将视 B 而定. 如 A, B 对易如 (214), 则将得值 b_1. 此后再作 A 或 B 的度量, 皆必系 a_1 与 b_1. 换言之, 如 A,B 对易如 (214), 则 A, B 的度量不影响此系统的 “态”$|a_1b_1\rangle$.

如 A, B 不对易如 (217), 则量 A 得值 a_1 后, 再量 B 则将获一值 b_2, 再随之量 A, 将不复得 a_1 而为另一值 a_2, 再量 B 将获一值 b_3, 余类推. 换言之, A 与 B“互不相容”; 如度量已知 A 之值, 则不能确知量 B 的结果, 只能知各可能值 $b_1, b_2, b_3, \cdots$ 出现的概率而已.

此是由量子力学基本假设得来的度量理论.

(4) 我们已引入了 “变换” 观念 (第 5 章 5.2.4、5.2.6 节及第 3 节, 及第 1 章第 6 节), 由一个表象 (如 Schrödinger 或 q 表象; 或 (213) 式的 A 表象) 以幺正变换至另一个表象 (如动量表象, 或 $B\,|b_k\rangle = b_k b_k\rangle$ 的 B 表象).

这个变换理论 (量子力学的最基础部分之一) 的重要, 是因为量子力学的物理量不全遵守对易关系. 我们由本章和前数章的阐述, 应已有某程度的了解的.

(5) 我们再从 “表象” 的观点, 看一个系统的态的问题.

上文已引入两个对易物理量 A, B 的共同 “态”$|ab\rangle$ 的观念. 一个物理系统可能有多个互相对易的物理量 $\alpha, \beta, \gamma, \ldots$, 故有他们的共同本征态 $|\alpha_1\beta_2\cdots\rangle$.

我们引入 “一个全集的互相对易物理量” 的观念. 他的定义是基于下列的条件:

(i) 如 $\alpha, \beta, \gamma, \ldots$ 互相对易, 其共同本征态为 $|s\rangle$,

$$\alpha\,|s\rangle = \alpha\,|s\rangle\ , \quad \beta\,|s = b|\,s\rangle$$

则任何函数 $f(\alpha, \beta, \delta,)$ 将有

$$f(\alpha, \beta, \delta, \cdots)\,|s\rangle = f(a, b, c,)|\,s\rangle$$

(ii) 如 $\alpha, \beta, \gamma, \cdots$ 乃一集互相对易之物理量, 此外更无其他与其皆对易而又非 $\alpha, \beta, \gamma, \cdots$ 的函数的物理量存在, 则此集谓为一全集的对易物理量 (a complete set of commuting observables).

(iii) 如 $|s\rangle$ 系一全集对易量的本征态, 且如任意一 $ket\,|p\rangle$ 可表为

$$|p\rangle = f(\alpha, \beta, \cdots)|\,s\rangle \tag{5-218}$$

(218) 式的 $f(\alpha, \beta, \cdots)$ 可称为 $|p\rangle$ 的表. 此表系唯一的. 如有 f_1, f_2 两函数

$$|p\rangle = f_1|\,s\rangle, \quad |p\rangle = f_2|\,s\rangle \tag{5-219}$$

则

$$(f_1 - f_2)|s\rangle = 0 \tag{5-220}$$

设另一任意 $|Q\rangle$. 亦犹 (218),

$$|Q\rangle = g(\alpha, \beta, \cdots)|\,s\rangle \tag{5-221}$$

因

$$gf - fg = 0 \tag{5-222}$$

故

$$(f_1 - f_2)|Q\rangle = g(f_1 - f_2)|s\rangle$$

$$= 0 \quad (\text{按}(220)) \tag{5-223}$$

因 $|Q\rangle$ 系任意的, 故 $f_1 = f_2$

(iv) 设一物理量 W, 与 $\alpha, \beta, \gamma, \cdots$ 集皆对易. 使

$$W|s\rangle = F(\alpha, \beta, \cdots)|s\rangle \tag{5-224}$$

取 $|p\rangle$ 如 (218)

$$\begin{aligned} W|p\rangle &= Wf|s\rangle \\ &= fF|s\rangle \\ &= Ff|s\rangle \\ &= F|p\rangle \end{aligned}$$

故

$$W = F(\alpha, \beta, \cdots) \tag{5-225}$$

此乃谓任何与 $\alpha, \beta, \gamma, \cdots$ 对易的量 W, 务为 $\alpha, \beta, \gamma, \cdots$ 的一个函数. 故 $\alpha, \beta, \gamma, \cdots$ 构成一全集.

(v) 此 "全集" 的观念, 系古典物理所无的. 例如氢原子的电子. 按量子力学, 全集的对易 "变数" 有三, 相应于 (1) 能量, (2) 角运动量, (3) 绕某一轴的角动量分量, 及其共同本征态的三个量子数 n, l, m

$$|n, l, m\rangle = R_{lm}(r) P_l^m(\theta) \Phi_m(\varphi)$$

按古典物理, 则一个动力态有六个变数 $r, \theta, \varphi, p_r, p_\theta, p_\varphi$.

(vi) "表象" 显系由所采的物理的算符而定. 兹以一维简谐振荡为例. 我们通常采 Schrödinger (即系坐标 x) 表象, 坐标 x 一个变数即构成一个全集. 如采动量表象亦然.

唯另一种表象, 则变数非 hermitian 算符 (亦即非 Dirac 称为 observable 的). 例如 Fock 表象, 详见第 2 章习题 3 的一维简谐振荡系统 (又参看第 4 章附录戊).

前一类的表象, 适宜于原子、分子等系统; 后一类的表象如 Fock 的, 则适宜于量子化的场的系统, 其量子的数目是极大且无固定值的. 场的量子化方法, 将于《量子力学 (乙部)》第 8 章中述之.

习 题

1. 空间平移的 d_x 算符 (见 (114) 式) 为

$$d_x = -\frac{\mathrm{i}}{\hbar} p_x$$

证此算符的本征函数为 (参阅 (127) 式)

$$e^{ikx}u_k(y,z)$$

证此函数亦系 p_x 本征值为 hk 的本征函数.

2. 设一金属晶体的单位格 (unit cell), 可表以三矢量 a_1, a_2, a_3. 一个电子的 Hamiltonian 为

$$H = -\frac{\hbar^2}{2m}\nabla^2 + V(r)$$

$$\begin{aligned} V(r) &= V(r + n_1a_1 + n_2a_2 + n_3a_3), \quad n_1, n_2, n_3 = \text{整数} \\ &= \text{周期性的位能} \end{aligned}$$

证明 H 与平移算符 $D_{a_1}, D_{a_2}, D_{a_3}$ 对易, 即

$$D_{a_1}V(r)f(r) = V(r)D_{a_1}f(r)$$

$$D_{a_1}\nabla^2 f(r) = \nabla^2 D_{a_1}f(r)$$

证

$$D_{a_{1j}}\Psi_k(r) = \exp(-ik\cdot a_j)\Psi_k(r)$$

$$\Psi_k(r) = e^{ik\cdot r}u_k(r)$$

3. 在一圆心对称的力场, 证明转移算符, 例如 D_α(绕 z 轴转的角为 α), 与 Hamiltonian 对易,

$$D_\alpha V(r)f(r,\theta,\varphi) = V(r)D_\alpha f(r,\theta,\varphi-\alpha)$$

证明无限小的 α 的算符

$$d_{\delta\varphi} = -\frac{i}{\hbar}M_z$$

由对易关系, 证明 M_x, M_y, M_z 及 $M^2 = M_x^2 + M_y^2 + M_z^2$ 皆与 H 对易.

4. 一电子在一金属中作一维的自由运动, 其 Hamiltonian 为

$$H = -\frac{\hbar^2}{2m}\frac{\partial^2}{\partial x^2}$$

其波函数为

$$\phi(x) = \frac{1}{\sqrt{L}}e^{ikx}, \quad k = \frac{2\pi n}{L}, \quad n = \text{整数}$$

设有一周期性微扰

$$V(x) = V(x+a) = \sum_n V_{\frac{2\pi n}{a}} \exp\left(\frac{2\pi i n}{a}x\right)$$

试计算 (至第二阶) 此微扰的效应. 在何点 x 此微扰法不适用? 求在这些点的正确零阶波函数, 及此系统之能态谱.

附注: (121) 式之平移算符 $D_{x'}$ 与 Hamiltonian 对易.

第6章　微扰理论——稳定系统

Schrödinger 方程式系

$$
\mathrm{i}\hbar\frac{\partial \Psi}{\partial t} = H\Psi \quad (见(5\text{-}94)) \tag{6-1}
$$

如假定 $\Psi(\boldsymbol{r},t)$ 可写作下式：

$$
\Psi(\boldsymbol{r},t) = \psi_n^{(r)}(\boldsymbol{r})\mathrm{e}^{-\mathrm{i}\frac{Et}{\hbar}} \tag{6-2}
$$

则得

$$
H\psi = E\psi \tag{6-3}
$$

此方程式与时间 t 无关, $|\Psi^*\Psi| = |\psi^*\psi|$ 亦与 t 无关, 故 Ψ 称为稳定态函数. (3) 之本征值问题, 第 4 章已述几个例, 如谐振荡 (4.2.5 节), 有心力场 (4.4 节), 氢原子 (4.5 节), 角动量 (4.6 节), 这些问题的本征值皆可正确计算求得的. 唯有许多的问题, 其波动方程式 (3) 是不能正确的求解的. 在此情形下, 我们用微扰理论 (perturbation theory) 法求近似解. 本章将述此类问题.

另一类的问题, 则系与时间 t 有关的问题. 设 (1) 中当 $H = H_0$ 时, Ψ 之稳定态为

$$
\Psi^\circ(\boldsymbol{r},t) = \psi_n^\circ \exp\left(-\frac{\mathrm{i}E_n^\circ}{\hbar}t\right) \tag{6-4}
$$

$$
(H_0 - E_n^\circ)\psi_n^\circ(\boldsymbol{r}) = 0 \tag{6-5}
$$

如 H 改变为 $H_0 + H_1$, 则该系统之态亦将改变. 此类问题, 亦需用微扰理论法研讨之. 见下文第 7 章.

6.1　微扰理论 —— 非简并系统

设一系统之 Hamiltonian 算符为 H, 其本征值 E_n^*乃波动方程式 (3) 之本征值. 设 (3) 无法得数学的正确解, 而另一系统 H° 则可正确解,

---

$*$ H 可有数个自由度, 故稳定态之能 E_n, 可需数个量子数定义之. 故此处之 n, 乃代表所有之量子数, 如 $n = n(n,k,m)$.

$$H_0\,\Psi_n^\circ = E_n^\circ\,\Psi_n^\circ$$

兹假定 H 与 H_0 之差别 $H - H_0$, 远小于 H_0, 或

$$H = H^\circ + \lambda H^{(1)} + \lambda^2 H^{(2)} + \cdots \tag{6-6a}$$

λ 为一小参数, 更假定 E, Ψ 亦与 E°, Ψ° 相差甚微,

$$E_n = E_n^\circ + \lambda E_n^{(1)} + \lambda^2 E_n^{(2)} + \cdots \tag{6-6b}$$

$$\Psi_n = \Psi_n^\circ + \lambda\,\Psi_n^{(1)} + \lambda^2\,\Psi_n^{(2)} + \cdots \tag{6-6c}$$

以 (6a, b,c) 代入 (3), 因参数 λ 系在 $0 \leqslant \lambda \leqslant 1$ 间可有任意值, 故

λ°: $$H^\circ\,\Psi_n^\circ = E_n^\circ\,\Psi_n^\circ \tag{6-7}$$

λ^1: $$H^{(1)}\,\Psi_n^\circ + H^\circ\,\Psi_n^{(1)} = E_n^{(1)}\,\Psi_n^\circ + E_n^\circ\,\Psi_n^{(1)} \tag{6-8}$$

λ^2: $$H^{(2)}\,\Psi_n^\circ + H^{(1)}\,\Psi_n^{(1)} + H^\circ\,\Psi_n^{(2)} = E_n^{(2)}\,\Psi_n^\circ + E_n^{(1)}\,\Psi_n^{(1)} + E_n^\circ\,\Psi_n^{(2)} \tag{6-9}$$

余类推. 零级近似值 E_n°, Ψ_n° 是假定已知的. 第一级近似值 $E_n^{(1)}$, $\Psi_n^{(1)}$ 可计算如下: 使 $\Psi_n^{(1)}$ 及 $(E_n^{(1)} - H^{(1)})\Psi_n^\circ$ 按 Ψ_i° 全集展开

$$\Psi_n^{(1)} = \sum\!\!\!\!\!\!\int A_{ni}\,\Psi_i{}^\circ \tag{6-10}$$

$$(E_n^{(1)} - H_i^{(1)})\,\Psi_n^\circ = \sum\!\!\!\!\!\!\int B_{ni}\,\Psi_i{}^\circ \tag{6-11}$$

$\sum\!\!\!\!\!\!\int$ 乃示包括非连续谱及连续谱之 Ψ_i° 之意. (7) 乃成

$$\sum\!\!\!\!\!\!\int A_{ni}(H^\circ - E_n^\circ)\,\Psi_i^\circ = \sum\!\!\!\!\!\!\int B_{ni}\,\Psi_i^\circ \tag{6-12}$$

由 (5), 此式乃

$$\sum\!\!\!\!\!\!\int A_{ni}(E_i^\circ - E_n^\circ)\,\Psi_i^\circ = \sum\!\!\!\!\!\!\int B_{ni}\,\Psi_i^\circ \tag{6-12a}$$

由此, 乃得

$$B_{nn} = 0, \quad A_{ni} = -\frac{B_{ni}}{E_n^\circ - E_i^\circ}, \quad n \neq i \tag{6-12b}$$

由 (10), 乘 $\Psi_n^{\circ *}$ 并积分之, 即得

$$E_n^{(1)} - \int \Psi_n^{\circ *} H^{(1)}\,\Psi_n^\circ \mathrm{d}\tau = B_{nn} = 0 \tag{6-13}$$

同法,

$$-\int \Psi_i^{\circ *} H^{(1)} \Psi_n^{\circ} \mathrm{d}\tau = B_{ni} \tag{6-13a}$$

故

$$E_n^{(1)} = \int \Psi_n^{\circ *} H^{(1)} \Psi_n \mathrm{d}\tau = \langle n \left| H^{(1)} \right| n \rangle \tag{6-14}$$

$$\Psi_n^{\circ} + \lambda \Psi_n^{(1)} = \Psi_n^{\circ} + \lambda \sum \int{}' \frac{\langle i \left| H^{(1)} \right| n \rangle}{E_n^{\circ} - E_i^{\circ}} \Psi_i^{\circ} \tag{6-15}$$

$\sum \int{}'$ 乃示在取和或积分时, 务需将 $i = n$ 除外.

(13), (14) 结果与用矩阵力学所得的结果 (2-43), (2-44) 相同. (14) 谓由于 $H^{(1)}$ 之微扰, n 态之波函数乃所有之零级近似波函数 Ψ_i° 之线性叠加. 如某一态 i 与态 n 间之矩阵元素 $< i \left| H^{(1)} \right| n >= 0$, 则 i 态不扰 n 态.

用同法, 可计算 λ^2 级之修正项 $E_n^{(2)}$, $\Psi_n^{(2)}$, 其结果如下:

$$\begin{aligned} E_n = & E_n^{\circ} + \lambda \langle n \left| H^{(1)} \right| n \rangle \\ & + \lambda^2 \left\{ \sum \int{}' \frac{\left| \langle n \right| H^{(1)} \left| i \rangle \right|^2}{E_n^{\circ} - E_i^{\circ}} \right. \\ & \left. + \langle n \left| H^{(2)} \right| n \rangle \right\} + \cdots \end{aligned} \tag{6-16}$$

$$\begin{aligned} \Psi_n = & \Psi_n^{\circ} + \lambda \sum \int{}' \frac{\langle i \left| H^{(1)} \right| n \rangle}{E_n^{\circ} - E_i^{\circ}} \Psi_i^{\circ} \\ & + \lambda^2 \sum \int_i{}' \sum \int_m{}' \frac{\langle i \left| H^{(1)} \right| m \rangle \langle m \left| H^{(1)} \right| n \rangle}{(E_n^{\circ} - E_i^{\circ})(E_n^{\circ} - E_m^{\circ})} \Psi_i^{\circ} + \cdots \end{aligned} \tag{6-17}$$

(15) 式与 (2-48) 结果相同.

上述理论, 只当 $E_n^{\circ} - E_i^{\circ} \neq 0, n \neq i$ 时可用, 换言之, 不同量子数 n 之态, 其能亦不同. 此乃所谓非简并系统.

6.1.1 非简谐振荡

设

$$H = H^{\circ} + \lambda H^{(1)} + \lambda^2 H^{(2)} \tag{6-18}$$

$$H^{\circ} = \frac{p^2}{2\mu} + \frac{1}{2} k_1 x^2, \quad H^{(1)} = \frac{1}{6} k_2 x^3, \quad H^{(2)} = \frac{1}{24} k_3 x^4$$

按 (5-15)

$$E_n^{(1)} = \frac{k_2}{6}\int_{-\infty} \Psi_n^\circ x^3 \Psi_n^\circ \mathrm{d}x = 0^* \tag{6-19}$$

$$E_n^{(2)} = \left(\frac{k_2}{6}\right)^2 \left\{ \frac{\left|\langle n\left|x^3\right|n-3\rangle\right|^2}{-3h\nu} + \frac{\left|\langle n\left|x^3\right|n-1\rangle\right|^2}{-h\nu} + \frac{\left|\langle n\right|x^3\left|n+1\rangle\right|^2}{h\nu} + \frac{\left|\langle n\left|x^3\right|n+3\rangle\right|^2}{3h\nu} \right\} + \frac{k^3}{24}\langle n\left|x^4\right|n\rangle \tag{6-20a}$$

$$E_n^{(2)} = -\frac{5k_2^2}{96\pi}\frac{h^2\nu}{\sqrt{\mu k_1^5}}\left(n^2+n+\frac{11}{30}\right) + \frac{k_3 h^2\nu}{32\pi\sqrt{\mu k_1^3}}\left(n^2+n+\frac{1}{2}\right) \tag{6-20b}$$

此结果, 除用 $h\nu = \hbar\omega_0$ 外, 与 (2-50) 相同.

---

*(22) 式中各积分之计算, 可用下法之一:

(甲) 用第 4 章末附录甲之 (4A-2), 及同 (4A-6) 式之

$$\int_{-\infty}^{\infty}\phi(x,t)\phi(x,s)x^l\mathrm{e}^{-x^2}\mathrm{d}x = \sum_{m=0}^{\infty}\sum_{n=0}^{\infty}\frac{s^m t^n}{m!n!}\int_{-\infty}^{\infty}H_m H_n x^l \mathrm{e}^{-x^2}\mathrm{d}x$$

$$= \mathrm{e}^{2st}\int_{-\infty}^{\infty}\mathrm{e}^{-y^2}(y+s+t)^l\mathrm{d}y \tag{6-20}$$

(乙) 重复的用推递式 (4A-5)

$$xH_n = nH_{n-1} + \frac{1}{2}H_{n+1} \tag{6-21}$$

如

$$x^2 H_n = n(n-1)H_{n-2} + \frac{1}{2}(2n+1)H_n + \frac{1}{4}H_{n+2},$$

余类推.

下列若干结果, 可以上法得之

$$\begin{aligned}
\langle n+1\left|x\right|n\rangle &= \sqrt{\frac{n+1}{2}} \\
\langle n\left|x^2\right|n\rangle &= n+\frac{1}{2} \\
\langle n+2\left|x^2\right|n\rangle &= \frac{1}{2}\sqrt{(n+1)(n+2)} \\
\langle n+1\left|x^3\right|n\rangle &= 3\left(\frac{n+1}{2}\right)^{3/2} \\
\langle n+3\left|x^3\right|n\rangle &= \sqrt{\frac{(n+1)(n+2)(n+3)}{8}} \\
\langle n\left|x^4\right|n\rangle &= \frac{3}{2}\left(n^2+n+\frac{1}{2}\right)
\end{aligned} \tag{6-22}$$

$$\int_{-\infty}^{\infty}H_m H_n x^{2p}\mathrm{e}^{-x^2}\mathrm{d}x = \sum_{j=p-\frac{m+n}{2}}^{p\text{或}\frac{m+n}{2}}\begin{pmatrix}2p\\2j\end{pmatrix}\begin{pmatrix}2p-2j\\p-j+\frac{m+n}{2}\end{pmatrix}2^{\frac{m+n}{2}+j-p}\frac{\Gamma\left(j+\frac{1}{2}\right)}{\left(\frac{m+n}{2}+j-p\right)!}$$

$$\begin{aligned}&\quad\text{如 } m+n=\text{偶数}\\ =0,&\quad\text{如} m+n=\text{奇数}\end{aligned} \tag{6-23}$$

由第 (15) 及 (16) 式, 得见如系统的量子数 n(见本节首脚注) 不同的态, 其能有相等的情形, 即 $E_m^0 = E_n^0$, $m \neq n$, 则有些项的分母等于零. 在这情形下, 除非凡遇

$$E_m^0 = E_n^0$$

时, $\langle m \left| H^{(1)} \right| n \rangle$ 亦等于零, 则 (15), (16) 式将有无限大的项. 对这所谓简并系统, 本节的方法不能直接的应用而需些修改, 如下第 2 节.

6.1.2 Stark 效应

兹应用上述理论于原子的 Stark 效应问题, 即外加电场对原子的影响问题. 下文是指氢原子 (及类似氢的系统如 He^+, Li^{2+} 等) 以外的原子 (氢及似氢原子系属简并系统, 其微扰理论, 将见下文第 2 节及附录甲).

设外加静电场强度为 $\mathscr{E}$, 原子中的电子坐标为 $r_i(x_i, y_i, z_i)$, 此电场所生的微扰 (能) 乃

$$H^{(1)} = e\sum(\boldsymbol{r}_i, \mathscr{E})$$

如 $\mathscr{E}$ 乃在 z 轴方向, 则

$$H^{(1)} = e\mathscr{E}(\sum z_i) \tag{6-24}$$

按第 4 章第 4 节, 电偶, 故 $H^{(1)}$, 系奇宇称, 故第一级微扰能 $E_n^{(1)}$(13) 式按 (4-76) 为 0

$$E_n^{(1)} = \int \varPsi_n^{*0}(-e\mathscr{E}\sum z_i)\,\varPsi_n^0 d\tau = 0 \tag{6-25a}$$

第二级按 (15)

$$E_n^{(2)} = (e\mathscr{E})^2 \sum \frac{|\langle n|\sum z_i|k\rangle|^2}{E_n^0 - E_k^0} \tag{6-25b}$$

按 (4-76), 态 $\varPsi_k^0$ 与态 $\varPsi_n^0$ 务需有相反之宇称性.

以碱金属原子为例. 如 $\varPsi_n^0$ 系 ^{2}S 态, 则 $\varPsi_k^0$ 务需为 ^{2}P 态. 设 E_n^0 系 ^{2}S 系的最低态, 则 $E_k^0 > E_n^0$, 故 $E_n^{(2)} < 0$, 换言之, Stark 效应使基态 ^{2}S 的能低降, 其低降值与电场 $\mathscr{E}$ 平方成正比例. 如 $\varPsi_n^0$ 系 ^{2}P 态, 则 (25b) 式中之 $\varPsi_k^0$, 可为 $k\,{}^2$S 及 $k\,{}^2$D 态. 这些均将于原子光谱章中再述之.

兹计算在电场中一个原子的电偶矩矩阵元素. 按 (14)

$$\varPsi_n = \varPsi_n^0 + e\mathscr{E}\sum{}' \frac{\langle n|\sum z_i|k\rangle}{E_n^0 - E_k^0}\varPsi_k^0$$

故

$$\int \varPsi_m^*(\sum er_i)\,\varPsi_n \mathrm{d}\tau = \int \varPsi_m^{*0}(\sum er_i)\,\varPsi_n^0 \mathrm{d}\tau$$

$$+e\mathscr{E}\sum_k{}' \frac{\langle m|\sum z_i|k\rangle^*}{E_m^0-E_k^0}\langle k|\sum er_i|n\rangle$$

$$+e\mathscr{E}\sum{}'\langle m|\sum er_i|k\rangle\frac{\langle h|\sum z_i|n\rangle^*}{E_n^0-E_k^0}+(e\mathscr{E})^2\text{项} \tag{6-26}$$

(26) 右第一项乃不受电场微扰的原子 (自由原子) 的电矩矩阵元素. 如 m,n 态为相同宇称性之二态, 则此首项等于零. 第二、三两项乃原子被电场所诱起的电偶. 此二项不等于零的必需条件, 乃 m,n 两态为相同宇称性之态, 否则 $< m\left|\sum er_i\right|k >$ 与 $< k\left|\sum z_i\right|n >^*$ 二者之一, 必等于零也.

上述之诱起电偶矩, 引致下述结果：以碱金属原子言, 一个自由原子的电偶跃迁 (electric dipole transition, 见下文第 6 章第 2 节), 是 $^2\text{S}\leftrightarrow{}^2\text{P}$, $^2\text{P}\leftrightarrow{}^2\text{D}$, $^2\text{D}\leftrightarrow{}^2\text{F}$ 等 (不同宇称性的两态间). 唯在电场中, 因有诱起的电偶矩, 故上述之跃迁外, 亦有微弱的 (同宇称性的两态间)

$$^2\text{S}\leftrightarrow{}^2\text{S},\quad {}^2\text{S}\leftrightarrow{}^2\text{D},\quad {}^2\text{P}\leftrightarrow{}^2\text{P},\quad {}^2\text{D}\leftrightarrow{}^2\text{D}$$

等跃迁. 这些光谱线的强度 (与 (26) 式的平方成正比), 与电场强度的平方成正比.

上述的现象, 于 20 世纪 30 年代曾为饶毓泰, 严济慈于 Na, K, Rb, Cs 等原子吸收光谱所观察及量定.

6.1.3 Raman 效应

6.1.2 节述一个原子 (或有圆心对称的系统) 受静电场的微扰的理论. 这是所谓 Stark 效应的一特例. 本节将述一个系统 (原子或分子) 受电磁波 (周期性的电场) 的微扰问题. 这便是 Raman 效应的理论.

印度物理学家 C. V. Raman 从事各种物体对光的散射的研究, 于 1928 年发现单色 (频率为 ν) 的光, 经分子 (液态) 散射后, 散射的光 (经光谱仪分析) 的频率, 除 ν 外, 有 $\nu-\nu_k$, ν_k 后知为分子的振动频率. 由此效应, 可以定各种分子的振动频率, 更进而推论分子结构的对称性及分子中的原子的位能函数等. 分子振动、Raman 效应之选择规律等, 皆将于本书第 12、13 章中详述之. 本节将只从上节 (2) 的观点, 述 Raman 效应的基本理论. 这是不仅限于分子的振动效应的.

设辐射中的电场 $\mathscr{E}$ 的频率为 ν, 其辐度为 $\mathscr{E}$(常数)

$$\mathscr{E}=\mathscr{E}_0\mathrm{e}^{-2\pi\mathrm{i}\nu t}+\mathscr{E}_0^*\mathrm{e}^{2\pi\mathrm{i}\nu t} \tag{6-27}$$

设系统的电偶矩为 $\boldsymbol{M}$. 故微扰为

$$H^{(1)}=-(\boldsymbol{M}\cdot\mathscr{E}) \tag{6-28}$$

使未受微扰系统的 Schrödinger 方程式为 (见 (1)~(3) 式)

$$\left(H^0+\frac{\hbar}{\mathrm{i}}\frac{\partial}{\partial t}\right)\Psi^0=0,\quad \left(H^0+\frac{\hbar}{\mathrm{i}}\frac{\partial}{\partial t}\right)^*\Psi^{0*}=0 \tag{6-29a}$$

$$\Psi_n^0=\Psi_n^0\exp(-\mathrm{i}E_nt/\hbar) \tag{6-29b}$$

$$(H^0-E_n)\Psi_n^0=0 \tag{6-29c}$$

受微扰系统的方程式为

$$\left(H^0+\frac{\hbar}{\mathrm{i}}\frac{\partial}{\partial t}\right)\Psi=(\boldsymbol{M}\cdot\mathscr{E})\Psi \tag{6-30}$$

如使

$$\Psi_n=\Psi_n^0+\Psi_n^{(1)},\quad \left|\Psi_n^{(1)}\right|\ll\left|\Psi_n^0\right| \tag{6-31}$$

并略去 $(\boldsymbol{M}\cdot\mathscr{E})\Psi_n^{(1)}$, 则得

$$\begin{aligned}\left(H^0+\frac{\hbar}{\mathrm{i}}\frac{\partial}{\partial t}\right)\Psi_n^{(1)}&=(\boldsymbol{M}\cdot\mathscr{E})\Psi_n^0\\ \left(H^0+\frac{\hbar}{\mathrm{i}}\frac{\partial}{\partial t}\right)^*\Psi_n^{*(1)}&=(\boldsymbol{M}\cdot\mathscr{E})\Psi^{*0}_n\end{aligned} \tag{6-32}$$

兹取下假设式:

$$\Psi_n^{(1)}=\Psi_n^{(+)(1)}\exp\{-\mathrm{i}(E_n+h\nu)t/\hbar\}+\Psi_n^{(-)}\exp\{-\mathrm{i}(E_n-h\nu)t/h\} \tag{6-33}$$

以此代入上二式, 即得

$$[H^0-(E_n+h\nu)]\Psi_n^{(+)}=(M\cdot\mathscr{E}_0)\Psi_n^0 \tag{6-34a}$$

$$[H^0-(E_n-h\nu)]\Psi_n^{(-)}=(M\cdot\mathscr{E}_0^*)\Psi_n^0 \tag{6-34b}$$

及另两方程式, $\Psi_n^{(+)}$, $\Psi_n^{(-)}$, $\mathscr{E},\mathscr{E}_0^*$, Ψ_n^0 代以 $\Psi_n^{*(+)}{}_0\Psi_n^{*(-)},\mathscr{E}_0^*,\mathscr{E}_0,\Psi_n^{*0}$ 的.

兹欲解这些方程式. 将右方 $(M\cdot\mathscr{E}_0)\Psi_n^0$ 等以 Ψ_m^0 全集函数展开, 如

$$(\mathscr{E}_0\cdot M)\Psi_n^0=\sum_r(\mathscr{E}_0\cdot M)_{rn}\Psi_r^0 \tag{6-35}$$

$$(\mathscr{E}_0\cdot M)_{rn}=\int\Psi_r^{*0}(\mathscr{E}_0\cdot M)\Psi_n^0\mathrm{d}\tau,\quad \text{余类推} \tag{6-36}$$

以此代入 (34a, b) 各式, 并用下 Hermitian 性:

$$(\mathscr{E}_0\cdot\boldsymbol{M})_{mn}^*=(\mathscr{E}_0\cdot\boldsymbol{M})_{nm}$$

即可得

$$\begin{aligned}
\Psi_n^{(+)} &= \sum_r \frac{(\mathscr{E}_0^* \cdot \boldsymbol{M})_{rn}}{E_r - (E_n + h\nu)} \Psi_r^0 \\
\Psi_n^{(-)} &= \sum_r \frac{(\mathscr{E}_0^* \cdot \boldsymbol{M})_{rn}}{E_r - (E_n - h\nu)} \Psi_r^0 \\
\Psi_n^{*(+)} &= \sum_r \frac{(\mathscr{E}_0^* \cdot \boldsymbol{M})_{rn}}{E_r - (E_n + h\nu)} \Psi_r^{*0} \\
\Psi_n^{*(-)} &= \sum_r \frac{(\mathscr{E}_0 \cdot \boldsymbol{M})_{nr}}{E_r - (E_n - h\nu)} \Psi_r^{*0}
\end{aligned} \tag{6-37}$$

由此及 (31), (33), 即得电偶矩的矩阵元素 (略去与 $\mathscr{E}$ 平方成正比之项)

$$\begin{aligned}
\langle k|\boldsymbol{M}_x|n\rangle =& \int (\Psi_k^0 + \Psi_k^{(1)})^* \boldsymbol{M}_x (\Psi_n^0 + \Psi_n^{(1)}) \mathrm{d}\tau \\
=& \langle k|\boldsymbol{M}_x|n\rangle \mathrm{e}^{-2\pi \mathrm{i}\nu_{nk}t} \\
&+ \sum \left[\frac{(\mathscr{E}_0^* \cdot \boldsymbol{M})_{kr}(M_x)_{rn}}{h(\nu_{rk} - \nu)} + \frac{(M_x)_{kr}(\mathscr{E}_0^* \cdot \boldsymbol{M})_{rn}}{h(\nu_{rn} + \nu)} \right] \mathrm{e}^{2\pi \mathrm{i}(\nu - \nu_{nk})t} \\
&+ \sum \left[\frac{(\mathscr{E}_0 \cdot \boldsymbol{M})_{kr}(M_x)_{rn}}{h(\nu_{rn} + \nu)} + \frac{(M_x)_{kr}(\mathscr{E}_0 \cdot \boldsymbol{M})_{rn}}{h(\nu_{rk} - \nu)} \right] \mathrm{e}^{-2\pi \mathrm{i}(\nu + \nu_{nk})t}
\end{aligned} \tag{6-38}$$

右方第一项系该系统的自发电偶矩, 其频率 $\nu_{nk} = (E_n - E_k)/h$. 第二、三项则系该系统为辐射的电场 $\mathscr{E}$(27) 式诱起的电偶矩, 其频率为 $\nu \pm \nu_{nk}$. 此两项代表由于诱发电偶矩的辐射, 其频率为 $\nu \pm \nu_{nk}$.

兹分别考虑下列各情形:

(i) $k = n$.

(38) 式首项 $< n|M_x|n >$ 乃该系统在 n 态之电偶矩. 如系有圆心对称的原子, 则此电偶矩等于零.

第二、三项为由电场诱发的电偶矩, 其频率为 ν—— 即 $\mathscr{E}$ 之频率. 此二项代表与射入光频率相同的散射辐射. 此即 Rayleigh 散射也. 此散射的电偶矩矩阵元素, 与态 Ψ_n^0 的相 (phase) 无关, 故各个原子 (或分子) 的散射, 符合产生干涉作用的条件 (见图 6.1(a)).

(ii) $\mathrm{E}_k = \mathrm{E}_n$ 而 $n \neq k$(此乃下节所述的简并情形) (图 6.1(b)).

第二、三项仍产生 Rayleigh 散射, 唯 Ψ_n^0, Ψ_k^0 的相, 不复消去, 故各分子的散射, 不复符合产生干涉作用条件.

(iii) $E_n - E_k < 0$, 故 $\nu_{kn} = -\nu_{nk} > 0$.

第三项代表频率为 $\nu - \nu_{kn} < \nu$ 的辐射. 如 n 为基态, k 为激起态, 该项代表系

统由 n 态为电场 $\mathscr{E}$ 激起至 k 态, 其跃迁的频率为 $\nu-\nu_{kn}$(图 6.1(c))*.

(iv) $E_n-E_k>0$.

第三项代表频率为 $\nu+\nu_{nk}>\nu$ 的辐射. n 为激起态. 系统由 n 态经电场 $\mathscr{E}$ 激起, 跃迁至较低之态 k, 见图 6.1(d).

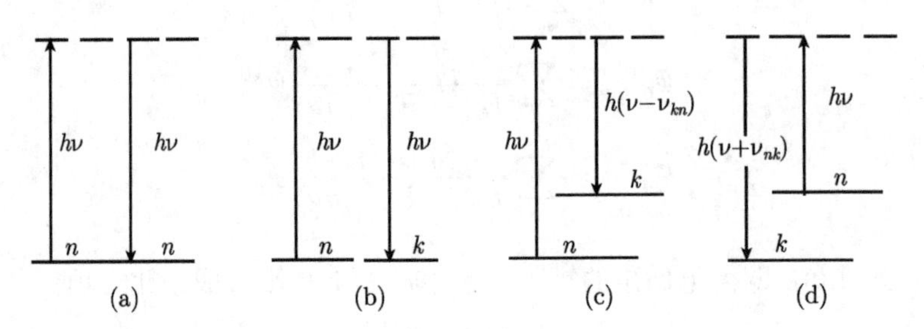

图 6.1

图 6.1(c)(散射频率小于射入频率) 系所谓 Raman 散射之 Stokes 线; 图 6.1(d) 谓 anti-Stokes 线.

按 (38) 式及第 7 章 (7-55) 式, Stokes 与 anti-Stokes 的跃迁概率相等, 唯实验观察 Raman 光谱的结果, Stokes 散射永远较 anti-Stokes 的为强, 后者极弱, 只在 ν_{nk} 极小时始得见之. 此结果的解释, 乃系由于 Boltzmann 定理 (见第 7 章 (7-26) 式), 在激起态 n(图 6.1(d)) 的原子或分子数甚小也.

第 (38) 式第二、三项可写作下形式:

$$\begin{aligned}\langle k\left|M_x^{(1)}\right|n\rangle&=\sum_{\sigma=x}^{z}\left[(\alpha_{x\sigma}^*)_{kn}\mathscr{E}_{0\sigma}^*\mathrm{e}^{2\pi\mathrm{i}\nu t}+(\alpha_{x\sigma})_{kn}\mathscr{E}_{0\sigma}\mathrm{e}^{-2\pi\mathrm{i}\nu t}\right]\\&=\sum_{\sigma=x}^{z}(\alpha_{x\sigma})_{kn}\mathscr{E}_\sigma\end{aligned}\tag{6-39}$$

此式中之 α_{xy}, 系极化率张量 (polarizability tensor). 此与静电学中的极化率不同处**, 只在此处的 α_{xy} 系时 t 之函数而已.

由 (38) 式, 因电偶性 M, M_x 系奇的宇称性, 故第二、三两项不等于零的必需条件, 乃 k, n 为同宇称性的态 (见 (5-25b) 式). 如是, 则 "中间态"r 与态 k 及 n 皆有相反的宇称性. 例以原子言, 如 k, n 皆为 ^{2}S 态, 则 r 为 ^{2}P 态; 如 k 为 ^{2}S 态, n 为 ^{2}D 态, 则 r 为 ^{2}P 态是也.

(38) 式中之 ν, 如使其递减至 ν=0 则 (38) 式趋近第 (26) 式; Stark 效应实系 Raman 效应当 $\nu\to 0$ 时的极限情形***.

* $E_n-E_k>0$ 时, (38) 第二项为 Stokes 线; $E_n-E_k<0$ 时, 第二项为 anti- Stokes 线, 见下文.

** 见《电磁学》第 1 章, 第 35 页.

*** 见著者 Vibrational Spectra and Structure of Polyatomic Molecules 书, 第 64 页 (1939).

6.2 微扰理论 —— 简并系统

上节的理论, 只于 $E_n - E_n \neq 0$, 如 $n \neq i$, 情形下有效. 如 $n = n_1, n_2, \cdots, n_\alpha$($n$ 可能代表一组的量子数) 之 E_{ni}^0 皆相同, 则 E_n^0 有 α 个独立本征波函数

$$\Psi_{n_1}^0, \Psi_{n_2}^0, \cdots, \Psi_{n_\alpha}^0$$

兹假设此 α 个 Ψ_{ni}^0 已系归一正交的 (如非正交, 可用 Schmidt 法构成一正交的 α 个线性函数),

$$(\Psi_{n_i}^0, \Psi_{n_j}^0) = \delta_{n_i n_j} \tag{6-40}$$

$$(\Psi_{n_i}^0, H^0 \Psi_{n_j}^0) = E_n^0 \delta_{n_i n_j} \tag{6-41}$$

兹以一幺正变换, 将 $\Psi_{n_i}^0$ 变换为 $\psi_{n_j}^0$

$$\phi_{ni}^0 = \sum_{nj}^{M_\alpha} A_{n_i n_j} \Psi_{nj}^0, \quad n_i = n_1, \cdots, n_\alpha \tag{6-42}$$

$$A\tilde{A}^* = 单位矩阵E\left(\sum_{n_l} A_{n_i n_l} A_{n_j n_l}^* = \delta_{n_i n_l}\right)$$

故 ϕ_{ni}^0 仍有正交性, 盖

$$\begin{aligned}(\phi_{n_j}^0, \phi_{n_j}^0) =& \sum_{n_l} \sum_{m_k} A_{n_i n}^* A_{n_j n_k} (\Psi_{n_l}^0, \Psi_{n_k}^0) \\ =& \delta_{n_i n_j}\end{aligned} \tag{6-43}$$

又

$$\begin{aligned}(\phi_{n_i}^0; H^0 \phi_{n_j}^0) =& \sum_{n_k} \sum_{n_k} A_{n_i n_k}^* A_{n_i n_k} E_n^0 \delta_{n_l n_k} \\ =& E_n^0 \delta_{n_i n_j} = (\Psi_{n_i}^0, H^0 \Psi_{n_j}^0)\end{aligned} \tag{6-44}$$

$$\begin{aligned}(\phi_{n_i}^0, H^{(1)} \phi_{n_j}^0) =& \sum_{n_l, n_k} A_{n_i n_l}^* A_{n_j n_k} (\Psi_{n_l}^0, H^{(1)} \Psi_{n_k}^0) \\ =& \sum_{n_k} \sum_{n_l} A_{n_i n_l}^* (\Psi_{n_l}^0, H^{(1)} \Psi_{n_k}^0) \tilde{A}_{n_k n_j}\end{aligned} \tag{6-45}$$

上二式可写为

$$(\Psi_{n_l}, (H^0 + \lambda H^{(1)}) \Psi_{n_k}^0) \tilde{A} = A^{*-1} (\phi_{n_i}^0, (H^0 + \lambda H^{(1)}) \psi_{n_j}^0)$$

$$=\tilde{A}(\phi_{n_i}^0,(H^0+\lambda H^{(1)})\phi_{n_j}^0) \tag{6-46}$$

兹使 $(\phi_{n_i}^0,(H^0+\lambda H^{(1)})\phi_{n_j}^0)$ 成对角矩阵的条件乃

$$\sum_{n_k}(\Psi_{n_i}^0,(H+\lambda H^{(1)})\Psi_{n_k}^0)A_{n_jn_k}=A_{n_jn_k}(\phi_{n_j}^0,(H^0+\lambda H^{(1)})\phi_{n_i}^0) \tag{6-47}$$

同 (44) 式, 应引下表式:

$$(\phi_{n_l}^0,H^{(1)}\phi_{n_k})\equiv H_{n_in_k}^{(1)},\quad (\Psi_{n_i}^0,H^{(1)}\Psi_{n_j}^0)\equiv \mathscr{H}_{n_in_k}^{(1)} \tag{6-48}$$

即得

$$\sum_{n_k}H_{n_in_k}^{(1)}A_{n_jn_k}=A_{n_jn_i}\mathscr{H}_{n_jn_j}^{(1)} \tag{6-49}$$

或

$$\begin{aligned}&(H_{n_1n_1}^{(1)}-\mathscr{H}_{n_jn_j}^{(1)})A_{n_kn_1}+H_{n_{1/2}}^{(1)}A_{n_jn_2}+\cdots+H_{n_1n_2}^{(1)}A_{n_jn_\alpha}=0\\&H_{n_2n_1}^{(1)}A_{n_jn_1}+(H_{n_kn_2}^{(1)}-\mathscr{H}_{n_jn_j}^{(1)})A_{n_jn_2}+\cdots\cdots+H_{n_2n_\alpha}^{(1)}A_{n_jn_\alpha}=0\\&\cdots\cdots\\&H_{n_\alpha n_1}^{(1)}A_{n_jn_1}+H_{n_2n_1}^{(1)}A_{n_jn_i}+\cdots+(H_{n_\alpha n_\alpha}^{(1)}-\mathscr{H}_{n_jn_j}^{(1)})A_{n_jn_\alpha}=0\end{aligned}$$

此组方程式有非恒等于零之解之条件乃下方程式:

$$\left\|H_{n_in_j}^{(1)}-\mathscr{H}_{n_jn_i}^{(1)}\delta_{n_jn_i}\right\|=0 \tag{6-50}$$

此方程式有 $\mathscr{H}_{n_1n_1}^{(1)},\cdots,\mathscr{H}_{n_\alpha n_\alpha}^{(1)}\alpha$ 个根, 可各不同, 但亦可仍有相同的, 视 $H^{(1)}$ 之性质而定. 如 α 根皆各不同, 则 $H^{(1)}$ 可谓将简并性去除了.

引入 $\phi_{n_j}^0$ 后, 则 $\mathscr{H}^{(1)}$ 成一对角矩阵, 故 (6-15), (6-16) 式中之 $<n\left|H^{(1)}\right|i>$ 皆不复出现了.

(5-42) 之幺正变换, 只限于 α 个简并态 $n_1,n_2,\cdots,n_\alpha$ 之 $\Psi_{n_j}^0$; 其他的 $\Psi_l^0,E_l^0\neq E_{n_j}^0$, 则仍遵守第 1 节的理论. 故

$$E_{n_i}=E_n^0+\lambda\mathscr{H}_{n_i,n_j}^{(1)}+\lambda^2\left\{\sum\int'\frac{\left|\mathscr{H}_{n_j,l}^{(1)}\right|^2}{E_{n_j}^0-E_l^0}+\mathscr{H}_{n_i,n_i}^{(2)}\right\} \tag{6-51}$$

$$\phi_{n_j}=\phi_{n_j}^0+\lambda\sum\int'\frac{\mathscr{H}_{n_j,l}^{(1)}}{E_{n_i}^0-E_l^0}\Psi_l^0+\cdots$$

$$E_l=E_l^0+\lambda H_{l,l}^{(1)}+\lambda^2\left\{\sum\int'\frac{\left|H_{l,m}^{(1)}\right|^2}{E_l^0-E_m^0}+H_{l,l}^{(2)}\right.$$

$$+\sum_{n_i}\int \frac{\left|\mathscr{H}_{l,n_j}^{(1)}\right|^2}{E_l^0-E_{n_j}^0}\right\}+\cdots \tag{6-52}$$

$$\Psi_l=\Psi_l^0+\lambda\left\{\sum\int' \frac{H_{l,m}^{(1)}}{E_l^0-E_m^0}\Psi_m+\sum_{n_j}\int \frac{\mathscr{H}_{l,n_j}^{(1)}}{E_l^0-E_{n_j}^0}\phi_{n_j}^0\right\}+\cdots$$

例 氢原子之 Stark 效应:

强电场 $\mathscr{E}$(沿 z 轴方向) 情形, 在电场 $\mathscr{E}$ 中, 氢原子之 Hamiltonian 乃

$$\begin{aligned}H=&\frac{p^2}{2\mu}-\frac{Ze^2}{r}+e\mathscr{E}z\\=&H^0+e\mathscr{E}z\end{aligned} \tag{6-53}$$

所谓强电场者, 乃系指 $e\mathscr{E}z$ 能远大于电子自旋所引致之能 (自旋–轨道交互作用 $H_{s.o.}^{(1)}$, 见下第 7 章第 3 节), 换言之, 氢原子态之微细结构, 可以忽略不计, 而只有 $e\mathscr{E}z$ 一项之微扰, 如上式. 反之, 则谓为弱电强 *.

无电场微扰之氢原子之能及本征波函数乃

$$\begin{aligned}E_{n,l,m}^0&=E_n^0,\quad 与l,m无关\\\Psi_{n,l,m}^0&=R_{n,l}(r)Y_{l,m}(\theta,\varphi)\end{aligned} \tag{6-54}$$

此处 E_n^0 见 (4-104a,b), $R_{n,l}(r)$ 见 (4D-19).

兹引用下符号:

$$\langle n',l',m'\left|H^{(1)}\right|n,l,m\rangle\equiv\int\int\int r^2\mathrm{d}r\mathrm{d}\cos\theta\mathrm{d}\varphi R_{n'l'}Y_{n'l'}^*H^{(1)}R_{n_l}Y_{lm} \tag{6-55}$$

对一固定 n 值, l 有 0, 1, 2, ..., $n-1$ 个值; 对一固定 l 值, m 有 $-l\leqslant m\leqslant l$ 间 $2l+1$ 值. 由 (42)E_n^0 式, 得见 n 态之简并度为 $\sum\limits_{l=0}^{n-1}(2l+1)=n^2$(如加入电子自旋 $s=\frac{1}{2}, -\frac{1}{2}\leqslant m_s\leqslant\frac{1}{2}$, 则此简备度为 $2n^2$; 电子自旋与电场 $\mathscr{E}$ 间, 无交互作用的).

兹以 n=2 态为例. $\Psi_{n,l,m}^0$ 有 $2^2=4$ 独立态, 故 $H^{(1)}$ 有 $4\times4=16$ 个矩阵元素 (55). 由 (4-95), 得见唯有

$$\langle 2,0,0\left|e\mathscr{E}z\right|2,1,0\rangle=-\frac{3}{Z}ae\mathscr{E} \tag{6-56}$$

* 氢原子之弱电场 Stark 效应之理论, 应以 Dirac 的相对论的波方程式为出发点. 此效应属于第二阶 (second order), 如碱金属原子的情形, 而非本节的第一阶. 由于符合此情形的电场值甚微小, 故问题只有理论上的兴趣.

$$\langle 2,1,0\,|e\mathscr{E}z|\,2,0,0\rangle = -\frac{3}{Z}ae\mathscr{E}$$

不等于零. $a = \dfrac{\hbar^2}{\mu e^2}$ = Bohr 半径. (见 (4D-33) 式).

以 (56) 代入 (50), 即得 ($\mathscr{H}^{(1)}_{n_j n_j} \equiv E^{(1)}$)

$$\begin{array}{cc} l & m \\ 0 & 0 \\ 1 & 1 \\ 1 & 0 \\ 1 & -1 \end{array}\left|\begin{array}{cccc} -E^{(1)} & 0 & -\dfrac{3}{Z}a & 0 \\ 0 & -E^{(1)} & 0 & 0 \\ -\dfrac{3}{Z}a & 0 & -E^{(1)} & 0 \\ 0 & 0 & 0 & -E^{(1)} \end{array}\right| = 0 \tag{6-57}$$

此方程式有四根, 其本征波函数如下:

$$E^{(1)} = \begin{cases} \dfrac{3}{Z}ae\mathscr{E} \\ 0 \\ 0 \\ -\dfrac{3}{Z}ae\mathscr{E} \end{cases}, \phi^{(0)} = \begin{cases} \dfrac{1}{\sqrt{2}}(R_{20}Y_{00} + R_{21}Y_{10}) = \phi_1^{(0)} \\ R_{21}Y_{11} = \phi_3^{(0)} \\ R_{21}Y_{1,-1} = \phi_4^{(0)} \\ \dfrac{1}{\sqrt{2}}(R_{20}Y_{20} - R_{21}Y_{10}) = \phi_2^{(0)} \end{cases} \tag{6-58}$$

此处 $E^{(1)} = 0$ 仍为简并态, 此乃由于电场 $\mathscr{E}$ 对 z 轴有旋转对称性而来.

上述之计算, 系用 (54) 之 $\Psi^0_{n,l,m}$ 为起点, 此亦称为 (l,m) 表象.

由于 H^0 系一简并系统, Schrödinger 方程式可以用不同的坐标作变数分离法解之. 这情形与古典力学中之 Hamilton-Jacobi 方程式相同 (《古典动力学》乙部第 7 章第 283, 284 页). 氢原子之波动方程式

$$(H^0 - E^0)\phi(r) = 0$$

除球极坐标 $\boldsymbol{r}(r,\theta,\varphi)$ 外, 亦可用抛物线坐标 $\boldsymbol{r}(\xi,\eta,\phi)$ 分离解之. 用此坐标的优点, 乃 $H^{(1)} = e\mathscr{E}z$ 在此 (k_1,k_2,m) 一象表中, 已成一对角矩阵, 故无需作 (42) 之变换. 此法将于本章末附录甲述之.

6.3 散射问题 ——$|\Psi|^2$ 的概率解释

我们现用微扰理论于散射问题. 在量子力学发展过程中, 这是一极重要的里程碑, 因为 Max Born 氏由这问题, 获得量子力学的基本观念之一, 即概率意义是也.

先考虑一连串的质点, 在自由空间以动量 $\boldsymbol{p} = h\boldsymbol{k}$ 运行. Schrödinger 方程式乃 (见 (4-163) 式)

$$(\nabla^2 + k^2)\phi(\boldsymbol{r}) = 0 \tag{6-59}$$

$$\phi_k = \mathrm{e}^{\mathrm{i}\boldsymbol{k}\cdot\boldsymbol{r}} \tag{6-60}$$

6.3.1 圆心对称场的散射

兹设这些质点, 遇一以 $r=0$ 点为中心之位场 $V(r)$. 则 (59) 式将为 (见 (4-160) 式)

$$(\nabla^2 + k^2)\Psi(\boldsymbol{r}) = \frac{2m}{\hbar^2}V\Psi \tag{6-61}$$

或 (4-169) 式

$$\Psi(\boldsymbol{r}) = \phi(\boldsymbol{r}) - \frac{2m}{\hbar^2}\int G(\boldsymbol{r},\boldsymbol{r}')V(\boldsymbol{r}')\Psi(\boldsymbol{r}')\mathrm{d}\boldsymbol{r}' \tag{6-62}$$

我们的问题, 是求一个 $\Psi(r)$, 其在远处的趋近式为

$$\Psi(\boldsymbol{r}) \to \mathrm{e}^{\mathrm{i}kz} + \frac{1}{r}\mathrm{e}^{\mathrm{i}kr}f(\theta) \tag{6-63}$$

此乃谓在 r 极大处, Ψ 系一以动量 $p_z = \hbar k$ 向 z 方向的平面波及一以 r=0 为中心的向外射出的圆球状波的重叠. $f(\theta)$ 系散射角 θ 的函数. 这问题可用 (62) 式表之, 我们只需觅一适当的 $G(\boldsymbol{r},\boldsymbol{r}')$ 函数, 使 (62) 满足 (63) 的条件.

兹试取下式 (参看 (4-166) 式):

$$(2\pi)^3 G_k^+(\boldsymbol{r},\boldsymbol{r}') = -\lim_{\varepsilon\to 0}\int \frac{\mathrm{e}^{\mathrm{i}\boldsymbol{k}\cdot\boldsymbol{r}}\mathrm{e}^{-\mathrm{i}\boldsymbol{k}\cdot\boldsymbol{r}}}{k^2-\kappa^2+\mathrm{i}\varepsilon}\mathrm{d}\boldsymbol{k}, \quad \varepsilon > 0 \tag{6-64}$$

以 $\boldsymbol{\rho} = \boldsymbol{r} - \boldsymbol{r}'$ 为 κ 之坐标轴, 经角的积分后, 上式的积分成

$$\frac{2\pi}{\mathrm{i}\rho}\int_0^\infty \frac{\mathrm{e}^{\mathrm{i}\kappa\rho} - \mathrm{e}^{-\mathrm{i}\kappa\rho}}{k^2-\kappa^2+\mathrm{i}\varepsilon}\kappa\mathrm{d}\kappa \tag{6-65}$$

$\varepsilon \ll k$, 时

$$\simeq \frac{\pi}{\mathrm{i}\rho}\int_{-\infty}^{\infty} \frac{\mathrm{e}^{\mathrm{i}\kappa\rho} - \mathrm{e}^{-\mathrm{i}\kappa\rho}}{\left(k+\dfrac{\mathrm{i}\varepsilon}{2k}+\kappa\right)\left(k+\dfrac{\mathrm{i}\varepsilon}{2k}-\kappa\right)}\kappa\mathrm{d}\kappa \tag{6-66}$$

首一积分, 可取径如下: 沿实数轴由 $-\infty$ 至 $+\infty$, 再以无限大半径的半圆于 κ 的复数平面上半面, 以反时钟针方向回至 $\kappa = -\infty$. 按 Cauchy 定理, 得

$$-\frac{\pi}{\mathrm{i}\rho}\frac{2\pi\mathrm{i}}{2k}k\mathrm{e}^{\mathrm{i}k\rho} = \frac{-\pi^2}{|\boldsymbol{r}-\boldsymbol{r}'|}\mathrm{e}^{\mathrm{i}k|r-r_1|} \tag{6-67}$$

(66) 中的第二个积分, 可取径沿实数轴由 $-\infty$ 至 $+\infty$, 再以无限半径的半圆于 k 的下半复数平面, 以时钟针方向回至 $\kappa = -\infty$. 按 Cauchy 定理, 此积分之值, 与 (67) 同. 故 (64) 式得

$$G_k^+(\boldsymbol{r},\boldsymbol{r}') = \frac{1}{4\pi|\boldsymbol{r}-\boldsymbol{r}'|}\mathrm{e}^{\mathrm{i}k|r-r_1|} \tag{6-68}$$

因之, (62) 方程式成

$$\Psi(\boldsymbol{r})=\phi(\boldsymbol{r})-\frac{2m}{h^2}\int\frac{\mathrm{e}^{\mathrm{i}k|\boldsymbol{r}-\boldsymbol{r}_1|}}{4\pi|\boldsymbol{r}-\boldsymbol{r}'|}V(\boldsymbol{r}')\Psi(\boldsymbol{r}')\mathrm{d}\boldsymbol{r}' \tag{6-69}$$

此仍系 Schrödinger 积分方程式而非 (61) 式之解, 盖积分中之 Ψ 仍系待定之函数也.

(69) 式之 Ψ, 在 r 极大处的趋近式, 可如下得之:

$$|\boldsymbol{r}-\boldsymbol{r}'|\simeq r-r'\cos\Theta$$

Θ 乃 $\boldsymbol{r}$ 与 $\boldsymbol{r}'$ 间之夹角, $\boldsymbol{r}$ 乃我们观察散射的方向 (及位置). 如使 $\boldsymbol{k}'$ 为在 $\boldsymbol{r}'$ 方向的波矢 ($|\boldsymbol{k}'|=|\boldsymbol{k}|$), 则

$$\begin{aligned}\mathrm{i}k|\boldsymbol{r}-\boldsymbol{r}'|\cong&\mathrm{i}kr-\mathrm{i}kr'\cos\Theta\\=&\mathrm{i}kr-\mathrm{i}\boldsymbol{k}'\cdot\boldsymbol{r}'\end{aligned} \tag{6-70}$$

如是, 则 (69) 于 r 大处之趋近式为

$$\Psi(\boldsymbol{r})\to\mathrm{e}^{\mathrm{i}kz}-\frac{\mathrm{e}^{\mathrm{i}kr}}{r}\left(\frac{m}{2\pi\hbar^2}\right)\int\mathrm{e}^{-\mathrm{i}\boldsymbol{k}'\cdot\boldsymbol{r}'}V(\boldsymbol{r}')\Psi(\boldsymbol{r}')\mathrm{d}\boldsymbol{r}' \tag{6-71}$$

此仍是正确式, 未作近似的假设. 此式与 (51) 式比较, 可得

$$f(\theta)=\frac{m}{2\pi\hbar^2}\int\mathrm{e}^{-\mathrm{i}\boldsymbol{k}'\cdot\boldsymbol{r}'}V(\boldsymbol{r}')\Psi(\boldsymbol{r}')\mathrm{d}\boldsymbol{r}' \tag{6-72}$$

兹作微扰的近似假设. 设 $V(\boldsymbol{r})$ 是一微弱的场, 换言之, (71) 式之第二项, 远较第一项 (射入波或不经场作用而迳射出之波 $\mathrm{e}^{\mathrm{i}kz}$) 为小. 在此情形下, (71) 的积分内的 $\Psi(\boldsymbol{r})$ 可代以它的近似值 $\mathrm{e}^{\mathrm{i}k\cdot r'}$, 故 (72) 式可代以

$$f(\theta)\simeq\frac{m}{2\pi\hbar^2}\int\mathrm{e}^{-\mathrm{i}k'\cdot r'}V(\boldsymbol{r}')\mathrm{e}^{\mathrm{i}k\cdot r'}\mathrm{d}\boldsymbol{r}' \tag{6-73}$$

上述的理论, 系 M. Born(1926 年 6 月) 按 Schrödinger 理论得来的. 他根据他的同事 J. Franck 氏的电子–原子撞碰实验资料, 深信电子为粒子 (而不同意 Schrödinger 氏的电子为 “云状” 的观念). 如电子为粒子, 则 (71), (72), (73) 等式; 必需作下的解释: $|f(\theta)|^2$ 系电子 (原系以动量 $h\boldsymbol{k}$ 沿 z 轴射入位场 $V(r)$—— 如一个原子的) 经散射, 成为圆球波, 在距位场中心 r 处的概率. Born 更进而将 $|\Psi_k(\boldsymbol{r})|^2\mathrm{d}\boldsymbol{r}$ 解释为在 $\boldsymbol{k}$ 态的电子在体积元素 $\mathrm{d}\boldsymbol{r}$ 内的概率. 他对 $\Psi(r)$ 的看法, 略如爱因斯坦于光子论中对电磁场 $\boldsymbol{E},\boldsymbol{H}$ 的看法, $|\Psi(r)|^2$ 示一个粒子在 r 空间的概率, 亦犹 $|E|^2,|H|^2$ 示光子在 r 空间的概率 (在古典电场学中, $|E|^2,|H|^2$ 示电磁波的强度).

这个概率的解释, 旋即为许多物理学家接受, 而成为量子力学的基柱之一 (见上文第 5 章).

由 (72) 正确式到 (73) 的近似式, 称为 Born 近似法. 此近似式使问题的实际计算, 大为简化 (见下文).

(63) 式所定义的 $f(\theta)$, 其意义可如下见之. 由第 4 章 (4-49) 式, (61) 方程式的粒子的概率流 I 为

$$I = \frac{\hbar}{2m\mathrm{i}}[\Psi^* \nabla \Psi - (\nabla \Psi^*) \Psi] \tag{6-74}$$

按 (63) 式, 经过面积 $R^2 \mathrm{d}\Omega$(R 为距离散射中心 $r=0$ 甚大的距离, $\mathrm{d}\Omega$ 为立体角元素) 的粒子数每秒为

$$IR^2 \mathrm{d}\Omega = \frac{\hbar}{2m\mathrm{i}} \left[\Psi_s^* \frac{\partial}{\partial r} \Psi_s - \frac{\partial \Psi_s^*}{\partial r} \Psi_s \right]_R R^2 \mathrm{d}\Omega \tag{6-75}$$

$$\Psi_s = \frac{1}{r} f(\theta) \mathrm{e}^{\mathrm{i}kr}$$

故得

$$IR^2 \mathrm{d}\Omega = \frac{\hbar k}{m} |f(\theta)|^2 \mathrm{d}\Omega \tag{6-76}$$

此式除以射入粒子的通量 (每单位截面每秒的粒子数), 即速度 $v = \frac{\hbar k}{m}$, 即得 “微分截面”

$$\begin{aligned} \mathrm{d}\sigma &= |f(\theta)|^2 \mathrm{d}\Omega \\ &= |f(\theta)|^2 \mathrm{d}\cos\theta \mathrm{d}\varphi \end{aligned} \tag{6-77}$$

故散射之总截面为

$$\sigma = \iint |f(\theta)|^2 \mathrm{d}\cos\theta \mathrm{d}\varphi \tag{6-78}$$

$$= 2\pi \left(\frac{m}{2\pi\hbar^2} \right)^2 \int \left| \int V(\boldsymbol{r}') \mathrm{e}^{\mathrm{i}(k-k')\cdot \boldsymbol{r}'} \mathrm{d}\boldsymbol{r}' \right|^2 \mathrm{d}\cos\theta \tag{6-79}$$

$\boldsymbol{k} - \boldsymbol{k}' \equiv \boldsymbol{q}$ 向量可用为 $\boldsymbol{r}'$ 的坐标轴, 使 α 为 $\boldsymbol{r}'$ 与 $\boldsymbol{q}$ 间之角 (图 6.2)

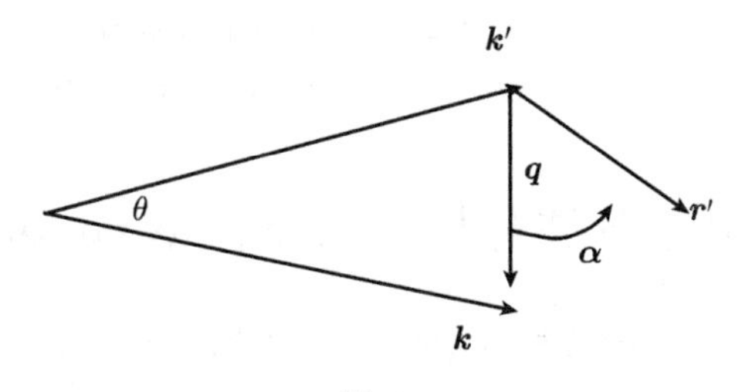

图 6.2

$$q = 2k\sin\frac{\theta}{2} \tag{6-80}$$

$$\iiint V(r')\,\mathrm{e}^{\mathrm{i}qr'\cos\alpha}\mathrm{d}\cos\alpha\mathrm{d}\beta r'^2\mathrm{d}r' = 4\pi\int_0^\infty V(r')\frac{\sin qr'}{qr'}r'^2\mathrm{d}r' \tag{6-81}$$

$$\sigma = \frac{8\pi m^2}{\hbar^4}\int\left|\int_0^\infty V(r)\frac{\sin qr}{q}r\mathrm{d}r\right|^2\mathrm{d}\cos\theta \tag{6-82}$$

6.3.2 Coulomb 场的散射

设 (59) 式的粒子带电荷 ze, $V(r)$ 场乃由一带电荷 Ze 的 (质量甚大的) 原子核而来的, 则

$$V(r) = \frac{Zze^2}{r} \tag{6-83}$$

但如以此代入 (82) 式, 则积分不收敛. 如将 (83) 代以

$$V(r) = \frac{Zze^2}{r}\mathrm{e}^{-\lambda r} \tag{6-84}$$

计算 (82) 式后再取 $\lambda\to 0$ 的限值, 则得

$$\begin{aligned}\lim_{\lambda\to 0}\int_0^\infty \sin qr\ \mathrm{e}^{-\lambda r}\mathrm{d}r &= \lim_{\lambda\to 0}\frac{q}{q^2+\lambda^2}\\ &= \frac{1}{2k\sin\dfrac{\theta}{2}}\end{aligned} \tag{6-85}$$

由 (77) 及 (82) 式, 即得

$$\mathrm{d}\sigma = 2\pi\left(\frac{zZe^2}{mv^2}\right)^2\int\frac{1}{\sin^4\left(\dfrac{\theta}{2}\right)}\sin\theta\mathrm{d}\theta \tag{6-86}$$

$$\sigma = 2\pi\left(\frac{zZe^2}{mv^2}\right)^2\int_0^{\theta=\pi}\frac{1}{\sin^3\left(\dfrac{\theta}{2}\right)}\mathrm{d}\sin\frac{\theta}{2} \tag{6-87}$$

(86) 式即 Rutherford 由古典力学得来的 α- 粒散射公式. 现由量子力学用 Born 近似计算, 复获同一公式. 不仅此也. 由 Schrödinger 方程式的正确计算 (即不作 (73) 式的 Born 近似法), 亦得同 (86) 公式. 此系 Coulomb 作用的特殊结果 (见本章附录乙, 第 (6B-12) 式).

(87) 式的积分, 系无限大值. 其不收敛, 系由于散射角 θ 极微小时, 粒子仍作微小散射之故. 我们乃谓 Coulomb 场的 range (距程) 系 “无限大”.

6.4 散射之分波分析 (partial wave analysis)*

上节以 Schrödinger 积分方程式 (62) 计算力场中一粒子的散射幅度 $f(\theta)$(见第

∗ 此法称为 Faxen-Holtzmark 法 (1927 年).

(72) 式). 如力场甚 “弱”, 则可作所谓 Born 近导出, 而得第 (73) 式的 $f(\theta)$. 本节将用分波法求 $f(\theta)$, 并求 Born 近似式.

兹取一有圆心对称的场 $V(|\boldsymbol{r}|)$. 粒子射入时之动量为 $\boldsymbol{k}\hbar$. 以 $\boldsymbol{k}$ 方向为坐标轴. Schrödinger 方程式 (6-60) 的波函数可写作下式:

$$\Psi(r)=\frac{1}{k}\sum_{l}(2l+1)\,i^{l}\frac{1}{r}u_{l}(r)\,P_{l}(\cos\theta) \tag{6-88}$$

u_l 乃下方程式之解:

$$\frac{\mathrm{d}^2u_l}{\mathrm{d}r^2}+\left[k^2-U(r)-\frac{l(l+1)}{r^2}\right]u_l=0 \tag{6-89}$$

$$U(r)=\frac{2m}{\hbar^2}V(r) \tag{6-90}$$

(89) 式有二独立解, 其在 r 值极大处 $(U(r)\to 0)$ 的趋近式为 *

$$u_l\to rj_l(hr),\quad u_l\to rn_l(kr) \tag{6-91}$$

我们求一个函数 $u_l(r)$ 有下列的特性的:

$$u_l(0)=0$$

$$u_l(r)=k_r\left[A_lj_l(kr)-B_ln_l(kr)\right] \tag{6-93a}$$

$$\equiv C_l\sin\left(kr-\frac{l\pi}{2}+\delta_l\right) \tag{6-93b}$$

A_l, B_l 为常数, C_l, δ_l 乃

$$C_l^2=A_l^2+B_l^2 \tag{6-94a}$$

$$\tan\delta_l=\frac{B_l}{A_l} \tag{6-94b}$$

以 (93) 代入 (88) 式, 即得 $r\to\infty$ 时. $u_l(r)$ 的趋近式

$$\Psi(\boldsymbol{r})\to\frac{1}{2\mathrm{i}kr}\sum_{l}(2l+1)\,C_l\left\{\exp(\mathrm{i}kr+\mathrm{i}\delta_l)-(-1)^l\exp(-\mathrm{i}kr-\mathrm{i}\delta_l)\right\}P_l(\cos\theta) \tag{6-95}$$

$$* \; j_l(x)=\sqrt{\frac{\pi}{2x}}J_{l+\frac{1}{2}}(x),\quad n_l(x)=(-)^{l+1}\sqrt{\frac{\pi}{2x}}J_{-l-\frac{1}{2}}(x) \tag{6-92}$$

x 极大时, 此二 Bessel 函数趋近于

$$j_l(x)\to\frac{1}{x}\sin\left(x-\frac{l\pi}{2}\right),\quad n_l(x)\to-\frac{1}{x}\cos\left(x-\frac{l\pi}{2}\right)$$

由 (63) 式, 将 $f(\theta)$, 未知的函数, 按全集 $P_l(\cos\theta)$ 展开如下:

$$f(\theta)=\frac{\mathrm{i}}{2k}\sum_l(2l+1)\,a_lP_l(\cos\theta) \tag{6-96}$$

同时将 $\mathrm{e}^{\mathrm{i}kz}=\exp(\mathrm{i}kr\cos\theta)$ 展开

$$\mathrm{e}^{\mathrm{i}kz}=\sum(2l+1)\,\mathrm{i}^lj_l(kr)\,P_l(\cos\theta) \tag{6-97}$$

以 (96), (97) 代入 (63) 式, 与 (95) 比较, 即得

$$a_l=1-\exp(2\mathrm{i}\delta_l) \tag{6-98}$$
$$C_l=\exp(\mathrm{i}\delta_l)$$

故 (96) 式乃成

$$f(\theta)=\frac{1}{2\mathrm{i}k}\sum_l(2l+1)\left[\exp(2\mathrm{i}\delta_l)-1\right]P_l(\cos\theta) \tag{6-99}$$

由 (78), 即得总截面

$$\sigma=\frac{4\pi}{k^2}\sum_l(2l+1)\sin^2\delta_l \tag{6-100}$$

(99) 式的 $f(\theta)$ 系一复数, 其虚数部分为

$$\mathrm{Im}f(\theta)=\frac{1}{k}\sum_l(2l+1)\sin^2\delta_lP_l(\cos\theta) \tag{6-101}$$

由 (101) 及 (100), 即得下关系 —— 总截面与射幅前向值的关系:

$$\mathrm{Im}f(0)=\frac{k}{4\pi}\sigma \tag{6-102}$$

以关系称曰 “光的定理”(optical theorem).

(93) 式中的 “相移”(phase shift)δ_l 的意义, 可阐明如下.

设一自由粒子 (即场 $U=0$) 的波函数为 $v_l(r)$,

$$\frac{\mathrm{d}^2v_l}{\mathrm{d}r^2}+\left[k^2-\frac{l(l+1)}{r^2}\right]v_l=0 \tag{6-103}$$

其解即三角 Bessel 函数 $v_l=rj_l(kr)$. 由 (92) 式, 其 r 大时的趋近式为

$$v_l(r)=rj_l(k_l)\to\frac{1}{k}\sin\left(kr-\frac{l\pi}{2}\right) \tag{6-104}$$

以此与 (93) 式 $u_l(r)$ 的趋近式比较, 得见 δ_l 乃波函数 $u_l(r)$ 因 $U(r)$ 场作用, 在 r 值大处, 其相 (对 $v_l(r)$ 波) 的变易. δ_l 之值, 可获得如下. 由 (89) 及 (103) 二式, 即得

$$\int_0^\infty \left[v_l \frac{\mathrm{d}^2 u_l}{\mathrm{d}r^2} - u_l \frac{\mathrm{d}^2 v_l}{\mathrm{d}r^2}\right) \mathrm{d}r = \int_0^\infty v_l U(r) u_l \mathrm{d}r$$

或

$$\left[v_l \frac{\mathrm{d}u_l}{\mathrm{d}r} - u_l \frac{\mathrm{d}v_l}{\mathrm{d}r}\right]_0^\infty = \int_0^\infty v_l U(r) u_l \mathrm{d}r \tag{6-105}$$

由 (93) 及 (104) 及此式, 即得

$$\sin\delta_l = -\int_0^\infty \sqrt{\frac{\pi kr}{2}} J_{l+\frac{1}{2}}(kr) U(r) u_l(r) \mathrm{d}r \tag{6-106}$$

此式中之 $u_l(r)$, 系 (89) 式之解, 有下特性的:

$$\begin{aligned} &u_l(0) = 0 \\ &u_l(r) \to \frac{1}{k}\sin\left(kr - \frac{l\pi}{2} + \delta_l\right) \end{aligned} \tag{6-107}$$

(106) 式中之 $u_l(r)$, 本身即含有 δ_l(如 (107) 式), 故 δ_l 不能直接由 (106) 计算得来. 然如场 $U(r)$ 系极 “弱” 的 (即 δ_l 之值甚小之意), 我们可作一近似计算, 代 (106) 中之 u_l 以自由粒子的 $v_l(r)$(即 (104) 式). 如是, 则

$$\sin\delta_l \simeq \delta_l \simeq -\frac{\pi}{2}\int_0^\infty [J_{l+\frac{1}{2}}(kr)]^2 U(r) r \mathrm{d}r \tag{6-108}$$

以此代入 (99) 式, 可得 $f(\theta)$ 的近似式

$$f(\theta) \simeq -\frac{\pi}{2k}\sum_l (2l+1) P_l(\cos\theta) \int_0^\infty [J_{l+\frac{1}{2}}(kr)]^2 U(r) r \mathrm{d}r \tag{6-109}$$

如用下定理:

$$\frac{\sin qr}{qr} = \frac{\pi}{2kr}\sum_l (2l+1)\left[J_{l+\frac{1}{2}}(kr)\right]^2 P_l(\cos\theta) \tag{6-110}$$

$$q = 2k\sin\frac{\theta}{2}, \quad \boldsymbol{q} = \boldsymbol{k} - \boldsymbol{k}'$$

$\hbar\boldsymbol{k}'$ 乃散射后粒子的动量 $(|\boldsymbol{k}| = |\boldsymbol{k}'|)$, θ 为 $\boldsymbol{k}, \boldsymbol{k}'$ 间的散射角, 则 (109) 式成

$$f(\theta) \simeq -\int_0^\infty U(r) \frac{\sin qr}{q} r \mathrm{d}r \tag{6-111}$$

由 (78), 即得

$$\sigma = \iint \left[\int_0^\infty \frac{2m}{\hbar^2} V(r) \frac{\sin qr}{q} r \mathrm{d}r\right]^2 \sin\theta \mathrm{d}\theta \mathrm{d}\varphi \tag{6-112a}$$

此式与 (82) 式所谓 Born 近似式相同. 故于 (108) 式所作的近似计算 (以 v_l 代 (106) 式中之 u_l), 即系 Born 近似法 (73) 也 *.

由 (108) 式, 得见

$$\begin{aligned} &\text{如 } U(r) \text{ 系吸引场, 则 } \delta_l > 0 \\ &\text{如 } U(r) \text{ 系排斥场, 则 } \delta_l < 0 \end{aligned} \tag{6-112b}$$

此可以图 6.3 表之.

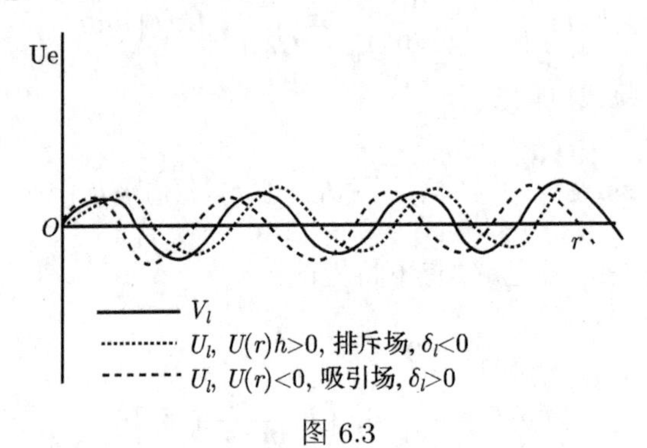

图 6.3

附录甲　Stark 效应 —— 抛物线坐标法

兹定义抛物线坐标 (parabolic coordinates) 如下 **:

$$x=\sqrt{\xi\eta}\cos\phi,\quad y=\sqrt{\xi\eta}\sin\phi,\quad z=\frac{1}{2}(\xi-\eta) \tag{6A-1}$$

故

$$r=\frac{1}{2}(\xi+\eta)$$

$$\mathrm{d}x\mathrm{d}y\mathrm{d}z=\frac{1}{4}(\xi+\eta)\,\mathrm{d}\xi\mathrm{d}\eta\mathrm{d}\phi \tag{6A-2}$$

设 $\mathscr{E}$ 之方向为 z 轴, 波动方程式为

$$\begin{aligned} &\frac{\partial}{\partial\xi}\left(\xi\frac{\partial\Psi}{\partial\xi}\right)+\frac{\partial}{\partial\eta}\left(\eta\frac{\partial\Psi}{\partial\eta}\right)+\frac{1}{4}\left(\frac{1}{\xi}+\frac{1}{\eta}\right)\frac{\partial^2\Psi}{\partial\phi^2} \\ &+\frac{\mu}{2h^2}\left\{E(\xi+\eta)+2Ze^2+\frac{1}{2}e\mathscr{E}(\xi^2-\eta^2)\right\}\Psi=0 \end{aligned} \tag{6A-3}$$

---

* 此结果并非偶然的. (73)Born 近似值, 乃系以平面波 $\mathrm{e}^{ik\cdot r}$ 代 (72) 式中的 $\Psi(\boldsymbol{r}')$ 而得者. 此正是 (108) 式之以自由粒子之 v_l 代 (106) 式中之 u_l 也.

** (5A-1) 亦可写作下式:

$$\xi=r-z,\quad \eta=r+z,\quad \phi=\tan^{-1}(y/x) \tag{6A-1a}$$

使

$$\Psi = F(\xi)G(\eta)\frac{1}{\sqrt{2\pi}}\mathrm{e}^{\mathrm{i}m\phi}, \quad m = \pm\text{整数} \tag{6A-4}$$

(6A-3) 乃分离为

$$\frac{\mathrm{d}}{\mathrm{d}\xi}\left(\xi\frac{\mathrm{d}F}{\mathrm{d}\xi}\right) + \frac{\mu}{2\hbar^2}\left[E\xi + 2Ze^2\beta_1 - \frac{m^2\hbar^2}{2\mu\xi} + \frac{1}{2}e\mathscr{E}\xi^2\right]F = 0 \tag{6A-5}$$

$$\frac{\mathrm{d}}{\mathrm{d}\mu}\left(\eta\frac{\mathrm{d}G}{\mathrm{d}\eta}\right) + \frac{\mu}{2\hbar^2}\left[E\eta + 2Ze^2\beta_2 - \frac{m^2\hbar^2}{2\mu\eta} - \frac{1}{2}e\mathscr{E}\eta^2\right]G = 0 \tag{6A-6}$$

$$\beta_1 + \beta_2 = 1 \tag{6A-7}$$

如 $\mathscr{E} = 0$, 上二方程式可以联附 Laguerre 多项式解之, 其结果如下:

$$F(u) = u^{\frac{1}{2}|m|}\mathrm{e}^{-\frac{u}{2}}L_{k_1+|m|}^{|m|}(u) \tag{6A-8}$$

$$G(v) = v^{\frac{1}{2}|m|}\mathrm{e}^{-\frac{v}{2}}L_{k_2+|m|}^{|m|}(v) \tag{6A-9}$$

$$u = \frac{\xi}{na}, \quad v = \frac{\eta}{na}, \quad a = \frac{\hbar^2}{\mu e^2}$$

$$k_1 + k_2 + |m| + 1 = n$$

$$n\beta_1 = k_1 + \frac{1}{2}|m| + \frac{1}{2}, \quad n\beta_2 = k_2 + \frac{1}{2}|m| + \frac{1}{2} \tag{6A-10}$$

$k_1, k_2 \geqslant 0$, 整数

$$E_n^0 = -\frac{Z^2hcR}{n^2}$$

$$\Psi_{n,k,m}^0(\xi,\eta,\phi) = \left[\frac{2k_1!k_2!}{a^3n^4\left[(k_1+|m|)!(k_2+|m|)!\right]^3}\right]^{1/2} \times F(u)F(v)\frac{1}{\sqrt{2\pi}}\mathrm{e}^{\mathrm{i}m\phi} \tag{6A-11}$$

$$H^{(1)} = -e\mathscr{E}z = -\frac{1}{2}e\mathscr{E}(\xi - \eta) \tag{6A-12}$$

$$< n, k_1, m\left|H^{(1)}\right|n, k_1', m' > = -\frac{3}{2}n(k_1 - k_2)ae\mathscr{E}\delta_{k_1,k_1'}\delta_{m,m'} \tag{6A-13}$$

故 $H^{(1)}$ 只有对角元素

$$E^{(1)} = < n, k_1, m\left|H^{(1)}\right|n, k_1, m >$$

$$= -\frac{3}{2}n(k_1 - k_2)e\mathscr{E}a \tag{6A-14}$$

故无须再作 (30) 之幺正变换矣.

$E^{(1)}$ 与 m 之符号无关, 故凡 $m \neq 0$ 之态皆有简并度二. 下图示 $n = 2, 3$ 在电场之情形

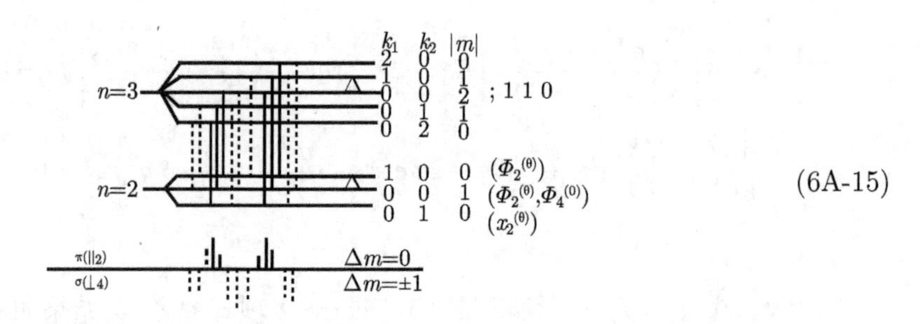

(6A-15)

$n = 2$ 两态间之能差 Δ 为 $3ae\mathscr{E}$; $n = 3$ 之 Δ 则为 $\dfrac{9}{2}ae\mathscr{E}$. $n = 2$ 之四 $\Psi^0_{n,k_1,m}(\xi, \eta, \phi)$, 可证明与 (58) 式中之四 $\phi^{(0)}_{n,l,m}(r, \theta, \varphi)$ 相等 (此证可留给读者为习题).

(6A-15) 之图, 示 H_α 线之 Stark 效应. 每 σ 分线 (电向量与 $\mathscr{E}$ 垂直) 当沿 $\mathscr{E}$ 方向观察时, 皆不呈偏极态, 盖每一 $\Delta m = 1$ 辐射, 同时有 $\Delta m = -1$ 而频率相同之辐射, 二者重叠, 其相反之偏极互抵消也. 此情形与 Zeeman 效应不同 (见第 8 章第 6 节).

(6A-14) 之结果, 与量子论之结果相同. 见《量子论与原子结构》乙部第 8 章, 第 189 页, (8-16).

以 (6A-11) 作第二阶、第三阶之微扰计算, 其结果如下：

$$E^{(2)} = -\frac{a^3\mathscr{E}^2}{16}n^4[17n^2 - 3(k_1 - k_2)^2 - 9m^2 + 19] \tag{6A-16}$$

$$E^{(3)} = \frac{3}{32}\frac{a^5\mathscr{E}^3}{e}n^7(k_1 - k_2)[23n^3 - (k_1 - k_2)^2 + 11m^2 - 71] \tag{6A-17}$$

(5A-16) 式除末项 “19” 外, 与量子论所得之结果相同. 实验之结果, 与 (6A-16) 远较为吻合.

(文献可参阅 Condon and Shortley：Theory of Atomic Spectra)

附录乙　Coulomb 场的散射 —— 抛物线坐标法

附录甲已示 Coulomb 场的本征值 (稳定态), 可用抛物线坐标解波方程式求得. 下文将用抛物线坐标, 求连续谱函数. 此函数在 Coulomb 场散射问题, 较用圆球坐标的函数为适宜. 其故如下.

在有中心位场的系统, 圆球坐标 (r,θ,φ) 确是自然的坐标. 在散射 (包括撞碰) 问题, 粒子于远距离的函数, 可以圆球波及一平面波的重叠为趋近式, 如(51) 然. 唯当位场系 Coulomb (或 $V=\dfrac{a}{r^n}, n<1$) 的情形, 则平面波及圆球波皆非波函数的趋近式, 盖 Coulomb 场的距程 (range) 甚大 (谓为 "无限大", 盖散射总截面 σ 系无限大也, 见 (75) 式), 粒子即远离场心, 仍受到场的影响.

如用抛物线坐标, 则可得 Coulomb 场的正确波函数, 正确的表出趋近式, 正适散射问题.

现考虑 Coulomb 场的散射方程式 (4-159). 如 (71)

$$V(\boldsymbol{r})=\frac{Zze^2}{r}\quad (\text{如} z=-1, \text{则系电子的散射})$$

使

$$(mv)^2=\hbar^2k^2=2mE,\quad \alpha=\frac{mZze^2}{\hbar^2h}=\frac{Zze^2}{\hbar v} \tag{6B-1}$$

(4-159) 式乃成

$$\left(\nabla^2+k^2-\frac{2k\alpha}{r}\right)\varPsi(\boldsymbol{r})=0 \tag{6B-2}$$

兹引入 (6A-1) 式之抛物线坐标 ξ,η,ϕ, 并作下假设 *

$$\varPsi(r)=\mathrm{e}^{\mathrm{i}kz}F(\xi),\quad \xi=r-z \tag{6B-3}$$

以此代入前式, 即得

$$\xi\frac{\mathrm{d}^2F}{\mathrm{d}\xi^2}+(1-\mathrm{i}k\xi)\frac{\mathrm{d}F}{\mathrm{d}\xi}-\alpha kF=0 \tag{6B-4}$$

此二次微分方程式有两个独立的解; 其中之一, 在 $r=0$ 点系规则的 (regular), 系简并超几何级数 (degenerate hypergeometric series)

$$F(\xi)={}_1F_1(-\mathrm{i}\alpha;1;\mathrm{i}k\xi) \tag{6B-5}$$

它系

$${}_1F_1(a;b;y)=1+\frac{a}{b\cdot 1}y+\frac{a(a+1)}{b(b+1)2!}y^2+\cdots \tag{6B-6}$$

此函数当 y 值极大时之趋近式为

$${}_1F_1(a;b;y)\to\frac{\varGamma(b)}{\varGamma(b-a)}(-y)^{-a}G(a,a-b+1;-y)$$

* 因有轴的对称性, 散射和 (绕对称轴的)ϕ 角无关.

$$+\frac{\Gamma(b)}{\Gamma(a)}\mathrm{e}^{y}y^{a-b}G(1-a,b-a;y) \tag{6B-7}$$

$$G(s,t;y)=1+\frac{st}{y\cdot 1}+\frac{s(s+1)t(t+1)}{y^{2}2!}+\cdots \tag{6B-8}$$

由此数式, 即得 $F(\xi)$ 的趋近式

$$F(\xi)\rightarrow\frac{\mathrm{e}^{\frac{1}{2}\pi\alpha}}{\Gamma(1+\mathrm{i}\alpha)}\left(1-\frac{\alpha^{2}}{\mathrm{i}k\xi}\right)\exp(\mathrm{i}\alpha\ln k\xi)$$

$$-\frac{\mathrm{i}\mathrm{e}^{\frac{1}{2}\pi\alpha}}{\Gamma(-\mathrm{i}\alpha)}\cdot\frac{\mathrm{e}^{\mathrm{i}k\xi}}{k\xi}\exp(-\mathrm{i}\alpha\ln k\xi) \tag{6B-9}$$

以此代入 (3) 式, 即得

$$\Psi(r)\rightarrow\left[1-\frac{\alpha^{2}}{\mathrm{i}k(r-z)}\right]\mathrm{e}^{\mathrm{i}kz}\mathrm{e}^{\mathrm{i}\alpha\ln k(r-z)}+\frac{\mathrm{e}^{\mathrm{i}kr}}{r}\mathrm{e}^{-\mathrm{i}\alpha\ln(2kr)}f(\theta) \tag{6B-10}$$

$$f(\theta)=\frac{Zze^{2}}{2mv^{2}}\frac{1}{\sin^{2}\left(\frac{\theta}{2}\right)}\exp\left[-\mathrm{i}\alpha\ln\left(\sin^{2}\frac{\theta}{2}\right)+\mathrm{i}\pi+2\mathrm{i}\delta\right] \tag{6B-11}$$

$$\exp(2\mathrm{i}\delta)\equiv\frac{\Gamma(1+\mathrm{i}\alpha)}{\Gamma(1-\mathrm{i}\alpha)}$$

由 (10), 得见右方第一项非一平面波 $\mathrm{e}^{\mathrm{i}kz}$, 而系受有 Coulomb 场影响的. 同故, 第二项亦非圆球波. 由 (11) 式

$$|f(\theta)|^{2}=\left(\frac{Zze^{2}}{2mv^{2}}\right)^{2}\frac{1}{\sin^{4}\left(\frac{\theta}{2}\right)} \tag{6B-12}$$

此与 (74) 用 Born 近似法所得的结果完全相同.

上述用抛物线坐标的理论, 系 G. Temple(1928 年) 所得. 见 Proc. Roy. Soc., A121, 673 页.

习　题

1. 一个二维谐振荡子之动能及位能系

$$\frac{\mu}{2}\left(\dot{r}^{2}+r^{2}\dot{\varphi}^{2}\right)+\frac{1}{2}\mu\omega^{2}r^{2}$$

兹引入

$$\rho=\sqrt{\frac{\mu\omega}{\hbar}}r,\quad p_{\rho}=\frac{\hbar}{\omega}\dot{\rho},\quad p_{\varphi}=\frac{\hbar}{\omega}\rho^{2}\dot{\varphi}$$

波动方程式乃成

$$\left[\frac{\partial^{2}}{\partial\rho^{2}}+\frac{1}{\rho}\frac{\partial}{\partial\rho}+\frac{1}{\rho^{2}}\frac{\partial^{2}}{\partial\varphi^{2}}+\frac{2E}{\hbar\omega}-\rho^{2}\right]\Psi(\rho,\varphi)=0$$

证明本征值及本征函数为

$$E_{n}=(n+1)\hbar\omega$$

$$\Psi_{n_{l}}(\rho,\varphi)=\left[\frac{k!}{[(l+k)!]^{3}}\right]^{1/2}\frac{1}{\sqrt{\pi}}\mathrm{e}^{\pm\mathrm{i}l\varphi}\mathrm{e}^{-\frac{1}{2}\rho^{2}}L_{l+k}^{l}(\rho^{2})$$

$$k=\frac{1}{2}(n-l)$$

$$k=\begin{cases}0,1,2,\cdots,\frac{1}{2}n, & \text{如}n=\text{偶数}\\ 0,1,2\cdots,\frac{1}{2}(n-1), & \text{如}n=\text{奇数}\end{cases}$$

$L_{l+k}^{l}(x)$ 系联附 Laguerre 多项式, 满足 (4D-1) 方程式

$$x\frac{\mathrm{d}^{2}L_{l+k}^{l}}{\mathrm{d}x^{2}}+(l+1-x)\frac{\mathrm{d}L_{l+k}^{l}}{\mathrm{d}x}+kL_{l+k}^{l}(x)=0$$

证明 l 有 $\frac{n}{2}+1$ 个值如 $n=$ 偶数; 有 $\frac{1}{2}(n+1)$ 个值如 $n=$ 奇数; 又态 n 有 $n+1$ 度简并性.

求下列矩阵元素:

$$\int_{0}^{\infty}\Psi_{n_{l}}^{*}\rho^{2}\Psi_{n_{l}}\rho\mathrm{d}\rho=n+1$$

$$\int_{0}^{\infty}\Psi_{n+2,l}^{*}\rho^{2}\Psi_{n_{l}}\rho\mathrm{d}\rho=\frac{1}{2}\sqrt{(n+2)^{2}-l^{2}}$$

$$\int_{0}^{\infty}\Psi_{n_{l}}^{*}\rho^{4}\Psi_{n_{l}}\rho\mathrm{d}\rho=\frac{1}{2}(3n^{2}+6n+4-l^{2})$$

如上述之二维谐振荡, 受有微扰

$$H^{(1)}=k_{1}\hbar\omega\rho^{4}$$

求此二维非谐振荡之能 E_{n}, 及态 n 之简并情形.

2. 一个三维 (各向同性) 谐振荡之波动方程式为

$$\left[-\frac{\hbar^{2}}{2\mu}\nabla^{2}+\frac{1}{2}\mu\omega r^{2}\right]\Psi=E\Psi(r)$$

使

$$\rho=\sqrt{\frac{\mu\omega}{\hbar}}r,\quad\Psi(r)=\mathrm{e}^{\mathrm{i}m\varphi}P_{l}^{m}(\cos\theta)R(\rho)$$

$$R(\rho)=\mathrm{e}^{-\frac{1}{2}\rho^2}\rho^{l+1}F(\rho)$$

证明 $F(\rho)$ 满足下方程:

$$F''(\rho)+2\left(\frac{l+1}{\rho}-\rho\right)F'+\left[\frac{2E}{\hbar\omega}-2l-3\right]F=0$$

求 F 及本征值

$$E=\left(n+\frac{3}{2}\right)\hbar\omega,\quad n\geqslant l$$

证明态 n 之简并度为 $\frac{1}{2}(n+1)(n+2)$.

如此谐振荡受有微扰 $H'=k_1\rho^4$, 证明

$$E^{(1)}=\frac{1}{2}k_1\left[3\left(n+\frac{3}{2}\right)^2-\left(l+\frac{1}{2}\right)^2+1\right]\hbar\omega$$

并证明此微扰将态 n 分为

$$\frac{1}{2}(n+2)\text{态,如}n=\text{偶数}$$

$$\frac{1}{2}(n+1)\text{态,如}n=\text{奇数}$$

3. 设 Hamiltonian 矩阵为

$$\begin{vmatrix} E_{11}+\lambda V_{11} & \lambda V_{12} \\ \lambda V_{21} & E_{22}+\lambda V_{22} \end{vmatrix},\quad V_{12}=V_{21}$$

(a) 求其正确的本征值 $\varepsilon_1,\varepsilon_2$;

(b) 用微扰法, 计算本征值 (假设 $\left|\frac{\lambda V_{12}}{E_{22}-E_{11}}\right|\ll 1$);

(c) 将正确值 $\varepsilon_1,\varepsilon_2$ 以 λ 的级数展开, 与 (b) 结果比较;

(d) 讨论 $E_{11}=E_{22}$ 的情形.

4. 计算一个电子在氢原子 (在基态 $n=1$) 的静电场之散射.

注: 用 Born 近似法.

5. 设一维空间之场 $V(x)$ 如下:

(A): $V(x)=-V_0,\quad 0\leqslant x\leqslant x_0$;

$V(x)=0,\quad x_0<x$.

计算该场对一粒子的散射相移 δ(用正确计算理论).

如 $V(x)$ 场为

(B): $V(x)=+V_0, 0\leqslant x\leqslant x_0$;

$V(x)=0, x_0<x$,

计算此场散射 δ.

第 7 章　微扰理论——态间的跃迁

7.1　Dirac 的微扰理论

由第 4 章第 1 节, 及第 5 章 (5-93) 式, 我们已知量子力学的基本假定之一, 乃 Schrödinger 方程式

$$-\frac{\hbar}{\mathrm{i}}\frac{\partial \Psi^0}{\partial t} = H_0 \Psi^0 \tag{7-1}$$

此方程式乃系一个系统的态 Ψ^0 与时变迁的定律. 因其系 t 的一次微分方程式, 故其解需要 Ψ 之开始条件 (即在 t=0 时的 Ψ 函数). 如 Ψ^0 系按 H_0 的本征函数 Ψ_m^0 展开 (见 (3-54))

$$\Psi^0(q_1, \cdots, q_n, t) = \sum_n a_m^0 \Psi_m^0(q_1, \cdots, q_n) \exp\left(-\frac{\mathrm{i}}{\hbar}E_m t\right) \tag{7-2}$$

$$\left(H_0 - E_m^0\right) \Psi_m^0 = 0 \tag{7-3}$$

又在 $t=0$ 时

$$\Psi^0(q_1, \cdots, q_n, 0) = f(q_1, \cdots, q_n) \tag{7-4}$$

则

$$a_m^0 = \int f(q_1, \cdots, q_n) \Psi^{*0}_m(q_1, \cdots, q_n) \mathrm{d}q_1 \cdots \mathrm{d}q_n \tag{7-5}$$

设上述的系统, 其 Ψ_m^0 皆已知之, 唯于 $t=t_0$ 时, 外加一微扰 H_1 于该系统上.* 我们兹求 H_1 对该系统的影响.

当 $t \geqslant t_0$ 时, 第 (1) 式可写为

$$-\frac{\hbar}{\mathrm{i}}\frac{\partial \Psi}{\partial t} = \left(H^0 + \lambda H_1\right) \Psi \tag{7-6}$$

$$\lambda = \text{参数}, \quad 0 \leqslant \lambda < 1$$

我们假设 “H_1 远小于 H^0”, 意即

$$|< \Psi_m |H_1| \Psi_m >| \ll | < \Psi_m|H^0|\Psi_m > | \tag{7-7}$$

---

* 此处可包括下述的情形: 开始时, 一个电子和一个原子, 在甚大的距离, 故 H^0 代表一个自由电子和一个自由原子的 Hamiltonian. 现使电子射向原子, 二者间的相互作用, 在二者接近时为 H_1. 经此 “撞碰” 后, 二者复分离, 当二者远隔时, 此系统的 Hamiltonian 又复为 H^0. 问题是此作用 H_1 对原子及电子所生的影响.

Ψ 亦可如 (2) 式的展开,

$$\Psi=\sum_n a_n(t)\,\Psi_n^0\exp\left(-\frac{\mathrm{i}}{\hbar}E_nt\right) \tag{7-8}$$

此处的系数 a_n 不复如 (2) 式之系常数而系 t 的函数, $a_n(t)$ 可由将 Ψ 代入 (6) 式并用 (1), (3) 所得的下式定之:

$$\frac{\mathrm{d}a_n}{\mathrm{d}t}=-\frac{\mathrm{i}}{\hbar}\sum_m a_m(t)<n|\lambda H_1|m>\exp\left\{\frac{\mathrm{i}}{\hbar}\left(E_n^0-E_m^0\right)t\right\} \tag{7-9}$$

$$<n|\lambda H_1|m>=\lambda\int\Psi^{*0}_nH_1\Psi_m^0\mathrm{d}\tau \tag{7-10}$$

欲解 (q), 兹将 $a_n(t)$ 按参数 λ 展开

$$a_n(t)=a_n^0+\lambda a_n^{(1)}(t)+\lambda^2a_n^{(2)}(t)+\cdots \tag{7-11}$$

a_n^0 乃 (2) 式的常数, 由开始情形 (5) 而定的. 兹使

$$t=t_0\text{时},\quad a_n^0=1,a_m^0=0,m\neq n \tag{7-12}$$

换言之, 在开始时 t_0, 该系统系在 Ψ_n^0 态. 现将 (11) 代入 (9) 式, 分集各 λ 级, 即得

$$\lambda_0:\qquad \frac{\mathrm{d}a_k^0}{\mathrm{d}t}=0$$

$$\lambda^1:\qquad \frac{\mathrm{d}a_k^{(1)}}{\mathrm{d}t}=-\frac{\mathrm{i}}{\hbar}\sum_m<k|H_1|m>a_m^0\exp\left\{\frac{\mathrm{i}}{\hbar}\left(E_k^0-E_m^0\right)t\right\} \tag{7-13}$$

由 Ψ^0 及 Ψ 的归一条件, 得

$$\int\Psi^{*0}\Psi\mathrm{d}\tau=a_n^{*0}a_n^0=1$$

$$\int\Psi^*\Psi\mathrm{d}\tau=\sum_n a_n^*(t)\,a_n(t)=1 \tag{7-14}$$

此乃谓在第 (8) 式中之 Ψ, 各态 Ψ_n^0 以概率 $|a_n(t)|^2$ 出现. 如开始 t_0 时, $a_n^0=1$ 如第 (12) 式, 将 H_1 "扭开", 则在 t 时, 该系统出现 (被观察时得到的) 为 Ψ_n^0 态的概率为 $|a_n(t)|^2$.

兹取下情形:

$$H_1=V(q)\left[\mathrm{e}^{\mathrm{i}\omega t}+\mathrm{e}^{-\mathrm{i}\omega t}\right] \tag{7-15}$$

以此代入 (13) 式并对 t 积分, 即得

$$a_k^{(1)}=-<k|V|n>\left[\frac{\exp\left\{\frac{\mathrm{i}}{h}\left(E_k^0-E_n^0+h\omega\right)t\right\}-1}{E_k^0-E_n^0+h\omega}\right.$$

$$+\frac{\exp\left\{\frac{\mathrm{i}}{\hbar}\left(E_k^0-E_n^0-h\omega\right)t\right\}-1}{E_k^0-E_n^0-h\omega}\Bigg]$$

如 $E_k^0-E_n^0>0$ 且 $\hbar\omega\simeq E_k^0-E_n^0$, 则第二项之值甚大, 第一项可略去 (如 $E_k^0-E_n^0<0$, 则第一项值大而可略去第二项). 故

$$\left|a_k^{(1)}(t)\right|^2=4\left|<k\left|V\right|n>\right|^2\frac{\sin^2 x}{x^2}\left(\frac{t}{2\hbar}\right)^2 \tag{7-16}$$

$$x=\frac{E_k^0-E_n^0-h\omega}{2\hbar}t$$

$\frac{\sin^2 x}{x^2}$ 于 $x=0$ 点有一强的最大值, 换言之, 当 $\hbar\omega\cong E_k^0-E_n^0$ 时, 该系统由态 Ψ_n^0 变迁至 Ψ_k^0 之概率甚大.

满足下条件:

$$\hbar\omega\simeq E_k^0-E_n^0 \tag{7-17}$$

的情形, 可分下两种:

(1) H_1 的 ω 系有一固定值的, 唯 Ψ_k^0 态系在连续谱中 (或 Ψ_k^0 态有一宽度 ΔE_k^0).

设 $\rho(E_k)\,\mathrm{d}E_k$ 为在能距 $\mathrm{d}E_k$ 间的态 Ψ_k^0 的数目. 故由 Ψ_n^0 跃迁至 Ψ_k^0 邻近处任何一态的概率系

$$\omega=\int\left|a_k^{(1)}(t)\right|^2\rho(E_k)\,\mathrm{d}E_k \tag{7-18}$$

如在 $\mathrm{d}E_k$ 间, $\rho(E_k)$ 及 $\left|<k\left|V\right|n>\right|^2$ 无大变, 则由 (16) 式

$$\omega=\left|<k\left|V\right|n>\right|^2\rho(E_k)\int_{-\infty}^{\infty}\frac{\sin^2 x}{x^2}\left(\frac{2t}{\hbar}\right)\mathrm{d}x \tag{7-19}$$

(由于 $\frac{\sin^2 x}{x^2}$ 于 $x=0$ 的最大值甚强, 故积分限极可改如上式)

$$\omega=\frac{2\pi}{\hbar}\left|<k\left|V\right|n>\right|^2\rho(E_k)\,t \tag{7-20}$$

此概率乃指于时间距 t 的跃迁. 故每单位时间的跃迁概率乃

$$P=\frac{\omega}{t}=\frac{2\pi}{\hbar}\left|<k\left|V\right|n>\right|^2\rho(E_k) \tag{7-21}$$

(2) Ψ_n^0, Ψ_k^0 皆系能 E_n^0, E_k^0 极窄的态, 但 ω 有一连续分布.

兹使 $\sigma(\nu)\,\mathrm{d}\nu$ 为 H_1 在频率 $\mathrm{d}\nu$ 间的态数. 故 (18) 式的概率 ω, 乃系

$$\omega=\int\left|a_k^{(1)}(t)\right|^2\sigma(\nu)\,\mathrm{d}\nu,\quad 2\pi\nu=\omega \tag{7-22}$$

$$=\sigma(\nu)\left|<k\left|V\right|n>\right|^2\int_{-\infty}^{\infty}\frac{\sin^2 x}{x^2}\left(\frac{t}{\pi h^2}\right)\mathrm{d}x \tag{7-23}$$

$$=\frac{1}{\hbar^2}\left|<k\left|V\right|n>\right|^2\sigma(\nu)\,t \tag{7-24}$$

每单位时间的跃迁概率 P 乃

$$P = \frac{\omega}{t} = \frac{1}{\hbar^2} \left|< k \left| V \right| n >\right|^2 \sigma(\nu) \tag{7-25}$$

(20) 及 (24) 式中的时间 t, 不能过长至使 ω 大于 1, 但亦不能过短至小于系统的周期 (如 Bohr 原子中的电子绕转周期). 本节理论, 系 Dirac 氏 1926~1927 年之作.*

7.2　爱因斯坦的跃迁概率

7.2.1　爱因斯坦 1917 年的跃迁理论

对爱因斯坦 1917 年的跃迁理论简述如下 **:

设一 (原子, 或分子或其他) 系统, 与一电磁场间建立平衡 (稳定) 状态. 电磁场于频率 ν 与 $\nu + \mathrm{d}\nu$ 间的能密度为 $u(\nu)\,\mathrm{d}\nu$. 兹取系统的两个能态 $E_m, E_n, E_m - E_n = h\nu_{mn}$. 爱因斯坦引入 "自发跃迁概率" $A\underset{n}{\overset{m}{\downarrow}}$, "吸收跃迁概率" $B\underset{n}{\overset{m}{\uparrow}}$ 及 "诱发跃迁概率" $B\underset{n}{\overset{m}{\downarrow}}$ 的观念. 如 N_m, N_n 系该系统在两态 m, n 的数, 则平衡态的条件为 Boltzmann 定律

$$\frac{N_m}{N_n} = \frac{g_m}{g_n} \exp\left(-\left(E_m - E_n\right)/kT\right) \tag{7-26}$$

及

$$N_m \left[A\underset{n}{\overset{m}{\downarrow}} + B\underset{n}{\overset{m}{\downarrow}} u(\nu_{mn}) \right] = N_n B\underset{n}{\overset{m}{\uparrow}} u(\nu_{mn}) \tag{7-27}$$

将 (26) 式代入 (27) 式, 并要求当 $h\nu/kT \ll 1$ 时, $u(\upsilon)$ 应接近 Rayleigh-Jeans 定律

$$u(\nu) \to \frac{8\pi\nu^2}{c^3} kT \tag{7-28}$$

即获得下列结果:

$$g_m B\underset{n}{\overset{m}{\downarrow}} = g_n B\underset{n}{\overset{m}{\uparrow}} \tag{7-29}$$

$$g_m A\underset{n}{\overset{m}{\downarrow}} = \frac{8\pi h\nu_{mn}^3}{c^3} g_n B\underset{n}{\overset{m}{\uparrow}} \tag{7-30}$$

$$u(\nu) = \frac{8\pi h\nu^3}{c^3} \left(\mathrm{e}^{h\nu/kT} - 1 \right)^{-1} \tag{7-31}$$

末式即 Planck 氏黑体辐射能密度公式也.

按 (27) 式, $B\underset{n}{\overset{m}{\uparrow}} u(\nu)$ 系系统每秒由态 n 跃迁至态 m 的概率. 按第 (22) 式的意义, 可得下关系:

$$B\underset{n}{\overset{m}{\uparrow}} u(\nu) = \frac{1}{t} \left| a_m^{(1)}(t) \right|^2 \tag{7-32}$$

---

* P. A. M. Dirac, Proc, Roy. Soc., A112, 661(1926); A114, 243(1927).

** 可参阅《量子论与原子结构》甲部第 9 章.

下节将由量子力学计算上式右方 (见 (23) 式) 以求 $B\overset{m}{\underset{n}{\uparrow}}$.

7.2.2 爱因斯坦系数 $A\overset{m}{\underset{n}{\downarrow}}, B\overset{m}{\underset{n}{\uparrow}}$

按古典电磁学, 一个质量 μ 电荷 e 的质点, 在电磁场 $(\boldsymbol{A}, \phi)$ 的 Hamiltonian 为 *

$$H = \frac{1}{2\mu}\left(\boldsymbol{P} - \frac{e}{c}\boldsymbol{A}\right)^2 + e\phi \tag{7-33}$$

电场 $\boldsymbol{E}$ 及磁场 $\boldsymbol{B}$ 由 $\boldsymbol{A}, \phi$ 定之

$$\boldsymbol{E} = -\nabla\phi - \frac{1}{c}\frac{\partial \boldsymbol{A}}{\partial t}, \boldsymbol{B} = \nabla \times \boldsymbol{A} \tag{7-34}$$

Schrödinger 方程式

$$-\frac{\hbar}{\mathrm{i}}\frac{\partial \Psi}{\partial t} = H\Psi \tag{7-37}$$

可写如下式:

$$-\frac{\hbar}{\mathrm{i}}\frac{\partial \Psi}{\partial t} = \frac{1}{2\mu}\left[\left(P_x^2 + P_y^2 + P_z^2\right) - \frac{2e}{c}(\boldsymbol{A}\cdot\boldsymbol{P}) + 2\mu e\phi\right]\Psi \tag{7-38}$$

(38)* 式可写为

---

* 按 Lorentz 理论, 该质点的运动方程式为

$$\mu\ddot{\boldsymbol{r}} = e\boldsymbol{E} + \frac{e}{c}[\dot{\boldsymbol{r}} \times \boldsymbol{B}]$$

此式可见为下 Lagrangian L 的 Lagrange 方程式:

$$L = \frac{1}{2}\mu\dot{\boldsymbol{r}}^2 - e\phi + \frac{e}{c}(\boldsymbol{A}\cdot\dot{\boldsymbol{r}}) \tag{7-35}$$

广义动量 P 之定义为

$$P_x = \frac{\partial L}{\partial \dot{x}} = \mu\dot{x} + \frac{e}{c}A_x\text{等} \tag{7-36}$$

由下 Legendre 变换, 即得 (33) 式

$$H = \sum_x P_x\dot{x} - L$$

** (37) 式之项 $(\boldsymbol{P}\cdot\boldsymbol{A})\Psi$, 可展开 $\left(P_x \to \frac{\hbar}{\mathrm{i}}\frac{\partial}{\partial x}\right)$

$$(\boldsymbol{P}\cdot\boldsymbol{A})\Psi = (\boldsymbol{A}\cdot\boldsymbol{P})\Psi + \frac{\hbar}{\mathrm{i}}\mathrm{div}\boldsymbol{A}\Psi$$

按 Lorentz 关系

$$\mathrm{div}\boldsymbol{A} + \frac{1}{c}\frac{\partial\phi}{\partial t} = 0$$

如 ϕ 系系统 (原子式分子) 中的静电位, 则 $\mathrm{div}\boldsymbol{A} = 0$. 故得 (38) 式中之 $\frac{2e}{c}(\boldsymbol{A}\cdot\boldsymbol{P})$ 项.

又 $\frac{e^2}{c^2}\boldsymbol{A}^2$ 在通常磁场情形下, 其值甚小 (见于逆磁性作用), 兹略去, 乃得 (38) 式.

$$\left(-\frac{\hbar^2}{2\mu}\nabla^2+e\phi+H_1\right)\Psi=-\frac{\hbar}{\mathrm{i}}\frac{\partial\Psi}{\partial t} \tag{7-39}$$

$$\begin{aligned}H_1&=-\frac{e}{\mu c}(\boldsymbol{A}\cdot\boldsymbol{P})\\&=-\frac{e\hbar}{\mathrm{i}\mu c}(\boldsymbol{A}\cdot\nabla)\end{aligned} \tag{7-40}$$

H_1 可视为一微扰. 按第 1 节的方法, 如假设 (A_0= 常数)

$$\boldsymbol{A}=\boldsymbol{A}_0\mathrm{e}^{\mathrm{i}(k\cdot r-\omega t)}+\boldsymbol{A}_0^*\mathrm{e}^{-\mathrm{i}(k\cdot r-\omega t)} \tag{7-41}$$

则 (25) 式中之 $<k|V|n>$ 在目前问题乃为

$$<m|V|n>=-\frac{e\hbar}{\mathrm{i}\mu c}\int\Psi_m^{*0}\mathrm{e}^{\mathrm{i}r\cdot k}(A_0\cdot\nabla)\Psi_n^0\mathrm{d}\tau \tag{7-42}$$

此积分中之平面波 $\mathrm{e}^{\mathrm{i}k\cdot r}$, 可按 Bessel 函数展开如下:

$$\mathrm{e}^{\mathrm{i}k\cdot r}=\mathrm{e}^{\mathrm{i}kr\cos\theta}$$

$$\mathrm{e}^{\mathrm{i}kr\cos\theta}=\sqrt{\frac{\pi}{2kr}}\sum_l(2l+1)\,i^l J_{l+\frac{1}{2}}(kr)\,P_l(\cos\theta) \tag{7-43}$$

$J_{l+\frac{1}{2}}$ 系所谓三角 Bessel 函数, P_l 系 Legendre 系数 (见第 4 章附录丙). 由 $k=\dfrac{2\pi}{\lambda}$, λ 为波长, 故 $kr=2\pi\dfrac{r}{\lambda}$. (42) 式的积分中的 $\Psi_n^0(r)$ 如系一稳定态, 则只于 $r\tilde{<}10^{-8}\mathrm{cm}$ 域内不甚微小. 如波长 $\lambda\gg r(\simeq10^{-8}\mathrm{cm})$, 则 kr 只当 $kr\ll1$ 时对积分有所贡献. 唯当 $kr\ll1$ 时, $J_{l+\frac{1}{2}}(kr)$ 的近似值为

$$\sqrt{\frac{\pi}{2kr}}J_{l+\frac{1}{2}}(kr)\simeq(kr)^l \tag{7-44}$$

以此代入 (43) 式, 可得

$$\mathrm{e}^{\mathrm{i}kr\cos\theta}=1+3\mathrm{i}krP_1(\cos\theta)-5(kr)^2P_2(\cos\theta)+\cdots \tag{7-45}$$

如只取第一项 (所谓电偶近似值), 则 (42) 式成

$$<m|V|n>=-\frac{\mathrm{e}\hbar}{\mathrm{i}\mu c}\int\Psi_m^{*0}(A_0\cdot\nabla)\Psi_n^0\mathrm{d}\tau \tag{7-46}$$

右方可写作*

$$= \frac{e\hbar}{\mathrm{i}\mu c}\left(E_m^0 - E_n^0\right) < m\left|\boldsymbol{A}_0 \cdot \boldsymbol{r}\right| n > \frac{\mu}{\hbar^2} \tag{7-47}$$

在 (47) 式之积分, 取 $\boldsymbol{A}_0$ 方向为 r 坐标轴, 故 $(\boldsymbol{A}_0 \cdot \boldsymbol{r}) = \boldsymbol{A}_0 r\cos\theta$, 现将 (47) 式代入 (16) 式, 再以 (16) 代入 (32) 式, 即得

$$u(\nu_{mn}) B \underset{n}{\overset{m}{\uparrow}} = \frac{1}{t}\left(\frac{2\pi e\nu_{mn}}{\hbar c}\right)^2 \left|A_0\right|^2 < m\left|r\cos\theta\right| n > \Big|^2 \frac{\sin^2 x}{x^2} t^2 \tag{7-51}$$

电磁场之能密度 $u\mathrm{d}\nu$ 乃

$$\begin{aligned} u(\nu)\,\mathrm{d}\nu &= \overline{\frac{1}{4\pi}\left(\frac{1}{c}\frac{\partial \boldsymbol{A}}{\partial t}\right)^2} \\ &= \frac{2\pi\nu^2}{c^2}\left|\boldsymbol{A}_0\right|^2 \end{aligned} \tag{7-52}$$

故

$$B \underset{n}{\overset{m}{\downarrow}} = \frac{2\pi e^2}{\hbar^2}\int \left|< m\left|r\cos\theta\right| n >\right|^2 \frac{\sin^2 x}{x^2} t\mathrm{d}\nu \tag{7-53}$$

由 (16), $t\mathrm{d}\nu = t\dfrac{\mathrm{d}\omega}{2\pi} = \dfrac{\mathrm{d}x}{\pi}$. 故

$$B \underset{n}{\overset{m}{\downarrow}} = \frac{2\pi}{\hbar^2}\left|< m\left|er\cos\theta\right| n >\right|^2 \tag{7-54}$$

$er\cos\theta$ 系电偶矩在 $\boldsymbol{A}_0$ 方向之分量. 因电偶矩 $\boldsymbol{M} = e\boldsymbol{r}$ 对 $\boldsymbol{A}_0$ 的方向系无规分布的, 故可取平均值 $\dfrac{1}{3}\left|< m\left|M\right| n >\right|^2$

---

* 由 Schrödinger 方程式

$$\nabla^2 \varPsi_n^0 + \frac{2\mu}{\hbar^2}\left(E_n^0 - e\phi\right)\varPsi_n^0 = 0 \tag{7-48}$$

$$\nabla^2 \varPsi_m^{*0} + \frac{2\mu}{\hbar^2}\left(E_m^0 - e\phi\right)\varPsi_m^{*0} = 0 \tag{7-49}$$

以 $\varPsi_m^{*0}x$ 乘 (48), $\varPsi_n^0 x$ 乘 (49), 二式相减并作积分, 即得

$$\begin{aligned} -\frac{2\mu}{\hbar^2}\left(E_m^0 - E_n^0\right)\int \varPsi_m^{*0} x \varPsi_n^0 \mathrm{d}\tau &= -\int \left[\varPsi_m^{*0} x \nabla^2 \varPsi_n^0 - \varPsi_n^0 x \nabla^2 \varPsi_w^{*0}\right]\mathrm{d}\tau \\ &= -\int \left[\varPsi_m^{*0}\nabla^2\left(x\varPsi_n^0\right) - x\varPsi_n^0\nabla^2\varPsi_m^{*0}\right]\mathrm{d}\tau \\ &\quad + 2\int \varPsi_m^{*0}\frac{\partial}{\partial x}\varPsi_n^0 \mathrm{d}x \end{aligned} \tag{7-50}$$

或

$$\mathrm{i}\mu\omega_{mn}x_{mn} = p_{mn} \tag{7-50a}$$

右方首一积分可借 Green 氏定理变换成一面的积分. 如 $\varPsi_m^0$, $\varPsi_n^0$ 在 r 大处递减够速, 则此面积分等于零. 以 (50) 代入 (46) 式, 即得 (47) 式.

$$B\overset{m}{\underset{n}{\downarrow}} = \frac{2\pi}{3\hbar^2}\left|< m\left|e\boldsymbol{r}\right|n >\right|^2 \tag{7-55}$$

再由 (30), 得

$$A\overset{m}{\underset{n}{\downarrow}} = \frac{g_n}{g_m}\frac{64\pi^4\nu_{mn}3}{3hc^3}\left|< m\left|e\boldsymbol{r}\right|n >\right|^2 \tag{7-56}$$

此二式乃电偶跃迁的爱因斯坦系数 (概率)*.

我们务须注意: 自发跃迁概率 $A\overset{m}{\underset{n}{\downarrow}}$ 在此系由平衡条件 (26)~(31) 式间接得来的. 由系统与电磁场相互作用直接的计算 $A\overset{m}{\underset{n}{\downarrow}}$, 则有待 Dirac 的辐射量子论之 (见《量子力学 (乙部)》第 9 章).

7.3 色散理论

按古典电磁学, 一个简谐振荡电子 (频率 ω_0, 质量 m) 在电磁场 $\boldsymbol{E} = \boldsymbol{E}_0\mathrm{e}^{\mathrm{i}\omega t}$ 下, 其运动方程式为**

$$\ddot{\boldsymbol{r}} + \omega_0^2\boldsymbol{r} + \gamma\dot{\boldsymbol{r}} = \frac{eE_0}{m}\mathrm{e}^{\mathrm{i}\omega t} \tag{7-57}$$

$$\gamma = \frac{e^2\omega_0^2}{6\pi\varepsilon_0 mc^3} \tag{7-58}$$

由此式, 可得

$$\text{电偶矩} = er = \frac{e^2E_0}{m}\frac{\mathrm{e}^{\mathrm{i}\omega l}}{(\omega_0^2-\omega^2)+\mathrm{i}\gamma\omega} \tag{7-59}$$

$$\text{折射率} = n = \sqrt{\frac{\varepsilon}{\varepsilon_0}} = n_r - \mathrm{i}n_i \tag{7-60}$$

$$n_r \cong 1 + \frac{Ne^2}{2\varepsilon_0 m}\frac{1}{\omega_0^2-\omega^2+\gamma^2\omega^2\dfrac{1}{\omega_0^2-\omega^2}} \tag{7-61}$$

(61) 式中之 N 系每单位体积的振荡电子数. 如介质有频率不同的振荡电子, 频率 ω_s 者每单位体积有 N_s 个, 则 (61) 式将代以

$$n_r \cong 1 + \frac{e^2}{2\varepsilon_0 m}\sum_s\frac{N_s}{\omega_s^2-\omega^2+\dfrac{1}{\omega_s^2-\omega^2}\gamma^2\omega^2} \tag{7-62}$$

---

* 由此得选择定则, 见第 8 章第 1 节

** 参阅《电磁学》第 6 章第 4, 6 节 (6-56), (6-80)~(6-89) 各式. 第 (6-89) 式的分母末项应为 $\gamma^2\omega^2/(\omega_s^2-\omega^2)$.

上述结果乃古典电子论的色散理论. 在量子论 (量子力学未发展前) 中, 按 Bohr 的原子理论, 一个原子 (或分子) 可有无数的吸收光谱线, 如开始态的量子数为 t, 终态为 s, 则吸收光谱线频率为

$$\hbar\omega_{st} = E_s - E_t, \quad E_s - E_t > 0 \tag{7-63}$$

每一个原子可有无限数的 ω_{st}. 兹引入一 "振荡强度" f_{st}(oscillator strength), 其定义乃代 (61), (62) 式以

$$n_r \cong 1 + \frac{Ne^2}{2\varepsilon_0 m}\sum_s \frac{f_{st}}{\omega_{st}^2 - \omega^2} \tag{7-64}$$

(略去因减幅 damping 而来的有 γ 因子的项)

如辐射的频率 ω 远高于 ω_{st}(如由极短波的 X 射线, 或 γ 线), 则 (47) 式成

$$n_r \cong 1 - \frac{Ne^2}{2\varepsilon_0 m\omega^2}\sum_s f_s t \tag{7-65}$$

如 (61) 式的电子为自由电子 (即 $\omega_0 = 0$), 则 (略去 γ 项)

$$n_r \cong 1 - \frac{Ne^2}{2\varepsilon_0 m\omega^2} \tag{7-66}$$

由此二式, 即得所谓 Thomas-Kuhn 的和的定则 (sum rule)

$$\sum_s f_{st} = 1, \quad \text{与始态}t\text{无关} \tag{7-67}$$

上文已示由 (59) 式的电偶矩 $\boldsymbol{M} = e\boldsymbol{r}$, 可得 (61) 式的 n_r; 故 (64) 式的 n_r, 相应于电偶矩 (略去 γ 项)

$$M = \frac{e^2 E_0 \mathrm{e}^{\mathrm{i}\omega t}}{m}\sum_s \frac{f_{st}}{\omega_{st}^2 - \omega^2} \tag{7-68}$$

下文将由量子力学导出 (68) 式的形式, 其 f_{st} 乃满足 (67) 式关系的.

兹取一自由系统 (原子或分子), 其 Hamiltonian, 本征值 E_n, 本征函数 Ψ_n 为

$$(H_0 - E_n)\,\Psi_n = 0 \tag{7-69}$$

设有辐射, 其向量位为 $\boldsymbol{A}$. 故其微扰 H_1 为

$$H_1 = -\frac{e}{\mu c}(A \cdot p) = -\frac{e\hbar}{\mathrm{i}mc}(A \cdot \nabla) \quad (\text{见}(40)) \tag{7-70}$$

$$A = A_0 \mathrm{e}^{\mathrm{i}(k\cdot r - \omega t)} + A_0^* \mathrm{e}^{-\mathrm{i}(k\cdot r - \omega t)} \quad (\text{见}(41)) \tag{7-71}$$

Schrödinger 方程式为

$$(H_0 + H_1)\,\varPsi = -\frac{n}{\mathrm{i}}\frac{\partial \varPsi}{\partial t} \quad (\text{见}(39)) \tag{7-72}$$

兹按 Dirac 法, 使

$$\varPsi = \sum a_n(t)\,\varPsi_n \exp\left(-\frac{\mathrm{i}}{\hbar}E_n t\right) \quad (\text{见}(8)) \tag{7-73}$$

如 (9) 式, 即得

$$\frac{\mathrm{d}a_k}{\mathrm{d}t} = -\frac{\mathrm{i}}{\hbar}\sum_m < k\,|H_1|\,m > a_m(t)\exp\left(\frac{\mathrm{i}}{\hbar}\omega_{km}t\right) \quad (\text{见}(10)) \tag{7-74}$$

兹取电偶的近似值, (于 (45) 式只取第一项), 使

$$A_x = \frac{eE}{2\omega\mathrm{i}}\left(\mathrm{e}^{-\mathrm{i}\omega t} - \mathrm{e}^{\mathrm{i}\omega t}\right) \tag{7-75}$$

故此代表一电场, 沿 x 轴

$$E_x = -\frac{1}{c}\frac{\partial A_x}{\partial t} = E_0\cos\omega t \tag{7-76}$$

$$H_1 = -exE_0\cos\omega t = -\frac{1}{2}exE_0\left(\mathrm{e}^{\mathrm{i}\omega t} + \mathrm{e}^{-\mathrm{i}\omega t}\right) \tag{7-77}$$

(74) 式之积分, 系按下述开始条件:

$$t = 0\text{时}, \quad a_n = 1, a_m = 0\text{如}m \neq n \tag{7-78}$$

$$a_k(t) = \frac{eE_0x_{kn}}{2\hbar}\left\{\frac{\mathrm{e}^{\mathrm{i}(\omega_{kn}+\omega)t} - 1}{\omega_{kn}+\omega} + \frac{\mathrm{e}^{\mathrm{i}(\omega_{kn}-\omega)t} - 1}{\omega_{kn}-\omega}\right\} \tag{7-79}$$

见 (15) 下一方程式.

以 (78), (79) 代入 (73) 式, 即得

$$\varPsi = \varPsi_n\mathrm{e}^{-\mathrm{i}\frac{E_n t}{\hbar}} + \sum_{k\neq n} a_k(t)\,\mathrm{e}^{-\mathrm{i}\frac{E_k t}{\hbar}}\,\varPsi_k \tag{7-80}$$

电偶 $M = ex$ 之预期值乃

$$(\varPsi, ex\varPsi) = ex_{nn} + e\sum_{k\neq n}\left(a_k(t)\,\mathrm{e}^{\mathrm{i}\omega_{n_k}t}x_{n_k} + a_k^*(t)\,\mathrm{e}^{-\mathrm{i}\omega_{n_k}t}x_{kn}\right) \tag{7-81}$$

以 (79) 式代入此式,

$$(\varPsi, ex\varPsi) = ex_{nn} + \frac{e^2E}{\hbar}\sum_{k\neq n}\frac{2\omega_{kn}}{\omega_{kn}^2 - \omega^2}\left|x_{kn}\right|^2(\cos\omega t - \cos\omega_{n_k}t) \tag{7-82}$$

以此与 (68) 式比较, 故得

$$\begin{aligned} f_{kn} &= \frac{m}{\hbar} 2\omega_{kn} \left|x_{kn}\right|^2 \\ &= \frac{m}{\hbar} \left(\omega_{kn} x_{kn} x_{n_k} - \omega_{n_k} x_{n_k} x_{kn}\right) \end{aligned} \tag{7-83}$$

由 (7-50a),

$$\mathrm{i} m\omega_{kn} x_{kn} = p_{kn}$$

故

$$f_{kn} = \frac{\mathrm{i}}{\hbar} \left(p_{n_k} x_{kn} - x_{n_k} p_{kn}\right)$$

$$\sum_k f_{kn} = \frac{\mathrm{i}}{\hbar} (px - xp)_{nn} = 1 \tag{7-84}$$

此乃 (67) 式也.

由 (83) 式, 可见

$$f_{kn} > 0 \text{ 如 } \hbar\omega_{kn} = E_k - E_n > 0 \tag{7-85a}$$

$$f_{kn} < 0 \text{ 如 } \hbar\omega_{kn} = E_k - E_n < 0 \tag{7-85b}$$

$f_{kn} < 0$ 可发生于 n 态系一激起态时. $E_k < E_n$ 引致 "负的色散" 效应 (negative dispersion). 此现象由 R, Ladenburg, H. Kopfermann 于氖气体的实验发现之,

下表示钠原子的主系光谱线 $3s\,^2\mathrm{S} - np\,^2\mathrm{P}$ 的 f_{n3} 值

$3s - np$	$\lambda(A)$	f_{n3} (83) 或	f_{n3} 实验	
$n = 3$	5893	0.975	1.000	绝对值
4	3303	0.0144	0.0144	相对值
5	2853	0.00241	0.00211	相对值
6	2680	0.00098	0.00065	相对值

(7-86)

7.4 位场散射

第 1 节的微扰理论的另一应用, 乃一个粒子为一位场散射的问题.

设开始时有粒子以动量 $p_0 = \hbar k_0$ 自由运行. 在 $r = 0$ 邻近处有一位场 $V(r)$. 粒子经此场后, 其动量 $\boldsymbol{p}$ 改其方向而其绝对值不变 $p = \hbar k, |\boldsymbol{p}| = |\boldsymbol{p}_0|$. 设粒子的密度为 $\dfrac{1}{\Omega}$(每体积 Ω 中有一粒子). 粒子的态为 (归一条件)

$$\Psi_0 = \frac{1}{\sqrt{\Omega}} \mathrm{e}^{\mathrm{i}\boldsymbol{k}_0 \cdot \boldsymbol{r}}, \quad \Psi = \frac{1}{\sqrt{\Omega}} \mathrm{e}^{\mathrm{i}\boldsymbol{k} \cdot \boldsymbol{r}} \tag{7-87}$$

我们假设 Ω 体积大于 V 的矩程.

第 (21) 式中的 $\rho(E_k)\,\mathrm{d}E_k$, 可由一长方盒 $L_1L_2L_4$ 中驻波之数计算之 (见《量子论与原子结构》第 9 页). 由

$$p=\frac{h}{\lambda}=\hbar k$$

得

$$\begin{aligned}\rho_\lambda \mathrm{d}\lambda =&\frac{1}{8}\mathrm{d}n_1\mathrm{d}n_2\mathrm{d}n_3=\frac{L_1L_2L_3}{(2\pi)^3}\mathrm{d}k_x\mathrm{d}k_y\mathrm{d}k_z\\ =&\frac{\Omega}{(2\pi)^3}k^2\mathrm{d}k\sin\theta\mathrm{d}\theta\mathrm{d}\varphi,\quad \Omega=L^3\end{aligned}\tag{7-88}$$

$$\begin{aligned}\rho(E_k)\,\mathrm{d}E_k =&\frac{\Omega}{(2\pi\hbar)^3}p^2\mathrm{d}p\mathrm{d}\cos\theta\mathrm{d}\varphi\\ =&\frac{\Omega}{(2\pi\hbar)^3}\mu p\mathrm{d}E_k\mathrm{d}\cos\theta\mathrm{d}\varphi\end{aligned}\tag{7-89}$$

θ,φ 乃 $\boldsymbol{k}$ 的角坐标.

由 Ψ_0 跃迁至 Ψ 的每秒概率 P, 按 (21) 式, 乃

$$P=\frac{2\pi}{\hbar}\iint\left|\frac{1}{\Omega}\int \mathrm{e}^{\mathrm{i}(k_0-k)\cdot r}V(r)\,\mathrm{d}r\right|^2\frac{\Omega}{(2\pi\hbar)^3}\mu p\mathrm{d}\cos\theta\mathrm{d}\varphi\tag{7-90}$$

粒子的速度 $v=p/\mu$. 每秒经过的粒子数为 $\dfrac{v}{L}=\dfrac{p}{\mu L}$. 每一粒子被散射 (由 $\boldsymbol{p}_0=\hbar\boldsymbol{k}_0$ 至 $\boldsymbol{p}=\hbar\boldsymbol{k}$ 态) 的 (每秒) 概率乃系

$$P_0=\frac{P}{\left(\dfrac{p}{\mu L}\right)}=\frac{L}{\Omega}\left(\frac{\mu}{2\pi\hbar^2}\right)^2\iint\left|\int \mathrm{e}^{\mathrm{i}(k_0-k)\cdot r}V(r)\,\mathrm{d}r\right|^2\sin\theta\mathrm{d}\theta\mathrm{d}\varphi\tag{7-91}$$

兹定义散射微分截面 $\mathrm{d}\sigma$ 如下:

$$\mathrm{d}\sigma=\frac{\mathrm{d}P\quad (90)\text{式}}{\text{每秒经过单位面积的粒子数}}\tag{7-92}$$

$$\begin{aligned}=&\frac{\mathrm{d}P}{\left(\dfrac{v}{L\cdot L^2}\right)}=\frac{\Omega}{v}\mathrm{d}P\\ =&\left(\frac{\mu}{2\pi\hbar^2}\right)^2\left|\int \mathrm{e}^{\mathrm{i}(k_0-k)\cdot r}V(r)\,\mathrm{d}r\right|^2\sin\theta\mathrm{d}\theta\mathrm{d}\varphi\end{aligned}\tag{7-93}$$

此式的因次是面积. 散射的总截面 σ 乃

$$\sigma=\iint\mathrm{d}\sigma\tag{7-94}$$

(93), (94) 所得之结果, 与用稳定态微扰理论 (第 5 章 (5-82) 式) 完全相同.

于此, 我们务须指出下三点:

(1) 以平面波表射入及射出的电子 (见 (87) 式), 乃系一近似法, 称为 Born approximation. 此近似式只适用于电子的能甚大时 (即电子的动能, 远大于电子在位场所受的作用).

(2) Born 近似式 (87), 只当电子在大距离 r 时所受位场的影响极小时适用 (换言之于 $V(r)$ 的距程 (range) 甚小, 如 $V \propto \mathrm{e}^{-r/a}$, 或 $V \propto r^{-6}$ 等, 时适用. Coulomb 场的距程是所谓 "无限大" 的, 平面波应不适用.

(3) 唯按第 6 章 (6-72, 73) 作了此 Born 近似法, 而应用其结果于 Coulomb 场 (83) 时, 竟获得正确的结果 (86) 式 (见第 6 章附录乙用抛物线坐标所得的正确结果 (6-86)). 此乃 Coulomb 场的特殊情形, 非一般都如此的.

7.5 重新组合的撞碰 (rearrangement collisions)

我们考虑下述的问题: 两个粒子 A, B(二者可能是原子、分子; 二者可相同; 其中之一可能是单一的如电子). 经撞碰后, 可能仍是 A, B, 如下式:

$$\mathrm{A}+\mathrm{B} \longrightarrow \mathrm{A}+\mathrm{B}, \tag{7-95}$$

但亦可重新组合而成另两个粒子, 如

$$\mathrm{A}+\mathrm{B} \longrightarrow \mathrm{C}+\mathrm{D} \tag{7-96}$$

问题是从两粒子间的交互作用, 用微扰理论计算上二情形的概率. (95) 过程称为直接撞碰, (96) 称为重新组合撞碰.

设 A, B 二者远离 (二者间无交互作用) 时, 该整个系统 (A 与 B) 的 Hamiltonian 为 $H_0(\mathrm{A}+\mathrm{B})$.

$$H_0(\mathrm{A}+\mathrm{B})=H_0(\mathrm{A})+H_0(\mathrm{B}) \tag{7-97}$$

其本征值及本征态为

$$(H_0(\mathrm{A}+\mathrm{B})-E_n^0(\mathrm{A}+\mathrm{B}))u_n=0 \tag{7-98}$$

当 A, B 接近时, 二者间的交互作用为 V_{AB}. Schrödinger 方程式为 (见下 (110) 式)

$$\left[\mathrm{i}\hbar\frac{\partial}{\partial t}-H_0(\mathrm{A}+\mathrm{B})\right]\Psi=V_{\mathrm{AB}}\Psi \tag{7-99}$$

由 u_a 态至 u_n 态的概率, 可按本章第 1 节理论计算之. 将 (99) 式之 Ψ 按 (98) 方程式之全集 u_n 展开 *

$$\Psi = \sum_n a_n(t)\, u_n \exp\left(-\mathrm{i}E_n^0(\mathrm{A}+\mathrm{B})\,t/\hbar\right) \tag{7-100}$$

开始态为 u_0, 换言之,

$$a_0(0) = 1, \quad a_n(0) = 0, \quad n \neq 0 \tag{7-101}$$

如

$$\int \mathrm{d}\tau u_n^* V_{\mathrm{AB}}\left[\Psi - u_0 \exp\left(-\mathrm{i}E_0^0 t/\hbar\right)\right]$$
$$\ll \int \mathrm{d}\tau u_n^* V_{\mathrm{AB}} u_0 \exp\left(-\mathrm{i}E_0^0 t/\hbar\right) \tag{7-102}$$
$$E_0^0 \equiv E_0^0(\mathrm{A}+\mathrm{B})$$

则可获如 (7-21) 的每秒概率

$$P_{\mathrm{A+B}} = \frac{2\pi}{\hbar}\left|< u_n\left|V_{\mathrm{AB}}\right| u_0 >\right|^2 \rho\left(E_n^0\right) \tag{7-103}$$

现在考虑 “重新组合” 撞碰 (96). 当 C, D 分离甚远, 二者间无何交互作用, 二者之 Hamiltonian 为

$$H_0(\mathrm{C}+\mathrm{D}) = H_0(\mathrm{C}) + H_0(\mathrm{D}) \tag{7-104}$$

其本征值及本征态为

$$\left(H_0(\mathrm{C}+\mathrm{D}) - E_n^0(\mathrm{C}+\mathrm{D})\right) v_n = 0 \tag{7-105}$$

当 C, D 接近时, 二者间之交互作用为 V_{CD}, Schrödinger 方程式为 (见下 (110) 式)

$$\left[\mathrm{i}\hbar\frac{\partial}{\partial t} - H_0(\mathrm{C}+\mathrm{D})\right]\Psi = V_{\mathrm{CD}}\Psi \tag{7-106}$$

欲求由 $H_0(\mathrm{A}+\mathrm{B})$ 之本征态 u_0 跃迁至 $H_0(\mathrm{C}+\mathrm{D})$ 的本征态 v_n 之概率, 我们将 Ψ 按 $H_0(\mathrm{C}+\mathrm{D})$ 的全集 v_n 展开

$$\Psi = \sum_n b_n(t)\, v_n \exp\left(-\mathrm{i}E_n^0(\mathrm{C}+\mathrm{D})\,t/\hbar\right) \tag{7-107}$$

以此代入 (106) 左方, 而以 (100) 代入 (106) 的右方. 如我们假定

$$\int \mathrm{d}\tau V_{\mathrm{CD}} v_n^* \left[\Psi - u_0 \exp\left(-\mathrm{i}E_0^0(\mathrm{A}+\mathrm{B})\,t/\hbar\right)\right]$$

* 对 n 之和, 包括对连续谱 u_k 的 k 积分. 下文 (107) 式同此.

$$\ll \int \mathrm{d}\tau V_{\mathrm{CD}} v_n^* u_0 \exp(-\mathrm{i}E_0^0(\mathrm{A}+\mathrm{B})t/\hbar) \tag{7-108}$$

则经同第 1 节的步骤, 获得 *

$$P_{\mathrm{C+D}} = \frac{2\pi}{\hbar} \left|< v_n \left|V_{\mathrm{CD}}\right| u_0 >\right|^2 \rho\left(E_n^0\left(\mathrm{C}+\mathrm{D}\right)\right) \tag{7-109}$$

由于

$$\begin{aligned} H =& H_0\left(\mathrm{A}+\mathrm{B}\right) + V_{\mathrm{AB}} \\ =& H_0\left(\mathrm{C}+\mathrm{D}\right) + V_{\mathrm{CD}} \end{aligned} \tag{7-110}$$

的 hermitian 性, 我们可以证明 *

$$< v_n \left|V_{\mathrm{CD}}\right| u_0 >=< v_n \left|V_{\mathrm{AB}}\right| u_0 > \tag{7-111}$$

故 (109) 式亦系

$$P_{\mathrm{C+D}} = \frac{2\pi}{\hbar} \left|< v_n \left|V_{\mathrm{A+B}}\right| u_0 >\right|^2 \rho\left(E_n^0\left(\mathrm{C}+\mathrm{D}\right)\right) \tag{7-112}$$

第 (111a) 式关系, 甚为重要, 盖骤观之, 从 (110) 式中 H 的两个形式的观点, 在计算由 u_0 跃迁至 v_n 的概率时, 究不知应以 V_{AB} 抑或 V_{CD} 为“微扰”也, 幸而有 (111a) 的关系, 故 $P_{\mathrm{C+D}}$ 的两个式 (109) 及 (112) 是相等的.

在上述理论中, 我们务须注意一点: $P_{\mathrm{A+B}}$ 与 $P_{\mathrm{C+D}}$ 虽皆由微扰理论得来, 但 (103) 式与 (109)(或 (112)) 式含有不同的近似假定. 在 (103) 式的 $P_{\mathrm{A+D}}$ 中, V_{AB} 按 (110) 式的假定, 系远小于 $H_0(\mathrm{A}+\mathrm{B})$ 的, 故 $< u_n|V_{\mathrm{AB}}|u_0 >$ 确可视为远小于 $< u_0|H_0(\mathrm{A}+\mathrm{B})|u_0 >$ 或 $< u_n \left|H_0\left(\mathrm{A}+\mathrm{B}\right)\right| u_n >$ 的. 在 (80) 式中, V_{CD} 并不一定远小于 $H_0\left(\mathrm{A}+\mathrm{B}\right)$, V_{AB} 亦不一定远小于 $H_0\left(\mathrm{C}+\mathrm{D}\right)$. 故在 (79) 中的 $< u_n \left|V_{\mathrm{CD}}\right| u_0 >$ 或 (112) 式中的 $< v_n \left|V_{\mathrm{AB}}\right| u_0 >$, 其性质 (从似近观点的性质) 和 (103) 式 $P_{\mathrm{A+B}}$ 的 $< u_n \left|V_{\mathrm{AB}}\right| u_0 >$ 是不同的. 从这个观点, $P_{\mathrm{C+D}}$ 的重新组合撞碰概率计算, 是不及 $P_{\mathrm{A+B}}$ 的计算的.

此外我们务须明了下一点. 由于 (100) 式和 (107) 式的 Ψ 的归一条件, 我们有下述关系:

$$\sum_n \left|a_n\left(t\right)\right|^2 = 1 \tag{7-113}$$

---

* (109) 式中应作

$$\left(V_{\mathrm{CD}} v_n, u_0\right) \equiv \int \left(V_{\mathrm{CD}} v_n\right)^* u_0 \mathrm{d}\tau$$

(111) 式应作

$$\left(V_{\mathrm{CD}} v_n, u_0\right) = \left(u_n, V_{\mathrm{AB}} u_0\right). \tag{7-111a}$$

(111a) 式证明, 留给读者.

$$\sum_{n} |b_n(t)|^2 = 1 \tag{7-114}$$

(见 (111) 式的注). 骤观之, 此二式似有矛盾, 盖 (113) 谓所有 “直接” 撞碰的总概率等于一, 已无 “重新组合” 撞碰的余地, 而 (114) 谓重新组合撞碰的总概率等于一, 亦无直接撞碰的余地也. 此点的解答如下. u_n 系 $H_0(\mathrm{A}+\mathrm{B})$ 的全集本征态, 而 v_m 则系 $H_0(\mathrm{C}+\mathrm{D})$ 的全集本征态; u_n 与 v_m 是无正交关系的. 故每一 u_n 可视为 v_m 全集的重叠; $P_{\mathrm{A+B}}$ 实隐藏着所有的撞碰, 包括了 “重新组合” 在内, 不过用的是 u_n 态, 不显明的示出 C + D 的态而已. 反之, 每一 v_m, 亦可视为 u_n 全集的重叠, 故 $P_{\mathrm{C+D}}$ 实隐藏了 “直接” 撞碰在内, 但用的 v_m 是 $H_0(\mathrm{C}+\mathrm{D})$ 的本征态, 不显明的示出 A + B 的态而已. 故 (113) 及 (114) 式, 是无冲突的. 总之, 上述情形, 皆来自

$$H_0(\mathrm{A}+\mathrm{B})\,H_0(\mathrm{C}+\mathrm{D}) - H_0(\mathrm{C}+\mathrm{D})\,H_0(\mathrm{A}+\mathrm{P}) \neq 0 \tag{7-115}$$

所引致的 “不准确原则”.

7.6 Green 氏函数法

本章第 1 节述 Dirac 的所谓 “变常数法”(variation of constants) 解含时 Schrödinger 方程式, 以计算一个系统的态因微扰而跃迁的概率. 本节将述处理这问题的另一方法.

本册第 4 章第 8 节曾将不含时的 Schrödinger 方程式, 变换成一个积分方程式. 这变换是引用 Green 函数; 借 Green 函数的选择,* 可使积分形式的 Schrödinger 方程式, 具有适宜于各问题的边界 (或趋近, asymptotic) 条件的性质. 此积分方程式, 尤其适宜于散射问题 (见第 6 章第 3 节).

下文用同法, 将含时的 Schrödinger 方程式借 Green 氏函数, 变换成一个含时的积分方程式 **, 使其适宜于散射的问题.

为简明故, 兹考虑一个粒子在位场 V 的散射问题 ***.

---

* 在解一个微分方程式时, 我们用 Green 定理, 但这定理有两个函数, 其中之一, 可使为该微分方程式之解, 其他则系一 “辅助性” 的函数. 我们用 Green 氏函数为这辅助函数. Green 函数的式非固定的, 而是可选定以满足方程式的解所需的边界或趋近情形的. 这是用 Green 氏函数的原因 (可参看《电磁学》第 2 章).

** 含时的偏微方程式, 用 Green 氏函数法, 已见诸古典电磁学中求麦克斯韦电磁场方程式的延后与超前位函数解. 见《电磁学》第 4 章第 5 节.

*** 此与第 6 章第 3 节的问题相同, 而处理的观点不同. 第 6 章粒子 (射入束及散射球状波) 为一静的态 (steady state), 故以不含时 Schrödinger 方程式描述之. 本节视粒子的态系与时变迁的, 故以含时 Schrödinger 方程式描述之. 两法所得结果自然必须相同的. 见下文.

使 H_0 为一个自由粒子的 Hamiltonian, V 为位场

$$\left(\mathrm{i}\hbar\frac{\partial}{\partial t}-H_0-V\right)\Psi\left(\boldsymbol{r},t\right)=0 \tag{7-116}$$

$$\left(H_0-\frac{1}{2m}\hbar^2k^2\right)\mathrm{e}^{\mathrm{i}k\cdot r}=0 \tag{7-116a}$$

(i) 未受微扰的系统 H_0

Green 函数 $G_0\left(\boldsymbol{r},t\right)$ 乃下方程式之解:

$$\left(\mathrm{i}\hbar\frac{\partial}{\partial t}-H_0\right)G_0\left(\boldsymbol{r},t\right)=\delta\left(\boldsymbol{r}-\boldsymbol{r}_1\right)\delta\left(t-t_1\right) \tag{7-117}$$

此方程式之解为

$$G_0\left(\boldsymbol{r}-\boldsymbol{r}_1,t-t_1\right)=\frac{1}{\left(2\pi\right)^4}\int_{\Gamma}\frac{\exp\left[\mathrm{i}\boldsymbol{k}\cdot\left(\boldsymbol{r}-\boldsymbol{r}_1\right)-\omega\left(t-t_1\right)\right]}{h\omega-E_k}\mathrm{d}\boldsymbol{k}\mathrm{d}\omega \tag{7-118}$$

$$E_k=\frac{1}{2m}\hbar^2k^2 \tag{7-116b}$$

Γ 表示在复数 ω- 平面积分的径. 我们选定 Γ 以满足物理的因果条件 (causality): 使于 $t-t_1<0$ 时 $G_0\left(\boldsymbol{r}-\boldsymbol{r}_1,t-t_1\right)=0$, 换言之, 以 $\left(\boldsymbol{r}_1,t_1\right)$ 为始点, 在 t_1 时之前, $\Psi=0$. 为满足此要求, G_0 及 Γ 可选定如下:

$$G_0\left(\boldsymbol{r}-\boldsymbol{r}_1,t-t_1\right)=\frac{1}{\left(2\pi\right)^4}\lim_{\varepsilon\to 0}\int_{\Gamma}\frac{\exp\left[\mathrm{i}\boldsymbol{k}\cdot\left(\boldsymbol{r}-\boldsymbol{r}_1\right)-\mathrm{i}\omega\left(t-t_1\right)\right]}{\hbar\omega-E_k+\mathrm{i}\varepsilon}\times\mathrm{d}k\mathrm{d}\omega \tag{7-119}$$

当 $t-t_1<0$ 时. 积分径 Γ 可取作沿 ω 实数轴由 $-\infty$ 至 $+\infty$, 继以沿 ω 面的上方大半圆周以反时钟针方向回至 $\omega=-\infty$ 的封闭径.

当 $t-t_1>0$ 时, Γ 可取作沿 ω 实数轴由 $-\infty$ 至 $+\infty$, 继以沿 ω 面的下方大半圆周, 以顺时钟针的方向, 回至 $\omega=-\infty$. 如是即得

$$G_0\left(\boldsymbol{r}-\boldsymbol{r}_1,t-t_1\right)=\begin{cases}-\dfrac{\mathrm{i}}{\left(2\pi\right)^3\hbar}\displaystyle\int\mathrm{e}^{\mathrm{i}\boldsymbol{k}\cdot\boldsymbol{r}-\mathrm{i}\omega_k\left(t-t_1\right)-\boldsymbol{k}\cdot\boldsymbol{r}_1}\mathrm{d}\boldsymbol{k}, & t-t_1>0\\ 0, & t-t_1<0\end{cases} \tag{7-120}$$

再作 $\boldsymbol{k}$ 之积分, 即得

$$G_0\left(\boldsymbol{r}-\boldsymbol{r}_1,t-t_1\right)=\left(\frac{m}{2\pi\mathrm{i}\hbar\left(t-t_1\right)}\right)^{3/2}\exp\left\{\frac{\mathrm{i}m\left(r-r_1\right)^2}{2\hbar\left(t-t_1\right)}\right\} \tag{7-121}$$

(120) 式的 $G_0\left(\boldsymbol{r}-\boldsymbol{r}_1,t-t_1\right)$, 可视为下 $G_0\left(t-t_1\right)$ 算符

$$\left(\mathrm{i}\hbar\frac{\partial}{\partial t}-H_0\right)G_0\left(t-t_1\right)=\delta\left(t-t_1\right) \tag{7-122}$$

在坐标表象中的表 (representative). 证明如下：(122) 式为下式所满足 (见上 (119) 式)

$$G_0\left(t-t_1\right)=\frac{1}{2\pi}\lim_{\epsilon\to 0}\int_{\varGamma}\frac{\mathrm{e}^{-\mathrm{i}\omega(t-t_1)}}{\hbar\omega-E_k+\mathrm{i}\varepsilon}\mathrm{d}\omega,\quad \varepsilon>0 \tag{7-123}$$

此式右方可写作

$$\begin{aligned}&=-\frac{\mathrm{i}}{2\pi}\lim_{\epsilon\to 0}\int_0^{\infty}\mathrm{d}\xi\int_{\varGamma}\mathrm{e}^{\mathrm{i}\xi(k\omega-H_0+\mathrm{i}\varepsilon)-\mathrm{i}\omega(t-t_1)}\mathrm{d}\omega\\&=-\mathrm{i}\int_0^{\infty}\mathrm{d}\xi\mathrm{e}^{-\mathrm{i}\xi H_0}\delta\left[\xi h-(t-t_1)\right]\\&=\begin{cases}-\dfrac{\mathrm{i}}{\hbar}\mathrm{e}^{-\mathrm{i}H_0(t-t_1)/h}, & t-t_1>0\\ 0,\quad t-t_1<0\end{cases}\end{aligned} \tag{7-124}$$

此算符的矩阵元素系

$$\begin{aligned}<\boldsymbol{r}\left|G_0\left(t-t_1\right)\right|\boldsymbol{r}_1>&=-\frac{\mathrm{i}}{\hbar}\int<\boldsymbol{r}\left|E_k\right.>\mathrm{e}^{-\mathrm{i}E_k(t-t_1)/h}<E_k\left|\boldsymbol{r}_1\right.>\mathrm{d}\boldsymbol{k}\\&=-\frac{\mathrm{i}}{(2\pi)^3\hbar}\int\mathrm{e}^{\mathrm{i}k\cdot r-\mathrm{i}\omega_k(t-t_1)-\mathrm{i}k\cdot\boldsymbol{r}_1}\mathrm{d}\boldsymbol{k}\end{aligned} \tag{7-125}$$

此即系 (120) 式也. 由 (123) 或 (125) 式, 我们可得 $C_0\left(\boldsymbol{r}-\boldsymbol{r}_1,t-t_1\right)$ 的一新意义.

$$\left(\mathrm{i}\hbar\frac{\partial}{\partial t}-H_0\right)\varPsi_k\left(t\right)=0 \tag{7-126}$$

之形式上的解为

$$\varPsi_k\left(t\right)=\mathrm{e}^{-\mathrm{i}H_0(t-t_1)/k}\varPsi_k\left(t_1\right) \tag{7-127}$$

此二式按 Dirac 的 bra, ket 符号, 可写为

$$\left(\mathrm{i}\hbar\frac{\partial}{\partial t}-H_0\right)\left|k,t\right.>=0 \tag{7-126a}$$

$$\left|k,t>=\mathrm{e}^{-\mathrm{i}H_0(t-t_1)/k}\right|k,t_1> \tag{7-127a}$$

$|k,t>$ 态 ket 在坐标表象的表为

$$<\boldsymbol{r}\left|k,t>=\int<\boldsymbol{r}\right|\mathrm{e}^{-\mathrm{i}H_0(t-t_1)/k}\left|\boldsymbol{r}_1>\mathrm{d}\boldsymbol{r}_1<\boldsymbol{r}_1\right|k,t_1\ > \tag{7-128}$$

用 $\varPsi$ 的形式 (取本征矢 $|k,t>$ 在坐标表象的表),

$$<\boldsymbol{r}\left|k,t\right.>=\varPsi_k\left(\boldsymbol{r},t\right) \tag{7-129}$$

$$< \boldsymbol{r}_1 \left| k,t_{\,1} \right> = \Psi_k\left(r_1,t_1\right)$$

故 (128) 式的意义如下：按 (124) 式，

$$< \boldsymbol{r} \left| \mathrm{e}^{-\mathrm{i}H_0(t-t_1)/k} \right| \boldsymbol{r}_1 > = \mathrm{i}\hbar G_0\left(t-t_1\right) \tag{7-130}$$

故

$$\mathrm{i}\hbar < \boldsymbol{r} \left| G_0\left(t-t_1\right) \right| \boldsymbol{r}_1 >$$

乃系统由态 $\Psi_k\left(r_1,t_1\right)$(在 r_1 位, t_1) 按 Schrödinger 方程式 (126a) 跃迁至态 $\Psi_k\left(r,t\right)$ (在 r 位, t 时) 的概率.

兹由 (120) 及 (125), 已得

$$G\left(\boldsymbol{r}-\boldsymbol{r}_1,t-t_1\right) = < \boldsymbol{r} \left| G_0\left(t-t_1\right) \right| \boldsymbol{r}_1 > \tag{7-131}$$

故 (128), (129) 可写成下式：

$$\Psi\left(\boldsymbol{r}_2,t_2\right) = \mathrm{i}\hbar \int G_0\left(\boldsymbol{r}_2-\boldsymbol{r}_1,t_2-t_1\right) \mathrm{d}\boldsymbol{r}_1 \Psi\left(\boldsymbol{r}_1,t_1\right) \tag{7-132}$$

由上述的跃迁概率的解释 $G_0(r_2-r_1,t_2-t_1)=0$ 如 $t_2-t_1<0$ 的因果定律条件, 便可明了.

(ii) 受微扰的系统: $H=H_0+V$

(115) 式可写成下式：

$$\left(\mathrm{i}\hbar\frac{\partial}{\partial t}-H_0\right)\left|\alpha,t\right> = V\left|\alpha,t\right> \tag{7-133}$$

微扰 $V\left(r,t\right)$ 可能系 r,t 的函数. 此方程式之 "解" 为

$$\left|\alpha,t\right> = \left|\,k,t\right> + \int_{-\infty}^{t} G_0\left(t-t'\right) V\left(t'\right) \left|\alpha,t'\right> \mathrm{d}t' \tag{7-134}$$

此可由 (122) 及 (126a) 见之.

兹取 $\left|\alpha,t\right>$ 在坐标表象的表,

$$\begin{aligned} < \boldsymbol{r} \left| \alpha,t \right> = & < \boldsymbol{r} \left| k,t \right> \\ & + \int_{-\infty}^{t} \mathrm{d}t' \int < \boldsymbol{r} \left| G_0\left(t-t'\right) V\left(\boldsymbol{r}',t'\right) \right| \boldsymbol{r}' > \mathrm{d}\boldsymbol{r}' < \boldsymbol{r}' \left| \alpha,t' \right> \end{aligned}$$

或

$$\Psi\left(\boldsymbol{r},t\right) = \Psi_0\left(\boldsymbol{r},t\right)$$

$$+\int_{-\infty}^{t} \mathrm{d}t' \int G_0(\boldsymbol{r}-\boldsymbol{r}', t-t') V(\boldsymbol{r}', t') \Psi(\boldsymbol{r}', t') \mathrm{d}\boldsymbol{r}' \qquad (7\text{-}135)$$

此乃 Schrödinger 方程式 (115) 之积分方程式形式也. 此式与 (85) 微分形式的关系, 与第 4 章之 (4-169) 积分形式与 (4-159) 微分形式的关系相当 *.

(iii) Green 氏函数的 "传递子"(propagator) 解释

由第 4 章 (4-169) 式 (或 (6-62) 式), (4-166)(或 (6-64) 式)

$$\Psi^{+}(\boldsymbol{r}) = \Psi^{0}(\boldsymbol{r}) - \frac{2m}{\hbar^2} \int G^{+}(\boldsymbol{r}, \boldsymbol{r}') V(\boldsymbol{r}') \Psi(\boldsymbol{r}') \mathrm{d}\boldsymbol{r}'^{**} \qquad (7\text{-}137)$$

$$(2\pi)^3 G_k^{+}(\boldsymbol{r}, \boldsymbol{r}') = -\lim_{\varepsilon \to 0} \int \frac{\mathrm{e}^{\mathrm{i}\kappa \cdot r} \mathrm{e}^{-\mathrm{i}\kappa \cdot r'}}{E^2 - H_0 + \mathrm{i}\epsilon} \mathrm{d}\kappa, \quad \epsilon > 0 \qquad (7\text{-}138)$$

$$\Psi_k^0(\boldsymbol{r}) = \mathrm{e}^{\mathrm{i}k \cdot \boldsymbol{r}}, \quad E = k^2 \hbar^2 \qquad (7\text{-}139)$$

$$H_0 \Psi_0(\boldsymbol{r}') = -\nabla^2 \Psi^0(\boldsymbol{r}') = \kappa^2 \Psi^0(\boldsymbol{r}')$$

我们定义下述的一个 "积分算符":

$$\frac{1}{E - H_0 + \mathrm{i}\epsilon} \chi(\boldsymbol{r}) \equiv \frac{1}{(2\pi)^3} \lim_{\epsilon \to 0} \int \mathrm{d}\kappa \frac{1}{k^2 - \kappa^2 + \mathrm{i}\epsilon} \Psi_\kappa^0(\boldsymbol{r}) \int \Psi_\kappa^{*0}(\boldsymbol{r}') \chi(\boldsymbol{r}') \mathrm{d}\boldsymbol{r}' \qquad (7\text{-}140)$$

用此算符, 则 (137), (138) 式可写成下式:

$$\Psi^{+}(\boldsymbol{r}) = \Psi^{0}(\boldsymbol{r}) + \frac{1}{E - H_0 + \mathrm{i}\epsilon} \left(\frac{2m}{\hbar^2} V(\boldsymbol{r}) \right) \Psi^{+}(\boldsymbol{r}) \qquad (7\text{-}141)$$

---

* 设 (115) 或 (135) 式中之 V 与时无关, 则

$$H = H_0 + V$$

与时无关. 故

$$\Psi^0(\boldsymbol{r}, t) = \Psi^0(\boldsymbol{r}) \mathrm{e}^{-\mathrm{i}Et/h}, \quad \Psi(r, t) = \Psi(\boldsymbol{r}) \mathrm{e}^{-\mathrm{i}Et/h}$$

以同第 4 章第 8 节的积分法, 由 (135) 式可得

$$\Psi(\boldsymbol{r}) = \Psi^0(\boldsymbol{r}) - \frac{1}{4\pi} \frac{2m}{\hbar^2} \int \frac{\mathrm{e}^{\mathrm{i}k|\boldsymbol{r}-\boldsymbol{r}'|}}{|\boldsymbol{r}-\boldsymbol{r}'|} V(\boldsymbol{r}') \Psi(\boldsymbol{r}') \mathrm{d}\boldsymbol{r}' \qquad (7\text{-}136)$$

此亦即 (4-169) 式也.

** 我们务须注意下点: (138) 式中的 E^2, H_0 系如 (139) 式, 这与第 4 章 (4-165) 式的 $G(r, r')$ 的单位相同. 唯 (137) 式中的 $V(r')$, 则系用 c.g.s 单位, 故有 $\left(\frac{2m}{\hbar^2}\right)$ 一因子. 见下 (141) 式. 如使 $U(r) \equiv \frac{2m}{\hbar^2} V(r)$, 与 (139) 式的 H_0, E 同单位, 则 (137), (141), 将以 $U(r)$ 代了 $\frac{2m}{\hbar^2} V(r)$.

Ψ^+ 的 + 符号及 $+\mathrm{i}\epsilon$ 前的 + 号, 皆系指散射波以向外传播的圆球波情形. 如 + 号改为 − 号, 则系向中心传入的球波 (见由 (6-63) 至 (6-69) 各式).

(141) 系一积分方程式, 与 (137) 是同方程式, 只形式不同而已.

(140) 式中之 $\chi(\boldsymbol{r})$, 如系 H_0 的本征函数之一, 如 *

$$\chi(\boldsymbol{r}) = \Psi_\kappa^0(\boldsymbol{r})$$

则

$$\frac{1}{E - H_0 + \mathrm{i}\epsilon}\Psi_\kappa^0(\boldsymbol{r}) = \frac{1}{E - \kappa^2}\Psi_\kappa^0(\boldsymbol{r}) \tag{7-142}$$

以 (138) 式与 (141) 式比较, 得见积分算符 (140)

$$\frac{1}{E - H_0 + \mathrm{i}\epsilon}\text{即} - G_0(\boldsymbol{r}, \boldsymbol{r}') \tag{7-149}$$

同此, 以 (148) 与

$$\Psi(\boldsymbol{r}) = \Psi^0(\boldsymbol{r}) - \int G(\boldsymbol{r}, \boldsymbol{r}') V(\boldsymbol{r}') \Psi(\boldsymbol{r}') \mathrm{d}\boldsymbol{r}'$$

比, 得见积分算符 (146)

$$\frac{1}{E - H + \mathrm{i}\epsilon}\text{即} - G(\boldsymbol{r}, \boldsymbol{r}') \tag{7-150}$$

兹使

$$-G_0(\lambda) \equiv \frac{1}{E - H_0 + \mathrm{i}\epsilon} \equiv \frac{1}{\lambda - H_0}$$

---

* 如未受微扰系统的 H_0 非 (116) 或 (139) 式的自由粒子而系一任意的 H, 我们仍可定义

$$\frac{1}{E - H + \mathrm{i}\epsilon}\chi(\boldsymbol{r}) \tag{7-143}$$

如 (140) 式. 兹 H 之本征值及本征函数为

$$(H - E_n)\,\Phi_n(\boldsymbol{r}) = 0 \tag{7-144}$$

则 $\chi(r)$ 可以 Φ_n 展开

$$\chi(r) = \sum \Phi_n(\boldsymbol{r}) \left(\int \Phi_n^* \chi \mathrm{d}\boldsymbol{r}' \right) \tag{7-145}$$

(140) 及 (142) 乃成

$$\frac{1}{E - H + \mathrm{i}\epsilon}\chi(\boldsymbol{r}) = \lim_{\epsilon \to 0} \sum \frac{1}{E - E_n + \mathrm{i}\epsilon} \Phi_n(\boldsymbol{r}) \int \Phi_n^*(\boldsymbol{r}') \chi(\boldsymbol{r}') \mathrm{d}r' \tag{7-146}$$

$$\frac{1}{E - H + \mathrm{i}\epsilon}\Phi_n = \frac{1}{E - E_n}\Phi_n \tag{7-147}$$

(141) 式则成

$$\Psi^+(\boldsymbol{r}) = \Psi^0(\boldsymbol{r}) + \frac{1}{E - H + \mathrm{i}\epsilon} U(\boldsymbol{r}) \Psi^+(\boldsymbol{r}) \tag{7-148}$$

$$-G(\lambda) \equiv \frac{1}{E-H+\mathrm{i}\epsilon} \equiv \frac{1}{\lambda-H} \tag{7-151}$$

$\lambda - H_0$ 及 $\lambda - H$ 乃微分算符. 施 $\lambda - H_0, \lambda - H$ 于 (151) 两式, 由

$$H = H_0 + V \tag{7-152}$$

可得下各关系*:

$$G(\lambda) = G_0(\lambda)[1 - VG(\lambda)] \tag{7-153a}$$

$$G(\lambda) = [1 - G(\lambda)V]G_0(\lambda_0) \tag{7-153b}$$

$$G_0(\lambda) = G(\lambda)[1 + VG_0(\lambda)] \tag{7-153c}$$

$$G_0(\lambda) = [1 + G_0(\lambda)V]G(\lambda) \tag{7-153d}$$

兹撇开 (148) 式而考虑 (135) 式

$$\begin{aligned}\Psi(\boldsymbol{r},t) &= \Psi^0(\boldsymbol{r},t) \\ &+ \int_{-\infty}^{t} \mathrm{d}t' \int G_0(\boldsymbol{r}-\boldsymbol{r}', t-t') V(\boldsymbol{r},t') \Psi(\boldsymbol{r}',t') \mathrm{d}\boldsymbol{r}'\end{aligned} \tag{7-154}$$

注意此 G_0 为 (137), (149) 各式中 G 的负号值, 故如代 (151) 以下式:

$$G_0 = \frac{1}{\lambda - H_0}, \quad G = \frac{1}{\lambda - H} \tag{7-155}$$

则 (153a) 式成

$$G(\lambda) = G_0 + G_0VG, \quad \text{余类推} \tag{7-156}$$

G_0 乃 (117) 式之解, G 乃

$$\left(\mathrm{i}\hbar\frac{\partial}{\partial t} - H_0 - V\right) G(\boldsymbol{r},t) = \delta(\boldsymbol{r}-\boldsymbol{r}_1)\,\delta(t-t_1) \tag{7-157}$$

* (153a) 式可如下得之: 由 (152), 得

$$\lambda - H + V = \lambda - H_0$$

以此施于 $\dfrac{1}{\lambda - H}$, 得

$$1 + V\frac{1}{\lambda - H} = (\lambda - H_0)\frac{1}{\lambda - H}$$

施 $\dfrac{1}{\lambda - H^0}$

$$\frac{1}{\lambda - H_0}[1 - VG(\lambda)] = -G(\lambda), \quad \text{q.e.d}$$

余类此.

之解. 按 (132), 则 (133) 可视为

$$\Psi(\boldsymbol{r},t)=\mathrm{i}\hbar\int G(\boldsymbol{r}-\boldsymbol{r}_1,t-t_1)\,\Psi(\boldsymbol{r}_1,t_1)\,\mathrm{d}\boldsymbol{r}_1 \tag{7-158}$$

G 与 V 之关系则乃 (156) 式.

如 V 系一微扰, G 可重复的用近似法, 以右方 G_0+G_0VG 代入右方末项之 G,

$$G=G_0+G_0VG_0+G_0VG_0VG_0+\cdots \tag{7-159}$$

或

$$\begin{aligned}G_0VG_0\cdots VG_0=&\int\cdots\int G_0(n+2,n+1)\,V(r_{n+1},t_{n+1})\,G_0(n+1,n)\cdots\\&\cdots V(\boldsymbol{r}_2,t_2)\,G_0(2,1)\,\mathrm{d}\boldsymbol{r}_{n+1}\mathrm{d}\boldsymbol{r}_{n+1}\mathrm{d}\boldsymbol{r}_n\mathrm{d}t_n\cdots\\&\cdots\mathrm{d}\boldsymbol{r}_2\mathrm{d}t_2\end{aligned} \tag{7-160}$$

$G_0(n+2,n+1)$ 乃 $G_0(r_{n+2}-r_{n+1},t_{n+2}-t_{n+1})$ 的简写, 余类推. 按第 (124) 式的条件, 故各时 t 有下列的顺序:

$$t_{n+2}>t_{n+1}>t_n>\cdots>t_2>t_1, \tag{7-161}$$

否则 G_0 等于零. (160) 的意义如下:

$$\int G_0(3,2)\,V(\boldsymbol{r}_2,t_2)\,G_0(2,1)\,\mathrm{d}\boldsymbol{r}_2\mathrm{d}t_2 \tag{7-162}$$

代表一个自由粒子 (G_0 乃自由粒子的 Green 函数) 由 $(\boldsymbol{r}_1,t_1)$“传递” 至 $(\boldsymbol{r}_2,t_2)$, 在该处时 $\boldsymbol{r}_2,t_2$ 被 V 场散射, 再以自由态传递至 $(\boldsymbol{r}_2,t_3)$ 处时, $t_3>t_2>t_1$. $G_0(4,3)\,V(\boldsymbol{r}_3,t_3)\,G_0(3,2)\,V(\boldsymbol{r}_2,t_2)\,G_0(2_2,1_1)$ 则经两度散射的概率. 按此, Greer 氏函数 $G_0(\boldsymbol{r}-\boldsymbol{r}_1,t-t_1)$ 亦称为 “传递子 (自由粒子的传递子).

按此解释 (见 (132) 式). 由 $\Psi_n(\boldsymbol{r}_1,t_1)$ 态跃迁至 $\Psi_m(\boldsymbol{r}_3,t_3)$ 的概率幅度为 (第一阶次微扰)

$$\begin{aligned}a_{mn}^{(1)}=&\mathrm{i}h\iiint\Psi_m^*(\boldsymbol{r}_3,\boldsymbol{t}_3)\,G_0(\boldsymbol{r}_3-\boldsymbol{r}_2,t_3-t_3-t_2)\,\mathrm{d}\boldsymbol{r}_3V(\boldsymbol{r}_2)\\&\times G_0(\boldsymbol{r}_2-\boldsymbol{r}_1,t_2-t_1)\,\Psi_n(\boldsymbol{r}_1,t_1)\,\mathrm{d}\boldsymbol{r}_2\mathrm{d}\boldsymbol{r}_1\mathrm{d}t_2\end{aligned} \tag{7-163}$$

由 (118) 或 (121), 得

$$G_0^*(\boldsymbol{r}-\boldsymbol{r}_1,t-t_1)=G_0(\boldsymbol{r}_1-\boldsymbol{r},t_1-t)$$

由 (132)

$$\Psi_m^*(\boldsymbol{r}_2,t_2)=-\mathrm{i}\hbar\int G_0^*(\boldsymbol{r}_2-\boldsymbol{r}_3,t_2-t_3)\,\Psi_m^*(\boldsymbol{r}_3,t_3)\,\mathrm{d}\boldsymbol{r}_3$$

$$\Psi_n(\boldsymbol{r}_2, t_2) = \mathrm{i}\hbar \int G_0(\boldsymbol{r}_2 - \boldsymbol{r}_1, t_2 - t_1)\, \Psi_n(\boldsymbol{r}_1, t_1)\mathrm{d}\boldsymbol{r}_1$$

故得

$$a_{mn}^{(1)} = \frac{1}{\mathrm{i}\hbar} \int \Psi_m^*(\boldsymbol{r}_2, t_2)\, V(\boldsymbol{r}_2)\, \Psi_n(\boldsymbol{r}_2, t_2)\, \mathrm{d}\boldsymbol{r}_2 \mathrm{d}t_2 \tag{7-164}$$

故由 Ψ_n 跃迁至 Ψ_m(在时间 t_3) 的概率为

$$\omega_{mn} = \int \left| a_{mn}^{(1)} \right|^2 \rho(E_m)\, \mathrm{d}E_m \tag{7-165}$$

$\rho(E_m)\,\mathrm{d}E_k$ 的意义, 见第 (18) 式. (165) 式与第 7 章 (18) 式相同. 最后结果, 与 (21) 式相同, 详细计算, 留给读者.

上述的视 Green 氏函数

$$G_0(\boldsymbol{r} - \boldsymbol{r}', t - t') = \frac{1}{E - H_0 + \mathrm{i}\varepsilon}$$

为传送递子 (propagator) 的观点, 于量子场论中尤为方便. 此观点, 详见 (1949 年) R. P. Feynman 的论文 (Phys.Rev., 76, 746).

7.7 Schrödinger 方程式的微扰解法 ——Dirac 的幺正算符法

设有一系统, 其 Hamiltonian 原为 H_0, 与时 t 不变然在 $t = t_0$ 时, 加入一微扰 V, V 可与 t 而变或与 t 不变. 方程式 (5-144a) 兹乃

$$\mathrm{i}\hbar \frac{\mathrm{d}\Psi}{\mathrm{d}t} = (H_0 + V)\, \Psi \tag{7-166}$$

兹作一幺正变换, 使

$$H_1 = \mathrm{e}^{\mathrm{i}H_0 t/h} V \mathrm{e}^{-\mathrm{i}H_0 t/h} \tag{7-167}$$

$$\Psi_1(t) = \mathrm{e}^{\mathrm{i}H_0 t/h}\, \Psi(t) \tag{7-168}$$

以此代入 (166), 即得

$$\mathrm{i}\hbar \frac{\mathrm{d}\Psi_1}{\mathrm{d}t} = V\Psi \tag{7-169}$$

此方程式只有微扰, 或交互作用, V 出现, 故称为交互作用观 (interaction picture) 的 Schrödinger 方程式. (169) 式可写如下式:

$$\mathrm{i}\hbar \frac{\mathrm{d}}{\mathrm{d}t} |\alpha, t> = V|\alpha, t> \tag{7-169a}$$

使 (5-146) 式的幺正 U 为

$$|\alpha, t >= U(t, t_0)|\alpha, t_0 > \tag{7-170}$$

故 U 有下列特性：

$$U^+(t, t_0) U(t, t_0) = 1 \tag{7-171}$$

$$U(t, t) = 1 \tag{7-172}$$

$$U(t, t_1) U(t_1, t_0) = U(t, t_0) \tag{7-173}$$

$$U^+(t, t_0) = U(t_0, t) \tag{7-174}$$

由 (5-145)

$$\mathrm{i}\hbar \frac{\partial U(t, t_0)}{\partial t} = V(t) U(t, t_0) \tag{7-175}$$

(175) 及 "边界条件"(171) 可代以下面的积分方程式：

$$U(t, t_0) = 1 - \frac{\mathrm{i}}{\hbar} \int_{t_0}^{t} \mathrm{d}t' V(t') U(t', t_0) \tag{7-176}$$

$U(t, t_0)$ 可以下投射幺正算符表之 *：

$$U(t, t_0) = \int |\alpha'', t > \mathrm{d}\alpha'' < \alpha'', t_0| \tag{7-177}$$

由 (177), 可得

$$< \alpha', t_0 |U(t, t_0)| \alpha'', t_0 >= \int < \alpha', t_0 |\alpha''', t > \mathrm{d}\alpha''' < \alpha''', t_0| \alpha'', t_0 >$$

---

* 我们首证 (177) 满足 (176) 方程式：由 (175)

$$-\frac{\mathrm{i}}{\hbar} \int_{t_0}^{t} V(t') U(t', t_0) \mathrm{d}t' = \int_{t_0}^{t} \frac{\partial}{\partial t'} U(t', t_0) \mathrm{d}t'$$

由 (177)

$$\begin{aligned} &= \int_{t_0}^{t} \mathrm{d}t' \frac{\partial}{\partial t'} \int |\alpha'', t' > \mathrm{d}\alpha'' < \alpha'', t_0| \\ &= \int \{|\alpha'', t > - |\alpha'', t_0 >\} \mathrm{d}\alpha'' < \alpha'', t_0| \\ &= U(t, t_0) - 1, \quad \text{q.e.d} \end{aligned}$$

次乃证 (177) 满足 (173) 式：由 (177),

$$\begin{aligned} U(t, t_0)|\alpha, t_0 > &= \int |\alpha'', t_0 > \mathrm{d}\alpha'' < \alpha'', t_0|\alpha, t_0 > \\ &= \int |\alpha'', t > \mathrm{d}\alpha'' \delta(\alpha'' - \alpha) = |\alpha, t > \quad \text{q.e.d} \end{aligned}$$

$$= \int < \alpha', t_0 \left| \alpha''', t > \mathrm{d}\alpha''' \delta \left(\alpha''' - a'' \right) \right.$$
$$= < \alpha', t_0 \left| \alpha'', t > \right. \tag{7-178}$$

此式右方为由态 $|\alpha', t_0 >$ 跃迁至 $|\alpha'', t >$ 的概率幅度. 其跃迁概率 $\left|< \alpha', t_0 \left| \alpha'', t > \right|^2\right.$ 与 t_0, t 两时的次序无关.

由 $|a', t_0 >$ 跃迁至所有的 $|\alpha'', t >$ 态之概率乃等于 1, 因

$$\sum \int | < \alpha', t_0 | \alpha'', t > |^2 \mathrm{d}\alpha'' = \sum \int < \alpha', t_0 | \alpha'', t > \mathrm{d}\alpha'' < \alpha'', t | \alpha', t_0 >$$
$$= < \alpha', t_0 | \alpha', t_0 > = 1 \tag{7-179}$$

设在 t_0 时, 该系统的态, 乃 H_0 的本征态之一

$$\mathrm{i}\hbar \frac{\partial}{\partial t} \left| E_n, t > = H_0 \left| E_n, t > \right.\right. \tag{7-180}$$

假设 V 系一微扰, 使 $t_0 = 0, U(t, t_0) \equiv U(t)$. 如以重复法解 (176), 可得

$$U(t) = 1 - \frac{\mathrm{i}}{\hbar} \int_0^t \mathrm{d}t' V(t') U(t')$$
$$= 1 + U_1(t) + U_2(t) + U_3(t) + \cdots \tag{7-181}$$

$$U_1(t) = -\frac{\mathrm{i}}{\hbar} \int_0^t V(t') \mathrm{d}t'$$
$$U_2(t) = \left(-\frac{\mathrm{i}}{\hbar} \right)^2 \int_0^t V(t_1) \mathrm{d}t_1 \int_0^{t_1} V(t_2) \mathrm{d}t_2$$
$$U_m(t) = \left(-\frac{\mathrm{i}}{\hbar} \right)^m \int_0^t V(t_1) \mathrm{d}t_1 \int_0^{t_1} V(t_2) \mathrm{d}t_2 \cdots \int_0^{t_{m-1}} V(t_m) \mathrm{d}t_m$$

由 $|E_0, t_0 >$ 跃迁至 $|E_n, t >$ 的概率幅度, 按 (178) 及 (168), 乃

$$< E_0, t_0 \left| U_1(t) \right| E_n, t_0 >$$
$$= -\frac{\mathrm{i}}{\hbar} \int < E_0, t_0 \left| V \left| E_n, t_0 \right| > \exp \left\{ \frac{\mathrm{i}(E_0 - E_n) t'}{\hbar} \right\} \mathrm{d}t' \right. \tag{7-182}$$

如 V 与 t 无关, 则此概率为

$$\left|< E_0, t_0 \right| U_1(t) \left| E_n, t_0 > \right|^2 = \left|< E_0 \left| V \right| E_n > \right|^2 \frac{\sin^2 \theta}{\theta^2} \left(\frac{t}{\hbar} \right)^2 \tag{7-183}$$

$$\theta = \frac{(E_n - E_0) t}{2\hbar}$$

此式与上文本章 (16) 式 (由解 (156) 式得来的) 相同.

如 $\langle E_0 |V| E_n\rangle = 0$ 或甚小, 则须计算至次一阶之 V, 由 (181)

$$\langle E_0, t_0 |U(t)| E_n, t_0\rangle = -\frac{1}{h^2}\int_0^t \mathrm{d}t_1 \int_0^t \mathrm{d}t_2 \sum_m \langle E_0 |V| E_m\rangle$$

$$\times\langle E_m |V| E_n\rangle \exp\left\{\frac{\mathrm{i}(E_0 - E_m)t_1}{h}\right\}\exp\left\{\frac{\mathrm{i}(E_m - E_n)t_2}{h}\right\}$$

$$=\sum_m \frac{\langle E_0 |V| E_m\rangle\langle E_m |V| E_n\rangle}{E_m - E_n}$$

$$\times\left\{\frac{\exp\left[\dfrac{\mathrm{i}(E_0 - E_n)t}{h}\right] - 1}{E_0 - E_n} - \frac{\exp\left[\dfrac{\mathrm{i}(E_0 - E_m)t}{\hbar}\right] - 1}{E_0 - E_m}\right\} \tag{7-184}$$

如 $< E_0 |V| E_n >$ 虽甚小而非零, 则概率应为

$$|< E_n, t_0 |U_1| E_0, t_0 > + < E_n, t_0 |U_2| E_0, t_0 >|^2 \tag{7-185}$$

此式包含了两概率幅度的干涉效应.

由 (183) 或 (185), 即可计算由一态至另一态每秒的概率, 其计算已详见本章第 (16)~(21) 式, 或 (25) 式 *.

---

* 由 (175) 式, 取两方的伴符 (adjoint), 得

$$-\mathrm{i}\hbar\frac{\partial U(t_0 t)}{\partial t} = U(t_0, t)V(t)$$

如颠倒 t 与 t_0

$$-\mathrm{i}\hbar\frac{\partial U(t, t_0)}{\partial t_0} = U(t, t_0)V(t_0)$$

此式下积分方程式相同

$$U(t, t_0) = 1 + \frac{\mathrm{i}}{h}\int_t^{t_0} \mathrm{d}t' U(t, t')V(t) \tag{7-186}$$

此式与 (176) 相当.

第 8 章　氢原子的量子力学

氢原子和简谐振荡, 可谓为量子力学中最简单的问题. 本书第 4 章第 4, 5 节及附录丙、丁已详述氢原子 Schrödinger 方程式之解 —— 本征值和本征函数等. 第 6 章第 2 节及附录甲, 已述氢原子的 Stark 效应；该章第 3 节及附录乙曾述 Coulomb 场的散射. 这是与氢原子有密切关系的问题. 第 7 章第 2 节曾述一个原子系统在辐射场中的跃迁概率, 这一般性的理论结果, 自然可应用于氢原子的.

氢原子虽是一个最简单的 (只有一个电子) 系统, 但仍有许多前数章未曾述及的问题. 本章将再讨论若干问题, 如电子自旋的效应, 氢原子光谱的细结构, 磁场的效应等*. 这些都是很基本的问题；处理他们的量子力学计算, 虽是针对这些问题, 但在方法上都有一般性, 适用于其他的问题的. 其实整部原子结构论, 不仅是量子力学发展初期的最完美成就, 他许多的观念和结果, 构成其他物理部门的基础, 如分子结构、金属结构, 尤其是原子核的结构.

8.1　辐射强度 —— 选择定则

按第 7 章第 2 节 (7-55), (7-56) 式, 一个原子由电偶跃迁的辐射概率 $A\underset{n}{\overset{m}{\downarrow}}$ 及吸收概率系数 $B\underset{n}{\overset{m}{\uparrow}}$ 系

$$A\underset{n}{\overset{m}{\downarrow}} = \frac{g_n}{g_m} \cdot \frac{\pi}{3h}\left(\frac{4\pi\upsilon_{mn}}{c}\right)^3 \left|< m\left|e\boldsymbol{r}\right|n >\right|^2 \tag{8-1}$$

$$B\underset{n}{\overset{m}{\uparrow}} = \frac{(2\pi)^3}{3h}\left|< m\left|e\boldsymbol{r}\right|n >\right|^2 \tag{8-2}$$

由 $< m\left|e\boldsymbol{r}\right|n >$, 可得电偶跃迁的选择定则：

(1) 宇性 (laporte) 定则：m, n 态务必有相反之宇称性, 即

$$\text{奇态} \leftrightarrows \text{偶态} \tag{8-3}$$

见第 4 章 (4-76) 式.

(2)

$$\Delta l = \pm 1, \quad \Delta m = 0, \pm 1 \tag{8-4}$$

---

* 在读本章前, 读者宜参阅《量子论与原子结构》甲部第 4~8 章, 乙部第 1~4 章, 重温基本的经验知识及若干观念.

见第 4 章 (4-90a, b, c).

(3) 由 (n,l,m) 态至 (n',l',m') 态电偶辐射之强度, 与

$$|< n,l,m\,|e\boldsymbol{r}|\,n',l',m' >|^2$$

成正比. 此式中的 θ,φ 矩阵元素, 已见 (4-90a, b, c) 各式. 其 r 部分, 已见第 4 章附录丁 (4D-31, 33) 二式.

下表所列, 乃氢原子 $(Z=1)$ 的

$$|< n,l\,|r|\,n',l-1 >|^2 = \left|\int R_{n,l}rR_{n',l-1}r^2\mathrm{d}r\right|^2 \tag{8-5}$$

之值. $R_{n,l}$ 系归一化的函数 (4D-22) 或 (4D-19). 下表的数值, 系以 $a^2=\left(\dfrac{\hbar^2}{me^2}\right)^2$ 为单位. a =Bohr 半径.

	$2p$	$3p$	$4p$	$5p$	$6p$
$1s$	1.66	0.267	0.093	0.044	0.024
$2s$	27	9.4	1.64	0.60	0.29
$3s$	0.9	162	29.9	5.10	1.9
$4s$	0.15	6.0	540	72.6	11.9
$5s$	0.052	0.9	21.2	1125	134

(8-5a)

	$3d$	$4d$	$5d$	$6d$
$2p$	22.52	2.92	0.95	0.44
$3p$	101.2	57.2	8.8	3
$4p$	1.7	432	121.9	19.3
$5p$	0.23	9.1	1181.25	203
$4f$	104.6	252	2.75	
$5f$	11	197.8	900	
$6f$	3.2	26.9		
$7f$	1.4	8.6		
$8f$	0.8	3.9		

(8-5b)

由上表, 得见 $< n,l\,|r|\,n',l-1 >$ 之值, 当 n 与 n' 约略相等时最大, 此系一般性的性质, 非偶然的结果. n 与 n' 相等时, $R_{n,l}$ 与 $R_{n',l-1}$ 两函数的重叠 (overlap) 最大也.

(4) Lyman 系线及 Balmer 系线的强度. 辐射线的强度 I, 乃定义为

$$I_{m,n} = A\overset{m}{\underset{n}{\downarrow}}h\nu_{mn} \tag{8-6}$$

由 (1) 式, 此强度与频率的四次方成正比.

Lyman 系线 $n \to 1$ 及 Balmer 系线 $n \to 2$ 的强度与下式成正比：

$$I_{n,1} \propto \nu_{n1}^4 \left| \int r R_{1,0} R_{n,1} r^2 \mathrm{d}r \right|^2 = \frac{2^7 (n-1)^{2n-1}}{n (n+1)^{2n+1}} \tag{8-7}$$

$$\begin{aligned} I_{n,2} &\propto \nu_{n2}^4 \sum_{\substack{l=0, \\ l=l\pm1}} \left| \int r R_{2l} R_{nl'} r^2 \mathrm{d}r \right|^2 \\ &= \frac{4^3 (n-2)^{2n-3}}{n (n+2)^{2n+3}} \left(3n^2 - 4\right) \left(5n^2 - 4\right) \end{aligned} \tag{8-8}$$

(见 Sccrödinger 量子力学第三篇论文, Annalen der Physik, 80, 437(1926), 中 W. Pauli 的结果.)*

(5) 磁偶辐射 (magnetic dipole radiation). 一个电子的辐偶的定义是**

$$\boldsymbol{M} = -\frac{e}{2mc} (\boldsymbol{l} + g\boldsymbol{8}) \hbar, \quad g = 2 \tag{8-9}$$

因角动量系有轴的向量 (axial vector, 或称 pseudovector), 故系偶性字称性.

磁偶辐射的概率 $A \overset{m}{\underset{n}{\downarrow}}$ 系于 (1) 式中将 $e\boldsymbol{r}$ 代以 $\boldsymbol{M}$

$$A \overset{m}{\underset{n}{\downarrow}} \frac{g_n}{g_m} \frac{\pi}{3h} \left(\frac{4\pi\nu_{mn}}{c} \right)^3 \left| < m \left| M \right| n > \right|^2 \tag{8-10}$$

故选择定则 (非 (3) 式) 系

$$\text{奇态} \rightleftarrows \text{奇态}; \quad \text{偶态} \leftrightarrows \text{偶态} \tag{8-11}$$

$$\Delta l = 0, \quad \Delta m = 0, \pm 1 \tag{8-12}$$

见第 4 章 (4-142), (4-145), (4-146) 式

8.2 相对论 (Sommerfeld 氏) 的修正

按特殊相对论, 在静电场 ($V=$ 位能) 中电子的 Hamiltonian 为

$$H = mc^2 \left(\frac{1}{\sqrt{1-\beta^2}} - 1 \right) + V(r), \quad \beta = \frac{v}{c} \tag{8-13}$$

* 关于氢原子更多的计算结果, 可参阅 H. A. Bethe 与 E. Salpeter 书, 见第 4 章附录丁 (4D-34) 式下文.

** 此与电偶 $-e\boldsymbol{r}$ 相当. $l\hbar, s\hbar$ 系电子 "轨道角动量"(orbital angular momentum) 和自旋角动量的算符. 详见下文第 3 节, 及《量子论与原子结构》乙部第 2 章.

m 为静止质量. 兹引用动量 $\boldsymbol{p}$

$$p_x = \frac{mv_x}{\sqrt{1-\beta^2}}, \quad 余类推$$

故

$$\frac{1}{\sqrt{1-\beta^2}} = \left(1 + \frac{1}{m^2c^2}p^2\right)^{1/2} \tag{8-14}$$

(13) 式展开成

$$H = \frac{1}{2m}p^2 - \frac{1}{2m}p^2\left(\frac{p}{2mc}\right)^2 + \cdots + V(r) \tag{8-13a}$$

在氢原子中

$$\left(\frac{p}{2mc}\right)^2 \ll 1 \tag{8-15}$$

故 $-\frac{1}{2m}p^2\left(\frac{p}{2mc}\right)^2$ 可视为一微扰. 第零次 (非相对论的) 系统的 Schrödinger 方程式乃

$$\left[\frac{1}{2m}p^2 + V(r)\right]\boldsymbol{\varPsi}^0 = E^0\boldsymbol{\varPsi}^0 \tag{8-16}$$

其微扰项 (13a) 式, 为

$$\begin{aligned} -\frac{1}{2mc^2}\frac{p^2}{2m}\cdot\frac{p^2}{2m}\boldsymbol{\varPsi}^0 &= -\frac{1}{2mc^2}\frac{p^2}{2m}\left(E^0 - V\right)\boldsymbol{\varPsi}^0 \\ &\cong -\frac{1}{2mc^2}\left(E^0 - V\right)^2\boldsymbol{\varPsi}^0 \end{aligned} \tag{8-17}^*$$

故 Schrödinger 方程式成

$$-\frac{\hbar^2}{2m}\nabla^2\boldsymbol{\varPsi} + \left[V - E - \frac{1}{2mc^2}(V-E)2\right]\boldsymbol{\varPsi} = 0 \tag{8-18}$$

用变数分离法, 使

$$\boldsymbol{\varPsi}(r) = \frac{1}{r}R(r)\,\boldsymbol{\varTheta}(\cos\theta)\,\boldsymbol{\varPhi}(\varphi)$$

即得

$$\frac{\mathrm{d}^2R}{\mathrm{d}r^2} + \left\{\frac{2m}{\hbar^2}(E-V) + \frac{1}{\hbar^2c^2}(E-V)^2 - \frac{l(l+1)}{r^2}\right\}R = 0$$

兹

$$V(r) = -\frac{Ze^2}{r}, \quad \alpha \equiv \frac{e^2}{\hbar c}\left(\simeq \frac{1}{137}\right) \tag{8-19}$$

---

* $\frac{p^2}{2m}(E_0 - V)\boldsymbol{\varPsi}^0$不显然的等于 $(E^0 - V)\frac{p^2}{2m}\boldsymbol{\varPsi}^0 = (E^0 - V)^2\boldsymbol{\varPsi}^0$, 惟 (17) 式是对的, 见 Sucher 与 Foley 在 Physical Review, 95, 966 (1954), 及 Wu 与 Tauber, Phys. Rev., **106**, 1767 (1955), 二文.

上式成

$$\frac{\mathrm{d}^2R}{\mathrm{d}r^2}+\left\{\frac{E^2}{\hbar^2c^2}+\frac{2mE}{\hbar^2}+\frac{2mZe^2}{\hbar^2 r}\left(1+\frac{E}{mc^2}\right)+\frac{1}{r^2}\left[Z^2\alpha^2-l\left(l+1\right)\right]\right\}R=0 \quad (8\text{-}20)$$

此方程式的形式系

$$\frac{\mathrm{d}^2R}{\mathrm{d}r^2}+\left(A+\frac{B}{r}+\frac{C}{r^2}\right)R=0 \qquad (8\text{-}20\text{a})$$

解此式的法, 一如第 4 章解 (4-96a) 式. 使

$$R\left(r\right)=\exp\left(-\sqrt{-A}r\right)r^{\gamma}\sum_k a_k r^k \qquad (8\text{-}21)$$

以此代入 (20) 式, 即得指数方程式

$$\gamma\left(\gamma-1\right)=l\left(l+1\right)-Z^2\alpha^2$$

$$\gamma=\left[\left(l+\frac{1}{2}\right)^2-Z^2\alpha^2\right]^{1/2}+\frac{1}{2} \qquad (8\text{-}22)$$

(21) 式的系数 a_k, 满足下推递关系：

$$a_{k+1}=\frac{2\sqrt{-A}\left(\gamma+k\right)-B}{\left(\gamma+k\right)\left(\gamma+k+1\right)+C}a_k \qquad (8\text{-}23)$$

B,C 之值由 (20), (20a) 二式得之. 为使 (21) 式无穷级数成为一多项式 ($a_{k+1}=a_{k+2}=\cdots=0$),

$$2\sqrt{-A}\left(\gamma+k\right)-B=0$$

即得

$$\frac{E}{mc^2}=\left[1+\frac{Z^2\alpha^2}{\left(k+\sqrt{\left(l+\frac{1}{2}\right)^2-Z^2\alpha^2}+\frac{1}{2}\right)^2}\right]^{-1/2}-1 \qquad (8\text{-}24)$$

兹使 n 代 $k+l+1$ 整数

$$n=k+l+1 \qquad (8\text{-}25)$$

并将 (24) 按 $Z^2\alpha^2$ 展开, 即得

$$E=-\frac{mc^2}{2}\cdot\frac{Z^2\alpha^2}{n^2}\left\{1+\frac{Z^2\alpha^2}{n^2}\left(\frac{n}{l+\frac{1}{2}}-\frac{3}{4}\right)+0\left(Z^4\alpha^4\right)\right\}$$

$$= -\frac{Z^2me^4}{2\hbar^2n^2}\left\{1+\frac{Z^2\alpha^2}{n^2}\left(\frac{n}{l+\dfrac{1}{2}}-\frac{3}{4}\right)+\cdots\right\} \tag{8-26}$$

此式 $\{\cdots\}$ 内的第二项乃相对论的修正项. 此式与 Sommerfeld 氏以古典力学计算的结果*

$$E = -\frac{Z^2me^4}{2\hbar^2n^2}\left\{1+\frac{Z^2\alpha^2}{n^2}\left(\frac{n}{k}-\frac{3}{4}\right)+\cdots\right. \tag{8-27}$$

不同 $\left(\text{是 } l+\dfrac{1}{2} \text{ 代了 } k\right)$. 惟 (27) 已与实验结果颇吻合, 则量子力学的结果 (26) 将与实验结果不符了. 我们将于下节中见 (26) 式加上电子"自旋与轨道交互作用"后, 复得与 (27) 相同的结果. 我们更于叙述 Dirac 相对论的电子方程式后, 将得见该理论导得的 E 公式, 不仅展开的首数项与 Sommerfeld 的 (27) 相同, 即其未展开成级数的公式, 亦与 Sommerfeld 的公式** 相同. 这是物理学史中罕有的情形.

8.3 电子自旋 (spin), (j,m)-及 (m_l,m_s)-表象

电子自旋, 是荷兰两位青年 (约二十四五岁) 物理学家 G. E. Uhlenbeck 和 S. A. Goudsmit 于 1925 年建议的. 这建议是基于原子光谱有许多现象, 甚难了解, 但可借此自旋假定而解释之 **. 这自旋假定, 按古典电磁论, 是有甚大的困难的. 当时量子力学尚未展开; 即使有了 Schrödinger 的波动力学, 仍没有自旋的观念的. 故在 Schrödinger 的量子力学, 自旋观念仍需另加进去的. 一直到了 1928 年, Dirac 氏提出相对论的电子波动方程式, 电子自旋, 方获得一个 (非纯经验性的) 较深的理论和了解. 在讨论到 Dirac 的理论前, 我们将用 Schrödinger 的 (非相对论的) 方程式, 而外加上电子自旋.

8.3.1 电子自旋 —— 算符及本征值

电子的自旋所以是一非古典而是一新颖观念者, 乃其不若一个固体的转动有三个自由度和无限数的本征值, 而只有有限的本征值.

---

*见《量子论与原子结构》甲部第 5 章 (5-19), (5-21) 式. $\dfrac{me^4}{2\hbar^2}=Rhc$, R 为 Rydberg 常数,

$$\frac{E}{mc^2}=\left[1+\frac{Z^2\alpha^2}{\left(n_r+\sqrt{k^2-Z^2\alpha^2}\right)^2}\right]^{-1/2}-1$$

** 关于电子自旋的实验资源背景, 可参阅《量子论与原子结构》乙部第 2 章. 关于电子自旋理论初创时的经过, 可参阅 M. Jammer 书 (见本册目录后文献) 第 3 章第 4 节.

设 $s(s_x, s_y, s_z)$ 为自旋的算符，$(s_x\hbar, s_y\hbar, s_z\hbar)$ 代表自旋角动量分量的算符. W. Pauli(于 Dirac 理论之前) 引入下列算符 (矩阵式)：

$$\sigma_x = \begin{pmatrix} 0 & 1 \\ 1 & 0 \end{pmatrix}, \quad \sigma_y = \begin{pmatrix} 0 & -\mathrm{i} \\ \mathrm{i} & 0 \end{pmatrix}, \quad \sigma_z = \begin{pmatrix} 1 & 0 \\ 0 & -1 \end{pmatrix} \tag{8-28}$$

这些算符有下述特性：

$$\sigma_x^2 = \sigma_y^2 = \sigma_z^2 = \begin{pmatrix} 1 & 0 \\ 0 & 1 \end{pmatrix} \tag{8-29}$$

及

$$\sigma_x\sigma_y = \mathrm{i}\sigma_z \tag{8-30}$$

$$\sigma_y\sigma_z = \mathrm{i}\sigma_x$$

$$\sigma_z\sigma_x = \mathrm{i}\sigma_y$$

$$\sigma_i\sigma_j + \sigma_j\sigma_i = 2\delta_{ij} \tag{8-31}$$

兹使自旋算符定义为 $\boldsymbol{s}(s_x, s_y, s_z)$

$$s_x = \frac{1}{2}\sigma_x, \quad s_y = \frac{1}{2}\sigma_y, \quad s_z = \frac{1}{2}\sigma_z \tag{8-32}$$

如是定义之 $s_x\hbar, s_y\hbar, s_z\hbar$, 乃满足第 2 章 (2-7) 式的关系

$$[s_x\hbar, s_y\hbar] = +s_z\hbar, \quad 余类推 \tag{8-33}$$

$\mathrm{i}\hbar[A, B] \equiv (AB - BA)$. 按 (28) 及 (32), 得见 $s_z\hbar$ 的本征值为 $\frac{1}{2}\hbar$ 及 $-\frac{1}{2}\hbar$, 其本征向量乃 $\begin{pmatrix} 1 \\ 0 \end{pmatrix}$ 及 $\begin{pmatrix} 0 \\ 1 \end{pmatrix}$, 即

$$s_z\begin{pmatrix} 1 \\ 0 \end{pmatrix} = \frac{1}{2}\begin{pmatrix} 1 \\ 0 \end{pmatrix}, \quad s_z\begin{pmatrix} 0 \\ 1 \end{pmatrix} = -\frac{1}{2}\begin{pmatrix} 0 \\ 1 \end{pmatrix} \tag{8-34}$$

$$\boldsymbol{s}^2\hbar^2 = \frac{\hbar^2}{4}\left(\sigma_x^2 + \sigma_y^2 + \sigma_z^2\right) = \frac{3}{4}\hbar^2\begin{pmatrix} 1 & 0 \\ 0 & 1 \end{pmatrix} \tag{8-35}$$

$$\begin{aligned} \boldsymbol{s}^2\begin{pmatrix} 1 \\ 0 \end{pmatrix} &= \frac{3}{4}\begin{pmatrix} 1 \\ 0 \end{pmatrix} \\ &= \frac{1}{2}\left(\frac{1}{2} + 1\right)\begin{pmatrix} 1 \\ 0 \end{pmatrix} \end{aligned} \tag{8-35a}$$

换言之, 在 (28) 的表象, s_z 与 $\boldsymbol{s}^2$ 有共同之本征矢 $\begin{pmatrix} 1 \\ 0 \end{pmatrix}$.

为简便计, 我们将采下表式:

$$\chi_{\frac{1}{2}} \equiv \alpha \equiv \begin{pmatrix} 1 \\ 0 \end{pmatrix}, \quad \chi_{-\frac{1}{2}} \equiv \beta \equiv \begin{pmatrix} 0 \\ 1 \end{pmatrix} \tag{8-36}$$

故 (34), (35) 式乃成

$$s_z\alpha = \frac{1}{2}\alpha, \quad s_z\beta = -\frac{1}{2}\beta, \quad s^2\alpha = \frac{1}{2}\left(\frac{1}{2}+1\right)\alpha \tag{8-37}$$

又

$$(s_x + \mathrm{i}s_y)\begin{Bmatrix} \alpha \\ \beta \end{Bmatrix} = \begin{Bmatrix} 0 \\ \alpha \end{Bmatrix} \tag{8-38}$$

$$(s_x - \mathrm{i}s_y)\begin{Bmatrix} \alpha \\ \beta \end{Bmatrix} = \begin{Bmatrix} \beta \\ 0 \end{Bmatrix}$$

如我们视 $\begin{pmatrix} 0 \\ 1 \end{pmatrix} \equiv \beta$为 s_z 本征值 $= -\dfrac{1}{2}$ 的态, $\begin{pmatrix} 1 \\ 0 \end{pmatrix} \equiv \alpha$ 为 s_z 本征值 $= \dfrac{1}{2}$ 之态, 则 (38) 谓 $s_x + \mathrm{i}s_y$ 使 β 变为 α 态, $s_x - \mathrm{i}s_y$ 使 α 变为 β 态的算符.

本征态的归一化及正交条件乃

$$\begin{pmatrix} 1 & 0 \end{pmatrix}\begin{pmatrix} 1 \\ 0 \end{pmatrix} = 1, \quad \begin{pmatrix} 0 & 1 \end{pmatrix}\begin{pmatrix} 0 \\ 1 \end{pmatrix} = 1, \quad \begin{pmatrix} 1 & 0 \end{pmatrix}\begin{pmatrix} 0 \\ 1 \end{pmatrix} = 0 \tag{8-39a}$$

或以 α, β 表之

$$\alpha^*\alpha = 1, \quad \beta^*\beta = 1, \quad \alpha^*\beta = \beta^*\alpha = 0$$

$$\chi^*_{\frac{1}{2}}\chi_{\frac{1}{2}} = 1, \quad \chi^*_{\frac{1}{2}}\chi_{-\frac{1}{2}} = 1, \quad \chi^*_{\frac{1}{2}}\chi_{-\frac{1}{2}} = \chi^*_{-\frac{1}{2}}\phi_{\frac{1}{2}} = 0 \tag{8-39b}$$

8.3.2 自旋–轨道交互作用 (spin-orbit interaction)

本节首段曾指出电子自旋的正确来源, 有待 Dirac 氏理论. 故在本章中, 我们将暂引用由古典观念得来的模型. 按此, 电子自旋的磁矩

$$\mu_s = g\frac{e}{2mc}\frac{\hbar}{2} = g\mu_{\mathrm{B}}s, \quad g = 2 \tag{8-40}$$

与原子核与电子的相对运动 (按 Biot-Savart 定律) 所产生的磁场*

$$\mathscr{H} = \frac{Ze\hbar}{mcr^3}\boldsymbol{l} \tag{8-41}$$

* 如由 (40) 及 (41) 计算 $(\mu_s \cdot \mathscr{H})$, 则结果为 (42) 式的 2 倍. 此因子 "2" 系电子自旋理论的一大困难. 1926 年 2 月, L. H. Thomas 在 Nature 117, 514, 一文中指出, 如对电子与原子核的相对运动作正确的计算, 则应有一个 "$\dfrac{1}{2}$" 的修正. 结果乃为下文 (42) 式. 此 "Thomas 修正", 在 Dirac 之相对论电子方程式中, 自然的出现, 不再需加入 "修正".

的交互作用能乃

$$H_{s0} = 2\left(\frac{e\hbar}{2mc}\right)^2 \frac{Z}{r^3}(\boldsymbol{l}\cdot\boldsymbol{s}) \tag{8-42}$$

此处 $l\hbar, s\hbar$ 乃电子轨道运行的角动量及电子自旋的角动量.

兹视 H_{s0} 为一微扰, 欲计算其引致的态能的增加 ΔE_{s0}. 因不受微扰的子之 Hamiltonian 与 s 无关, 故其本征函数为

$$\Psi_{nlm_l}(r,\theta,\varphi)\chi_{m_s} = R_{nl}(r)\,\Theta_{lm_l}(\theta)\,\Phi_{m_l}(\varphi)\,\chi_{m_s} \tag{8-43}$$

m_l 为前此之 $m, m_s = \pm\dfrac{1}{2}$,

$$-l \leqslant m_l \leqslant l, \quad m_s = \pm\frac{1}{2} \tag{8-44}$$

兹考虑

$$< nlm_lm_s\,|H_{s0}|\,n'l'm_l'm_s' >= \int \Psi^*_{nlm_l}\chi^*_{ms}H_{s0}\,\Psi_{n'l'm_l'}\chi_{m_s'}\mathrm{d}r \tag{8-45}$$

使

$$\xi_{nl,n'l'} = 2Z\mu_{\mathrm{B}}^2\int_0^\infty R_{nl}(r)\,\frac{1}{r^3}R_{n'l'}(r)\,r^2\mathrm{d}r \tag{8-46}$$

$$\begin{aligned}\xi_{nl} \equiv \xi_{nl,nl} &= 2Z\mu_{\mathrm{B}}^2\frac{Z^3}{n^3l\left(l+\dfrac{1}{2}\right)(l+1)\,a^3}, \quad a = \frac{h^2}{me^2}\\ &= \left(\frac{Z^2me^4}{2\hbar^2}\right)\frac{Z^2\alpha^2}{n^3l\left(l+\dfrac{1}{2}\right)(l+1)}\end{aligned} \tag{8-46a}$$

(此式宜与 (26) 比较)

(45) 式乃成

$$\begin{aligned}< nlm_lm_s\,|H_{s0}|\,n'l'm_l'm_s' >= \xi_{nl,n'l'} \iint \Theta^*_{lm_l}\,\Phi^*_{m_l}\chi^*_{m_s}\\ \times(l_xs_x + l_ys_y + l_zs_z)\,\Theta_{l'm_l'}\,\Phi_{m_l'}\chi_{m_s'}\,\mathrm{d}\cos\theta\mathrm{d}\varphi\end{aligned} \tag{8-47}$$

l_x, l_y, l_z 的矩阵元素, 已见第 4 章 (4-142), (4-145), (4-146) 各式. 其不等于零者为

$$< l, m_l\,|l_x|\,l, m_l > = m_l \tag{8-48a}$$

$$\begin{aligned}< l, m_l\,|l_x|\,l, m_l - 1 > &= \mathrm{i} < l, m_l\,|l_y|\,l, m_l - 1 >\\ &= -\frac{1}{2}\sqrt{(l - m_l + 1)(l + m_l)}\end{aligned} \tag{8-48b}$$

$$\begin{aligned} < l,m_l\left|l_x\right|l,m_l+1 > &= -\mathrm{i} < l,m_l\left|l_y\right|l,m_l+1 > \\ &= -\frac{1}{2}\sqrt{(l-m_l)\,(l+m_l+1)} \end{aligned} \tag{8-48c}$$

s_x,s_y,s_z 的矩阵元素, 在 (28) 式的表象, 其不等于零者为

$$< m_s\left|s_z\right|m_s > = m_s \tag{8-49a}$$

$$< m_s\left|s_x\right|m_s-1 > = \mathrm{i} < m_s\left|s_y\right|m_s-1 >= \frac{1}{2} \tag{8-49b}$$

$$< m_s\left|s_x\right|m_s+1 > = -\mathrm{i} < m_s\left|s_y\right|m_s+1 >= \frac{1}{2} \tag{8-49c}$$

由上 (48), (49) 各式, 即得

$$\begin{gathered} < l,m_l,m_s\left|(\boldsymbol{l}\cdot\boldsymbol{s})\right|l,m_l-1,m_s+1 >= \frac{1}{2}\sqrt{(l-m_l+1)\,(l+m_l)} \\ < l,m_l,m_s\left|(\boldsymbol{l}\cdot\boldsymbol{s})\right|l,m_l+1,m_s-1 >= \frac{1}{2}\sqrt{(l-m_l)\,(l+m_l+1)} \\ < l,m_l,m_s|(\boldsymbol{l}\cdot\boldsymbol{s})|l,m_l,m_s >= m_l m_s \end{gathered} \tag{8-50}$$

由 (50), 得见 $(\boldsymbol{l}\cdot\boldsymbol{s})$ 对量子数 l 及

$$m = m_l + m_s \tag{8-51}$$

是对角的. 后一性质, 非偶然的而系由于下对易关系的*:

$$(\boldsymbol{l}\cdot\boldsymbol{s})\,(l_z+s_z) - (l_z+s_z)\,(\boldsymbol{l}\cdot\boldsymbol{s}) = 0 \tag{8-52}$$

又由第 2 章 (2-8) 式, 即得

$$\boldsymbol{l}^2\,(\boldsymbol{l}\cdot\boldsymbol{s}) - (\boldsymbol{l}\cdot\boldsymbol{s})\,\boldsymbol{l}^2 = 0 \tag{8-53}$$

由 (35) 及 (32) 式, 即得

$$\boldsymbol{s}^2\,(\boldsymbol{l}\cdot\boldsymbol{s}) - (\boldsymbol{l}\cdot\boldsymbol{s})\,\boldsymbol{s}^2 = 0 \tag{8-54}$$

兹定义 $\boldsymbol{j}$ 为 $\boldsymbol{l}$ 与 $\boldsymbol{s}$ 之和

$$\boldsymbol{j} = \boldsymbol{l} + \boldsymbol{s} \tag{8-55}$$

故

$$\boldsymbol{j}^2 = \boldsymbol{l}^2 + \boldsymbol{s}^2 + 2\,(\boldsymbol{l}\cdot\boldsymbol{s}) \tag{8-56}$$

由 (52), (53), (54), 故得

$$\boldsymbol{j}^2\,(\boldsymbol{l}\cdot\boldsymbol{s}) - (\boldsymbol{l}\cdot\boldsymbol{s})\,\boldsymbol{j}^2 = 0 \tag{8-57}$$

---

* (52) 式由 (2-7) 及 (33) 即可证明.

换言之, 我们可得一个表象, 使下列各算符同时成对角矩阵 (按第 1 章定理 (十六)):

$$\boldsymbol{j}^2, \boldsymbol{l}^2, \boldsymbol{s}^2, l_z + s_z \text{同时为对角矩阵} \tag{8-58}$$

按第 1 章定理 (十七), 此四算符有共同之本征函数 ϕ(或本征态, 或本征矢量). 按 (2-18) 或 (4-120), $\boldsymbol{l}^2$ 之本征值为

$$\boldsymbol{l}^2\phi = l(l+1)\phi \tag{8-59}$$

由 (35a), (36)

$$\boldsymbol{s}^2\left\{\begin{array}{c}\alpha\\ \beta\end{array}\right\} = \frac{1}{2}\left(\frac{1}{2}+1\right)\left\{\begin{array}{c}\alpha\\ \beta\end{array}\right\} = s(s+1)\left\{\begin{array}{c}\alpha\\ \beta\end{array}\right\} \tag{8-60}$$

同法, $\boldsymbol{j}^2$ 的本征值为

$$\boldsymbol{j}^2\phi = j(j+1)\phi \tag{8-61}$$

$$l - \frac{1}{2} \geqslant j \leqslant l + \frac{1}{2} \tag{8-62}$$

(58) 表象, 为简便故, 将称为 (j, m)- 表象.

我们务须注意者, 在此表象中, H_{s_0}(42) 式对量子数 j, m 言是对角矩阵, 但对量子数 n 则否, 盖 (47) 式中之因子 $\xi_{nl,n'l}$ 当 $n' \neq n$ 时不等于零也. n 不同的态间的 H_{s_0} 微扰效应, 将于第二阶 (second order) 效应, 在某些情形下 (即某些现象下) 有其重要性, 如对某些碱金属原子主系光谱双重线间的强度反应常现象, Fermi 的解释理论是也 (见下文第 (70) 式下之注). 在目前的讨论中, 我们将不计 (47) 式 n, n' 不同的矩阵元素.

在 (j, m)– 表象中, $(l_z + s_z)$ 是对角矩阵, 但 l_z 及 s_z 各别则皆非对角的, 盖 $l_z(\boldsymbol{l}\cdot\boldsymbol{s}) - (\boldsymbol{l}\cdot\boldsymbol{s})l_z \neq 0, s_z(\boldsymbol{l}\cdot\boldsymbol{s}) - (\boldsymbol{l}\cdot\boldsymbol{s})s_z \neq 0$, 故 l_z, s_z 各别亦不与 $\boldsymbol{j}^2$ 对易也.

(45) 及 (47) 系以 (43) 式的 $\Psi_{nlm_l}(r,\theta,\varphi)\chi_m$, 为基础函数 (或称基础向量, basic kets). 这些基础函数, 构成一个表象, 在该表象中, l_z 及 s_z 各别的成一对角矩阵 (见 (48a), (49a) 式). 此表象称为 (m_l, m_s)- 表象. 在此表象, H_{s0}(含 $(\boldsymbol{l}\cdot\boldsymbol{s})$) 将非对角 (见 (50) 式).

为 (43) 式的 $\Psi_{nlm_l}\chi$, 的可直接写出, 我们将由 (m_l, m_s)- 表象开始, 计算 (47) 式中的积分.

兹以 $l = 2$ 为例. $-2 \leqslant m_l \leqslant 2$, $-\frac{1}{2} \leqslant m_s \leqslant \frac{1}{2}$, $-\frac{5}{2} \leqslant m \leqslant \frac{5}{2}$. 下图乃 $(\boldsymbol{l}\cdot\boldsymbol{s})$ 在 (m_l, m_s)- 表象的矩阵. $(\boldsymbol{l}\cdot\boldsymbol{s})$ 的本征值乃由下方程式之根得之:

$$\left\| < m_l, m_s \left|(\boldsymbol{l}\cdot\boldsymbol{s})\right| m_l', m_s' > -\varepsilon\delta_{m_l m_l'}\delta_{m_s m_s'} \right\| = 0 \tag{8-63}$$

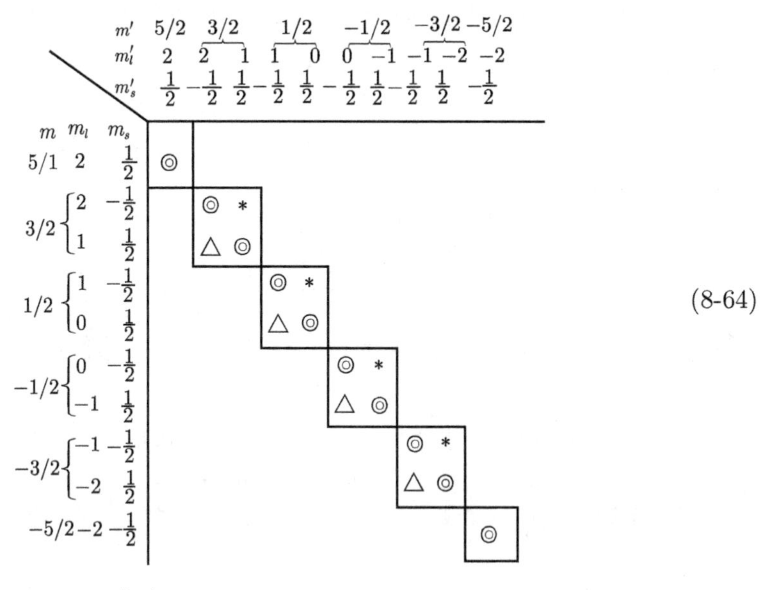

(8-64)

$$
\begin{aligned}
&\circledcirc \text{ 代表 } m_l = m_l' m_s - m_s' \\
&* \text{ 代表 } m_l = m + \frac{1}{2}, m_{l'} = m - \frac{1}{2} \\
&\triangle \text{ 代表 } m_l = m - \frac{1}{2}, m_l' = m + \frac{1}{2}
\end{aligned}
\tag{8-65}
$$

此外其他的元素皆等于零. (63) 方程式乃成两个线性的, 四个二次方的方程式. 两个线性的为 (见 (48a), (49a))

$$m_l m_s - \epsilon = 0 \tag{8-66}$$

或

$$\varepsilon = (l)\left(\frac{1}{2}\right) = \frac{1}{2}l(l = 2\text{在目前之例题})$$

及

$$\epsilon = (-l)\left(-\frac{1}{2}\right) = \frac{1}{2}l \tag{8-66a}$$

此二根相等, 故有简并情形. 四个二次方程式为

$$\begin{vmatrix} < m_l m_s \left|(l\cdot s)\right| m_l m_s > -\epsilon & < m_l m_s \left|(l\cdot s)\right| m_l - 1, m_s + 1 > \\ < m_l - 1, m_s + 1 \left|(l\cdot s)\right| m_l, m_s > & < m_l - 1, m_s + 1 \left|(l\cdot s)\right| m_l - 1, m_s + 1 - \epsilon \end{vmatrix} = 0 \tag{8-67a}$$

由 (50) 及 (65),

$$\begin{vmatrix} -\frac{1}{2}\left(m_l + \frac{1}{2}\right) - \epsilon & -\frac{1}{2}\sqrt{\left(l - m + \frac{1}{2}\right)\left(l + m + \frac{1}{2}\right)} \\ -\frac{1}{2}\sqrt{\left(l - m + \frac{1}{2}\right)\left(l + m + \frac{1}{2}\right)} & \frac{1}{2}\left(m + \frac{1}{2}\right) - \epsilon \end{vmatrix} = 0 \tag{8-67b}$$

其根为

$$\epsilon = \begin{cases} \dfrac{1}{2}l \\ -\dfrac{l+1}{2} \end{cases} \tag{8-68}$$

故 (63) 式的根为

$$\epsilon = \begin{cases} \dfrac{l}{2}, & \text{简并度} 2l+2 \\ -\dfrac{l+1}{2}, & \text{简并度} 2l \end{cases} \tag{8-69}$$

因 H_{so} 对 l 量子数有对角性, 又因我们略去 n, n' 不同态间的微扰, 故 H_{so} 的本征值乃*

---

* 上 (63)~(70) 各式, 只系考虑 H_{s0} 与主量子数 n 对角的矩阵元素

$$< nlm_l m_s |H_{s0}| nlm_l' m_s' >$$

兹取碱金属原子的主系光谱线

$$s^2\mathrm{S}_{\frac{1}{2}} —— np^2\mathrm{P}_{\frac{1}{2},\frac{3}{2}}$$

两分线之强度之比例, 系 $\left(2 \cdot \dfrac{1}{2} + 1\right) : \left(2 \cdot \dfrac{3}{2} + 1\right) = 1 : 2$. 惟 C_s 原子的主系双线之强度比例, 与 1:2 有差. 此现象之解释如下:

兹考虑 H_{s0} 与 n 非对角的元素

$$< nlm_l m_s |H_{s0}| n'lm_l' m_s' >$$

由 (42)

$$H_{s0} = \xi(r)(l \cdot s), \quad \xi(r) = 2\mu_{\mathrm{B}}^2 \frac{Z}{r^3}$$

由 (46), (68),

$$< nlm_l m_s |H_{s0}| n'lm_l' m_s' > = \xi_{nl,n'l} < m_l m_s |l \cdot s| m_{l'ms'} >$$

故经解 (67b) 后, 可得 (以 $l=1$ 为例)

$$< n^2P_{\frac{3}{2}} |H_{s0}| n'^2P_{\frac{3}{2}} > = \frac{1}{2}\xi_{np,n'p}$$

$$< n^2P_{\frac{1}{2}} |H_{s0}| n'^2P_{\frac{1}{2}} > = -\xi_{np,n'p}$$

按第 5 章 (5-14) 式, $np^2P_{\frac{1}{2}}, np^2P_{\frac{3}{2}}$ 的第一阶微扰函数兹乃为

$$\Psi(np^2P_{\frac{3}{2}}) = \Psi^0(np^2P_{\frac{3}{2}}) + \frac{1}{2}\sum_{n'} \frac{\xi_{np,np}}{E_n^0 - E_{n'}^0} \Psi^0(n'p^2P_{\frac{3}{2}})$$

$$\Psi(np^2P_{\frac{1}{2}}) = \Psi^0(np^2P_{\frac{1}{2}}) - \sum_{n'} \frac{\xi_{np,np}}{E_n^0 - E_{n'}^0} \Psi^0(n'p^2P_{\frac{1}{2}})$$

故 $^2S_{\frac{1}{2}}—np^2P_{\frac{3}{2}}, {}^2S_{\frac{1}{2}}—np^2P_{\frac{1}{2}}$ 强度之比, 为

$$2 \cdot \frac{\left| < s|r|np > + \frac{1}{2}\sum_{n'} \frac{\xi_{np,n'p}}{E_0^n - E_{n'}^0} < s|r|n'p > \right|^2}{\left| < s|r|np > - \sum_{n'} \frac{\xi_{np,n'p}}{E_n^0 - E_{n'}^0} < s|r|n'p > \right|^2}$$

此值自差于 2 也 (见 E. Fermi, Z. f. Phys., 59, 680(1929) 文).

此项理论, 属于所谓 "组态交互作用", 详见下文第 9 章第 6 节, 及第 10 章第 5 节.

$$\Delta E_{s0} = \begin{Bmatrix} \dfrac{l}{2} \\ -\dfrac{l+1}{2} \end{Bmatrix} \xi_{nl} \tag{8-70}$$

$$\begin{aligned} \xi_{nl} &= \frac{Z^2 m e^4}{2\hbar^2} (Z\alpha)^2 \frac{1}{n^3 l \left(l+\dfrac{1}{2}\right)(l+1)} \\ &= \frac{Z^2 Rhc (Z\alpha)^2}{n^3 l \left(l+\dfrac{1}{2}\right)(l+1)} \quad (\text{见 (27) 式下注}) \end{aligned} \tag{8-71}$$

8.3.3 $(j,\ m)$- 表象与 (m_l, m_s)- 表象间的变换

由 (68) 式, 已得 $(\boldsymbol{l}\cdot\boldsymbol{s})$ 的本征值

$$(l \cdot s) = \begin{cases} \dfrac{l}{2} \\ -\dfrac{l+1}{2} \end{cases} \tag{8-72}$$

由 (56), (59), (60), (62) 等, 即得 j 的本征值,

$$j = \begin{cases} l+\dfrac{1}{2}, (\boldsymbol{l}\cdot\boldsymbol{s}) = \dfrac{l}{2} \\ l-\dfrac{1}{2}, (\boldsymbol{l}\cdot\boldsymbol{s}) = -\dfrac{l+1}{2} \end{cases} \tag{8-72a}$$

从所谓矢量模型观点, (72a) 的两个 j 值, 可视为 $\boldsymbol{l}$ 与 $\boldsymbol{s}$ 两矢量同与反方向.

相当于 (72) 两本征值的 $(\boldsymbol{l}\cdot\boldsymbol{s})$ 的本征函数 ϕ, 可按本册第 1 章定义十三定之, 兹使 j,m 为 j 及 l_z+s_z 的量子数, 则 (61) 式可写为

$$\boldsymbol{j}^2 \phi_{j,m} = j(j+1)\phi_{j,m} \tag{8-73}$$

$$\begin{aligned} j = l+\frac{1}{2} : \phi_{j,m} &= \sqrt{\frac{l+m+\dfrac{1}{2}}{2l+1}}\, \Psi_{m-\frac{1}{2},\frac{1}{2}} - \sqrt{\frac{l-m+\dfrac{1}{2}}{2l+1}}\, \Psi_{m+\frac{1}{2},-\frac{1}{2}} \\ j = l-\frac{1}{2} : \phi_{j,m} &= \sqrt{\frac{l-m+\frac{1}{2}}{2l+1}}\, \Psi_{m-\frac{1}{2},\frac{1}{2}} + \sqrt{\frac{l+m+\frac{1}{2}}{2l+1}}\, \Psi_{m+\frac{1}{2},-\frac{1}{2}} \end{aligned} \tag{8-74}$$

此式中的 Ψ, 系 $\Psi_{m_l,ms}$, 换言之, 乃 (43) 式中的

$$\Psi_{m_l,m_s} = \Theta_{lm_l} \Phi_{m_l} \chi_s \tag{8-75}$$

即所谓 (m_l, m_s)- 表象的基础向量也. (74) 乃由 (m_l, m_s)- 表象变换至 (j, m)- 表象的变换方程式. 其反变换则为

$$
\begin{aligned}
&m_l = m - \frac{1}{2}: \Psi_{m_l, m_s} = \sqrt{\frac{l+m+\frac{1}{2}}{2l+1}}\phi_{l+\frac{1}{2},m} + \sqrt{\frac{l-m+\frac{1}{2}}{2l+1}}\phi_{l-\frac{1}{2},m} \\
&m_s = \frac{1}{2} \\
&m_l = m + \frac{1}{2}: \Psi_{m_l, m_s} = -\sqrt{\frac{l-m+\frac{1}{2}}{2l+1}}\phi_{l+\frac{1}{2},m} + \sqrt{\frac{l+m+\frac{1}{2}}{2l+1}}\phi_{l-\frac{1}{2},m} \\
&m_s = -\frac{1}{2}
\end{aligned} \tag{8-76}
$$

(75), (76) 为表象变换中其基础矢量 (basic vector) 变换的一特例, 甚为重要. (72) 式现可以下式表之：

$$
< j, m\,|(l \cdot s)|\, j, m >= \begin{cases} < l + \dfrac{1}{2}, m\,|\boldsymbol{l} \cdot \boldsymbol{s}|\, l + \dfrac{1}{2}, m >= \dfrac{l}{2} \\ < l - \dfrac{1}{2}, m\,|\boldsymbol{l} \cdot \boldsymbol{s}|\, l - \dfrac{1}{2}, m >= -\dfrac{l+1}{2} \end{cases} \tag{8-77}
$$

$$
\begin{aligned}
&= \frac{1}{2} < j, m\,|\boldsymbol{j}^2 - \boldsymbol{l}^2 - \boldsymbol{s}^2|\, j, m > \\
&= \frac{1}{2}\left[j(j+1) - l(l+1) - s(s+1)\right] \qquad (8\text{-}78) \\
&= \begin{cases} \dfrac{l}{2}, & \text{如} j = l + \dfrac{1}{2} \\ -\dfrac{l+1}{2}, & \text{如} j = l - \dfrac{1}{2} \end{cases}
\end{aligned}
$$

8.4 j 及 m 的选择定则

量子数 l 的 (电偶辐射及磁偶辐射) 选择定则, 已见 (7-4) 及 (7-6) 式. 兹因电子自旋的引入, 故有 j, m 量子数. 本节将以第 2 章第 1 节的方法, 求 j 及 m 的选择定则.

兹使 $\boldsymbol{L}\,(L_x, L_y, L_z)$ 示电子的轨道运动的角动量, $\boldsymbol{r}\,(x, y, z)$ 为坐标. 由 (4-124), (4-128), (4-129)

$$
L_z z - z L_z = 0 \tag{8-79a}
$$

$$
L_z\,(x + \mathrm{i}y) - (x + \mathrm{i}y)\,L_z = (x + \mathrm{i}y)\,\hbar \tag{8-79b}
$$

$$
(x + \mathrm{i}y)\,(L_x + \mathrm{i}L_y) - (L_x + \mathrm{i}L_y)\,(x + \mathrm{i}y) = 0 \tag{8-79c}
$$

使 $\boldsymbol{J}=\boldsymbol{L}+\boldsymbol{S}$ 为 (55) 式 j 的算符, $s\,(s_x,s_y,s_z)$ 见 (37), (38) 式

$$J_z = L_z + s_z \tag{8-80}$$

因 s 只运作于自旋坐标 (前此未显明的写出的), 故 S 与 x,y,z,L_x,L_y,L_z 均对易, 由 (79a, b, c) 乃得*

$$J_z z - z J_z = 0 \tag{8-81a}$$

$$J_z\,(x+\mathrm{i}y)-(x+\mathrm{i}y)\,J_z=(x+\mathrm{i}y)\,\hbar \tag{8-81b}$$

$$J_z\,(x-\mathrm{i}y)-(x-\mathrm{i}y)\,J_z=-\,(x-\mathrm{i}y)\,\hbar \tag{8-81c}$$

$$(x+\mathrm{i}y)\,(J_x+\mathrm{i}J_y)-(J_x+\mathrm{i}J_y)\,(x+\mathrm{i}y)=0 \tag{8-81d}$$

兹取 (58) 的 (j,m)- 表象, $J^2,J_z,H=H_0+H_{s0}$ 皆系对角矩阵. J^2,J_z 的本征值为 (见 (61) 式)

$$J^2\phi_{j,m}=j\,(j+1)\,\hbar^2\phi_{j,m} \tag{8-82}$$

$$J_z\phi_{j,m}=m\hbar\phi_{j,m} \tag{8-83}$$

故由 (81a), (81b), (81c), 即得

$$(m'-m'') < m'\,|z|\,m'' >= 0 \tag{8-84a}$$

$$(m'-m''-1) < m'\,|x+\mathrm{i}y|\,m'' >= 0 \tag{8-84b}$$

$$(m'-m''+1) < m'\,|x-\mathrm{i}y|\,m'' >= 0 \tag{8-84c}$$

如使

$$< m'\,|z|\,m'' >\neq 0,\ \text{则}\ \Delta m=m'-m''=0 \tag{8-85a}$$

$$< m'\,|x\pm\mathrm{i}y|\,m'' >\neq 0,\ \ \text{则}\ \Delta m=m'-m''=\pm 1 \tag{8-85b}$$

故 m 的选择定别为

$$\Delta m = 0,\pm 1 \tag{8-85c}$$

因

$$\left[J^2,J_x\right]=0,\quad \left[J^2,J_y\right]=0$$

故 $J_x+\mathrm{i}J_y$ 与 J^2 对易, 即 $J_x+\mathrm{i}J_y$ 对量子数 j 系对角的**.

$$J_x+\mathrm{i}J_y=L_x+\mathrm{i}L_y+S_x+\mathrm{i}S_y$$

* (81) 各式, 于多个电子的系统亦可应用, 只需将 x,y,J_z 等, 代以 $\sum x_i,\sum y_i,\sum J_{zi}\equiv J_z$ 等.

** J_x,J_y 不与 J_z 对易, 故 $J_x+\mathrm{i}J_y$ 对量子数 m 则对非角的.

由 (48b,c) 及 (49b,c), $J_x+\mathrm{i}J_y$ 的 (唯一的) 不等于零的矩阵元素为

$$< j', m' |J_x+\mathrm{i}J_y| j', m'-1 > \tag{8-86}$$

由 (84b) 及 (85b), $x+\mathrm{i}y$ 的不等于零的矩阵元素乃

$$< j', m' |x+\mathrm{i}y| j'', m'-1 > \tag{8-87}$$

故 (81d) 式乃成

$$\begin{aligned}&< j', m |J_x+\mathrm{i}J_y| j', m'-1 >< j', m'-1 |x+\mathrm{i}y| j'', m'-2 >\\ =&< j', m' |x+\mathrm{i}y| j'', m'-1 >< j'', m'-1 |J_x+\mathrm{i}J_y| j'', m'-2 >\end{aligned} \tag{8-88}$$

使左方不等于零, 务需有

$$\begin{aligned}-j'+1 \leqslant m' \leqslant j'\\ -j'+1 \leqslant m' \leqslant j''+2\end{aligned} \tag{8-89}$$

使右方不等于零, 务需有

$$\begin{aligned}-j'+1 \leqslant m' \leqslant j'\\ -j''+2 \leqslant m' \leqslant j''+1\end{aligned} \tag{8-90}$$

故使 (88) 式由意义, 务必能得一个同时满足 (89), (90) 式的 m'. 兹假设 $j''=j'$, 则 m' 须满足

$$-j'+2 \leqslant m' \leqslant j' \tag{8-90a}$$

设 $j''=j'+1$, 则

$$-j'+1 \leqslant m' \leqslant j' \tag{8-90b}$$

设 $j'''=j-1$, 则

$$-j'+3 \leqslant m' \leqslant j' \tag{8-90c}$$

惟如 $j''=j'+2$, 则 (89) 及 (90) 两式对 m' 的要求不同, 二者不同时满足矣. 故

$$\Delta j = j''-j' = 0, \pm 1 \tag{8-91}$$

$$(0 \leftrightarrow 0 \text{ 除外, 见 (90a) 式})$$

此乃 j 的选择定则.

本节的方法, 系源自 Dirac 氏. 其一般化的方法, 可参阅 E. U. Condon 与 G. H. Shortley: The Theory of Atomic Spectra 一书第三、四章关于角动量、选择定则、变换方程式等结果, 皆可以群论方法得之.

8.5 微细结构 (fine structure)

由 (70) 及 (71) 式, 与 (26) 式的并视, 得见自旋–轨道交互作用 ΔE_{S0} 与相对论的修正项, 系同级大小量. 兹将 (26) 式作 (70)ΔE_{S0} 项的修正, 即得

$$
\begin{aligned}
E_{n,l}&=-\frac{Z^2Rhc}{n^2}-\frac{Z^2Rhc(Z\alpha)^2}{n^4}\left(\frac{n}{l+\frac{1}{2}}-\frac{3}{4}\right)+\frac{Z^2Rhc(Z\alpha)^2}{n^2l\left(l+\frac{1}{2}\right)(l+1)}\left(\begin{array}{c}\frac{l}{2}\\-\frac{l+1}{2}\end{array}\right)+\cdots\\
&=-\frac{Z^2Rhc}{n^2}-\frac{Z^2Rhc(Z\alpha)^2}{n^4}\left\{\begin{array}{c}\left(\frac{n}{l+1}\right)-\frac{3}{4}\\ \left(\frac{n}{l}-\frac{3}{4}\right)\end{array}\right\}+\cdots,\quad \begin{array}{cc}l & s\\ \uparrow & \uparrow\\ \uparrow & \downarrow\end{array}
\end{aligned}
\tag{8-92}
$$

以此式与 (27) 式 (Sommerfeld 公式) 比较, 得见此新结果 (按量子力学计算相对论修正及自旋–轨道交互作用), 在数值上竟与 Sommerfeld 用古典力学计算相对论的修正相同 (其分别处是 (27) 式中的 k, 系由 1, 2, $\cdots$ 至 n 的整数, 而 (79) 式中的 l, 则系由 0, 1, $\cdots$ 至 $n-1$ 的整数). (92) 式有上、下二式; 上式之 l, 可用于 l=0,1,2$\cdots$; 下式之 l, 则只可用于 l=1,2, $\cdots$; 盖在 l=0 情形下, $\boldsymbol{j}=\boldsymbol{l}+\boldsymbol{s}$ 只有 $j=\frac{1}{2}$ 而无 $-\frac{1}{2}$ 值也.

下表就 n =2, 3 态的微细结构, 按 (26), (70), (92) 及 Sommerfeld 的 (27) 公式列作比较.

由 (92) 或表 8.1, 得见同 j 值的精细结构能态是简并的, 如

$$
j=\left\{\begin{array}{l}(l+1)-\frac{1}{2}\\ l+\frac{1}{2}\end{array}\right.\quad \text{两态的能相同} \tag{8-93}
$$

故 (92) 式的能虽在数值上与 Sommerfeld 理论的 (27) 式相等, 态的量子数却异. 例如 (27) 式 n=3, k=2 只是一个态, 而同此能值在 (79) 式中, 却是 $\left(l=2, j=l-s=2-\frac{1}{2}\right)$ 与 $\left(l=1, j=l-1+s=1+\frac{1}{2}\right)$ 两简并态. 因此, 由 n=3 至 n=2 态的电偶辐射线 (称曰 H_α- 线) 的微细结构, 按 (27) 及 (92) 理论亦不同.

按量子论, 量子数 k 的选择定则为

$$
\Delta k=\pm 1 \tag{8-94}
$$

按量子力学, 量子数 l 及 j 的选择定则为 (4), (91)

表 8.1

	l	相对论 (26)	j	自旋-轨道 (70)	(26)+(70) (72)	k	Sommerfeld (27)	单位
$n=3$	2	$-\left(\frac{3}{5/2}-\frac{3}{4}\right)$	5/2	$+\frac{1}{5}$	$-\left(\frac{3}{3}-\frac{3}{4}\right)$	3	$-\left(\frac{3}{3}-\frac{3}{4}\right)$	$\frac{RhcZ^4\alpha^2}{3^4}$
			3/2	$-\frac{3}{10}$	$-\left(\frac{3}{2}-\frac{3}{4}\right)$	2	$-\left(\frac{3}{2}-\frac{3}{4}\right)$	
	1	$-\left(\frac{3}{3/2}-\frac{3}{4}\right)$	3/2	$+\frac{1}{2}$	$-\left(\frac{3}{2}-\frac{3}{4}\right)$			
			1/2	-1	$-\left(\frac{3}{1}-\frac{3}{4}\right)$	1	$-\left(\frac{3}{1}-\frac{3}{4}\right)$	
	0	$-\left(\frac{3}{1/2}-\frac{3}{4}\right)$	1/2	$+3$	$-\left(\frac{3}{1}-\frac{3}{4}\right)$			
$n=2$	1	$-\left(\frac{2}{3/2}-\frac{3}{4}\right)$	3/2	$+\frac{1}{3}$	$-\left(\frac{2}{2}-\frac{3}{4}\right)$	2	$-\left(\frac{2}{2}-\frac{3}{4}\right)$	$\frac{RhcZ^4\alpha^2}{2^4}$
			1/2	$-\frac{2}{3}$	$-\left(\frac{2}{1}-\frac{3}{4}\right)$	1	$-\left(\frac{2}{1}-\frac{3}{4}\right)$	
	0	$-\left(\frac{2}{1/2}-\frac{3}{4}\right)$	1/2	$+2$	$-\left(\frac{2}{1}-\frac{3}{4}\right)$			

$$\begin{aligned}\Delta l &= \pm 1\\ \Delta j &= 0, \pm 1\end{aligned} \tag{8-95}$$

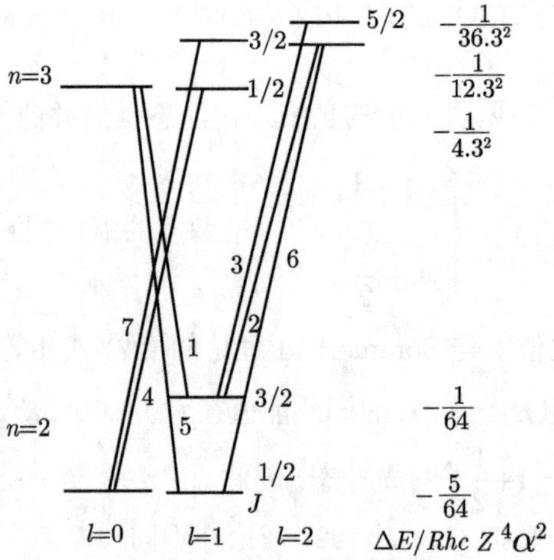

(8-96)

n=3　3/2　1/2　5/2　$-\frac{1}{36.3^2}$　$-\frac{1}{12.3^2}$　$-\frac{1}{4.3^2}$
1　2　3　4　5　6　7
n=2　3/2　1/2　J　$-\frac{1}{64}$　$-\frac{5}{64}$
l=0　l=1　l=2　$\Delta E/Rhc\,Z^4\alpha^2$

图 (96) 乃示 H_α 线按 (95) 选择定则的微细结构. 右行之 ΔE 值, 乃系对 Bohr 公式 $-\dfrac{Rh_C}{n^2}$ 的修正 (见 (92) 式). 各分线的频率对 Bohr 公式值 $\nu_\alpha = R\left(\dfrac{1}{4}-\dfrac{1}{9}\right)$ 之差, 以 cm^{-1} 单位表之, 图中虚线乃 ν_α 值.

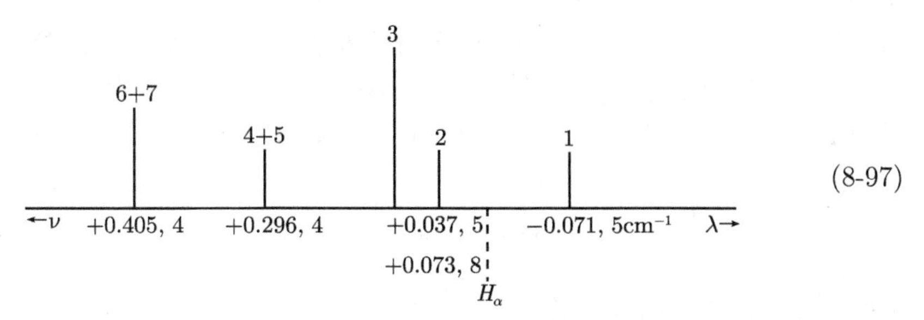

(8-97)

如按 Sommerfeld 理论, 则选择定则为 (94) 式, 上图中之第 2、第 4 及第 5 各分线将不出现, 观察的结果, 显和 (97) 图所示较为吻合.

1928 年, Dirac 创其符合狭义相对论原则的电子波动方程式, 其详将留俟《量子力学 (乙部)》. 按 Dirac 的方程式, 能的公式 (与 (24) 式比较) 为

$$\frac{E}{mc^2} = \left[1 + \frac{Z^2\alpha^2}{\left[n - j - \frac{1}{2} + \sqrt{\left(j + \frac{1}{2}\right)^2 - Z^2\alpha^2}\right]^2}\right]^{-1/2} - 1 \tag{8-98}$$

如 $j = l + \frac{1}{2}$, 则此式的数值, 与 Sommerfeld 公式 (27a) 相等, 因 $k = l+1$, $n_r = n-k$也. 如将 (98) 按 $(Z^2\alpha^2)$ 展开, 则当 $j = l \pm \frac{1}{2}$ 时, 其首二项即 (92) 式, 其 E 值适如表 8.1, 其 H_α 线结构如图 (97).

惟 H_α 线及氢原子的问题, 并未止于 Dirac 的理论. 1947 年, W. E. Lamb 氏 (与其学生 Retherford) 加磁场于 (原子束中的) 氢原子, 以 (电磁) 微波 (波长约在 3cm) 测 $2^2S_{\frac{1}{2}} \to 2^2P_{\frac{1}{2},\frac{3}{2}}$(即 $n = 2, l = 0 \to n = 2, l = 1$) 的 Zeeman 跃迁*, 发现 $2^2S_{\frac{1}{2}}$ 态之能, 较 (92) 式, 或表 8.1 中之值, 升高了约 0.033cm^{-1}. 这升高称为 "Lamb 移"(shift). 这 "移" 的结果, 是使图 (97) 中的第 4 分线向长波方向移 0.033cm^{-1} 而与第 5 分线分离; 亦使第 7 分线向长波移此值而与第 6 分线分离. Lamb 移现象, 在量子电动力学 (或称量子场论) 的发展中, 甚为重要. 给予 Schwinger, Feynman, Tomonaga 诸人 (1946 年左右开始) 理论的首个实验上的支持**. 简单的说, "Lamb 移" 的能的变更, 是由于电子与电磁场的交互作用 —— 电子和 "真空" 的电磁场交

* 此实验将在下文第 6 节再略述其原理.

** 量子电动力学的另一重要的实验, 是电子的 g- 因子即电子的比例式

$$\frac{\text{磁偶矩}}{\text{角动量}} = g\frac{e}{2mc} \tag{8-99}$$

中的 g 值按 Dirac 之相对论的电子方程式, g=2, 如 (9) 式中然. 惟按 Schwinger, Feynman 等的理论及 P. Kusch 的实验, $g = 2\left(1 + \frac{1}{2\pi}\alpha + \cdots\right), \alpha = \frac{e^2}{\hbar c} \simeq \frac{1}{137}$

互作用, 与 "真空" 受原子核的电场影响下和电子的交互作用, 二者之差别之故 (所谓 "真空" 的极化效应) s 电子 (l=0) 的波函数 $\Psi(r)$, 在 r=0 附近, 其 $|\Psi(r)|^2 \neq 0$, 故 $2^2S_{\frac{1}{2}}$ 态的 Lamb 移远较 $2^2P_{\frac{1}{2}}$ ($l=1$) 的 Lamb 移为大.

8.6 Zeeman 效应

8.6.1 Paschen-Back 效应

先考虑无自旋的电子, 原子核的静电场 (位能 V) 及一外磁场 $\boldsymbol{B}$=curl $\boldsymbol{A}$ 中, 其 Hamiltonian(见第 7 章 (7-38) 式) 乃

$$H_0 + \frac{e}{\mu c}(\boldsymbol{A}\cdot\boldsymbol{p}) = \frac{1}{2\mu}\left(p_x^2 + p_y^2 + p_z^2\right) + V + \frac{e}{\mu c}(\boldsymbol{A}\cdot\boldsymbol{p}) \tag{8-100}$$

如磁场乃沿 z 轴的均匀场 $\boldsymbol{B}$, 我们可采 $\boldsymbol{A}(A_x, A_y, A_z)$ 如下:

$$A_x = -\frac{1}{2}By,\quad A_y = \frac{1}{2}Bx,\quad A_z = 0 \tag{8-101}$$

$$\frac{e}{\mu c}(\boldsymbol{A}\cdot\boldsymbol{P}) = \frac{eB}{2\mu c}(xP_y - yP_x) = \frac{e\hbar}{2\mu c}Bl_z = \mu_{\mathrm{B}}Bl_z \tag{8-102}$$

$l_2\hbar$ 系电子沿 z 轴的分角动量, μ_{B} 系 Bohr 磁矩.

兹假设电子有自旋, 其磁矩为 $g\mu_{\mathrm{B}}s = 2\mu_{\mathrm{B}}s$(见第 (40) 式), 并考虑下述情形: 自旋磁矩与轨道运动的交互作用 H_{S0}(8-42) 甚小, 自旋磁矩只与外磁场 B 有作用, 此作用为 $2\mu_{\mathrm{B}}.\ Bs_z, s_z = \pm\dfrac{1}{2}$ 乃 $\boldsymbol{s}$ 沿 z 轴的分量. 故此与 (102) 式的总微扰为*

$$H_{\mathrm{B}} = \mu_{\mathrm{B}}B(\boldsymbol{l}_z + 2\boldsymbol{s}_z) \tag{8-103}$$

由 (58) 式, 已知

$$\boldsymbol{j}^2(\boldsymbol{l}_z + \boldsymbol{s}_z) - (\boldsymbol{l}_z + \boldsymbol{s}_z)\boldsymbol{j}^2 = 0 \tag{8-104}$$

惟

$$\boldsymbol{j}^2\boldsymbol{s}_z - \boldsymbol{s}_z\boldsymbol{j}^2 \neq 0,$$

故如

$$H = H_0 + H_B \tag{8-105}$$

则

$$Hj^2 - j^2H \neq 0$$

换言之, 在 H- 表象, j 非一个 "好的量子数", 只有 m 是的.

* 此式可得自 Dirac 的电子方程式. 见《量子力学 (乙部)》.

在 (m_l, m_s)- 表象, 则 $H = H_0 + H_B$ 是对角矩阵, 且

$$
\begin{aligned}
< m_l m_s \left| H_B \right| m_l, m_s > &= \mu_B B < m_l, m_s \left| l_z + 2s_z \right| m_l, m_s > \\
&= (m_l + 2m_s)\, \mu_B B \qquad (8\text{-}106) \\
&= (m + m_s)\, \mu_B B \qquad (8\text{-}106a)
\end{aligned}
$$

因

$$-(l+1) \leqslant m_l + 2m_s \leqslant l+1$$

故 H_B 有 $2l+3$ 个不同的本征值, 其中有 4 个系单独的, $2l-1$ 个系双重简并的, 共有 $2(2l+1)=2(2l-1)+4$ 个本征值.

上 (106) 式的情形 (电子的轨道角动量及电子自旋, 二者独立的受外磁场的作用而无交互作用), 称为 Paschen-Back 效应. 此情形是当外磁场极强的限极情形. 兹考虑 H_{s0} 的影响.

8.6.2 强磁场

所谓 "强磁场", 乃 $\mu_B B \gg \xi_{nl}$ 的情形. 在此情形下我们视 $H_0 + H_B$[(105) 式, 见 (100) 式] 为未受微扰的系统, 而视 H_{s0} 为微扰. $H_0 + H_B$ 的本征态乃 (43) 式的

$$R_{nl}\, \Theta_{lm_l}\, \Phi_{ml} \chi_{ms} \equiv |n, l, m_l, m_s > \qquad (8\text{-}107)$$

(此系 (m_l, m_s)–表象). H_{s0} 的能变更乃 (47) 式的对角元素

$$< n, l, m_l, m_s \left| H_{s0} \right| n, l, m_l, m_s > = m_l m_s \xi_{nl} \qquad (8\text{-}108)$$

(见 (65), (70), (71) 各式).

由 (106a) 及 (108), 即得

$$\Delta E = \Delta E_B + \Delta E_{s0} = (m + m_s)\, \mu_B B + m_l m_s \xi_{nl} \qquad (8\text{-}109)$$

$$(\mu_B B \gg \xi_{nl})$$

8.6.3 弱磁场

所谓弱磁场, 乃 $\mu_B B \gg \xi_{nl}$ 的情形. 在此情形上, 我们视 $H_0 + H_{s0}$ 为未受微扰的系统, 而视 H_B 为微扰. $H_0 + H_{s0}$ 对 j, m 量子数系对角的, 已见 (58) 式*. 由 (70), (71) 式得

$$< n, l, j, m \left| H_{s0} \right| n, l, j, m > = \left\{ \begin{array}{c} \dfrac{l}{2} \\ -\dfrac{l+1}{2} \end{array} \right\} \xi_{nl} \qquad (8\text{-}110)$$

---

* H_{s0} 量子数 n 乃非对角的. $< n, l \left| H_{s0} \right| n', l >, n' \neq n$ 只于第二级微扰出现, 兹略去.

在此 (j, m)- 表象, $H_{\rm B}$ 的初级微扰为

$$< n,l,j,m\,|H_{\rm B}|\,n,l,j,m >= \mu_{\rm B}B < j,m\,|l_z+2s_z|\,j,m >$$

或

$$\Delta E_{\rm B}=\mu_{\rm B}B < l\pm\frac{1}{2},m\,|l_z+2s_z|\,l\pm\frac{1}{2},m > \tag{8-111}$$

按 (76) 式及下两本征值方程式 $(\phi_{m_l,m_s}=|m_l,m_s>)$:

$$(l_z+2s_z)\,\varPsi_{m-\frac{1}{2},\frac{1}{2}}=\left(m+\frac{1}{2}\right)\varPsi_{m-\frac{1}{2},\frac{1}{2}}$$

$$(l_z+2s_z)\,\varPsi_{m+\frac{1}{2},\frac{1}{2}}=\left(m-\frac{1}{2}\right)\varPsi_{m+\frac{1}{2},-\frac{1}{2}}$$

故得

$$\Delta E_{\rm B}=\frac{2l+1\pm1}{2l+1}m\mu_{\rm B}B,\quad j=\pm\frac{1}{2} \tag{8-112}$$

$$=m\left\{\begin{matrix} g_1 \\ g_2 \end{matrix}\right\}\mu_{\rm B}B,\quad j=l\pm\frac{1}{2} \tag{8-112a}$$

$$g_1=\frac{2l+2}{2l+1}\left(j=l+\frac{1}{2}\right),g_2=\frac{2l}{2l+1}\left(j=l-\frac{1}{2}\right) \tag{8-113}$$

$$g_1+g_2=2 \tag{8-114}$$

由 (110) 及 (112a), 即得

$$\Delta E=\Delta E_{s0}+\Delta E_{\rm B}=\begin{cases}\dfrac{l}{2}\xi_{nl}+mg_1\mu_{\rm B}B \\ -\dfrac{l+1}{2}\xi_{nl}+mg_2\mu_{\rm B}B\end{cases}\qquad(\xi_{nl}\gg\mu_{\rm B}B) \tag{8-115}$$

8.6.4　任意磁场

如 $\mu_{\rm B}B$ 与 ξ_{nl} 约相等, 则上 (8.6.2), (8.6.3) 节的微扰法不适用. 我们须觅 $H_{s0}+H_{\rm B}$ 的本征值. 我们可取 (m_l,m_s)- 表象, 计算下矩阵:

$$< m_l,m_s\,|(\boldsymbol{l}\cdot\boldsymbol{s})\xi_{nl}+(l_z+2s_z)\,\mu_{\rm B}B|\,m_l',m_s' >$$

按 (63)~(67b) 各式, 已得 $(\boldsymbol{l}\cdot\boldsymbol{s})$ 部分. 按 (106a), 则已有 (l_z+2s_z) 部分.

$$\left\|< m_l,m_s\,|H_{s0}+H_{\rm B}|\,m_l',m_s' > -\epsilon\delta_{m_lm_l'},\delta_{m_sm_s'}\right\|=0 \tag{8-116}$$

方程式 (见 (64) 的例) 有两个线性方程式

$$\epsilon_1=\left(m-\frac{1}{2}\right)\frac{1}{2}\xi_{nl}+\left(m+\frac{1}{2}\right)\mu_{\rm B}B \tag{8-117}$$

$$\epsilon_2 = -\left(m+\frac{1}{2}\right)\frac{1}{2}\xi_{nl} + \left(m-\frac{1}{2}\right)\mu_{\rm B}B$$

及 $2l$ 个二次方程式, 如

$$\begin{vmatrix} -\frac{1}{2}\left(m+\frac{1}{2}\right)\xi + \left(m-\frac{1}{2}\right)\mu_{\rm B}B - \epsilon & \frac{1}{2}\sqrt{\left(l-m+\frac{1}{2}\right)\left(l+m+\frac{1}{2}\right)}\xi \\ \frac{1}{2}\sqrt{\left(l-m+\frac{1}{2}\right)\left(l+m+\frac{1}{2}\right)}\xi & \frac{1}{2}\left(m-\frac{1}{2}\right)\xi + \left(m+\frac{1}{2}\right)\mu_{\rm B}B - \epsilon \end{vmatrix} = 0 \tag{8-118}$$

或

$$\epsilon^2 - \left(-\frac{1}{2}\xi_{nl} + 2m\mu_{\rm B}B\right)\epsilon + \left[-\frac{l(l+1)}{4}\xi_{nl}^2 - m\xi_{nl}\mu_{\rm B}B + \left(m^2 - \frac{1}{4}\right)(\mu_{\rm B}B)^2\right] = 0 \tag{8-118a}$$

由此式, 得见在 $\frac{\mu_{\rm B}B}{\xi_{nl}} \ll 1$ 及 $\frac{\xi_{nl}}{\mu_{\rm B}B} \ll 1$ 两极限,

$$\left.\begin{array}{l} \frac{l}{2}\xi_{nl} + mg_1\mu_{\rm B}B \\ -\frac{l+1}{2}\xi_{ml} + mg_2\mu_{\rm B}B \end{array}\right\} \begin{array}{l} \frac{\mu B}{\xi} \ll 1, \quad \frac{\xi}{\mu B} \ll 1 \\ \longleftarrow \epsilon \longrightarrow (m+m_s)\mu_{\rm B}B + m_l m_s \xi_n \end{array} \tag{8-119}$$

此与前 (115) 及 (109) 相符.

8.7 不相交定理 (non-crossing of energy levels)

一个 (n, l) 电子, 因 $-l \leqslant m_l \leqslant l, m_s = \pm\frac{1}{2}$, 故共有 $2(2l+1)$ 态. 在 $H_{s0} = 0$ 而 $H_{\rm B} \neq 0$ 极限, 此 $2(2l+1)$ 态成四个单态及 $2l-1$ 个双重简并态 (见 (106a) 以下).

在 $H_{\rm B} = 0$ 而 $H_{s0} \neq 0$ 极限, 此 $2(2l+1)$ 态分为两个不同的本征值, 一个为 $2l+2$ 次简并, 一个为 $2l$ 次简并, 见 (69) 式.

在任意磁场 (即是在上述的两极限间的) 情形下, 上述的简并性均消失而成 $2(2l+1)$ 不同的能态.

此情形以 l=0,1 为例, 见下图.

(118) 或 (119) 式的两个根 ε_1 与 ε_2(同属于一个 m 值的), 系 $\frac{\mu_{\rm B}B}{\xi_{nl}}$ 的函数. 此两个根永不会简并. 换言之, 图中的 $m = \frac{1}{2}$ 的两个根, 接连两个极限值的两条线, 求无相交的情形. 这个结果, 称为 "不相交定理", 这不相交定理, 是有一般性的, 此处只是一个特例而已. 一般言之, 此定理可述之如下：

属于同一对称性的两个态, 于改变某些参数时, 永无偶然简并的情形.

例如图中 $m=\dfrac{1}{2}$ 的两条线；又如 $m=-\dfrac{1}{2}$ 的两条线.

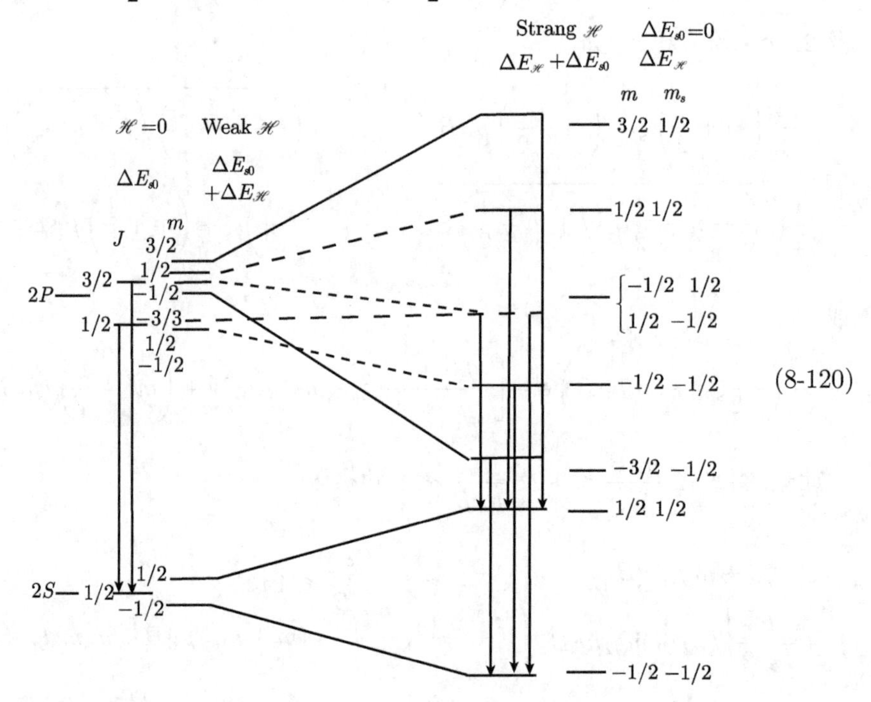

(8-120)

此定理的证明如下.

兹将 (118) 式的矩阵写成下式:

$$H=\begin{vmatrix} H_{11} & H_{12} \\ H_{12} & H_{22} \end{vmatrix},\quad H_{ij}=H_{ij}(\xi),\quad \xi=-\text{参数} \tag{8-121}$$

经变换 U 成对角矩阵 (当 ξ 参数之值为 ξ_0 时)

$$U^{-1}HU=W,\quad W=\begin{vmatrix} W_{11}(\xi_0) & 0 \\ 0 & W_{22}(\xi_0) \end{vmatrix} \tag{8-122}$$

兹假设当 $\xi=\xi_0$ 时, $W_{11}=W_{22}$, 换言之

$$W(\xi_0)=\begin{vmatrix} W(\xi_0) & 0 \\ 0 & W(\xi_0) \end{vmatrix} \tag{8-123}$$

则经任何的变换 $S^{-1}W(\xi_0)S$, 其结果将仍系 (123) 之 $W(\xi_0)$, 永不能变换至 (121) 式 $H_{12}\neq 0$ 的情形. 兹 (118) 系一非对角矩阵. 故任何值的 ξ_0, 皆不可能变换 (123) 成 (118) 的形式.

另一证明法, 是证明: 假设在某一点 $\xi = \xi_0$ 时 (122) 式的 $W_{11}(\xi_0) = W_{22}(\xi_0)$, 则在所有 ξ 值时 W_{11} 亦等于 W_{22}, 换言之, W_{11}, W_{22} 两本征值是永简并的, 此与原来的假设 (在两极限 ξ 值时, $W_{11} \neq W_{22}$) 抵触. 此证明将留给读者.

8.8 电子–氢原子的散射 ——Born 近似法

使原子核为坐标原点, $\boldsymbol{R}$ 为射入 (射出) 电子的坐标, $\boldsymbol{r}$ 为原子中的电子的坐标*. 故此系统的 Schrödinger 方程式为

$$\left[H_0(\boldsymbol{r}) - \frac{\hbar^2}{2\mu}\nabla_R^2 + V(\boldsymbol{r}, \boldsymbol{R})\right]\Psi(\boldsymbol{r}, \boldsymbol{R}) = E\Psi(\boldsymbol{r}, \boldsymbol{R}) \tag{8-124}$$

$$H_0(\boldsymbol{r}) = -\frac{\hbar^2}{2\mu}\nabla_r^2 - \frac{e^2}{r}, \quad V = -e^2\left(\frac{1}{R} - \frac{1}{|\boldsymbol{R} - \boldsymbol{r}|}\right) \tag{8-125}$$

本问题是一个三体问题, 正确之解甚难本节将以微扰法处理之, 视 V 为微扰.

$$(H_0 - E_n)\Psi_n(\boldsymbol{r}) = 0 \tag{8-126}$$

$$\left(\nabla_R^2 + k^2\right)\mathrm{e}^{\mathrm{i}\boldsymbol{k}\cdot\boldsymbol{R}} = 0 \tag{8-127}$$

(126) 式即氢原子的 Schrödinger 方程式, 详见第 4 章第 5 节.

兹设系统的 “始” 态为原子在 n 态, 电子以动量 $\boldsymbol{p} = \hbar\boldsymbol{k}$ 射入

$$\Psi_n(\boldsymbol{r})\mathrm{e}^{\mathrm{i}\boldsymbol{k}\cdot\boldsymbol{R}} \equiv |n>|\boldsymbol{k}> \tag{8-128}$$

其终态为原子在 n' 态, 电子以动量 $\boldsymbol{p} = \hbar\boldsymbol{k}'$ 射出

$$\Psi_{n'}(\boldsymbol{r})\mathrm{e}^{\mathrm{i}\boldsymbol{k}'\cdot\boldsymbol{R}} \tag{8-129}$$

故此过程系一非弹性 (inelastic) 散射.

按第 7 章 (7-60) 式, 此散射的 (每秒) 概率 P 为

$$P'_{n,n} = \frac{2\pi}{h}\iint |<n,k|V|n',k'>|^2 \frac{\mu\hbar k'\Omega}{(2\pi\hbar)^3}\sin\theta\mathrm{d}\theta\mathrm{d}\varphi \tag{8-130}$$

Ω 乃电子的归一化的体积 (即每体积 Ω 中有一个电子)

$$\left|\boldsymbol{k}>= \frac{1}{\sqrt{\Omega}}\mathrm{e}^{\mathrm{i}\boldsymbol{k}\cdot\boldsymbol{R}},\right|\boldsymbol{k}'>= \frac{1}{\sqrt{\Omega}}\mathrm{e}^{\mathrm{i}\boldsymbol{k}'\cdot\boldsymbol{R}} \tag{8-131}$$

---

* 本节中将不考虑两个电子之不可辨别性, 换言之, 忽略 Pauli 原则的影响. 在高能电子 (大于数百电子伏) 的散射情形下, 此影响颇小.

Θ 系散射角, 即 $\boldsymbol{k}'$ 与 $\boldsymbol{k}$ 间的夹角. 由能之守恒, 可得

$$E_n + \frac{1}{2\mu}(\hbar k)^2 = E_n' + \frac{1}{2\mu}(\hbar k')^2 \tag{8-132}$$

使

$$Q^2 \equiv k^2 + k'^2 - 2kk'\cos\theta \tag{8-133}$$

$$e^2 < n, \boldsymbol{k}\left|\frac{1}{R} - \frac{1}{|\boldsymbol{R}-\boldsymbol{r}|}\right|n', \boldsymbol{k}' >= -\frac{4\pi e^2}{\Omega Q^2} < n\left|1 - \mathrm{e}^{\mathrm{i}Q\cdot r}\right|n' >^* \tag{8-134}$$

(134) 右方的积分, 如用球极坐标, 则甚繁难, 然如用抛物线坐标则较易. 按第 6 章附录甲, 氢原子波函数乃

$$\Psi_{nk_1m}(\xi,\eta,\varphi) = N_{n,k_1,k_2,m}\mathrm{e}^{-\frac{\mu(\xi+\eta)}{2}}(\xi\eta)^{m/2}L_{k_1+m}^m(\mu\xi)L_{k_2+m}^m(\mu\eta)\mathrm{e}_-^{+\mathrm{i}m_\varphi} \tag{8-135}$$

$$N_{n,k_1,k_2,m} = \left[\frac{2k_1!k_2!\mu^3}{n\{(k_1+m)!(k_2+m)!\}^3}\right]^{1/2}\frac{1}{\sqrt{2\pi}} \tag{8-136}$$

$$\mu = \frac{1}{na}, \quad a = \text{Bohr半径}$$

于 (134) 中的积分, 取 Q 为 z 轴, 故

$$\mathrm{e}^{\mathrm{i}Q\cdot r} = \mathrm{e}^{\mathrm{i}Qz} = \mathrm{e}^{\mathrm{i}Q(\xi-\eta)/2}$$

故 (134) 之积分, 乃成第 4 章附录丁 (4D-25) 式.

以上法计算氢原子对电子之散射, 可参看作者一文, The Collisional Broadening of Hydrogen Lines in the Nebulae, 中央研究院物理研究所 Annual Report(1972).

用 (128), (129) 式的平面波计算 (130) 式中的 $< n,k\,|V|\,n',k' >$, 系一近似法, 称为 Born approximation.

$$* \quad \frac{1}{\Omega}\iiint\frac{1}{R}\mathrm{e}^{\mathrm{i}(k-k')R}R^2\mathrm{d}R\mathrm{d}\cos\alpha\mathrm{d}\varphi = \iint\frac{2\pi}{\Omega R}R^2\mathrm{d}R\mathrm{e}^{\mathrm{i}QR\cos\alpha}\mathrm{d}\cos\alpha$$

$$= \frac{4\pi}{\Omega Q}\int_0^\infty \sin QR\mathrm{d}R(\text{见 (4-82)-(4-85)})$$

$$= \frac{4\pi}{\Omega Q^2}$$

$$\frac{1}{\Omega}\iiint\frac{1}{|R-r|}\mathrm{e}^{\mathrm{i}(k-k')R}R^2\mathrm{d}R\mathrm{d}\cos\alpha\mathrm{d}\varphi = \frac{\mathrm{e}^{\mathrm{i}Q\cdot r}}{\Omega}\iiint\frac{1}{|R-r|}\mathrm{e}^{\mathrm{i}Q\cdot(R-r)}R^2\mathrm{d}R\mathrm{d}\cos\alpha\mathrm{d}\varphi$$

$$= \frac{4\pi}{\Omega Q^2}\mathrm{e}^{\mathrm{i}Q\cdot r}$$

习　题

1. 电子自旋之电偶矩乃 (见 (40), (32) 式)

$$\boldsymbol{\mu}_s = g\mu_{\mathrm{B}}\boldsymbol{s} = \frac{1}{2}g\mu_{\mathrm{B}}\boldsymbol{\sigma} = \mu_{\mathrm{B}}\boldsymbol{\sigma}$$

$\boldsymbol{\sigma}$ 系 Pauli 算符 $\boldsymbol{\sigma}\,(\sigma_x, \sigma_y, \sigma_z)$. (28). 在磁场 $\boldsymbol{B}$, 一个电子的 Hamiltonian$H = -(\boldsymbol{\mu}_s \cdot \boldsymbol{B})$. 故 Schrödinger 方程式为

$$-\frac{\hbar}{\mathrm{i}}\frac{\partial \chi}{\partial t} = -(\boldsymbol{\mu}_s \cdot \boldsymbol{B})\,\chi \tag{1}$$

使 χ 为 σ_z 的自旋函数,

$$\chi = a(t)\begin{pmatrix}1\\0\end{pmatrix} + b(t)\begin{pmatrix}0\\1\end{pmatrix}$$

$$\omega_{\mathrm{L}} = -\frac{eB}{2mc}$$

则 (1) 式可写为

$$\frac{\mathrm{d}a}{\mathrm{d}t} = -\mathrm{i}\omega_{\mathrm{L}}a, \quad \frac{\mathrm{d}b}{\mathrm{d}t} = \mathrm{i}\omega_{\mathrm{L}}b$$

其解为

$$a(t) = a_0\mathrm{e}^{-\mathrm{i}\omega_{\mathrm{L}}t}, \quad b(t) = b_0\mathrm{e}^{\mathrm{i}\omega_{\mathrm{L}}t}$$

χ 之归一条件可以下式满足之:

$$a_0 = \mathrm{e}^{\mathrm{i}\delta}\cos\frac{\Theta}{2}, \quad b_0 = \mathrm{e}^{\mathrm{i}\delta}\sin\frac{\Theta}{2}$$

证明

$$(\chi, \sigma_z\chi) = \cos\theta$$
$$(\chi, \sigma_x\chi) = \sin\theta\cos(2\omega_{\mathrm{L}}t - \gamma + \delta)$$
$$(\chi, \sigma_y\chi) = \sin\theta\sin(2\omega_{\mathrm{L}}t - \gamma + \delta)$$

证明

$$\boldsymbol{\sigma}(t) = \exp\left(\frac{\mathrm{i}}{\hbar}Ht\right)\boldsymbol{\sigma}\exp\left(-\frac{\mathrm{i}}{\hbar}Ht\right)$$

及

$$\frac{\mathrm{d}\boldsymbol{\sigma}}{\mathrm{d}t} = \frac{\mathrm{i}}{\hbar}(H\boldsymbol{\sigma} - \boldsymbol{\sigma}H)$$

又证明

$$\frac{\mathrm{d}\boldsymbol{\sigma}}{\mathrm{d}t} = 2\boldsymbol{\omega}_{\mathrm{L}} \times \boldsymbol{\sigma}, \quad \boldsymbol{\omega}_{\mathrm{L}} = -\frac{e}{2mc}\boldsymbol{B}$$

或

$$\frac{\mathrm{d}\boldsymbol{s}}{\mathrm{d}t} = \boldsymbol{\mu}_s \times \boldsymbol{B}$$

2. 在以量子力学计算 Sommerfeld 相对论修正项时, 如用微扰法计算 (17)

$$-\frac{1}{2mc^2}\left(\frac{p^2}{2m}\right)^2 = \frac{1}{2mc^2}\left(E^0 - V\right)^2$$

的第一阶, 证明结果即系第 (26) 式中的修正项.

3. 一个原子中的电子运动有磁偶矩

$$M=\frac{1}{2c}\sum_i e_i\left[\boldsymbol{r}_i\times\boldsymbol{v}_i\right]$$

由于 Larmor 旋进, 在磁场 B(沿 z 轴) 中

$$\boldsymbol{v}_i=\boldsymbol{u}_i+\left[\boldsymbol{\omega}_{\mathrm{L}}\times\boldsymbol{r}_i\right]$$

证明在量子力量, 如原子的电子分布有球形对称性, 则 M 的沿 B 场分量

$$M_z=M_z^0-\frac{e^2B}{6mc^2}\sum_i\left(\Psi,r_i^2\Psi\right)$$

第 9 章　二电子的原子

9.1　多电子系统的对称性

9.1.1　设一个系统中有 N 个相同的粒子 (如原子或分子中的电子)

所谓 “相同”(identical) 者, 乃如将其中的任何两个互换, 皆不引致任何观察可得到的效应是也. 此 “相同” 性并非一无关重要的性质, 而在量子力学中是需要一个基本假定 (或原则) 来处理的. 以电子言, 我们将见这新假定, 适是 Pauli 的 “排斥原则” (见《量子论与原子结构》乙部第 5 章).

兹取一个有 N 个电子的系统. 为简单方便计, 使 $\boldsymbol{r}_1$ 代表第一个电子的坐标 (空间及自旋皆在内). 按量子力学的基本假定之一, 其 Schrödinger 方程式为

$$\left(\frac{\hbar}{\mathrm{i}}\frac{\partial}{\partial t}+H\right)\Psi\left(\boldsymbol{r}_1,\boldsymbol{r}_2,\boldsymbol{r}_3,\cdots,\boldsymbol{r}_N,t\right)=0 \tag{9-1}$$

$$H=H\left(\boldsymbol{r}_1,\boldsymbol{r}_2,\cdots,\boldsymbol{r}_N\right)$$

任何物理量 Q(H 系一物理量), 对相同电子的互换, 是应不变的, 即

$$Q\left(\boldsymbol{r}_1,\boldsymbol{r}_2,\boldsymbol{r}_3,\cdots,\boldsymbol{r}_N\right)=Q\left(\boldsymbol{r}_2,\boldsymbol{r}_1,\boldsymbol{r}_3,\cdots,\boldsymbol{r}_N\right) \tag{9-2}$$

余类推. 按第 5 章基本假定之一,

$$\left|\Psi\left(\boldsymbol{r}_1,\boldsymbol{r}_2,\cdots,\boldsymbol{r}_N,t\right)\right|^2\mathrm{d}\boldsymbol{r}\cdots\mathrm{d}\boldsymbol{r}_N$$

系概率, 故在相同电子互换下, 应不变其值,

$$\left|\Psi\left(r_1,r_2,\cdots,r_N,t\right)\right|^2=\left|\Psi\left(r_2,r_1,\cdots,r_N,t\right)\right|^2 \tag{9-3}$$

故

$$\Psi\left(r_1,r_2,\cdots,r_N,t\right)=\pm\Psi\left(r_2,r_1,\cdots,r_N,t\right) \tag{9-4}$$

此关系亦可以下式表之: 设 P_{12} 为一算符, 粒子 1, 2 互换, 即

$$P_{12}\Psi\left(r_1,r_2,r_3,\cdots,r_N,t\right)=\Psi\left(r_2,r_1,r_3,\cdots,r_N,t\right) \tag{9-5}$$

第 (4) 式乃谓

$$P_{12}\Psi\left(r_1,r_2,r_3,\cdots,r_N,t\right)=\pm\Psi\left(r_1,r_2,r_3,\cdots,r_N,t\right) \tag{9-6}$$

或谓 P_{12} 算符的本征值系 +1 及 −1. 属于 +1 的 Ψ, 称为对称 (symmetric), 属于 −1 的 Ψ, 称为反对称 (antisymmetric). 二者皆满足 (3) 的条件. 问题是：自然界中, 是否此两种对称性皆可能？

以电子言, 由所有的经验 (原子的周期表为最早知的一特性), 我们知 Ψ 务必为反对称性的, 即

$$P_{12}\Psi_a = -\Psi_a \quad (P_{ij}\text{亦同此}) \tag{9-7}$$

目前知凡自旋角动量为 $\frac{1}{2}\hbar, \frac{3}{2}\hbar, \frac{5}{2}\hbar$, 等的粒子, 皆有 Ψ_a, 凡自旋角动量为 $0, \hbar, 2\hbar, \cdots$ 的粒子, 皆有对称的 Ψ_s, 即

$$P_{12}\Psi_s = \Psi_s \quad (P_{ij}\text{亦同此}) \tag{9-8}$$

我们将视这些定律为经验的定律.

关于 Ψ 的对称性, 我们很易证明下定理：

(甲) 任何物理量 Q, 其不同互换对称性两态间的矩阵元素皆等于零, 即

$$\int \Psi_s^* Q \Psi_a \mathrm{d}r_1 \cdots \mathrm{d}r_N = 0 \tag{9-9}$$

此定理的证甚简单. 兹将第 (9) 式积分内的 r, r_2 互换, 因此仅系作积分时变数名称的改变, 积分之值不变. 唯按 (1), (7), (8) 式, 则积分应变其正负号. 故得 (9) 式.

(乙) 如在某时 t_0, Ψ 的互换对称性为 Ψ_a(或 Ψ_s), 则 Ψ 的对称性将永为 Ψ_a(或 Ψ_s) 不变.

此定理, 由 (1), (2) 即可证之.

总结上二定理, 得见如一个系统的 Ψ, 有两种对称性之存在, 此不同对称性的态之间, 是各独立无关的. 唯经验的结果, 凡一个物理系统, 自然界只容许 Ψ_s 或 Ψ_a, 视粒子的自旋角动量而定, 如 (7), (8).

9.1.2 空间与自旋的个别对称性

为清楚明确见, 假设电子自旋的作用 (如第 8 章 (42) 式的) 甚小, 我们略去不计, 则 Hamiltonian H 与自旋 (的坐标) 无关. 下文将以 r 表三维空间坐标, σ 表自旋坐标, 则

$$H = H(r_1, r_2, \cdots, r_N) \tag{9-10}$$

Schrödinger 方程式先引入稳定态 (stationary state)

$$\Psi(\boldsymbol{r}, \boldsymbol{\sigma}, t) = \Psi_n(\boldsymbol{r}, \boldsymbol{\sigma}) \exp(-\mathrm{i}E_n t/\hbar)^* \tag{9-11}$$

* $\boldsymbol{r}$ 乃表 $\boldsymbol{r}_1, \boldsymbol{r}_2, \cdots, \boldsymbol{r}_N$; $\boldsymbol{\sigma}$ 乃表 $\boldsymbol{\sigma}_1, \cdots, \boldsymbol{\sigma}_N$.

得

$$(H - E_n)\,\Psi_n(\boldsymbol{r},\sigma) = 0 \tag{9-12}$$

再以变数分离法解 (12), 使

$$\Psi_n(\boldsymbol{r},\boldsymbol{\sigma}) = \Psi_n(\boldsymbol{r}_1,\cdots,\boldsymbol{r}_N)\,\chi_n(\boldsymbol{\sigma}_1,\cdots,\boldsymbol{\sigma}_N) \tag{9-13}$$

得

$$(H - E_n)\,\Psi_n(\boldsymbol{r}_1,\cdots,\boldsymbol{r}_N) = 0 \tag{9-14}$$

按 (7), 我们只要求 (13) 的 $\Psi_n(r,\sigma)$ 有反对称性. 惟满足此条件, 有二可能情形, 即

$$\Psi = \Psi_s(\boldsymbol{r}),\quad \chi = \chi_a(\boldsymbol{\sigma}) \tag{9-15}$$

或

$$\Psi = \Psi_a(\boldsymbol{r}),\quad \chi = \chi_s(\boldsymbol{\sigma}) \tag{9-16}$$

按上节 (1) 之甲、乙两定理, 此二类态

$$\begin{aligned}&\Psi_s(\boldsymbol{r}_1,\cdots,\boldsymbol{r}_N)\,\chi_a(\boldsymbol{\sigma}_1,\cdots,\boldsymbol{\sigma}_N)\\&\Psi_a(\boldsymbol{r}_1,\cdots,\boldsymbol{r}_N)\,\chi_s(\boldsymbol{\sigma}_1,\cdots,\boldsymbol{\sigma}_N)\end{aligned} \tag{9-17}$$

是各自独立无关的. [唯此只当 H 与自旋无关, 如 (10) 式, 或有下形式:

$$H(\boldsymbol{r}_1,\boldsymbol{r}_2,\cdots,\boldsymbol{r}_N) + H_1(\boldsymbol{\sigma}_1,\cdots,\boldsymbol{\sigma}_N) \tag{9-18}$$

使变数可分离成 (13) 式时如是. 如自旋不满足 (18) 式情形, 但其作甚小 (如第 8 章的 H_{s0}, (42) 式), 则第 (17) 式的分类只是一接近情形, 严格言不是正确的. 关于这些情形, 我们将在原子问题一再遇之. 见下文.]

N 个电子的系统, 将于下一章述之. 本章将详述二电子的原子, 如 He, Li^+, Be^{++} 等, 俾若干观念可借较简单的系统阐明之.

9.2　二电子的原子——对称性

这是指氦 He, 一次游离 Li^+, 二次游离 Be^{++} 等原子序数 Z 较小的原子系统. 我们于初步近似法中, 假设 H 可视作 (18) 式的形式, 或全略去自旋的作用, 在次步接近计算时, 再以微扰法处理自旋. 此法于 Z 甚大的系统则不适用, 盖 “自旋与轨道” 的交互作用, 略与 Z^4 成正比也 (见第 8 章 (46a) 或 (71) 式).

如假设如 (18)

$$H(\boldsymbol{r}_1,\boldsymbol{r}_2,\boldsymbol{\sigma}_1,\boldsymbol{\sigma}_2) = H(\boldsymbol{r}_1,\boldsymbol{r}_2) + H_1(\boldsymbol{\sigma}_1,\boldsymbol{\sigma}_2) \tag{9-19}$$

则 (13) 式成

$$\Psi(\boldsymbol{r}_1, \boldsymbol{r}_2)\,\chi(\boldsymbol{\sigma}_1, \boldsymbol{\sigma}_2) \tag{9-20}$$

如更进而假设 $H_1(\boldsymbol{\sigma}_1, \boldsymbol{\sigma}_2) = H_1(\boldsymbol{\sigma}_1) + H_1(\boldsymbol{\sigma}_2)$, 或 $H_1(\boldsymbol{\sigma}_1, \boldsymbol{\sigma}_2)$ 接近于零, 则 (20) 式可写为下式:

$$\Psi(\boldsymbol{r}_1, \boldsymbol{r}_2)\,\chi_{ms}(\boldsymbol{\sigma}_1)\,\chi'_{ms}(\boldsymbol{\sigma}_2) \tag{9-21}$$

此 $\chi_{ms}(\sigma)$ 乃第 7 章 (36) 式的各式

$$\chi_{ms}(\boldsymbol{\sigma}): \quad \chi_{\frac{1}{2}} \equiv \alpha \equiv \begin{pmatrix} 1 \\ 0 \end{pmatrix}, \quad \chi_{-\frac{1}{2}} \equiv \beta \equiv \begin{pmatrix} 0 \\ 1 \end{pmatrix} \tag{9-22}$$

第 (17) 式的对称及反对称自旋函数乃可写成

$$\chi^s(\boldsymbol{\sigma}_1, \boldsymbol{\sigma}_2) = \begin{cases} \alpha_1\alpha_2 \\ \frac{1}{\sqrt{2}}(\alpha_1\beta_2 + \alpha_2\beta_1) \\ \beta_1\beta_2 \end{cases} \tag{9-23}$$

$$\chi^4(\boldsymbol{\sigma}_1, \boldsymbol{\sigma}_2) = \frac{1}{\sqrt{2}}(\alpha_1\beta_2 - \alpha_2\beta_1) \tag{9-24}$$

此四个自旋函数, 乃二电子自旋角动量 z 分量之本征函数. 由第 8 章 (37) 式, 得见

$$(S_z(1) + S_z(2)) = \begin{cases} \alpha_1\alpha_2 \\ \dfrac{1}{\sqrt{2}}(\alpha_1\beta_2 + \alpha_2\beta_1) \\ \beta_1\beta_2 \end{cases}$$

$$= \left.\begin{matrix} 1 \\ 0 \\ -1 \end{matrix}\right\} \times \begin{cases} \alpha_1\alpha_2 \\ \dfrac{1}{\sqrt{2}}(\alpha_1\beta_2 + \alpha_2\beta_1) \\ \beta_1\beta_2 \end{cases} \tag{9-25}$$

$$(S_z(1) + S_z(2))\frac{1}{\sqrt{2}}(\alpha_1\beta_2 - \alpha_2\beta_1) = 0 \cdot \frac{1}{\sqrt{2}}(\alpha_1\beta_2 - \alpha_2\beta_1) \tag{9-26}$$

换言之, (23) 及 (24) 各函数乃 $S_z(1) + S_z(2)$ 的本征值

$$M_s \equiv m_{s_1} + m_{s_2} = 1, 0, -1; 0 \tag{9-27}$$

之本征函数. 我们引用下符号 $\chi^s_{M_s}, \chi^a_{M_s}$:

$$\chi^s_1 = \alpha_1\alpha_2; \chi^s_0 = \frac{1}{\sqrt{2}}(\alpha_1\beta_2 + \alpha_2\beta_1), \quad \chi^s_{-1} = \beta_1\beta_2 \tag{9-28}$$

$$\chi_0^a = \frac{1}{\sqrt{2}}\left(\alpha_1\beta_2 - \alpha_2\beta_1\right)$$

故 (20) 式可写为

$$\Psi^a\left(r_1, r_2\right)\chi_{M_s}^s, \quad M_s = 1, 0, -1 \tag{9-29a}$$

$$\Psi^s\left(r_1, r_2\right)\chi_{M_s}^a, \quad M_s = 0 \tag{9-29b}$$

$$P_{12}\Psi^a\left(r_1, r_2\right) = -\Psi^a\left(r_1, r_2\right), \quad P_{12}\Psi^s\left(r_1, r_2\right) = \Psi^s\left(r_1, r_2\right) \tag{9-30}$$

(29a) 之 M_s 有 1,0，−1 三值, 如自旋的作用等于零, 则此三态的能相等, 三态成一简并态, 其统计权重为 3. 故

$$\Psi^a\left(r_1, r_2\right)\chi_{M_s}^s \text{系一三重态(triplet)} \tag{9-30a}$$

同故

$$\Psi^s\left(r_1, r_2\right)\chi_0^a \text{成一单态(singlet)} \tag{9-30b}$$

在 $H_1\left(\sigma_1, \sigma_2\right) = 0$ 情形下, 按 9.1.1 节定理甲、乙, 任何物理量 Q, 其三重态与单态间之矩阵元素等于零, 且三重态 (或单态) 将永为三重态 (或单态) 不变.

如 $H_1\left(\sigma_1, \sigma_2\right)$ 甚小而不等于零, 则上述定理只有近似性的适用. 兹设

$$H_0\left(r_1, r_2\right) = -\frac{\hbar^2}{2\mu}\nabla_1^2 - \frac{Ze^2}{r_1} - \frac{\hbar^2}{2\mu}\nabla_2^2 - \frac{Ze^2}{r_2} + \frac{e^2}{r_{12}} \tag{9-31}$$

$r_{12} = \left|r_1 - r_2\right|$,

$$L_z = l_z(1) + l_z(2), \quad S_z = s_z(1) + s_z(2)$$

$$J_z = L_z + S_z \tag{9-32}$$

$$L = l_1 + l_2, \quad S = s_1 + s_2$$

$$J = L + S$$

用同第 8 章第 (51)~(61) 各式间的考虑, 可证明 $L_z, S_z, J_z, L^2, S^2, J^2$ 彼此皆对易 (即系可觅一表象, 使他们同时成对角矩阵), 且皆各与 (31) 式的 H 对易. 换言之, 如 $L_z, S_z, J_z, L^2, S^2, J^2$ 之本征值为

$$M_L, M_S, M, L(L+1), S(S+1), J(J+1) \tag{9-33}$$

则 H_0 对这些量子数皆系对角的. H_0 的本征值和本征态有下述的简并性:

(i) 因 H_0 无特殊的空间方向, 故 H_0 对 M_L, M_S, M 量子数系简并的 (与 M_L, M_S, M 无关).

(ii) 因 H_0, (31) 式, 与自旋无关, 故 H 之本征值与 L 及 S 如何合成一 J 无关. 故 H_0 对量子数 J 系简并的 (与 J 无关).

(iii) 虽 H 不含自旋 S, 但我们万勿下一结论, 谓 H 的本征值与 S 无关. 电子的自旋作用 (interaction) 虽是零, 他却由于对称性, 大大的影响原子的态能. 此点极为重要, 宜申述之.

设 $\phi(r_1, r_2)$ 为 (31) 式的 H 的 Schrödinger 方程式之一解

$$(H_0 - E)\phi(r_1, r_2) = 0 \tag{9-34}$$

(29) 式的 Ψ^a, Ψ^s 可以下式表之:

$$\Psi^s = \frac{1}{\sqrt{2(1+\Delta)}}(\phi(r_1, r_2) + \phi(r_2, r_1)) \tag{9-35}$$

$$\Psi^a \frac{1}{\sqrt{2(1-\Delta)}}(\phi(r_1, r_2) - \phi(r_2, r_1))$$

$$\Delta = \int \phi^*(r_1, r_2)\phi(r_2, r_1)\mathrm{d}r_1\mathrm{d}r_2$$

故

$$\int \Psi^{*s} H_0 \Psi^s \mathrm{d}\tau - \int \Psi^{*a} H \Psi^a \mathrm{d}\tau$$

$$\begin{aligned}
&= -\frac{\Delta}{1-\Delta^2}\left[\int \phi^*(r_1, r_2) H_0 \phi(r_1, r_2)\mathrm{d}\tau\right. \\
&\quad \left. + \int \phi^*(r_2, r_1) H_0 \phi(r_2, r_1)\mathrm{d}\tau\right] \\
&\quad + \frac{1}{1-\Delta^2}\left[\int \phi^*(r_1, r_2) H_0 \phi(r_2, r_1)\mathrm{d}\tau\right. \\
&\quad \left. + \int \phi^*(r_2, r_1) H_0 \phi(r_1, r_2)\mathrm{d}\tau\right] = 0
\end{aligned} \tag{9-36}$$

下节将作 $\phi(r_1, r_2)$ 的近似式, 简化 (36) 的结果.

(34) 之 Schrödinger 方程式系

$$\left[-\frac{\hbar^2}{2\mu}\left(\nabla_1^2 + \nabla_2^2\right) - Ze^2\left(\frac{1}{r_1} + \frac{1}{r_2}\right) + \frac{e^2}{r_{12}}\right]\Phi(r_1, r_2) = E\Phi \tag{9-34a}$$

偏微分方程式. 我们尚未知得正确 (exact) 解的方法. 下数节将述数个近似法, 从实际观点, 我们可获甚准的本征值 (至 10^8 分之 1), 但无正确的本征函数. 兹略申述之.

欲求 (34a) 方程式之解 $\Psi(\boldsymbol{r}_1,\boldsymbol{r}_2)$, 我们可视 Ψ 中之 $\boldsymbol{r}_2$ 为参数, Ψ 为 $\boldsymbol{r}_1$ 的函数而将其按下方程式的全集本征函数:

$$\left(-\frac{\hbar^2}{2\mu}\nabla_1^2-\frac{Ze^2}{\boldsymbol{r}_1}-E_n\right)\phi_n(\boldsymbol{r}_1)=0 \tag{9-37}$$

展开. 此式正是氢原子的方程式, $\phi_n(\boldsymbol{r}_1)$ 乃见 (4-97a), (4D-19)

$$\begin{aligned}\phi(\boldsymbol{r})=&\frac{1}{\sqrt{2\pi}}\mathrm{e}^{\mathrm{i}m\varphi}\sqrt{\frac{(2l+1)}{2}\frac{(l-m)!}{(l+m)!}}P_l^m(\cos\theta)\\&\times\left[\frac{(n-l-1)!}{2n[(n+l)!]^3}\left(\frac{2Z}{na}\right)^3\right]^{1/2}\mathrm{e}^{-\rho/2}\rho^lL_{n+l}^{l+1}(\rho)\end{aligned} \tag{9-37a}$$

或

$$\phi_{nlm_l}(\boldsymbol{r})=\Phi_{ml}(\varphi)\Theta_{lm_l}(\theta)R_{n.l}(\boldsymbol{r}),\quad \rho=\frac{2Z}{na}\boldsymbol{r} \tag{9-37b}$$

$$\Psi(\boldsymbol{r}_1,\boldsymbol{r}_2)=\sum_{n,l,m_l}F_{nlm_l}(\boldsymbol{r}_2)\phi_{nlm_l}(\boldsymbol{r}_1) \tag{9-38}$$

$F_{nlm_l}(\boldsymbol{r}_2)$ 系 $\boldsymbol{r}_2$ 的函数, 故亦可以 $\phi_{n'l'ml'}(\boldsymbol{r}_2)$ 展开.(38) 乃成

$$\Psi(\boldsymbol{r}_1,\boldsymbol{r}_2)=\sum_{\substack{n'l'm_l'\\nlm_l}}C_{n'l'm_l}^{nlm_l}\phi_{nlm_l}(\boldsymbol{r}_1)\phi_{n'l'm_l'}(\boldsymbol{r}_2) \tag{9-39}$$

(38) 及 (39) 的和 $\sum$, 包括连续谱的积分. (39) 式不具 (35) 的对称性, 但我们可取下式:

$$\Psi^s(\boldsymbol{r}_1,\boldsymbol{r}_2)=\sum_{\substack{n'l'm_l'\\nlm_l}}C_{l'm_l'}^{nlm_ln'}\left\{\phi_{nlm_l}(\boldsymbol{r}_1)\phi_{n'l'm_l'}(\boldsymbol{r}_2)+\phi_{nlm_l}(\boldsymbol{r})\phi_{n'l'm_l}(\boldsymbol{r}_1)\right\} \tag{9-40}$$

$$\Psi^a(\boldsymbol{r}_1,\boldsymbol{r}_2)=\sum_{\substack{nlm_l\\n'l'm_l'}}C_{n'l'm_l'}^{nlm_l}\begin{vmatrix}\phi_{nlm_l}(\boldsymbol{r}_1)\phi_{nlm_l}(\boldsymbol{r}_2)\\\phi_{n'l'm_{l'}}(\boldsymbol{r}_1)\phi_{n'l'm_l'}(\boldsymbol{r}_2)\end{vmatrix} \tag{9-41}$$

在原则上, 计算单态的能, 按基本假定 (13-27),

$$\begin{aligned}<H>=&\int(\Psi^s(\boldsymbol{r}_1,\boldsymbol{r}_2)\chi^a)^*H(\Psi^s\chi^a)\mathrm{d}\tau_1\mathrm{d}\tau_2\\=&\int\Psi^{*s}H\Psi^s\mathrm{d}\boldsymbol{r}_1\mathrm{d}\boldsymbol{r}_2\\=&C_{n'l'm_l'}^{nlm_l}\text{的二次方函数}\end{aligned}$$

再由变分法

$$\delta<H>=0,\text{变数为各}C_{n'l'm_l'}^{nlm_l} \tag{9-42}$$

求最低值, 实际上, 解此无限数变的 (42) 式, 是极难的. 故觅些有效的近似解法, 是必要的.

9.3 微扰法; Ritz 变分法; Hartree-Fock 法; Hylleraas 法

9.3.1 微扰法

如视 (34a) 式中的 $\dfrac{e^2}{r_{12}}$ 为一微扰, 则零阶近似系

$$\sum_{i=1}^{2}\left(\frac{-\hbar^2}{2\mu}\nabla_i^2-\frac{Ze^2}{r_i}\right)\varPhi_E^0=E^0\varPhi_E^0\left(r_1,r_2\right) \tag{9-43}$$

$$\varPhi^0\left(r_1,r_2\right)=\frac{1}{\sqrt{2}}\left[\phi_{nlm_l}\left(r_1\right)\phi_{n'l'm_l}\left(r_2\right)\pm\phi_{nlm_l}\left(r_2\right)\phi_{n'l'm_l}\left(r_1\right)\right] \tag{9-44}$$

$\phi_{nlm'}(r)$ 乃 (37b) 及 (37a) 式者.

$$\begin{aligned}E_m^0&=E^0+E_{n'}^0\\&=-\frac{Z^2Rhc}{n^2}-\frac{Z^2Rhc}{n'^2}\end{aligned} \tag{9-45}$$

E_n^0 乃氢原子在 n 态之能. $E_{n'}^0$ 乃 n' 态之能. 第一次微扰能乃

$$E^{(1)}=\iint\varPhi^{*0}\frac{e^2}{r_{12}}\varPhi^0\mathrm{d}r_1\mathrm{d}r_2 \tag{9-46}$$

(44) 式的 ± 号, 相当于 $\begin{pmatrix}\text{单态}\\\text{三重态}\end{pmatrix}$. 兹以 $\begin{pmatrix}{}^1E^{(1)}\\{}^3E^{(1)}\end{pmatrix}$ 表之. 以 (44 代入 (46), 即得

$$\left.\begin{matrix}{}^1E^{(1)}\\{}^3E^{(1)}\end{matrix}\right\}=e^2\int\phi_{nlm_l}^*\left(r_1\right)\phi_{nlm_l}\left(r_1\right)\frac{1}{r_{12}}\phi_{n'l'm_l}^*\left(r_2\right)\phi_{'*nlm_l}\left(r_2\right)\mathrm{d}r_1\mathrm{d}r_2$$
$$\pm e^2\int\phi_{n'l'm_{l'}}^*\left(r_1\right)\phi_{n'l'm_{l,}}\left(r_1\right)\frac{1}{r_{12}}\phi_{n'l'm_{l'}}^*\left(r_2\right)\phi_{nlm_l}\left(r_2\right)\mathrm{d}r_1\mathrm{d}r_2 \tag{9-47}$$

右方首项乃一个电子在 (n,l,m_l) 态与其他电子在 (n',l',m_l') 态的交互作用能. 次项则无古典物理的解释, 盖每一个电子皆不在一个态, 而同在 (n,l,m_l) 及 (n',l',m_l') 态. 首项称为 Coulomb 能, 次项则称为交换能 (exchange energy).

(47) 积分内的 $\dfrac{1}{r_{12}}$ 可先按 Legendre 系数展开. 如 r_1,r_2 两矢间的夹角为 α, 则 *

$$\frac{1}{r_{12}}=\sum_{k=0}^{\infty}\left(\frac{r^<}{r_>}\right)^k\frac{1}{r_>}P_k\left(\cos\alpha\right)$$

* 可参阅《电磁学》第 2 章第 78 页, 及第 99 页.

如 $\boldsymbol{r}_1(r_1,\theta_1,\varphi_1), \boldsymbol{r}_2(r_2,\theta_2,\varphi_2)$ 为球极坐标, 则

$$\frac{1}{r_{12}}=\sum_{k=0}^{\infty}\sum_{m=-k}^{k}\frac{(k-|m|)!}{(k+|m|)!}\frac{r_<^k}{r_>^{k+1}}P_k^m(\cos\theta_1)P_k^m(\cos\theta_2)\mathrm{e}^{\mathrm{i}m(\varphi_1-\varphi_2)} \tag{9-48}$$

$r_<$ 表 r_1, r_2 二者的小者, $r_>$ 则为其大者

以 (37b), (48) 代入 (47) 的首项得

$$\begin{aligned}<n,n'\left|\frac{e^2}{r_{12}}\right|n,n'>=&e^2\delta_{m,0}\sum_{k=0}^{\infty}\int\left[\Theta_{lm_l}(x_1)\right]^2P_k(x_1)\,\mathrm{d}x_1\\&\times\int\left[\Theta_{l'm_l'}(x_2)\right]^2P_k(x_2)\,\mathrm{d}x_2\\&\times\iint\left[R_{nl}(r_1)\right]^2\frac{r_<^k}{r_>^{k+1}}\left[R_{n'l'}(r_2)\right]^2{r_1}^2\mathrm{d}r_1{r_2}^2\mathrm{d}r_2\end{aligned} \tag{9-49}$$

左方式中之 n, 表 $n,l,m_l;n'$ 表 n',l',m_l'. 下文同此,

$$x_1\equiv\cos\theta_1,\quad x_2\equiv\cos\theta_2$$

(47) 式的次项, 由 φ_1,φ_2 的积分, 知 m 务需为 m_l-m_l', 用 (37b,a) 的 P_k^m 的归一式 $\Theta_{k,m}$, 即得

$$\begin{aligned}&<n,n'\left|\frac{e^2}{r_{12}}\right|n',n>\\&=e^2\sum_{k=0}^{\infty}\frac{2}{2k+1}\int_{-1}\Theta_{lm_l}(x_1)\Theta_{l'm_l'}(x_1)\,\Theta_{k,m_l-m_l'}(x_1)\,\mathrm{d}x_1\\&\quad\times\int\Theta_{lm_l}(x_2)\,\Theta_{l'm_{l'}}(x_2)\,\Theta_{k,m_l-m_l}(x_2)\,\mathrm{d}x_2\\&\quad\times\iint R_{nl}(r_1)\,R_{n'l'}(r_1)\times\frac{r_<^k}{r_>^{k+1}}R_{nl}(r_2)\,R_{n'l'}(r_2)r_1^2\mathrm{d}r_1{r_2}^2\mathrm{d}r_2\end{aligned} \tag{9-50}$$

(49), (50) 式中有积分如

$$\sqrt{\frac{2}{2k+1}}\int_0^{\pi}\Theta_{k,m_l-m_l'}\Theta_{l,m_l}\Theta_{l',m_l'}\sin\theta\mathrm{d}\theta\equiv c^k(l,m_l;l',m_l') \tag{9-51}$$

使

$$F^{(k)}(nl;n'l')=e^2\iint\left[R_{nl}(r_1)\right]^2\frac{r_<^k}{r_>^{k+1}}\left[R_{n'l'}(r_2)\right]^2{r_1}^2\mathrm{d}r_1{r_2}^2\mathrm{d}r_2 \tag{9-52}$$

$$G^{(k)}(nl;n'l')=e^2\iint R_{nl}(r_1)\,R_{n'l''}(r_1)\,\frac{r_<^k}{r_>^{k+1}}R_{nl}(r_2)\,R_{n'l'}(r_2)$$

$$\times r_1{}^2 \mathrm{d}r_1 r_2{}^2 \mathrm{d}r_2 \tag{9-53}$$

更引入符号

$$a^k (lm_l; l'm_l') = c^k (lm_l; lm_l) c^k (l'm_l'; l'm_l') \tag{9-54}$$

$$b^k (lm_l; l'm_l') = \left| c^k (lm_l; l'm_l') \right|^2 \tag{9-55}$$

用这些符号, (49) 及 (50) 乃成下式:

$$< n, n' \left| \frac{e^2}{r_{12}} \right| n, n' >= \sum_{k=0}^{\infty} a^k (lm_l; l'm_l') F^{(k)} (nl; n'l') \tag{9-56}$$

$$< n, n' \left| \frac{e^2}{r_{12}} \right| n', n >= \sum_{k=0}^{\infty} b^k (lm_l; l'm_l') G^{(k)} (nl; n'l') \tag{9-57}$$

以 (56), (57) 代入 (47), 再用 (45), 即得单态及三重态的能

$$\left.\begin{matrix} {}^1E \\ {}^3E \end{matrix}\right\} = E_n^0 + E_{n'}^0 + < n, n' \left| \frac{e^2}{r_{12}} \right| n, n' > \pm < n, n' \left| \frac{e^2}{r_{12}} \right| n', n > \tag{9-58}$$

欲计算上式后二项, 我们需计算 (51) 式之 $c^k (lm_l; l'm')$ 及 (52), (53) 之 $F^{(k)}, G^{(k)}$ 积分.

$c^k (lm, lm'), a^k (lm; l'm'), b^k (l, m; l'm')$ 之计算, 将于本章附录述之.

$F^{(k)}, G^{(k)}$ 积分计算的方法如下:

$$\begin{aligned} F^{(k)} (nl; n'l') =& e^2 \int_0^{\infty} r_1 \mathrm{d}r_1 [R_{hl} (r_1)]^2 \left\{ \frac{1}{r_1^{k+1}} \int_0^{r_1} r_2^{k+2} [R_{n'l'} (r_2)]^2 \mathrm{d}r_2 \right. \\ & \left. + r_1^k \int_{r_1}^{\infty} \frac{1}{r_2^{k-1}} [R_{n'l'} (r_2)]^2 \mathrm{d}r_2 \right\} \end{aligned} \tag{9-59}$$

$$\begin{aligned} G^{(k)} (nl; n'l') =& e^2 \int_0^{\infty} r_1^2 \mathrm{d}r_1 R_{nl} (r_1) R_{n'l'} (r_1) \\ & \times \left\{ \frac{1}{r_1^{k+1}} \int_0^{r_1} r_2^{k+2} R_{nl} (r_2) R_{n'l'} (r_2) \mathrm{d}r_2 \right. \\ & \left. + r_1^k \int_{r_1}^{\infty} \frac{1}{r_2^{k-1}} R_{nl} (r_2) R_{n'l'} (r_2) \mathrm{d}r_2 \right\} \end{aligned} \tag{9-60}$$

$$= 2e^2 \int_0^{\infty} \mathrm{d}r_1 r_1^{k+2} R_{nl} (r_1) R_{n'l'} (r_1) \int_{r_1}^{\infty} \frac{1}{r_2^{k-1}} R_{nl} (r_2) R_{n'l'} (r_2) \mathrm{d}r_2 \tag{9-60a}$$

如用第 4 章附录丁 (4D-19) 或 (4D-21) 式之 R_{nl}, 这些积分, 称为 Slater 积分, 皆可计算的.

兹以 $(1s)^2\,{}^1S$ 态为例. $(1s)^2\,{}^1S$ 态之能

$$\phi_{1s}(r)=\frac{1}{\sqrt{4\pi}}\sqrt{4\left(\frac{Z}{a}\right)^3}\exp\left(-\frac{Zr}{a}\right),\quad a=\frac{\hbar^2}{me^2} \tag{9-61}$$

$(1s)^{2\,1}S$ 态的函数为单态,

$$\Psi(r_1,r_2,\sigma_1,\sigma_2)=\phi_{1s}(r_1)\phi_{1s}(r_2)\chi_0^a \tag{9-62}$$

故

$$\begin{aligned}E&=2E_{1s}^0+E^{(1)}\\&=2\left(-\frac{Z^2Rhc}{1}\right)+<1s\left|\frac{e^2}{r_{1s}}\right|1s>\end{aligned}$$

由 (54) 及 (51) 式, 得见只当 $k=0$ 时 $a^{(k)}(0,0;0,0)\neq 0$. 由 (56) 及 (59) 式, 得 $\left(a^{(0)}=1\right)$

$$F^{(0)}(1,0;1,0)$$

$$=4^2\left(\frac{Z}{a}\right)^6 e^2\int_0^\infty \mathrm{d}r_1 r_1{}^2\mathrm{e}^{-2\rho_1}\left\{\frac{1}{r_1}\int_0^{r_1}\mathrm{e}^{-2\rho_2}r_2{}^2\mathrm{d}r_2+\int_{r_1}^\infty \mathrm{e}^{-2\rho_2}r_2\mathrm{d}r_2\right\}$$

$$\rho\equiv\frac{Zr}{a}$$

$$E^{(1)}=16e^2\left(\frac{Z}{n}\right)2\cdot\frac{5}{16^2}=\frac{5Ze^2}{8a}$$

$$E=-\frac{Ze^2}{a}\left(Z-\frac{5}{8}\right) \tag{9-63}$$

由此值, 可以得电离化能 E_{i}(ionization potential), 即使原子由 $(1s)^{2\,1}S$ 态电离成 $1s^2S$ 离子态

$$E_{\mathrm{i}}=E(1s)-E\left((1s)^2\right) \tag{9-64a}$$

$$=-\frac{Z^2e^2}{2a}-\left\{-\frac{Ze^2}{a}\left(Z-\frac{5}{8}\right)\right\}=\frac{Ze^2}{2a}\left(Z-\frac{5}{4}\right) \tag{9-64}$$

下表比较按 (63), (64) 计算的结果与实验 (光谱分析) 结果.

Z	$E(1s^2)$ (63)式	实验	E_{i} (64)式	实验	百分差(%)
1(H^-)	−0.75	−1.055	−0.25	+0.055	550
2(He)	−5.50	−5.810	1.50	1.810	17
3(Li^+)	−14.25	−14.560	5.25	5.560	5.6
4(Be^{++})	−27.00	−27.307	11.00	11.307	2.7

(9-65)

表中能的单位系 $\frac{e^2}{2a} = Rhc$, 所谓 "原子单位", 即氢原子的游能化能 13.53 电子伏 (eV).

由上表得见此微扰法的结果, 于 Z 值增大时渐好, 而于 Z=1 时 (氢的负难子), 劣不可用. 此结果的原因甚浅明. 电子与原子核的作用为 $-\frac{Ze^2}{r}$; 视为微扰的两个电子间的作用 $\frac{e^2}{r_{12}}$, 在 Z 值小如 1 时, 实不能视为 "微" 扰也.

9.3.2 Ritz 变分法

Schrödinger 方程式 (一个多电子系统为例)

$$\left\{\sum_i \left(-\frac{\hbar^2}{2m}\nabla_i^2\right) + V - E\right\} \Psi = 0 \tag{9-66}$$

乃下述变分问题的 Euler 微分方程式 *:

$$\delta \int \left\{-\sum_i \frac{\hbar^2}{2m} (\nabla_i \Psi)^2 + V\Psi^2\right\} \mathrm{d}\tau = 0 \tag{9-67}$$

乃附加条件

$$\delta \int \Psi^* \Psi \mathrm{d}\tau = 0 \tag{9-67a}$$

故得

$$\delta \int \left\{\sum_i \frac{\hbar^2}{2m} (\nabla_i \Psi)^2 + (V - E)\Psi^2\right\} \mathrm{d}\tau = 0 \tag{9-67b}$$

所谓 Ritz 的变分法乃系解 (67)(或 (68)) 变分方程式的一近似法, 将 Ψ 代以一已知其分析形式而含有未定的若干参数的函数. 设 Ψ 有参数 $\alpha, \beta, \cdots$, 则计算 (68) 的积分值

$$\int \Psi^* H \Psi \mathrm{d}\tau = E(\alpha, \beta, \cdots) \tag{9-69}$$

此等 $\alpha, \beta, \cdots$ 乃由 (68) 式定之

$$\frac{\partial E}{\partial \alpha} = 0, \frac{\partial E}{\partial \beta} = 0, \cdots \tag{9-70}$$

此法的近似结果的准确度, 自视所假设的 Ψ 函数的形式而定 **.

---

* 或

$$\delta \int \Psi^* \left\{-\sum_i -\frac{\hbar^2}{2m}\nabla_i^2 + V\right\} \Psi \mathrm{d}\tau = 0 \tag{9-68}$$

** 关于 Ritz 法之准确度, 可参看下二文: Weinstein, Proc. Nat. Acad, 20, 529 (1934); J.K.L.Macdonald, Phys Re., 43, 830(1933).

最简单的应用, 乃在氢原子 (原子核电荷 Ze) 问题, 取 (62), (61) 函数的分析形式, 而代 Z 以参数,

$$\phi_{1s}(r) = \left(\frac{\alpha}{a}\right)^{3/2} \exp\left(-\frac{\alpha r}{a}\right) \tag{9-71}$$

以同上节的计算法, 即得

$$E = 2\left(\alpha^2 - 2Z\alpha\right)\frac{e^2}{2a} + \frac{5\alpha e^2}{8a} \tag{9-72}$$

由 (70), 即得

$$\alpha = Z - \frac{5}{16} \tag{9-73}$$

故

$$E = -\frac{e^2}{a}\left(Z - \frac{5}{16}\right)^2 \tag{9-74}$$

由此可计算下表各值 (参阅 (65) 表)

Z	E (74)式	E_{i} (64)与实验 (%) 差	
1(H^-)	−0.945	−0.055	200
2(He)	−5.695	1.695	6.3
3(Li^+)	−14.445	5.445	2.0
4(Be^{++})	−27.195	11.195	1.0

(9-75)

(73) 式 $\alpha = Z - \frac{5}{16}$ 的意义, 系谓由于两个电子间的互斥, 这作用系使每一个电子和原子核 Ze 的吸引形同减小, 换言之, 使 Z 减小 $\frac{5}{16}$. 此效应称为 "屏障" 效应 (screening). 变分法的结果 (73), (74), 和微扰法的结果 (63), (64) 的不同处, 是前者将 $\frac{e^2}{r_{12}}$ 的作用的一部分, 移作一个电子对其他一电子的屏障作用.

由 (75) 表与 (65) 表的比较, 得见这极简单的变分法, 亦胜于微扰法.

9.3.3 Hartree-Fock 法

(67) 或 (68) 的变分法, 系极广义, 一般性的原理. 9.3.2 节的 Ritz 法, 系一近似法. 兹我们仍取 (62) 式的假设 (换言之, $\Psi(r_1, r_2)$ 可视为单个电子函数的乘积), 但不再假设 $\phi_n(r)$ 的分析函数形式 (如 (71) 式然). 我们应获较 Ritz 法为佳的结果.

兹取满足对称性原则之单态 ${}^1\Psi(r_1, r_2, \sigma_1, \sigma_2)$a 与 d 三重态 ${}^3\Psi$ 如下式:

$$\left.\begin{matrix} {}^1\Psi \\ {}^3\Psi \end{matrix}\right\} = \frac{1}{\sqrt{2}}\left\{\phi_a(r_1)\phi_b(r_2) \pm \phi_a(r_2)\phi_b(r_1)\right\}\left\{\begin{matrix} \chi^a \\ \chi^s \end{matrix}\right. \tag{9-76}$$

以此代入 (68) 式, 作独立的变分 $\delta\phi_a$ 及 $\delta\phi_b$, 即得

$$[H_0(1) + E_{bb} + G_{bb}(r_1) - E]\phi_a(r_1)$$

$$= \mp \left[E_{ba} + G_{ba}(r_1)\right] \phi_b(r_1) \tag{9-77}$$

$$\left[H_0(2) + E_{aa} + G_{aa}(r_2) - E\right]\phi_b(r_2)$$

$$= \mp \left[E_{ab} + G_{ab}(r_2)\right] \phi_a(r_2)$$

$$E_{aa} = \int \phi_a{}^* \left[-\frac{\hbar^2}{2m}\nabla^2 - \frac{Ze^2}{r}\right] \phi_a \mathrm{d}r$$

$$E_{ba} = \int \phi_b{}^* \left[-\frac{\hbar^2}{2m}\nabla^2 - \frac{Ze^2}{r}\right] \phi_a \mathrm{d}r \tag{9-78}$$

$$G_{bb}(r_1) = \int \frac{e^2}{r_{12}} \phi_b{}^*(r_2)\phi_b(r_2)\,\mathrm{d}r_2$$

$$G_{ba}(r_1) = \int \frac{e^2}{r_{12}} \phi_b{}^*(r_2)\phi_a(r_2)\,\mathrm{d}r_2, \qquad \text{余类推}$$

$$H_0(1) = -\frac{\hbar^2}{2m}\nabla_1^2 - \frac{Ze^2}{r_1}$$

(77) 式各项的意义略如下：$G_{bb}(r_1)$ 乃电子 2(态 ϕ_b) 对电子 1 的位场. $E - E_{bb}$ 乃电子 1 的本征值约值. 右方 $G_{ba}(r_1)$ 乃 “交换” 位场, 乃由 “交换” 而来的. 余类推.

如 ϕ_a, ϕ_b 满足第 (37) 式, 则

$$E_{aa} = E_a, \quad E_{bb} = E_b, \quad E_{ba} = E_{ab} = 0 \tag{9-79}$$

(77) 两式分别乘以 $\phi_a{}^*(r_1), \phi_b{}^*(r_2)$ 并积分之, 则得 (58) 式.

上述理论, 称为 Hartree-Fock 理论. Hartree 于 1928 年由简单的考虑 * 及

$$\varPsi(r_1, r_s) \tag{9-80}$$

获得 (77) 而无右方 “交换” 项的方程式. (76) 式之交换项, 及用变分原理, 则系 Fock 及 Slater 氏的改进.

(77) 系一对联立积分微分方程式 (integro-differential equations). 一般的只可作数值积分的解 (numerical integra tion). 近年来电子计算机的发展, 使这类问题的处理, 较在 20 世纪 30 年代容易多矣.

---

* 其考虑如下：电子 1 ($\phi_a(r_1)$) 的位场为

$$\frac{Ze^2}{r_1} + \int \frac{e^2}{r_{12}} \phi_b{}^*(r_2)\phi_b(r_2)\,\mathrm{d}r_2$$

而电子 2 的位场则为

$$-\frac{Ze^2}{r_2} + \int \frac{e^2}{r_{12}} \phi_a{}^*(r_1)\phi_a(r_1)\,\mathrm{d}r_1$$

由此乃得无右方两项之 (77) 式.

Hartree-Fock 法虽出发自一般性的变分原则, 但其加入了 "以单个电子的 ϕ_n 的乘积 $\phi_a(r_1)\phi_b(r_2)\phi_c(r_3)\cdots$ 来表一 N 个电子的态" 的假设, 是此法的基本限制. 这个限制的性质, 可如下见之:

以最简单的情形为例. 如氢的 $1s^2\ {}^1S$ 的态函数为 (62) 式

$$\Psi(r_1,r_2)=\phi(r_1)\phi(r_2)\chi^a$$

则

$$|\Psi|^2=|\phi(r_1)|^2|\phi(r_2)|^2\chi^{*a}\chi^a$$

按此式, 此概率在下二图的情形是相等的, 因 $|\phi(r)|^2$ 是与角 θ,φ 无关, $|\phi(r_1)|^2$ $|\phi(r^2)|^2$ 与 r_1 和 r_2 两矢的夹角亦无关的. 但由于电子间的互斥作用, (B) 的位置情形应较 (A) 者的概率为大的. 这是所谓关联效应 (correlation effect). 忽略此效应, 在某些问题中, 可引致极严重的差误. (65) 及 (75) 两表中, H^- 游离能计算的不准确, 即是未处理此效应的例子 (见下一节 Hylleraas 理论).

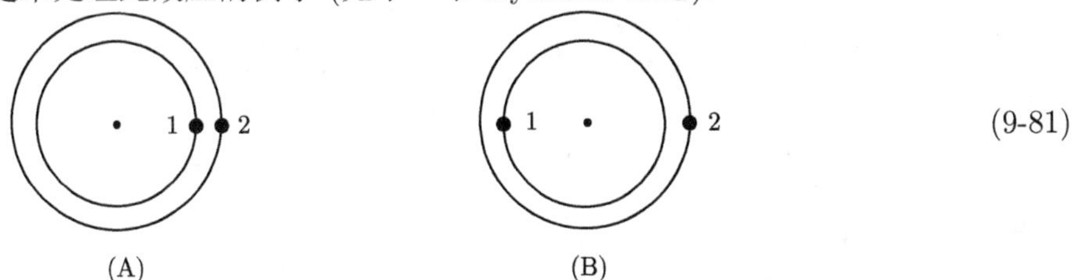

(A) (B) (9-81)

Hartree-Fock 法准确度的限制, 正是未能处理此效应.

9.3.4 Hylleraas 法

为有效的引算两个电子的关联效应 (见前图). 1928 年 E.A. Hylleraas 仍用变分法形式的 Schrödinger 方程式 (67), 唯不用球极坐标而用下述的坐标: 两个电子的六个自由度, 以

$$s=r_1+r_2,\quad t=r_1-r_2,\quad u=r_{12} \tag{9-82}$$

定两个电子与原子核构成的三角形中的彼此距离, 再以 Euler 角 θ,ϕ,Ψ 定此三角形在空间的方向. 如态系一角动量为零 (Ψ 与方向无关) 的态, 则 $\Psi(r_1,r_2)$ 只系 s,t,u 的函数.

兹取 He(及 Li^+,Be^{++},$\cdots$) 的 $1s^2\ {}^1S$ 态, 使其波函数为

$$\Psi(s,t,u) \tag{9-83}$$

$$0\leqslant t\leqslant u,\quad 0\leqslant u\leqslant s,\quad 0\leqslant s\leqslant\infty \tag{9-84}$$

以 Bohr 半径 a 为长度的单位, 以 $2Rhc = \dfrac{e^2}{a}$ 为能的单位. (67b) 式乃成下式:

$$M - L - NE = 0 \tag{9-85}$$

M 乃动能, L 乃位能,

$$N = \int_0^\infty \mathrm{d}s \int_0^s \mathrm{d}u \int_0^n \mathrm{d}t \left(s^2 - t^2\right) u \varPsi^2 \tag{9-86}$$

如所有的长度 $(r, r_2, r_{12}; s, t, u)$ 皆以因子 k 改变其度标 (scale) (即使上 $r_1, r_2, \cdots$ 变为 $kr_1, kr_2, \cdots$), 则 (85) 式变为

$$k^2 M - kL - NE = 0 \tag{9-87}$$

$$\begin{aligned} M = \int_0^\infty \mathrm{d}s \int_0^s \mathrm{d}u \int_0^u \mathrm{d}t \Big\{ \left(s^2 - t^2\right) u \left[\left(\frac{\partial \varPsi}{\partial s}\right)^2 + \left(\frac{\partial \varPsi}{\partial u}\right)^2 + \left(\frac{\partial \varPsi}{\partial t}\right)^2 \right] \\ + 2s\left(u^2 - t^2\right) \frac{\partial \varPsi}{\partial s} \frac{\partial \varPsi}{\partial u} + 2\left(s^2 - u^2\right) t \frac{\partial \varPsi}{\partial u} \frac{\partial \varPsi}{\partial t} \Big\} \end{aligned} \tag{9-88}$$

$$L = \int_0^\infty \mathrm{d}s \int_0^s \mathrm{d}u \int_0^u \mathrm{d}t \left(4Zsu - s^2 + t^2\right) \varPsi^2 \tag{9-89}$$

$\varPsi$ 将使作下级数:

$$\varPsi(s, u, t) = \mathrm{e}^{-\frac{1}{2}s} \sum_{n,l,m=0}^{\infty} C_{n,2l,m} s^n u^m t^{2l} \tag{9-90}$$

级数中无 t 的奇次项, 因 $1s^2\ {}^1S$ 之 $\varPsi(r_1, r_2)$ 必须为对 1, 2 互换有对称性.

由上各式, 可得 $E = E(k, C_{n,2l,m})$ 函数. 按变分原则

$$\frac{\partial E}{\partial k} = 0, \quad \frac{\partial E}{\partial C_{n,2l,m}} = 0, \quad 所有 \quad n, l, m \tag{9-91}$$

由第一式, 即得 $k = L/2M$, 故

$$E = -\frac{1}{4NM} L^2 \tag{9-92}$$

Hylleraas 作 (90) 式三项、六项、八项的计算, 其结果如下:

$$^*\varPsi(s, u, t) = \mathrm{e}^{-\frac{s}{2}} \left(1 + 0.08u + 0.01t^2\right) \tag{9-93}$$

$$E_{\mathrm{i}} = -1.80488Rhc$$

$*E_{\mathrm{i}}$ 的定义及 Rhc 单位, 见 (64a) 式及 (65) 表.

$$\Psi(s, u, t) = \mathrm{e}^{-\frac{s}{2}}\left(1 + 0.0972u + 0.0097t^2 - 0.0277s + 0.0025s^2 - 0.0024u^2\right) \tag{9-94}$$

$$E_{\mathrm{i}} = -1.80648Rhc$$

至八项的 Ψ, E_{i} 已超出光谱分析的实验值至 $24\mathrm{cm}^{-1}$(换言之, E 之最低值, 已低于实验值). 原因非量子力学有问题, 或变分原则有误, 而是上述的理论系未包括相对论所应作的若干修正 (及电子有效质量的修正). 经这些修正后, 计算之 E, 乃无低于观察的 E 值情形.

20 世纪 50 年代, Kinoshita 曾作上述的计算, 展 (90) 式至 80 余项, 结果经相对论各种修正后, 与最准确之实验相符.

C.L.Pekeris 曾用不同的变数, 其变分函数有 2000 项, 其结果亦与实验相符.

9.4 电子组态 (configuration); (L, S) 耦合 (coupling)

一个二电子原子的 Hamiltonian, 假设可写成下式:

$$H = \sum_{i=1}^{2} H_0(i) + \frac{e^2}{r_{12}} + \sum_{i=1}^{2} H_{s0}(i) \tag{9-95}$$

$$H_0(i) = -\frac{\hbar^2}{2\mu}\nabla_i^2 - Ze^2\frac{1}{r_i}, \quad \mu = \text{电子质量} \tag{9-95a}$$

$$H_{s0}(i) = 2\left(\frac{e\hbar}{2\mu c}\right)^2 \frac{Z}{r_i^3}(l_i \cdot s_i)^*, \quad \text{见 (7-42) 式} \tag{9-95b}$$

如略去 (95) 式末二项, 则 $\sum_{i=1}^{2} H_0(i)$ 之本征值及本征函数为

$$E_n^0 + E_{n'}^0, \quad \Psi^0 = \phi_{nlm}(r_1)\phi_{n'l'm'}(r_2) \tag{9-96}$$

---

*(95b) 式的 H_{s0} 系一个电子与其 "轨道" 的交互作用 (见第 7 章 (7-42) 式). 此式 (按 Dirac 理论), 来自

$$H_{s0}(i) = \xi(r_i)\, l_i \cdot s_i, \xi(r_i) = \frac{\hbar^2}{2\mu^2c^2}\frac{1}{r_i}\frac{\partial U(r_i)}{\partial r_i}$$

$$U(r_i) = -\frac{Ze^2}{r_i} \tag{9-95c}$$

唯两个电子的自旋, 尚有下项的交互作用:

$$\begin{aligned} &-\left(\frac{e\hbar}{\mu c}\right)^2 \frac{1}{r_{12}^3}\left\{(r_1 - r_2) \times (k_1 - k_2) - \frac{1}{2}(r_1 - r_2) \times k_1\right\} \cdot s_2 p = \hbar k \\ &-\left(\frac{e\hbar}{\mu c}\right)^2 \frac{1}{r_{12}^3}\left\{(r_2 - r_1) \times (k_2 - k_1) - \frac{1}{2}(r_2 - r_1) \times k_2\right\} \cdot s_1 \\ &+\left(\frac{e\hbar}{\mu c}\right)^2 \frac{1}{r_{12}^5}\left\{s_1 \cdot s_2 r_{12}^2 - s_1 \cdot (r_2 - r_1)\, s_2 \cdot (r_2 - r_1)\right\} \end{aligned} \tag{9-95d}$$

我们下文将忽略这些较 (95b) 为微的项.

$nln'l'$(如 $1s^2, 1s2s, 1s2p, \cdots, 2s^2, 2s2p, \cdots, 2p^2, \cdots$) 谓为电子组态 (electron configuration).

如只略去 (95) 式的末项, 则

$$\sum_{i=1}^{2} H_0(i) + \frac{e^2}{r_{12}} \equiv H_0 \tag{9-97}$$

的本征值问题, 是无法得正确解的. $(H_0 - E)\,\Psi(1,2) = 0$ 方程式之解, 一般的只可写成 (96) 乘积的重叠, 如 (40) 或 (41) 式. 唯在若干情形下, 这重叠式的一项, 如

$$\frac{1}{\sqrt{2}}\left[\phi_{nl}(r_1)\,\phi_{n'l'}(r_1) \pm \phi_{nl}(r_2)\,\phi_{n'l'}(r_1)\right]\left\{\begin{array}{c}\chi^a\\ \chi^s\end{array}\right\} \tag{9-98}$$

仍可能是一个态的近似的描述, 例如氦原子的基态, 可以 $1s^2$ 组态表之 (见 (62), (65), (75) 各式); 其激起态, 可以 $1sns, 1snp, 1snd, \cdots$ 组态表之. 惟我们务须记着的, 是这些组态, 只是在 $\sum\limits_i H_0(i)$ 的表象中一个近似描述; 由于 (97) 的 e^2/r_{12}. 作用项, H_0 的函数, 是永不能用单个电子函数 $\phi_{nl}(r)$ 的乘积如 (95), (98) 表的!

(97) 式的 H_0, 有下述的性质. 兹取下列各角动量算符:

$$\begin{aligned} &L = l_1 + l_2, \quad && S = s_1 + s_2, \quad && J = L + S \\ &L_z = l_{1z} + l_{2z}, \quad && S_z = s_{1z} + s_{2z}, \quad && J_z = L_z + S_z \end{aligned}$$

$L^2, S^2, J^2, L_z, S_z, J_z$ 彼此皆对易的 (commute), 且皆与 H_0 对易的. 故 H_0 对各量子数 S, L, J, M_s, M_L, M 皆系对角的 (见 (31)~(33) 各式).

在此情形下 $\left(\sum\limits_i H_{s0}(i) = 0\right)$, L^2 及 S^2 皆系运动常数, 我们称此情形为 (L, S) 耦合, L 及 S 皆系正确量子数. 光谱的名称为

$L=$	0	1	2	3	4	5
态名	S	P	D	F	G	H

$2s+1$ 称为多重性. 故一个电子组态的光谱符号

$$^{2s+1}L_J$$

J 之值为

$$\begin{aligned} J &= L-S, L-S+1, \cdots, L+S-1, L+S, \text{如} S \leqslant L \\ J &= S-L, S-L+1, \cdots, S+L-1, S+L, \text{如} L \leqslant S \end{aligned}$$

至若电子组态 $nln'l'$ 有何 $^{2s+1}L_J$ 态, 我们先以两例说明之. 下节述 (L, S) 偶合时将再述之.

9.4.1 $nsn'p\,^1P,^3P$

$$\phi_{n00}(r_1)\left\{\begin{array}{l}\chi_+(1)\\ \chi_-(1)\end{array}\right. ,\quad \phi_{n',m_l}(r_2)\left\{\begin{array}{l}\chi_+(2)\\ \chi_-(2)\end{array}\right. ,\quad m_l=1,0,1$$

可构成 12 个线性独立的反对称函数如下：

$$\Psi_1,\,\Psi_4,\,\Psi_7,=\frac{1}{\sqrt{2}}\left|\begin{array}{l}\phi_{n00}(1)\,\phi_{n00}(2)\\ \phi_{n'11}(1)\,\phi_{n'11}(2)\end{array}\right|\times\left[\chi_1^s,\chi_0^s,\chi_{-1}^s\right]$$

$$\Psi_2,\,\Psi_5,\,\Psi_8,=\frac{1}{\sqrt{2}}\left|\begin{array}{l}\phi_{n00}(1)\,\phi_{n00}(2)\\ \phi_{n'10}(1)\,\phi_{n'10}(2)\end{array}\right|\times\left[\chi_1^s,\chi_0^s,\chi_{-1}^s\right] \tag{9-99}$$

$$\Psi_3,\,\Psi_6,\,\Psi_9,=\frac{1}{\sqrt{2}}\left|\begin{array}{l}\phi_{n00}(1)\,\phi_{n11}(2)\\ \phi_{n'1-1}(1)\,\phi_{n'1-1}(2)\end{array}\right|\times\left[\chi_1^s,\chi_0^s,\chi_{-1}^s\right]$$

$$\Psi_{10},\,\Psi_{11},\,\Psi_{12},=\frac{1}{\sqrt{2}}\left[\phi_{n00}(1)\,\phi_{n'00}(2)+\phi_{n00}(2)\,\phi_{n'11}(1)\right.$$

$$\phi_{n00}(1)\,\phi_{n'10}(2)+\phi_{n00}(2)\,\phi_{n'10}(1)$$

$$\left.\phi_{n00}(1)\,\phi_{n'1-1}(2)+\phi_{n00}(2)\,\phi_{n'1-1}(1)\right]\chi_0^a$$

此处之 $\chi_1^s,\chi_0^s,\chi_{-1}^s,\chi_0^a$, 见 (28) 式.

由 (32)~(33) 各式, 即可见 (99) 各 Ψ, 系 L_z,S_z 的本征态, 其本征值如下表:

	Ψ_1	Ψ_2	Ψ_3	Ψ_4	Ψ_5	Ψ_6	Ψ_7	Ψ_8	Ψ_9	Ψ_{10}	Ψ_{11}	Ψ_{12}
M_S	1	1	1	0	0	0	-1	-1	-1	0	0	0
M_L	1	0	-1	1	0	-1	1	0	-1	1	0	-1

(9-100)

因 Hamiltonian H (31) 与 L_z,S_z 皆对易, 故 H 的矩阵, 对 M_S 及 M_L 皆系对角的. 又 H 不含电子自旋, 故

$$\langle\chi^s\,|H|\,\chi^a\rangle=0 \tag{9-101}$$

故 H 对 (99) 各态, 是对角的, 换言之, $\langle\Psi_i\,|H|\,\Psi_j\rangle$ 只有 $\langle\Psi_i\,|H|\,\Psi_i\rangle\neq0$.

又 H 于 M_S 及 M_L 有相同的自旋对称性的态中, 皆系简并的, 故

$$\langle\Psi_1\,|H|\,\Psi_1\rangle=\langle\Psi_2\,|H|\,\Psi_2\rangle=\cdots=\langle\Psi_9\,|H|\,\Psi_9\rangle \tag{9-102}$$

$$\langle\Psi_{10}\,|H|\,\Psi_{10}\rangle=\langle\Psi_{11}\,|H|\,\Psi_{11}\rangle=\langle\Psi_{12}\,|H|\,\Psi_{12}\rangle \tag{9-103}$$

换言之, 12 个态中, 九重简并的一值, 其 $-1 \leqslant M_S \leqslant 1$, 其 $-1 \leqslant M_L \leqslant 1$, 故 $S=1, L=1$. 按 (97), (98), 此九重简并态的符号为 ${}^SP$. 其 J 值为 0, 1, 2. 每一 J 的 M 值为 $-J \leqslant M \leqslant I$. 故 $J=0$, 1, 2 的 Zeeman 分态数为 1, 3, 5.

另三重简并态, 同理, $S=0, L=1$. 故其符号为

$$^1P_1$$

兹计算 ${}^3P, {}^1P$ 二态的能. 此计算可用 (49), (50) 式直接计算 *. 为方便计, 可取 Ψ_5 及 Ψ_{11}. 用 (52), (53),

$$\begin{aligned}
&\langle \Psi_5 \left| \frac{e^2}{r_{12}} \right| \Psi_5 \rangle \\
=&\langle ns, n'p \left| \frac{e^2}{r_{12}} \right| ns, n'p \rangle - \langle ns, n'p \left| \frac{e^2}{r_{12}} \right| n'p, ns \rangle \\
=&F^{(0)}(ns, n'p) - \frac{1}{3} G^{(1)}(ns, n'p)
\end{aligned} \tag{9-104}$$

$$\langle \Psi_{11} \left| \frac{e^2}{r_{12}} \right| \Psi_{11} \rangle = F^{(0)}(ns, n'p) + \frac{1}{3} G^{(1)}(ns, n'p) \tag{9-105}$$

故得

$$\begin{aligned}
nsn'p^1P : E = E^0(ns) + E^0(n'p) + F^{(0)}(ns, n'p) \\
+ \frac{1}{3} G^{(1)}(ns, n'p)
\end{aligned} \tag{9-106}$$

$$\begin{aligned}
nsn'p^sP : E = E^0(ns) + E^0(n'p) + F^{(0)}(ns, n'p) \\
- \frac{1}{3} G^{(1)}(ns, n'p)
\end{aligned} \tag{9-107}$$

9.4.2 $np^2\ {}^3P, {}^1D, {}^1S$

如组态为 $npn'p, n' \neq n$, 则有 $2^2(2l+1)^2 = 36$ 态. 兹 $n' = n$, 由于 Pauli 原则, 两电子之 (n, l, m_l, m_s) 量子数, 不能全相同, 故只有 $C_2^6 = \dfrac{6!}{2!4!} = 15$ 态. 此 15 个态, 可以下 15 个反对称波函数表之:

$$\Psi_i = \frac{1}{\sqrt{2}} \begin{vmatrix} \Psi_{m_l m,}(1) & \Psi_{m_l m,}(2) \\ \Psi_{m_l' m,'}(1) & \Psi_{m_l' m,'}(2) \end{vmatrix}, \quad i = 1, \cdots, 15 \tag{9-108}$$

$$\Psi_{m_l m,}(1) = \phi_{m_l}(r_1) \chi_{m,}(1), \quad \phi_{m_l} \equiv \phi_{nlm_l} = \phi_{nlm_l} \tag{9-109}$$

(108) 的 Ψ_i, 皆系 L_z 及 S_z 的本征函数. 其本征值 M_l, M_s 及 $M = M_l + M_s$ 见表 9.1

*(49), (50) 式中的角 θ_1, θ_2 的积分, 由于 $l, m_l = 1, 0; l', m_{l'} = 0, 0$ 的简单情形, 可直接计算之. 但一般情形下, 可用 $c^k(l, m_l; l'm_l')$ 之值, 见本章附录.

表 9.1

	$m_l m_l'$		$m_s m_s'$		$M_L M_S$		M	态
Ψ_1	1	1	+	−	2	0	2	^1D
Ψ_2	1	0	+	+	1	1	2	3p
Ψ_3	1	0	+	−	1	0	1	$^3P+^1D$
Ψ_4	1	0	−	+	1	0	1	
Ψ_5	1	0	−	−	1	−1	0	^3P
Ψ_6	1	−1	+	+	0	1	1	^3P
Ψ_7	1	−1	+	−	0	0	0	$^3P+^1D+S$
Ψ_8	1	−1	−	+	0	0	0	
Ψ_9	0	0	+	−	0	0	0	
Ψ_{10}	1	−1	−	−	0	−1	−1	^3P
Ψ_{11}	−1	0	+	+	−1	1	0	^3P
Ψ_{12}	−1	0	−	+	−1	0	−1	$^3P+^1D$
Ψ_{13}	−1	0	+	−	−1	0	−1	
Ψ_{14}	−1	0	−	−	−1	−1	−2	^3P
Ψ_{15}	−1	−1	+	−	−2	0	−2	^1D

$$m_s之+,-,乃+\frac{1}{2},-\frac{1}{2}之意.$$

Hamiltonian $H(31)$ 于量子数 M_l, M_S, M 皆系对角, 故 $\langle \Psi_i \left| \frac{e^2}{r_{ij}} \right| \Psi_j \rangle$ 矩阵, 成下式.

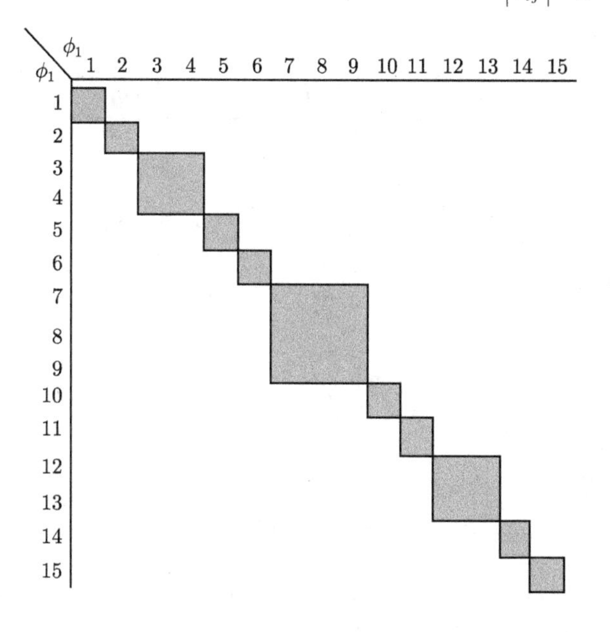

(9-110)

表 9.1 中末行的态的决定, 约如下: 以 Ψ_1 言. 其 M_L 为 2, 故 L 至少是 2, 为 D 态. 其 $M_S = 0$, 又 $M_L = 2$ 无 M_S 大小于 0 者, 故 S=0, 故必为 ^1D. Ψ_2 类推

Ψ_3, Ψ_4 必各为 ^3P 及 ^1D 态的重叠. Ψ_7, Ψ_8, Ψ_9 必各为 $^3P,^1D,^1S$ 态的重叠.

^1D: 由 Ψ_1, 按 (49), (50), (52), (53), 及前节附录的 a^k, b^k 表, 即得

$$\langle \Psi_1 \left| \frac{e^2}{r_{12}} \right| \Psi_1 \rangle = F^{(0)}(np,np) + \frac{1}{25}F^{(2)}(np,np) \tag{9-111}$$

^3P: 由 Ψ_2

$$\langle \Psi_2 | \frac{e^2}{n_{12}} | \Psi_2 \rangle_2 = F^{(0)}(np,np) - \frac{2}{25}F^{(2)}(np,np)$$

$$-\frac{3}{25}G^{(2)}(np,np) \tag{9-112a}$$

因两个电子皆系 np, 故按 (52), (53) 之定义,

$$F^{(k)}(np,np) = G^{(k)}(np,np)$$

$$\langle \Psi_2 | \frac{e^2}{r_{12}} | \Psi_2 \rangle = F^{(0)}(np,np) - \frac{2}{25}F^{(2)}(np,np) \tag{9-112b}$$

^1S : 此态不单独于 (110) 矩阵出现, 故需由 Ψ_7, Ψ_8, Ψ_9 的三次方方程式求之.

$$\langle \Psi_i | \frac{e^2}{r_{12}} | \Psi_j \rangle, \quad i,j = 7,8,9$$

之值, 如下矩阵:

$$\begin{array}{c|ccc} & \Psi_7 & \Psi_8 & \Psi_9 \\ \hline \Psi_7 & F^{(0)} + \frac{1}{25}F^{(2)} & -\frac{6}{25}G^{(2)} & \frac{3}{25}G^{(2)} \\ \Psi_8 & -\frac{6}{25}G^{(2)} & F^{(2)} + \frac{1}{25}F^{(2)} & -\frac{3}{25}G^{(2)} \\ \Psi_9 & \frac{3}{25}G^{(2)} & -\frac{3}{25}G^{(2)} & F^{(0)} + \frac{4}{25}F^{(2)} \end{array} \tag{9-113}$$

下列方程式:

$$\left\| \langle \Psi_i \left| \frac{e^2}{r_{12}} \right| \Psi_j \rangle - E^{(1)}\delta_{ij} \right\| = 0 \tag{9-114}$$

有三个根, 其和系

$$E^{(1)}(3p) + E^{(1)}(^1D) + E^{(1)}(^1S) \tag{9-115}$$

欲求 $E^{(1)}(^1S)$, 我们无须解 (114). 按 “对角和” 定理 (见第 1 章定理 (十九)), (113) 矩阵的对角和, 于变换成一对角矩阵时不变. 故

$$E^{(1)}(^3P) + E^{(1)}(^1D) + E^{(1)}(^1S) = 3F^{(0)} + \frac{6}{25}F^{(2)} \tag{9-116}$$

由 (111) 及 (112a,b), 即得

$$
\begin{aligned}
E^{(1)}({}^1S) &= F^{(0)}(np,np) + \frac{7}{25}F^{(2)}(2p,2p) + \frac{3}{25}G^{(2)}(2p,2p) \\
&= F^{(0)}(np,np) + \frac{10}{25}F^{(2)}(np,np)
\end{aligned} \tag{9-117}
$$

${}^3P, {}^1D, {}^1S$ 的三个态函数乃

$$
\begin{aligned}
\Psi({}^3P) &= \frac{1}{\sqrt{2}}(\Psi_7 + \Psi_8) \\
&= \frac{1}{\sqrt{2}}(\phi_1(r_1)\phi_{-1}(r_2) - \phi_1(r_2)\phi_{-1}(r_1))\chi_0^s \\
\Psi({}^1D) &= \frac{1}{\sqrt{6}}(\Psi_7 - \Psi_8 - 2\Psi_9) \\
&= \frac{1}{\sqrt{6}}\left[\phi_1(r_1)\phi_{-1}(r_2) + \phi_1(r_2)\phi_{-1}(r_1) - 2\phi_0(r_1)\phi_0(r_2)\right]\chi_0^a \\
\Psi({}^1S) &= \frac{1}{\sqrt{3}}(\Psi_7 - \Psi_8 + \Psi_9) \\
&= \frac{1}{\sqrt{3}}\left[\phi_1(r_1)\phi_{-1}(r_2) + \phi_1(r_2)\phi_{-1}(r_1) + \phi_0(r_1)\phi_0(r_2)\right]\chi_0^a
\end{aligned} \tag{9-118}
$$

$\phi_1, \phi_0, \cdots$ 乃ϕ_{ml}, 总合上结果, $np^2\ {}^3P, {}^1D, {}^1S$ 态之能, 乃

$$
\begin{aligned}
E({}^1S) &= 2E_{np}^0 + F^{(0)} + \frac{2}{5}F^{(2)} \\
E({}^1D) &= 2E_{np}^0 + F^{(0)} + \frac{1}{25}F^{(2)} \\
E({}^3P) &= 2E_{np}^0 + F^{(0)} - \frac{1}{5}F^{(2)}
\end{aligned} \tag{9-119}
$$

由此, 可得

$$
\frac{E({}^1S) - E({}^1D)}{E({}^1D) - E({}^3P)} = \frac{3}{2} \tag{9-120}
$$

此比例值与 $F^{(0)}$, $F^{(k)}$ 的数值无关, 而只系 $H(31)$ 式中无电子自旋 *, 及我们假设原子的态, 可以用 (95) 式的函数表出的结果.

9.5 电子自旋——(L,S)-及 (j,j)-耦合

前节假设一个二电子原子的 Hamiltonian 为 (95) 式. 按

$$
\frac{e^2}{r_{12}} \gg \sum_i H_{s0}(i)
$$

---

* 因无自旋-轨道交互作用, 故有 (32), (33) 式的结果, 亦即所谓 (L,S)- 耦合, 见《量子论与原子结构》乙部第 6 章, 及下文第 5 节.

或

$$\frac{e^2}{r_{12}} \ll \sum_i H_{s0}(i)$$

我们得下述两情形：(1)(L,S)-耦合, (2)(j,j)-耦合.

9.5.1　(L,S)-耦合：$\frac{e^2}{r_{12}} \gg \sum_i H_{s0}(i)$

由前节, 已知 (97) 式之 H_0 对量子数 S, L, J, M_s, M_L, M 皆系对角的.

此六个量子数, 只有四个系独立的, 我们可采

$$(S, L, M_s, M_L)\text{-表象} \tag{9-121a}$$

或

$$(S, L, J, M)\text{-表象} \tag{9-121b}$$

因 S^2, L^2 皆系运动常数 (S, L 皆系正确量子数 exact quantum numbers), 此情形称为 (L,S)-耦合, 亦称 Russell-Saunders 耦合,

由上节, 会见 $nsn'p$ 组态有 $^1P, ^3P, np^2$ 有 $^3P, ^1D, ^1S$ 等态. 对每一固定的 S 及 L 值, 该态的简并度是

$$(2S+1)(2L+1) \tag{9-122}$$

与用 (121) 或 (121b) 表象无关 *.

我们务须记忆, 在 (L,S)-耦合, S, L 系正确量子数, 而每个电子的 n, l 则否, 故电子组态 $nln'l'$ 亦只系一近似的描述而已.

但由任一 $nln'l'$ 的组态, 必可定 L 及 S 之值. 上节已举 $nsn'p ^1P, ^3P; np^2 {}^3P, ^1D, ^1S$ 的例. 兹再以 $npn'p$ 组态为例, 以见由一电子组态定 L, S 之法.

兹 $n' \neq n$, 故 $npn'p$ 有 $6^2 = 36$ 态. 每电子的 $m_l = -1, 0, 1$ 及 $m_s = +\frac{1}{2}, -\frac{1}{2}$, 将以 m_l^+ 或 m_l^- 表之; 故 $npn'p$ 以 $(1^+, 0^+), (1^+, 1^-), \cdots$ 表之. 此 (m_l, m_s, m_l', m_s') 谓为零阶表象 (zeroth order representation) 由

$$M_L = m_l + m_l', \quad M_S = m_s + m_s'$$

∗ 按 (121a) 表象, 此简并度显系 $(2S+1)(2L+1)$. 按 (121b) 此系

$$\begin{aligned} \sum_{J-|L-S|}^{L+S} \sum_{M=-J}^{J} &= \sum_{J=|L-S|}^{L+S} (2J+1) \\ &= 2[L-S+L-S+1+\cdots+L+S] + 2S+1 \\ &= 2(2S+1)L + 2S + 1 = (2S+1)(2L+1). \end{aligned} \tag{9-123}$$

36 个 $(1^+,0^+)$ 等可按 M_L, M_S 值纳入表 9.2.

表 9.2

M_S \ M_L	1	0	-1
2	(1^+1^+)	$((1^+1^-))$ (1^-1^+)	(1^-1^-)
1	$((1^+0^+))$ (0^+1^+)	$((1^+0^-)),((0^+1^-))$ $(0^-1^+),(1^-0^+)$	$((1^-0^-))$ (0^-1^-)
0	$((1^+-1^+))$ (0^+0^+) (-1^+1^+)	$((1^+-1^-)),((0^+0^-)),((-1^+1^-))$ $(-1^-,1^+),(0^-0^+),(1^- -1^+)$	$((1^{-1}-1^-))$ (0^-0^-) (-1^-1^-)
-1	(0^+-1^+) $((-1^+0^+))$	$(-1^+0^-),((0^+-1^-))$ $(0^- -1^+),(-1^-,0^+)$	$((-1^-0^-))$ $(0^- -1^-)$
-2	(-1^+-1^+)	$((-1^+-1^-))$ $(-1^- -1^+)$	$(-1^- -1^-)$

表中 $-2 \geqslant M_L \leqslant 2, -1 \geqslant M_S \leqslant 1$ 者有 15 态, 为 ^3D,

$$-2 \leqslant M_L \leqslant 2, \qquad M_S = 0\text{者有 5 态, 为}{}^1D$$

$$-1 \leqslant M_L \leqslant 1, -1 \leqslant M_S \leqslant 1\text{者有 9 态, 为}{}^3P$$

$$-1 \leqslant M_L \leqslant 1, \qquad M_S = 0\text{者有 3 态, 为}{}^1P$$

$$M_L = 0, -1 \leqslant M_S \leqslant 1\text{者有 3 态, 为}{}^3S$$

$$M_L = 0, \qquad M_S = 0\text{者有 1 态, 为}{}^1S$$

如 $n' = n$, 则 Pauli 原则不容许 $m_l = m_l', m_s = m_s'$, 表中有重复的如 $(1^+, -1^+)$ 及 $(-1^+, 1^+)$ 皆须去除其一, 故只余双括弧 (()) 的 15, 与表 9.1 相符.

以同法可得其他组态的 (L,S) 态, 如 $np^3\ {}^4S, {}^2P, {}^2D, sp^2\ {}^4P, {}^2P, {}^2S, {}^2D$ 等 *.

兹乃求 (L,S)-耦合极限下的电子自旋作用. (95) 式中的 H_0(112)(97) 式

$$H_0 = \sum_{i=1}^{2} H_0(i) + \frac{e^2}{r_{12}} \tag{9-125}$$

---

* 以同上节 (2), 第 (119) 式, 的计算, 可得 P^3 的态能

np^3 :

$$\begin{aligned} E(^2P) &= 3E_{np}^0 + 3F^{(0)}(np,np) \\ E(^2D) &= 3E_{np}^0 + 3F^{(0)}(np,np) - \frac{6}{25}F^{(2)}(np,np) \\ E(^4S) &= 3E_{np}^0 + 3F^{(0)}(np,np) - \frac{15}{25}F^{(2)}(np,np) \end{aligned} \tag{9-124}$$

的能的近似值, 于上节中已按 Slater 法得之, (见 (106), (107), (119) 各式). 现取 (95b) 式之

$$\sum_{i=1}^{2} H_{s0}(i) \tag{9-126}$$

为微扰.

$$H = H_0 + \sum_{i=1}^{2} H_{s0}(i) \tag{9-127}$$

不与 S^2, L^2, L_z, S_z 对易, 而只与 J^2 及 J_z 对易, 故 H 于 S, L, M_S, M_L 各量子数皆非对角的; 只于 J, M 是对角的, 换言之, 以 (127) 的 H 言, 只有 J, M 是正确的量子数 (exact quantum numbers). 故求 $\sum H_{s0}(i)$ 的微扰, 适当的表象是 (J, M)- 表象. 我们需对下列矩阵元素的计算:

$$\left\langle n, n'S, L, J, M \left| \sum_i H_{s0}(i) \right| n'', n'''S', L', JM \right\rangle \tag{9-128}$$

我们将忽略不同电子组态 $nl, n'l'$ 及不同 S, L 态间的矩阵元素 (这些只于第二级 (second order) 微扰计算中出现), 而只考虑对角元素 *

$$\left\langle \gamma SLJM \left| \sum_i H_{s0}(i) \right| \gamma SLJM \right\rangle \tag{9-129}$$

式中之 γ, 代表 $nl, n'l'$ 及其他的量子数.

在 (S, L, J, M)-表象, $(L \cdot S)$ 是与 J, M 量子数对角的. 由

$$J^2 = (L+S)^2$$

得

$$J^2 = L^2 + S^2 + 2(L \cdot S)$$

故 $(L \cdot S)$ 的本征值为

$$< J, M \left| L \cdot S \right| J, M >= \frac{J(J+1) - L(L+1) - S(S+1)}{2} \tag{9-130}$$

(见 (8-55)~(8-61) 各式). 兹定义一参数 $\xi(\gamma SL)$

$$\begin{aligned} &\left\langle \gamma SLJM \left| \sum_i H_{s0}(_i) \right| \gamma SLJM \right\rangle \\ \equiv &\xi(\gamma SL) < SLJM \left| L \cdot S \right| SLJM > \end{aligned} \tag{9-131}$$

---

* 上述各点, 可参阅第 8 章第 3 节, 尤其 8.3.2, 8.3.3 节.

$$=\xi(\gamma SL)\frac{J(J+1)-L(L+1)-S(S+1)}{2} \tag{9-132}$$

将 (129) 变换至 (γSLM_SM_L)-表象,

$$\begin{aligned}&\left\langle\gamma SLM_SM_L\left|\sum_i H_{s0}(i)\right|\gamma SLM_SM_L\right\rangle\\
&=\sum\langle SLM_SM_L\left|U^{-1}\right|SLJM\rangle\left\langle\gamma SLJM\left|\sum_i H_{s0}(i)\right|\gamma SLJM\right\rangle\\
&\quad\times\langle SLJM\left|U\right|SLM_SM_L\rangle\\
&=\zeta(\gamma SL)\langle SLM_SM_L\left|L\cdot S\right|SLM_SM_L\rangle \qquad (\text{用 } (131))\\
&=\zeta(\gamma SL)M_LM_S(\text{见 (8-50) 式})\end{aligned} \tag{9-133}$$

次一步乃 (131) 或 (133) 式中的 $\zeta(\gamma SL)\equiv\zeta(nl,n'l',SL)$ 的计算. 计算之法, 乃"对角和定理"(见第 1 章第 3 节定理十).

按"零阶表象"(n,l,m_l,ms) 所列的表 9.2, 每一格有数个 (L,S) 的态, 但皆同一 M_S,M_L 之值. 例如 $M_L=1,M_S=0$ 的格中有四个态 $({}^1D,{}^3D,{}^1P,{}^3P)$. 现计算 $\sum\limits_i H_{s0}(i)$ 在此表象中矩阵的对角元素

$$\left\langle m_l,m_s\left|\sum_i H_{s_0}(i)\right|m_l,m_s\right\rangle=\sum_{i=1}^{2}m_{li}m_{si}\xi(m_i;l_l) \tag{9-134}$$

(见 (8-50) 式). 兹取 (固定的)M_S 及 M_L 值, 对各不同的 S,L(如上述的 ${}^1D,{}^3D,{}^1P,{}^3P$) 作 (134) 值的对角和 (trace).

按对角和定理, 此对角和与表象无关, 故此对角和之值, 与 (133) 式 (固定的 M_S,M_L 值) 对各不同的 S,L 所作的对角和相等.

由类 (123) 的表的若干个格, 可得若干个按对角和定理所得的方程式. 由这些方程式, 可得各不同 (S,L) 态的 $\zeta(\gamma SL)$ 值 *.

兹举例解释上述求 $\zeta(\gamma SL)$ 之法.

仍以 $npn'p$ 组态为例. 取 $M_L=2,M_S=1$. 由 (123) 表,

$$(1^+,1^+)\text{系}^3D\text{态}$$

由 (133) 及 (134) 式, 按对角和定理,

$$2.1\zeta\left(\gamma^3D\right)=\frac{1}{2}\xi\left(np\right)+\frac{1}{2}\xi\left(n'p\right) \tag{9-135}$$

* 例外情形, 系类 (123) 的表中一格, 有二个或数个同 (S,L) 值的态. 如 nd^3 组态, 有两个 ${}^2D$ 态. 在此等情形下, 由对角和定理, 只能得该两个 ${}^2D$ 态的 ζ 值之和.

次取 $M_L = 1$, $M_S = 1$

$$(1^+0^+) + (0^+1^+) 系 {}^3D + {}^3P$$

按 (133) 及 (134) 式,

$$\zeta(\gamma^3 D) + \zeta(\gamma^3 P) = \frac{1}{2}\xi(np) + \frac{1}{2}\xi(n'p) \tag{9-136}$$

由 (135) 及 (136), 即得

$$\zeta(\gamma^3 D) = \zeta(\gamma^3 P) = \frac{1}{4}(\xi(np) + \xi(n'p)) \tag{9-137}$$

综合 (132), (137) 的结果如下:

(i) 电子的自旋-轨道交互作用, 使 ${}^{2S+1}L$ 态之能, 增加

$$E^{(1)} = \zeta(\gamma SL)\frac{J(J+1) - L(L+1) - S(S+1)}{2}$$

(ii) 由此式, 即得 Lande' 的经验定则 (间距定则)

$$\begin{aligned} \Delta E_J &\equiv E^{(1)}(J) - E^{(1)}(J-1) \\ &= \zeta(\gamma SL)J \end{aligned} \tag{9-138}$$

例:

$${}^3P_{0,1,2,} \frac{E^{(2)}(2) - E^{(1)}(1)}{E^{(1)}(1) - E^{(1)}(0)} = \frac{2}{1} \tag{9-138a}$$

$${}^3D_{1,2,3,} \frac{E^{(1)}(3) - E^{(1)}(2)}{E^{(1)}(2) - E^{(1)}(1)} = \frac{3}{2} \tag{9-138b}$$

(iii)(L, S) 态的 “微细结构” 常数 $\zeta(\gamma SL)$ 可以单个电子的 $\xi(nl)$ 表之 (如 (137) 式).

例:

$nsnl'{}^1L, {}^3L\zeta({}^3L) = \dfrac{1}{2}\xi(n'l)$

$$E({}^1L) = E_{sn}^0 + E_{n'l}^0 + F^{(0)}(ns, n'l) + \frac{1}{2l+1}G^{(l)}(ns, n'l) \tag{9-139}$$

$$E({}^3L) = E_{ns}^0 + E_{n'l}^0 + F^{(0)}(ns, n'l) - \frac{1}{2l+1}G^{(l)}(ns, n'l)$$

$$np^2\ {}^3P, {}^1D, {}^1S, \zeta({}^3p) = \frac{1}{2}\xi(np), \qquad 见(137), (119) \tag{9-140}$$

$$np^3\ {}^4S, {}^2D, {}^2P, \zeta({}^2D) = \zeta({}^2P) = 0$$

$$E({}^2P) = 3E_{np}^0 + 3F^{(0)}(np, np) \tag{9-141}$$

$$E({}^2D) = 3E_{np}^0 + 3F^{(0)}(np, np) - \frac{6}{25}F^{(2)}(np, np)$$

$$E\left({}^4S\right) = 3E_{np}^0 + 3F^{(0)}\left(np, np\right) - \frac{15}{25}F^{(2)}\left(np, np\right)$$

9.5.2 (j,j)-耦合：$\dfrac{e^2}{r_{12}} \ll \sum\limits_i H_{s0}\left(i\right)$

在此极限情形下, 我们将以

$$H_0 \equiv -\frac{\hbar^2}{2\mu}\left(\nabla_1^2 + \nabla_2^2\right) - Ze^2\left(\frac{1}{r_1} + \frac{1}{r_2}\right) + \sum_i H_{s0}\left(i\right) \tag{9-142}$$

为零阶 Hamiltonian, 而以

$$H_1 \equiv \frac{e^2}{r_{12}} \tag{9-143}$$

为微扰 *.在此情形下, 电子的角动量 l_i, s_i, 由于强的交互作用而构成一合矢 j_i, 两个电子的 j, 再合成一 J

$$j_i = l_i + s_i, \quad i = 1, 2 \tag{9-144}$$

$$J = j_1 + j_2 \tag{9-145}$$

此情形称为 $(j,\ j)$-耦合.

适宜于此耦合的各个电子表象为 $(n,\ l,\ j,\ m)$-表象, 而非 $(n,\ l,\ m_l, m_s)$-表象 (见第 8 章第 8.3.2, 8.3.3 节).

H_0 只与 J^2, J_z 对易而与 S^2, L^2, S_z, L_z 各别则不对易, 故只 J 及 M 系正确的量子数. 在 $(j,\ j)$-耦合情形下, S, L 皆无准确意义的, 故以 np^2 组态言, ${}^3P, {}^1D, {}^1S$ 等符号名称, 严格言之, 是无意义的; 只可谓 np^2 组态, 有 J=0 的态两个, J=1 的一个, J=2 的两个.

如以 $npn'p$ 为例. p 电子的 $j = \frac{1}{2}, \frac{3}{2}.j = \frac{1}{2}$ 时, $m = \pm\frac{1}{2}; j = \frac{3}{2}$ 时, $m = \pm\frac{1}{2}, \pm\frac{3}{2}$.故两个电子的 (m, m') 共有 36 个. 此 (36) 个 (m, m') 可列出表 9.2.

如 $n' = n$, 则 Pauli 原则不容许 $j = j'$ 且 $m = m'$ 的态. 又重复如 $\left(\frac{3}{2}, \frac{1}{2}\right), \left(\frac{1}{2}, \frac{3}{2}\right)$ 者, 二者只有一态. 故 np^2 只有 15 组态, 以 (()) 示之.

---

* 此情形较近于重原子的 X 光谱态, 如 K, L 等.

j,j'	(m,m') $\frac{3}{2},\frac{3}{2}$	$\frac{3}{2},\frac{1}{2}$	$\frac{1}{2},\frac{3}{2}$	$\frac{1}{2},\frac{1}{2}$
3	$\left(\frac{3}{2},\frac{3}{2}\right)$			
2	$\left(\left(\frac{3}{2},\frac{1}{2}\right)\right)$ $\left(\frac{1}{2},\frac{3}{2}\right)$	$\left(\left(\frac{3}{2},\frac{1}{2}\right)\right)$	$\left(\frac{1}{2},\frac{3}{2}\right)$	
1	$\left(\left(\frac{3}{2},-\frac{1}{2}\right)\right)$ $\left(\frac{1}{2},\frac{1}{2}\right)\left(-\frac{1}{2},\frac{3}{2}\right)$	$\left(\left(\frac{1}{2},\frac{1}{2}\right)\right)$ $\left(\left(\frac{3}{2},-\frac{1}{2}\right)\right)$	$\left(\frac{1}{2},\frac{1}{2}\right)$ $\left(-\frac{1}{2},\frac{3}{2}\right)$	$\left(\frac{1}{2},\frac{1}{2}\right)$
0	$\left(\left(\frac{3}{2},\frac{3}{2}\right)\right)\left(\left(\frac{1}{2},-\frac{1}{2}\right)\right)$ $\left(-\frac{3}{2},\frac{3}{2}\right)\left(-\frac{1}{2},\frac{1}{2}\right)$	$\left(\left(\frac{1}{2},-\frac{1}{2}\right)\right)$ $\left(\left(-\frac{1}{2},\frac{1}{2}\right)\right)$	$\left(-\frac{1}{2},\frac{1}{2}\right)$ $\left(\frac{1}{2},-\frac{1}{2}\right)$	$\left(\left(\frac{1}{2},-\frac{1}{2}\right)\right)$ $\left(-\frac{1}{2},\frac{1}{2}\right)$
− 1	$\left(\left(\frac{1}{2},-\frac{3}{2}\right)\right)$ $\left(-\frac{1}{2},-\frac{1}{2}\right)\left(-\frac{3}{2},\frac{1}{2}\right)$	$\left(\left(-\frac{1}{2},-\frac{1}{2}\right)\right)$ $\left(\left(-\frac{3}{2},\frac{1}{2}\right)\right)$	$\left(-\frac{1}{2},-\frac{1}{2}\right)$ $\left(\left(\frac{1}{2},-\frac{3}{2}\right)\right)$	$\left(-\frac{1}{2},-\frac{1}{2}\right)$
− 2	$\left(\left(-\frac{3}{2},-\frac{1}{2}\right)\right)$ $\left(-\frac{1}{2},-\frac{3}{2}\right)$	$\left(\left(-\frac{3}{2},-\frac{1}{2}\right)\right)$	$\left(-\frac{1}{2},-\frac{3}{2}\right)$	
− 3	$\left(-\frac{3}{2},-\frac{3}{2}\right)$			
J	3, ((2)) , 1, ((0))	((2)) , ((1))	2, 1	1, ((0))

(9-146)

表中末行乃 J 之值. (142) 式的 H_0, 于 J 系对角的. $\sum H_{s0}(i)$ 矩阵的对角元素 $E_{s0}^{(1)}$ 系

$$
\begin{aligned}
&\sum_i \langle n_i l_i j_i m_i \left| H_{s0}(i) \right| n_i l_i j_i m_i \rangle \\
&= \sum_i < n_i l_i j_i m_i \left| (l_i \cdot s_i) \right| n_i l_i j_i m_i > \xi(n_i l_i) \\
&= \sum_i \frac{1}{2}\left[j_i(j_i+1) - l_i(l_i+1) - s_i(s_i+1) \right] \xi(n_i \cdot l_i) \qquad (9\text{-}147)
\end{aligned}
$$

这与 J 值无关. 故 (146) 表中同 (j,j') 而不同 J 值的态是简并的. 下表乃 (147) 式之值.

(142) 式的 H_0 能乃

$$E\left(npn'p\right)=E_{np}^{0}+E_{np}^{0}+E_{s_0}^{(1)} \tag{9-148}$$

		$npn'p$			np^2		
j	j'	J	简并度	$E_{s0}^{(1)}$	J	简并度	$E_{s0}^{(1)}$
$\frac{3}{2}$	$\frac{3}{2}$	$3,2,1,0$	16	$\frac{1}{2}\xi_{np}+\frac{1}{2}\xi_{n'p}$	$2,0$	6	ξ_{np}
$\frac{3}{2}$	$\frac{1}{1}$	$2,1$	8	$\frac{1}{2}\xi_{np}-\xi_{n'p}$	$2,1$	8	$-\frac{1}{2}\xi_{np}$
$\frac{1}{2}$	$\frac{3}{2}$	$2,1$	8	$-\xi_{np}+\frac{1}{2}\xi_{n'p}$			
$\frac{1}{2}$	$\frac{1}{2}$	$1,0$	4	$-\xi_{np}-\xi_{n'p}$	0	1	$-2\xi_{np}$

(9-149)

兹乃计算 $\dfrac{e^2}{r_{12}}$ 的微扰. 第一阶的微扰作用, 乃 $\dfrac{e^2}{r_{12}}$ 于零阶表象的对角矩阵元素.

此零阶表象, 乃适于 (142) 式 H_0 的表象, 而非适于 (9-95a) 式的表象; 换言之, 由于有 H_{s0} 项, 我们不能将态函数的对称性分为坐标 (r_1,r_2) 和自旋的两部分 (如 (9-20) 式). 适当的表象, 乃

$$\Psi\left(1,2\right)=\frac{1}{\sqrt{2}}\begin{vmatrix}\phi_{nljm}\left(1\right) & \phi_{nljm}\left(2\right)\\ \phi_{n'l'j'm'}\left(1\right) & \phi_{n'l'j'm'}\left(2\right)\end{vmatrix} \tag{9-150}$$

ϕ_{nljm} 的 θ,φ, 自旋部分, 乃第 8 章 (8-74) 式中的 (j,m) 表象函数.

兹以 k 代 (n,l,j,m), 以 t 代 (n',l',j',m'). $\dfrac{e^2}{r_{12}}$ 的对角元素乃

$$\begin{aligned}&\left\langle \Psi\left(1,2\right)\left|\frac{e^2}{r_{12}}\right|\Psi\left(1,2\right)\right\rangle\\ &=\left\langle k,t\left|\frac{e^2}{r_{12}}\right|k,t\right\rangle-\left\langle k,t\left|\frac{e^2}{r_{12}}\right|t,k\right\rangle\\ &\equiv T\left(nljm;n'l'j'm'\right)\end{aligned} \tag{9-151}$$

$$\left\langle k,t\left|\frac{e^2}{r_{12}}\right|kt\right\rangle=\iint\phi_k^*\left(r_1\right)\phi_k\left(r_1\right)\frac{e^2}{r_{12}}\phi_t^*\left(r_2\right)\phi_t\left(r_2\right)\mathrm{d}r_1\mathrm{d}r_2 \tag{9-152}$$

$$\left\langle k,t\left|\frac{e^2}{r_{12}}\right|t,k\right\rangle=\iint\phi_k^*(r_1)\,\phi_t(r_1)\,\frac{e^2}{r_{12}}\phi_t^*(r_2)\,\phi_k(r_2)\,\mathrm{d}r_1\mathrm{d}r_2 \tag{9-153}$$

ϕ_{nljm} 可按 (7-74) 式的变换为 (m_l,m_s)- 表象的 $\Psi_{nlm_lm_s}$. 以 (8-74) 代入 (152), (152), 则 (151) 的 $T(nljm;n'l'j'm')$ 可以 (52,53) 式的 $F^{(k)}(nl;n'l),G^{(k)}(nl;n'l')$积分表之. 下表乃 $T(nljm;n'l'j'm')$ 以 $F^{(k)},G^{(k)}$ 表出之式.

l	l'	j	m	j'	m'	$F^{(0)}$	$-G^{(0)}$	$-\frac{1}{9}G^{(1)}$	$-\frac{1}{25}G^{(2)}$
s	s	$\frac{1}{2}$	$\pm\frac{1}{2}$	$\frac{1}{2}$	$\pm\frac{1}{2}$	1	1		
					$\mp\frac{1}{2}$	1	0		
s	p	$\frac{1}{2}$	$\pm\frac{1}{2}$	$\frac{3}{2}$	$\pm\frac{3}{2}$	1		3	
					$\pm\frac{1}{2}$	1		2	
					$\mp\frac{3}{2}$	1		0	
					$\mp\frac{1}{2}$	1		1	
				$\frac{1}{2}$	$\mp\frac{1}{2}$	1		1	
					$\mp\frac{1}{2}$	1		2	
s	d	$\frac{1}{2}$	$\pm\frac{1}{2}$	$\frac{5}{2}$	$\pm\frac{5}{2}$	1			5
					$\pm\frac{3}{2}$	1			4
					$\pm\frac{1}{2}$	1			3
					$\mp\frac{5}{2}$	1			0
					$\mp\frac{3}{2}$	1			1
					$\mp\frac{1}{2}$	1			2
				$\frac{3}{2}$	$\pm\frac{3}{2}$	1			1
					$\pm\frac{1}{2}$	1			2
					$\mp\frac{3}{2}$	1			4
					$\mp\frac{1}{2}$	1			3

(9-154)

l	l'	j	m	j'	m'	$F^{(0)}$	$\frac{1}{25}F^{(2)}$	$-G^{(0)}$	$-\frac{1}{25}G^{(2)}$
p	p	$\frac{3}{2}$	$\pm\frac{3}{2}$	$\frac{3}{2}$	$\pm\frac{3}{2}$	1	1	1	1
					$\pm\frac{1}{2}$	1	-1	0	2
			$\pm\frac{1}{2}$		$\pm\frac{1}{2}$	1	1	1	1
			$\pm\frac{3}{2}$		$\mp\frac{3}{2}$	1	1	0	0
					$\mp\frac{1}{2}$	1	-1	0	2
			$\pm\frac{1}{2}$		$\mp\frac{1}{2}$	1	1	0	0
		$\frac{3}{2}$	$\pm\frac{3}{2}$	$\frac{1}{2}$	$\pm\frac{1}{2}$	1			1
			$\pm\frac{1}{2}$		$\pm\frac{1}{2}$	1			2
			$\pm\frac{3}{2}$		$\mp\frac{1}{2}$	1			4
			$\pm\frac{1}{2}$		$\mp\frac{1}{2}$	1			3
		$\frac{1}{2}$	$\pm\frac{1}{2}$	$\frac{1}{2}$	$\pm\frac{1}{2}$	1		1	
			$\pm\frac{1}{2}$		$\mp\frac{1}{2}$	1		0	

(9-155)

按 (146) 表及 (155) 表, 可得 $\frac{e^2}{r_{12}}$ 的微扰值, 如下表.

组态	j	j'	J	$\langle J \left\| \frac{e^2}{r_{12}} \right\| J\rangle$
$npn'p$	$\frac{3}{2}$	$\frac{3}{2}$	3	$F^{(0)}+\frac{1}{25}F^{(2)}-G^{(0)}-\frac{1}{25}G^{(2)}$
			2	$F^{(0)}-\frac{3}{25}F^{(2)}+G^{(0)}-\frac{3}{25}G^{(2)}$
			1	$F^{(0)}+\frac{1}{25}F^{(2)}-G^{(0)}-\frac{1}{25}G^{(2)}$
			0	$F^{(0)}+\frac{5}{25}F^{(2)}+G^{(0)}+\frac{5}{25}G^{(2)}$
	$\frac{3}{2}$	$\frac{1}{2}$	2	$F^{(0)} \quad -\frac{1}{25}G^{(2)}$
			1	$F^{(0)} \quad -\frac{5}{25}G^{(2)}$
	$\frac{1}{2}$	$\frac{3}{2}$	2	$F^{(0)} \quad -\frac{1}{25}G^{(2)}$
			1	$F^{(0)} \quad -\frac{5}{25}G^{(2)}$
	$\frac{1}{2}$	$\frac{1}{2}$	1	$F^{(0)} \quad -G^{(0)}$
			0	$F^{(0)} \quad +G^{(0)}$

(9-156)

np	np	$\frac{3}{2}$	$\frac{3}{2}$	2	$F^{(0)}-\frac{3}{25}F^{(2)}$
				0	$F^{(0)}+\frac{5}{25}F^{(2)}$
		$\frac{3}{2}$	$\frac{1}{2}$	2	$F^{(0)}-\frac{1}{25}F^{(2)}$
				1	$F^{(0)}-\frac{5}{25}E^{(2)}$
		$\frac{1}{2}$	$\frac{1}{2}$	0	$F^{(0)}$

9.5.3 任意的耦合：$\frac{e^2}{r_{12}}\sum H_{s0}(i)$

如 $\frac{e^2}{r_{12}}$ 及 $\sum H_{s0}(i)$ 不在 $((L,S)$-或 (j,j)-耦合的极限情形, 则我们须计算二者的本征值. 我们可由任何一表象计算 $\frac{e^2}{r_{12}}+\sum\limits_i H_{s0}(i)$ 的矩阵, 变换至一表象, 使其成一对角矩阵. 唯 $(SLJM)$-表象较为方便, 盖在此表象, $\frac{e^2}{r_{12}}$ 已系对角的 (虽则 $\frac{e^2}{r_{12}}$ 对 J,M 量子数, 系简并的), 只需计算 $\sum H_{s0}(i)$ 的矩阵元素而已, $\sum\limits_i H_{s0}(i)$ 的 $\langle\gamma SLJM\left|\sum H_{s0}(i)\right|\gamma SLJM\rangle$ 对角元素已见 (9-131) 式, 故兹只需非对角元素

$$\langle\gamma SLJM\left|\sum H_{s0}(i)\right|\gamma SLJ'M'\rangle \tag{9-157}$$

欲计算 (157), 我们为方便计, 可由零阶 (m_l,m_s) 表象出发 (见 (134), 及第 8 章 (8-50) 式)

$$\begin{aligned}&\langle m_{li}m_{si}\left|H_{s0}(i)\right|m_{li}m_{si}\rangle=m_{li}m_{si}\xi_{nili}\\&\langle m_{li}m_{si}\left|H_{s0}(i)\right|m'_{li}m'_{si}\rangle=\langle m_{li}m_{si}\left|(l_i\cdot s_i)\right|m'_{li}m'_{si}\rangle\xi_{nili}\end{aligned} \tag{9-158}$$

再由此表象变换至 $(\gamma SLJM)$-表象

$$\begin{aligned}&\langle\gamma SLJM\left|\sum_i H_{s0}(i)\right|\gamma SLJ'M'\rangle\\&\quad=\sum\langle\gamma SLJM\left|U^{-1}\right|m_lm_s\rangle\langle m_lm_s\left|\sum H_{s0}(i)\right|m'_lm'_s\rangle\\&\quad\quad\times\langle m'_lm'_s\left|U\right|\gamma SLJ'M\rangle\end{aligned} \tag{9-159}$$

$\sum$ 乃对 m,m_s,m'_l,m'_s 之和, 而 m_l,m_s 乃 m_{li},m_{si}.

上述的计算, 是较冗繁的. 最简单的例, 乃电子组态 $nsn'l$ 之 $^1L,^3L^*$.此组态有 $J=l+1,\ l,l,l-1$ 四态, $\sum\limits_i H_{s0}(i)$ 在 $(SLJM)$-表象的矩阵为

* 严格言之, ^1L, ^3L 符号是近似的而非正确的.

$$
\begin{array}{r|cccc}
 & ({}^3L_{l+1}) & ({}^3L_l) & ({}^1L_l) & ({}^3L_{l-1}) \\
J \backslash J' & l+1 & l & l & l-1 \\
\hline
({}^3L_{l+1})\ l+1 & l & & & \\
({}^3L_l)\ l & & -1 & \sqrt{l(l+1)} & \\
({}^1L_l)\ l & & \sqrt{l(l+1)} & 0 & \\
({}^3L_{l-1})\ l-1 & & & & -(l+1)
\end{array}
\times \frac{1}{2}\xi_{n'l}
\tag{9-160}
$$

$\dfrac{e^2}{r_{12}}$ 则见 (139) 式. 故得 $\dfrac{e^2}{r_{12}} + \sum\limits_i H_{s0}(i)$ 之值

$$
E^{(1)}({}^3L_{l+1}) = F^{(0)} - \frac{1}{2l+1}G^{(l)} + \frac{1}{2}l\xi_{n'l}
$$

$$
\left.\begin{array}{l} E^{(1)}({}^3L_l) \\ E^{(1)}({}^1L_l) \end{array}\right\} = F^{(0)} - \frac{1}{4}\xi_{n'l} \pm \left[\left(\frac{1}{2l+1}G^{(l)} + \frac{1}{4}\xi_{n'l}\right)^2 + \frac{1}{4}l(l+1)\xi_{n'l}^2\right]^{1/2}
$$

$$
E^{(1)}({}^3L_{l-1}) = F^{(0)} - \frac{1}{2l+1}G^{(l)} - \frac{1}{2}(l+1)\xi_{n'l} \tag{9-161}
$$

此处宜注意者, 乃同 J 值的态, 矩阵 $\langle JM|\sum H_{s0}(i)|JM\rangle$ 对 J 对角而系简并, 故本征值由多次方程式 (非线性的) 之根得之 *. $F^{(0)} = F^{(0)}(nsn'l)$, $G^{(l)} = G^{(l)}(nsn'l)$.

按 (161) 式, $J = l$ 的两态, 其波函数应系 (L, S) 表象的 ${}^1L$ 及 ${}^3L$ 态函数的线性重叠. 由 (160) 式, 可得

$$
\Psi = \frac{\frac{1}{2}\sqrt{l(l+1)}\xi_{n'l}}{\frac{1}{2l+1}G^{(l)} + \frac{1}{4}\xi_{n'l} \pm \sqrt{\quad}}\Psi({}^3L_l) + \Psi({}^1L_l) \tag{9-160a}
$$

式中之 $\sqrt{\quad}$ 系 (161) 第二方程式之 $[\ ]^{1/2}$, 换言之, 每一 $J = l$ 态, 皆有 ${}^1L$ 及 ${}^3L$ 的性质. 在 $\xi \to 0$ 的极限. 此 Ψ 乃

$$
\lim_{\xi\to 0}\Psi = \left\{\begin{array}{l} \Psi({}^1L_l) \\ \Psi({}^3L_l) \end{array}\right. \tag{9-161a}
$$

典 (L, S)-耦合 (98) 式相符也.

---

* 此情形与第 8 章及 Zeeman 效应的任意磁场情形相似, 见 (8-118, 118a) 式.

又一例为 np^3 组态的 ${}^4S, {}^2D, {}^2P$ 态 (见前注 *). 此组态有 $J=\frac{5}{2},\frac{3}{2},\frac{3}{2},\frac{3}{2},\frac{1}{2}$ 五值. 由 (141), 可得 $\frac{e^2}{r_{12}}+\sum H_{s0}(i)$ 在 (JM)-表象之矩阵

$$
\begin{array}{r|c:ccc:c}
J & \frac{1}{2} & \frac{3}{2} & \frac{3}{2} & \frac{3}{2} & \frac{5}{2} \\
\hline
({}^2P_{\frac{1}{2}})\frac{1}{2} & 3F^{(0)} & & & & \\
\hdashline
({}^2P_{\frac{3}{2}})\frac{3}{2} & & 3F^{(0)} & \xi & \frac{1}{2}\sqrt{5}\,\xi & \\
({}^4S_{\frac{3}{2}})\frac{3}{2} & & \xi & 3F^{(0)}-\frac{15}{25}F^{(2)} & 0 & \\
({}^2D_{\frac{3}{2}})\frac{3}{2} & & \frac{1}{2}\sqrt{5}\,\xi & 0 & 3F^{(0)}-\frac{3}{25}F^{(2)} & \\
\hdashline
({}^2D_{\frac{5}{2}})\frac{5}{2} & & & & & 3F^{(0)}-\frac{6}{25}F^{(2)}
\end{array}
\tag{9-162}
$$

由此即得 $\frac{e^2}{r_{12}}+\sum_i H_{s0}(i)$ 之值

$$
E^{(1)}\left({}^2P_{\frac{1}{2}}\right)=3F^{(0)}
$$

$$
\left.\begin{array}{l}
E^{(1)}\left({}^2P_{\frac{3}{2}}\right) \\
E^{(1)}\left({}^4S_{\frac{3}{2}}\right) \\
E^{(1)}\left({}^2D_{\frac{3}{2}}\right)
\end{array}\right\} = F^{(0)}+\left\{\begin{array}{ll}
\epsilon_1 & \epsilon_1,\epsilon_2,\epsilon_3 \text{乃下式的根:} \\
\epsilon_2 & \epsilon^3+21\frac{F^{(2)}}{25}\epsilon^2+\left[90\left(\frac{F^{(2)}}{25}\right)^2-\frac{9}{4}\xi^2\right]\epsilon \\
\epsilon_3 & \qquad\qquad -\frac{99}{4}\left(\frac{F^{(2)}}{25}\right)\xi^2=0
\end{array}\right.
\tag{9-163}
$$

$$
E^{(1)}\left({}^2D_{\frac{5}{2}}\right)=3F^{(0)}-\frac{6}{25}F^{(2)}
$$

(详见 Condon 与 Shortley 书 Theory of Atomic Spectra, 第 11 章)

9.6 组态交互作用 (configuration interaction)

第 4 节引用电子组态 $nl, n'l'$ 为

$$
H=-\frac{\hbar^2}{2\mu}(\nabla_1^2+\nabla_2^2)-Ze^2\left(\frac{1}{r_1}+\frac{1}{r_2}\right)+\frac{e^2}{r_{12}}
\tag{9-164}
$$

的态的近似描述. 我们计算 H 的态能时, 只考虑 H 的 $\langle nl, n'l'\,|H|\,nl, n'l'\rangle$ 对角元素, 而不计非对角元素

$$
\left\langle nl, n'l'\left|\frac{e^2}{r_{12}}\right|n''l'', n'''l'''\right\rangle
\tag{9-165}
$$

唯在某些问题中, 这些非对角元素不甚微小, 于第一阶波函数及第二阶能的计算, 颇为重要 (见第 6 章 (6-15,16) 式).

更有简并情形, $nl, n'l'$ 态之能与 $n''l'', n'''l'''$ 之能相等. 则 (165) 式颇为重要.

凡两组态, 其 H 矩阵元素, 如 (165), 不等于零, 引致两态间的相互影响, 皆谓为有 "组态交互作用".

以原子系统言, 两组态 A, B 有交互作用 (来自 $\dfrac{e^2}{r_{12}}$ 的) 的条件为:

(i)A, B 有相同之宇称性.

(ii)A, B 有同总角动量的 J 值.

(iii) 在 (L, S)-耦合情形下, A, B 有相同的 L 及 S 值.

组态交互作用, 不必来自 $\dfrac{e^2}{r_{12}}$. 设 (164) 式有电子自旋的作用 (95b)

$$H_{s0} = \sum_i \xi(r_i)(l_i \cdot s_i)$$

则 H_{s0} 的非对角元素, 亦引致组态交互作用 (见第 8 章 (8-70) 式下的注, 即一例).

组态作用, 亦不限于原子系统. 分子光谱的所谓 "先分离" (predissociation) 现象及原子核的 α- 衰变现象, 皆组态交互作用 (与下文之自电离及 Auger 效应相似) 之例也.

9.6.1 双激起态——自电离 (doubly excited state, auto-ionization)

为确定及明晰计, 兹考虑一个氦原子.

通常的激起态, 为 $1sns^1S, {}^3S, 1snp^1P, {}^3P; 1nnd^1D, {}^3D; 1snf^1F, {}^2F, \cdots$, 一电子在 1$s$ 态, 其他一电子在激起态当 $n \to \infty$, 则氦原子接近游离态 $\mathrm{He}^{e+1}s^2S$.

设两个电子皆在激起态, 如 $2s2s^1S; 2sns^1S, {}^3S, n \geqslant 3; 2snp^1P, {}^3P; 2snd^1D; {}^3D$, $n \geqslant 3; 2p^2\ {}^3P, {}^1D, {}^1S; 2pns^1P, {}^3P, n \geqslant 3; 2pnp^3D, {}^3P, {}^3S, {}^1D, {}^1P, {}^1S$; 等, 此等态称为双激起态.

这些双激起态的能, 皆高于 He 的第一游离极限 $\mathrm{He}^{+2}S$.

$$E\left(\mathrm{He}^{+}1s\right) = -\frac{2^2Rhc}{1} \tag{9-166}$$

兹以最简易的 Ritz 变分法 (第 3(2) 节), 计算 $E\left(\mathrm{He}2s^2\ {}^1S\right)$ 之近似值. 试取归一化的波函数如下:

$$\begin{aligned} 1s^2\ {}^1S: \varPsi_1(r_1, r_2) &= \frac{1}{\sqrt{4}}\pi\phi_1(r_1)\phi_1(r_2)\chi^a \\ 2s^2\ {}^1S: \varPsi_2(r_1, r_2) &= \frac{1}{\sqrt{4}}\pi\phi_2(r_1)\phi_2(r_2)\chi^a \\ \phi_1(r) &= \left(\frac{\alpha}{a}\right)^{2/3} \mathrm{e}^{-\alpha r/a} \end{aligned} \tag{9-167}$$

$$\phi_2(r) = \left(\frac{12\beta^2}{\alpha^2 - \alpha\beta + \beta^2}\right)^{1/2} \left(\frac{\beta}{a}\right)^{3/2} \mathrm{e}^{-\frac{8r}{a}} \left(1 - \frac{\alpha+\beta}{3a} r\right)$$

如是则

$$\iint \Psi_2^* \Psi_1 \mathrm{d}r_1 \mathrm{d}r_2 = 0. \tag{9-168}$$

α 之值, 按 (73), 为 $\alpha = 2 - \dfrac{5}{16}$, β 之值则由变分法定之

$$E(B) = \int \Psi_2^* H \Psi_2 \mathrm{d}r_2 \tag{9-169}$$

$$\frac{\partial E(\beta)}{\partial \beta} = 0 \tag{9-170}$$

此项计算颇冗长 (见作者 1936 年 Philosophical Mag. 22, 837, 文), 更简单的近似计算, 乃于 (167) 式中取

$$\phi_2(r) = 2\left(\frac{\alpha}{2a}\right)^{3/2} \mathrm{e}^{-\frac{\alpha r}{2a}} \left(1 - \frac{\alpha r}{2a}\right) \tag{9-171}$$

乃得

$$E\left(2s^2\ {}^1S\right) = -1.414Rhc \tag{9-172}$$

此能在 He 的电离态 $\mathrm{He}^+1s\ {}^2S, E = -4Rhc$, 之上 (见 (123) 式). 换言之, He 在双激起态, 如 $2s^2$ 之能, 足够使 He 原子自行电离,

$$\mathrm{He}\left(2s^2\ {}^1S\right) \to \mathrm{He}^+\left(1s\ {}^2S\right) + 1s\text{电子} \tag{9-173}$$

射出的电子, 其动能为

$$E\left(2s^2\ {}^1S\right) - E\left(1s\ {}^2S\right) = -1.414 - (-4.000) = 2.586Rhc \tag{9-174}$$

此自电离 (auto-ionization) 的概率, 可从下观点计算之.

(173) 式的自电离过程, 可视为由 He 原子的态 $2s^2\ {}^1S$, 经两个电子间的作用 $\dfrac{e^2}{r_{12}}$ 的 "微扰", 跃迁至 He 原子的态 $1sks\ {}^1S$(连续谱的), ks 表示一个角动量为零 $(l = 0)$ 而系有连续谱函数 (continuous spectrum wave function) 的电子. 按第 7 章 (7-21) 式, 此过程的概率乃系 (每秒)

$$P = \frac{2\pi}{\hbar} \left| \left\langle 2s^2\ {}^1S \left| \frac{e^2}{r_{12}} \right| 1sks^1S \right\rangle \right|^2 \rho(E_k) \tag{9-175}$$

由于这自电离, $2s^2$ 态的生命期 (lifetime)τ 乃 *

$$\tau \simeq \frac{1}{P} \tag{9-176}$$

按 Heisenberg 的测不准原理 **, 如时间的不准确额为 Δt, 则能的准确额为 $\Delta E \simeq \frac{h}{\Delta t}$. 兹态的生命期为 τ, 即 $\Delta t \cong \tau$ 故态之能的准确度为

$$\Delta E \simeq \frac{h}{\tau} = hP \tag{9-177}$$

换言之, $2s^2\ {}^1S$ 态的能, 有一宽度 (width)hP, 应可由光谱线 (如 $1s2p^1P$-$2s^2\ {}^1S$) 的宽度察得之

早在 1935~1941 年, 作者曾计算氦原子的双激起态, 如 $2s^2, 2s3s, 2p^2, 2p2s, \cdots$ 等, 及自电离的概率 P, 态的宽度等问题. 自电离, 按 (122) 式, 系组态交互作用的一例. 凡满足选择定则 (i), (ii) 的双激起态, 计算的 P, 皆约为

$$P \simeq 10^{14} \sim 10^{15}/\text{s} \tag{9-178}$$

按 (134) 式, 则态的宽度, 约为 0.1~1.0 电子伏 (eV). 此值似甚大. 氦的远紫外光谱, 于波长 300Å 区域, 有三数光谱线, 作者按双激起态能的计算, 鉴定为由双激起态 $\leftrightarrow$ 单激起态的跃迁, 惟这些线并未显示有上述的宽度. 故引起对上述的微扰理论 (如 (175) 式) 的正确性的疑问.

1949 年作者对 Be 原子的双激起态, 曾作同上的计算, 所得的自电离概率 P, 亦略如 (178) 式, 其光谱线之与这些双激起态有关者, 亦无计算所得的宽度. 故问题乃显系一有趣味的. 我们先检讨微扰理论 (175) 式.

设将 Hamiltonian H

$$H = -\frac{\hbar^2}{2m}(\nabla_1^2 + \nabla_2^2) - Ze^2\left(\frac{1}{r_1} + \frac{1}{r_2}\right) + \frac{e^2}{r_{12}} \tag{9-179}$$

写成下式:

$$H = -\frac{\hbar^2}{2m}(\nabla_1^2 + \nabla_2^2) - (Z-\sigma)e^2\left(\frac{1}{r_1} + \frac{1}{r_2}\right) + e^2\left(\frac{1}{r_{12}} - \frac{\sigma}{r_1} - \frac{\sigma}{r_2}\right) \tag{9-180}$$

σ 乃屏蔽 (screening) 参数 $\left(\sigma = \frac{5}{16}\right.$, 见 (73) 式的简单计算). 兹以前二项为未微扰的 Hamiltonian H'

$$\Psi(r_1, r_2) = \phi_{nlml}(Z-\sigma, r_1)\phi_{n'l'ml'}(Z-\sigma, r_2) \pm (1,2)\text{互换项} \tag{9-181}$$

* 由于其他的跃迁概率 P 如辐射的跃迁 $2s^2\ {}^1S \to 1snp^1P$ 等, 此生命期应为 $\tau \simeq \frac{1}{\sum P_i}$.

** 见第 4 章 (4-22) 式.

ϕ 乃原子核电荷 $(Z-\sigma)e$ 的氢波函数. 故 (175) 式乃成

$$P=\frac{2\pi}{\hbar}\left|\left\langle\Psi_n\left|\frac{e^2}{r_{12}}-\frac{e^2\sigma}{r_1}-\frac{e^2\sigma}{r_2}\right|\Psi_k\right\rangle\right|^2\rho_k(E_k) \tag{9-182}$$

换言之, 由于原来 $\dfrac{e^2}{r_{12}}$ 之一部值已入 H_0, 故此矩阵元素之值应减小.

惟由此观点, 乃有下述的基本问题: P 之值, 显与将 H 的画分形式有关; 如继续的觅取 H_0', 使微扰 H_1' 继续减低, 则 P 将无定值而趋近零. 换言之, 这将无法得一与实验观察到的能态宽度 ΔE 相当之 P 值 *! 这样的不确定性 (ambiguity), 是不应有的.

我们回到本节首段的理论出发点. 我们用 H_0

$$H_0=-\frac{h^2}{2m}(\nabla_1^2+\nabla_2^2)-Ze^2\left(\frac{1}{r_1}+\frac{1}{r_2}\right) \tag{9-183}$$

[或 (180) 式的首二项 $H_0'(Z-\sigma)$] 的本征态

$$\phi_{nl}(r_1)\phi_{n'l'}(r_2) \tag{9-184}$$

计算 $H_1=\dfrac{e^2}{r_{12}}$[或 H_0' 的本征态如 (171) 等]. 在 (184) 表象, 乃有 "稳定" 的双激态如

$$2s^2\quad {}^1S \tag{9-185}$$

与连续谱的

$$1sks\quad {}^1S \tag{9-186}$$

的简并情形. 按第 5 章第 2 节, 如 (185), (186) 的简并态, 严格言之, 态函数应是二者的线性重叠

$$\Psi_i=a_i\phi_{2s}(r_1)\phi_{2s}(r_2)+b_i[\phi_{1s}(r_1)\phi_{ks}(r_2)+\phi_{1s}(r_2)\phi_{ks}(r_1)] \tag{9-187}$$

使

$$\langle\Psi_i\left|H_1(r_1,r_2)\right|\Psi_j\rangle=0 \tag{9-188}$$

$\Psi_i(r_1,r_2)$ 的性质, 是兼稳定态 ($|\Psi_i|^2\to 0$ 当 r_1 或 $r_2\to\infty$) 及连续态 ($|\Psi_i|^2\to$ 有限值, 当 r_1 或 $r_2\to\infty$) 而有之, 换言之, Ψ_i 是与通常的态甚不同的.

下图中, 我们试着表示 He 原子的能态谱. 基态为 $1s^2\,{}^1S$. 单激起态有 $1sns^1S$, ${}^3S$; $1snp^1P$, ${}^3P$; $1snd^1D$, ${}^3D,\cdots$ 等. 这些 "系"(series) 的极限为 $1s\infty s^1S$, ${}^3S$, $1s\infty p^1P$, ${}^3P$ 等, 其能皆同为 He^+ 的基态 $1s^2S$ 的能.

---

* 上述的计算及讨论, 见作者于 Chinese J. Physics, 2,117(1936); Physical Review 66, 291(1944); Canadian J. Research, 28, 542(1950).

较 $1s^2S$ 态能高的态, 是连续态, 如 $1sks^1S$, ^3S; $1skp^1P$, $^3P, 1skd^1D,^3D$ 等, 代表一个电子在 $1s$ 态, 另一则非稳定态而在连续谱 $ks, kp, kd, \cdots$, 视角动量 $l = 0, 1, r, \cdots$ 而定 (kl 相当于古典力学中的双曲线 (hyperbolic) 轨道).

在 $1skl^1L,^3L, l = 0, 1, 2, \cdots$ 的连续态区域中, 在某些能值处 (相当于 (184), (185) 的表象中的双激起 "稳定态" 如 $2s^2\ ^1S, 2p^2\ ^3P,^1D,^1S$ 等), 态函数有奇异的性质, 即是由纯连续谱的性质, 渗有 "稳定态" 的性质如 (187) 式下所述. 换言之, 在 He 的能态谱中, 态函数的连续谱中, 嵌有 (无数的) Ψ_i 性质的函数 (187) 式.

故自电离的微扰理论 (组态交互作用), 只可视为一初浅的观点; 这个问题的真正理论, 是 (31) 式的

$$H = -\frac{\hbar^2}{2m}(\nabla_1^2 + \nabla_2^2) - Ze^2\left(\frac{1}{r_1} + \frac{1}{r_2}\right) + \frac{e^2}{r_{12}} \tag{9-189}$$

算符的本征值及本征函数的问题. 但简单如 (189), 这个数学问题, 还是未得正确解的.

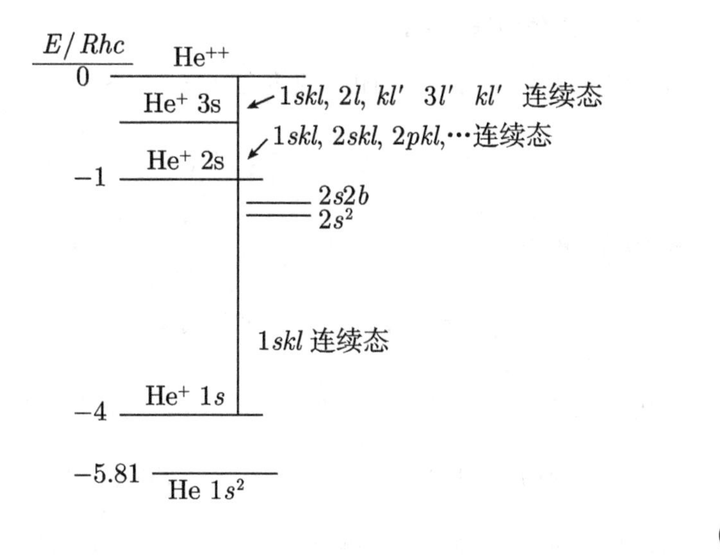

(9-190)

9.6.2 Auger 效应

此现象及其物理的解释, 已见《量子论与原子结构》乙部第 11 章. 兹只述此问题在量子力学中的处理及计算.

设一原子, 经 X 射线的射入, 使其射出 k 壳层 (即 $1s$) 两个电子之一, 故原满壳层之 $1s^2$ 组态, 乃空一个电子而成 $1s$. 此 "激起态" 称为 K 态. 设 L 壳层 ($n = 2$) 的 $2p^6$ 电子中之一, 跃迁至 K 层 (即 $2p \to 1s$), 通常的此跃迁的能 $E(k) - E(L_{\mathrm{II,III}})$, 以辐射 $h\nu$ 放出, 此即该原子之 K–线.

唯 $2p \to 1s$ 或 $2s \to 1s$ 跃迁的能, 大于将另 $-2p$ 或 $2s$ 电子踢出原子外所需之能. 故 $1s2s^22p^6\cdots$ 组态的能, 与 "$1s^22s2p^5$+Auger 电子" 态相等, 亦与 "$1s^22p^6$+Auger 电子", "$1s^22s2p^63s$+Auger 电子"$\cdots$, 相等. 由 $1s2s^2\cdots$ 态跃迁至 $1s^2$+Auger 电子, 与 "自电离" 跃迁, 不仅相似, 且系同一的物理性质. 从 "微扰" 的观点, Auger 效应与自电离皆是由于两个同能量的组态间的 "微扰" 的矩阵元素而生的跃迁. Auger 效应的跃迁概率为 (每秒)

$$P = \frac{2\pi}{\hbar}\left|\left\langle 1s2s^2\left|\frac{e^2}{r_{12}}\right|1s^2ks\right\rangle\right|^2\rho(E_k) \tag{9-191}$$

或

$$= \frac{2\pi}{\hbar}\left|\left\langle 1s2s^22p^6\left|\frac{e^2}{r_{12}}\right|1s^22s^22p^4ks\right\rangle\right|^2\rho(E_k), \text{等} \tag{9-192}$$

Auger 效应, 遵守与自电离相同之选择定则, 见 9.5 节前的 (i), (ii), (iii).

9.6.3　^1L 与 ^3L 态能的异常位置

$nsn'l$ 组态的 $^1L, ^3L$ 的能, 按 Slater 氏的近似法, ^1L 态高于 ^3L

$$E(^1L) - E(^3L) = \frac{2}{2l+1}G^{(l)}(ns, n'l) \tag{9-193}$$

见 (139) 式. 例如 $nsn'd$ 之 $^1D, ^3D$

$$E(^1D) - E(^3D) = \frac{2}{5}G^{(2)}(ns, n'd) \tag{9-194}$$

唯有若干二电子原子, 其相对位置颠倒的. 如 Mg, 由其光谱分析 *,

$$MgI, 3s3d: E(^1D) - E(^3D) = -1,550\text{cm}^{-1} \tag{9-195}$$

此现象之解释如下. 以 Mg 为具体的例. 设考虑一双激起的组态 $1s^22s^22p^63p^2$, 其 (L, S) 态为 $^3P, ^1D, ^1S$ 此 ^1D 态与 $1s^22s^22p^63s3d^1D$ 之矩阵元素不等于 0

$$\left\langle 3s3d^1D\left|\frac{e^2}{r_{12}}\right|3p^{21}D\right\rangle \neq 0 \tag{9-196}$$

故二态有组态交互作用, 其矩阵为

$$3snd \quad ^1D$$

---

* 见下文第 10 章 (10-71) 表.

$$
\begin{array}{c|c}
3snd\ ^1D & F^{(0)}(3s,3d)+\dfrac{1}{5}F^{(2)}(3s,3d)-E^{(1)} \\
3p^2\ ^1D & \left\langle 3snd\ ^1D\left|\dfrac{e^2}{r_{12}}\right|3p^2\ ^1D\right\rangle
\end{array}
$$

$$
\begin{array}{c|}
3p^2\ ^1D \\
\left\langle 3snd^1D\left|\dfrac{e^2}{r_{11}}\right|3p^2\ ^1D\right\rangle \\
F^{(0)}(3p,3p)+\dfrac{1}{25}F^{(2)}(3p,3p)-E^{(1)}
\end{array}
\tag{9-197}
$$

此方程式的二根, 系一低于 $3s3d\ ^1D$, 而一高于 $3p^2\ ^1D$, 见下章 (10-77) 图. 这可引致 (195) 式倒置的结果.

由 (196) 式, 此组态交互作用所遵守的选择定则, 与自电离的相同 (见 9.6.1 前).

9.7 二电子原子 Hamiltonian 的本征谱

本章前数节曾述

$$H=-\frac{\hbar^2}{2\mu}(\nabla_1^2+\nabla_2^2)-Ze^2\left(\frac{1}{r_1}+\frac{1}{r_2}\right)+\frac{e^2}{r_{12}} \tag{9-198}$$

或以原子的单位, 写成下式:

$$H=-\frac{1}{2}(\nabla_1^2+\nabla_2^2)-2Z\left(\frac{1}{r_1}+\frac{1}{r_2}\right)+\frac{2}{r_{12}} \tag{9-199}$$

的本征值近似解法, 及由组态的近似表象所引致的问题, 如自电离的概率等. 前节 (于 (182) 式下文) 曾指出若干微扰论方法应用于这概率问题在观念上的困难, 皆可溯源于第 (198) 式的 H 的本征谱 (本征值及本征函数) 的性质的问题. 本节将更提出与此有关的另一问题, 即: 如视 (198) 或 (199) 式中的 Z 为一可变的参数, 则当使 Z 值由任何大于 1 变为 1 时,

$$Z=1+\epsilon,\quad 0\leqslant\epsilon \tag{9-200}$$

H 的本征谱性质的改变系如何.

我们已知 $Z=2,3,4,\cdots$ 时 (相当于 He,Li^+,Be^{++},$\cdots$), H 有无限数的 "分离"(discrete) 能态 (如 $1snl^1L,^3L,n=2,3,\cdots,l=0,1,2,\cdots$), 其限极为 $1s^2S$(相当于 He, Li^{++}, Be^{+++}, $\cdots$ 离子的基态).

现使上式之 ϵ, 作连续的变换, 我们不难证明下一结论; 无论 ϵ 如何的接近 0, 只要 $\epsilon>0$, 则 H 仍保有上述的无限数的分离态 $1snl^1L,^3L$, 虽则各态渐趋密集于 $1s^2S$ 限极下 *.

---

* 此结论的论据如下: 设 $Z=1+\epsilon,\epsilon>0$, 则以 $1snl$ 组态中的 nl 电子言, 即使 $1s$ 电子对其作了完全的屏蔽, nl 所感受之电场仍为 $-\dfrac{\epsilon e^2}{r}$, 故 nl 仍一如在 Coulomb 场的有无限数的 n, l 态. 此论据于 $\epsilon>0$ 时皆有效.

兹考虑 $\epsilon = 0(Z = 1)$. 此相当于氢的负离子 H^-, 按 Hylleraas, Chandrasekhar 及作者的计算, 已知 H^- 有稳定的 $1s^2\ {}^1S$ 态的存在, 而无 $1s2s^3S$(更无 $1s2s^1S$ 及其他 $1snl$ 态). 虽谓变分法未得 $1s2s^3S$, 未能作无稳定的 $1s2s^3S$ 态的证明, 但 H^- 只有一个稳定 $1s^{21}S$ 态的征象似甚强.

由此似可得下结论, 如视 H 的本征谱系参数 Z 的函数, 则 $Z = 1$ 系一奇异点. $\epsilon = 0$ 时, 一个有无限数的 “分离”, (稳定) 态的本征谱, 变为只有一个稳定态的谱.

此是一个极有趣而极难谨严的证明的数学问题 (略见作者 1953 年 Physical Review, 89, 629 一文).

附　录　甲

(见本章第 3 节, (51), (54), (55) 式)

I. (51) 式的积分, 见 Gaunt, Transactions of Royal

Society(London)A228, 151(1929), 文. (见 Condon-Shortley 书, Theory of Atomic Spectra)

$$\int_0^x \Theta_{lm}\Theta_{l'm'}\Theta_{l'',m+m'}, \sin\theta \mathrm{d}\theta, \quad m \geqslant 0, m' \geqslant 0 \tag{9A-1}$$

积分, 只于满足下条件时不等于零:

(i) $l + l' + l''=$ 偶整数 $=2g$;　　(9A-2)

(ii) $|l' - l''| \leqslant l \leqslant |l' + l''|$, 及 l, l', l'' 的轮换式其值为

$$\frac{(-1)^{g-l-m'}(2g-2l')!g!}{(g-l)!(g-l')!(g-l'')!(2g+1)!}$$

$$\times\left[\frac{(2l+1)(2l'+1)(2l''+1)(l''-m-m')!(l+m)!}{2(l''+m+m')!(l-m)!}\right.$$

$$\left.\times(l'+m')!(l'-m')!\right]^{1/2}$$

$$\times\sum_t(-1)^t\frac{(l''+m+m'+t)!(l+l'-m-m'-t)!}{t!(l''-m-m'-t)!(l-l'+m+m'+t)!(l'-m'-t)!} \tag{9A-3}$$

此式对 t 之和, 乃所有 t, 使各阶乘积! 皆有意义的.

II. 下积分 (P_k 系未归一化的 Legendre 系数)

$$C_{\lambda\mu\nu} \equiv \int_0^x P_\lambda(\cos\theta)P_\mu(\cos\theta)P_\nu(\cos\theta)\sin\theta\mathrm{d}\theta \tag{9A-4}$$

只当 (i)$\lambda + \mu + \nu=$ 偶整数 $\equiv 2g$;

(ii)$|\lambda-\nu| \leqslant \mu \leqslant |\lambda+\mu|$ 及 λ,μ,ν 轮换式时,

$$C_{\lambda\mu\nu} \neq 0, \tag{9A-5}$$

$$C_{\lambda\mu\nu} = \frac{2(g!)^2(\lambda+\mu-\nu)!(\mu+\nu-\lambda)!(\nu+\lambda-\mu)!}{(2g+1)![(g-\lambda)!(g-\mu)!(g-\nu)!]^2} \tag{9A-6}$$

按 (51) 式, $c^{(k)}(l,m;l'm')$ 的定义, 由 (9A-4) 得见

$$C_{\lambda\mu\nu} = \frac{2c^{(\lambda)}(\mu,0;\nu,0)}{\sqrt{(2\mu+1)(2\nu+1)}} \tag{9A-7}$$

$$C_{000}=2, \quad C_{110}=\frac{2}{3}, \quad C_{112}=\frac{4}{15}$$

III. (9-54) 式的 $a^k(lm;l'm')$

$$\begin{aligned} a^k(lm;l'm') =& \frac{2l+1}{2}\frac{(l-|m|)!}{(l+|m|)!}\int_0^x (P_l^m)^2 P_k^0 \sin\theta \mathrm{d}\theta \\ &\times \frac{2l'+1}{2}\frac{(l'-|m'|)!}{(l'+|m'|)!}\int_0^x (P_{l'}^{m'})^2 P_k^0 \sin\theta \mathrm{d}\theta \end{aligned} \tag{9A-8}$$

此 a^k 有下特性:

$$\frac{1}{2l'+1}\sum_{m'=-l'}^{l'} a^k(lm;l'm') = \delta_{k0} \tag{9A-9}$$

电子	l	l'	m	m'	$a^{(0)}$	$a^{(2)}$	$a^{(4)}$
s,s	0	0	0	0	1	0	0
s,p	0	1	0	±1	1	0	0
	0	1	0	0	1	0	0
p,p	1	1	±1	±1	1	1/25	0
	1	1	±1	0	1	$-2/25$	0
	1	1	0	0	1	4/25	0
s,d	0	2	0	±2	1	0	0
	0	2	0	±1	1	0	0
	0	2	0	0	1	0	0
p,d	1	2	±1	±2	1	2/35	0
	1	2	±1	±1	1	$-1/35$	0
	1	2	±1	0	1	$-2/35$	0
	1	2	0	±2	3	$-4/35$	0
	1	2	0	±1	1	2/35	0
	1	2	0	0	1	4/35	0

(9A-10)

(9A-10) 表中 m,m' 乃 m_l,m_l', 其 $\pm$ 号可任意用.

IV(9A-55) 的 $b^k(lm;l'm')$.

$$b^k(lm;l'm') = \frac{(k-|m-m'|)!(2l+1)(l-|m'|)!}{(k+|m-m'|)!2(l+|m|)!}$$

$$\times \frac{(2l'+1)(l'-|m'|)!}{2(l'+|m'|)!}$$
$$\times \left[\int_0^x P_l^m P_{l'}^{m'} P_k^{|m-m'|} \sin\theta \mathrm{d}\theta\right]^2 \tag{9A-11}$$

电子	l	l'	m	m'	$b^{(0)}$	$b^{(1)}$	$b^{(2)}$	$b^{(3)}$	$b^{(4)}$
s,s	0	0	0	0	1	0	0	0	0
s,p	0	1	0	±1	0	1/3	0	0	0
	0	1	0	0	0	1/3	0	0	0
p,p	1	1	±1	±1	1	0	1/25	0	0
	1	1	±1	0	0	0	3/25	0	0
	1	1	±1	∓1	0	0	6/25	0	0
	1	1	0	0	1	0	4/25	0	0
s,d	0	2	0	±2	0	0	1/5	0	0
	0	2	0	±1	0	0	1/5	0	0
	0	2	0	0	0	0	1/5	0	0
p,d	1	2	±1	±2	0	6/15	0	3/245	0
	1	2	±1	±1	0	3/15	0	9/245	0
	1	2	±1	0	0	1/15	0	18/245	0
	1	2	±1	∓1	0	0	0	30/245	0
	1	2	±1	∓2	0	0	0	45/245	0
	1	2	0	±2	0	0	0	15/245	0
	1	2	0	±1	0	3/15	0	24/245	0
	1	2	0	0	0	4/15	0	27/245	0

(9A-12)

(9A-12) 表中 m, m' 下之 $\pm1, \pm1$, 须同时 (同一行) 的用.

附　录　乙

第 9.5.1 节：双激起态——自电离

本章第 9.5.1 节曾讨论用微扰理论法研算氦原子的双激起态和自电离概率问题时所遇的困难, 这个问题, Feshbach 氏曾从散射的观点讨论之, 本将各述该法 *.

兹取一氦原子的离子 He^+, 其基态为 $He^+(1s)$, 其激起态为 $2s, 2p; 3p, 3d; \cdots$, 见 (190) 图, 能量以 He^{++} 态为 0; 基态 $1s$ 之能为 $E_1(E_1 < 0, E_1 = -4Rhc)$; 激起态 $2s, 2p$ 之能为 $E_2(E_2 = -Rhc)$; $3s, 3p, 3d$ 之能为 $E_3(E_3 = -\frac{4}{9}Rhc)$ 等.

设一电子, 其 (在远离 He^+ 时) 动能为 $E_K, E_K > 0$, 被一个基态的 He^+ 散射, 为叙述确定计, 我们假定此碰撞系统的总能 $E(>0)$, 系各低于 He^+ 的 $2s$(及 $2p$) 态

$$E_1 < E = E_1 + E_K \lesssim E_2 \tag{9B-1}$$

*H. Feshbach 理论, 见其 Annals of physics, 5, 537(1958); 19, 287(1962) 二文. 本节系钟光祖所作, 作者特此致谢.

见 (190) 图, 假设 E 约略等于双激起态 $2s2s$.

由于 $E < E_2$, 当射入的电子经碰撞后复远离 He^+(下称为靶); 靶的能态, 不可能高于 $2s$(与 $2p$ 同). 故高于 E 的靶态, 称为封闭道 (closed channel); 低于 E 的靶态称为开放道 (open channel).

现考虑弹性碰撞的能量范围. 兹定义数个投影算符 (projection operator).

使 $\psi_{1s}(1)$ 代电子 "1" 在 He^+ 的基态 $1s$ 的波函数

$$P_{ls}(1) \equiv |\psi_{1s}(1) >< \psi_{1s}(1)| \tag{9B-2}$$

乃一将任意态投影于 $|\psi(1) >$ 态的算符, 故

$$1 - P_{1s}(1) \tag{9B-2a}$$

乃由一任意态取去含 $|\psi_{1s}(1) >$ 态部分的算符. $1 - P_{1s}(2)$ 同此. 兹定义

$$Q = (1 - P_{1s}(1))(1 - P_{1s}(2)) \tag{9B-3}$$

$$P = 1 - Q \tag{9B-4}$$

由此定义, 得见 P, Q 符合投影算符的关系

$$Q^2 = Q \tag{9B-5}$$

$$PQ = 0 \tag{9B-6}$$

$$P^2 = P \tag{9B-7}$$

兹使 $\Psi(r_1, r_2)$ 为氦原子 Schrödinger 方程式在散射问题中的解. 设 $\phi(r_1)$ 系电子 "1" 在远离 He^+ 处的波函数渐近式 (asymptotic form). 由 (B-3), (B-4), 得

$$Q\Psi(r_1 r_2) = 0, 当r_1或r_2 \to \infty \tag{9B-8}$$

$$P\Psi(r_1, r_2)_{r_1 \to \infty} = \psi_{1s}(r_2)\phi(r_1) \tag{9B-9}$$

故 Q 的意义系封闭道投影算符, P 则为开放道投影算符. 由 (B-4), Schrödinger 方程式可表以下式:

$$(H - E)(P + Q)\Psi = 0 \tag{9B-10}$$

由左先后乘以 P, Q, 更由 (6), (7), 即得

$$(PHP - E)P\Psi = -PHQ\Psi \tag{9B-11}$$

$$(QHQ - E)Q\Psi = -QHP\Psi \tag{9B-12}$$

以 (B-12) 代入 (B-11), 即得 *

$$(PHP - PHQ\frac{1}{QHQ-E}QHP - E)P\Psi = 0 \tag{9B-13}$$

$P\Psi$ 含有 $r_1 \to \infty$ 时的 $\psi(r_1)$ 波函数 (即散射波函数的相移 (phase shift) 的资料), 故由之可获得碰撞截面积. 由 (B-13) 的积分算符, 得见如 QHQ 有一本征值为 ϵ_n, 则当 $E(=E_1+E_K)$ 时, 将有一种共振情形, 相移值会有近于 π 的改变, 碰撞截面积亦有相应的大变.

由于前述的 Q 的意义, QHQ 的最低本征值, 必相当于 $He2s2s^1S$ 态. 故 $2ss2s^1S$ 双激态, 乃碰撞中的最低共振态. 一个入射的电子 "a", 于激起靶态至一个高于 E 能的态时, a 自身的能量, 必降为负值, 换言之, 暂时呈现稳定 (bound) 态的性质.

唯真正的共振, 并不发生在 QHQ 的本征值 ϵ_n, 而系在 $\epsilon_n + \Delta_n, \Delta_n$ 为一微差. 理由如下.

设 $\epsilon_n\phi_n$ 为 QHQ 的本征值及本征函数. 兹定义两个新算符

$$Q' = \phi_n >< \phi_n| \tag{9B-14}$$

$$P' = 1 - Q' \tag{9B-15}$$

Schrödinger 方程式可写成下式:

$$(\epsilon_n - E)Q'\Psi = -Q'HP'\Psi \tag{9B-16}$$

$$(PHP' - E)P'\Psi = -P'HQ'\Psi \tag{9B-17}$$

(B-16) 式可改写为

$$Q'\Psi = \Lambda_n\phi_n \tag{9B-18}$$

$$\Lambda_n = \frac{\langle\phi_n|H|P'\Psi\rangle}{E-\epsilon_n} \tag{9B-19}$$

以 (B-18) 代入 (B-17), 乃得

$$(E - P'HP')P'\Psi = \Lambda_n P'H\phi_n \tag{9B-20}$$

使 $\Psi_\circ^{(+)}$ 为

$$(E - P'HP')P'\Psi = 0$$

之解. 则 (B-20) 式之解为

$$P'\Psi = \Psi_\circ^{(+)} + \Lambda_n\frac{1}{E-P'HP'}P'H\phi_n \tag{9B-21}$$

*(B-13) 式乃系积分方程式, 见第 7 章第 6 节.

此 (B-21) 代入 (B-19), 则得 Λ_n

$$\Lambda_n = \frac{\langle \phi_n |H| \Psi_\circ^{(+)} \rangle}{E - \epsilon_n - \langle \phi_n |HP' \dfrac{1}{E - P'HP'} P'H| \phi_n \rangle} \tag{9B-22}$$

由 (B-18) 及 (B-21),

$$\begin{aligned} \Psi &= P'\Psi + Q'\Psi \\ &= \Psi_\circ^{(+)} + \Lambda_n \frac{1}{E - P'HP'} P'H\phi_n + \Lambda_n \phi_n \end{aligned} \tag{9B-23}$$

此式右方第一项为不包含 ϕ_n 影响的本底 (background continuum), 第三项为双激起态的贡献, 第二项乃双激起态与本底的交互作用.

兹定义

$$\Gamma_n = 2\pi \left| \langle \phi_n |H| \Psi_\circ^{(+)} \rangle \right|^2 \tag{9B-24}$$

$$\Delta_n = P \int \frac{\left| \langle \phi_n |H| \Psi_\epsilon^{(+)} \rangle \right|^2}{\epsilon - E} \mathrm{d}\epsilon \tag{9B-25}$$

P 乃取主值积分之意. 第 (B-22) 式乃可表以

$$\Lambda_n = \frac{\sqrt{\dfrac{1}{2\pi} \Gamma_n}}{E - \epsilon_n - \Delta_n + \dfrac{\mathrm{i}}{2} \Gamma_n} \tag{9B-26}$$

(B-23) 式成

$$\begin{aligned} \Psi = \mathrm{e}^{-\mathrm{i}\beta} \Bigg[& \cos\beta \Psi_\circ^{(+)} + \frac{\sin\beta}{\pi \langle \Psi_\circ^{(+)} |H| \phi_n \rangle} \\ & \times \left\{ P \int \Psi_\epsilon^{(+)} \frac{\langle \Psi_\epsilon^{(+)} |H| \phi_n \rangle}{E - \epsilon} \mathrm{d}\epsilon + \phi_n \right\} \Bigg] \end{aligned} \tag{9B-27}$$

$$\beta = \tan^{-1} \frac{\Gamma_n / 2}{E - \epsilon_n - \Delta_n} \tag{9B-28}$$

由 (B-26), (B-27), (B-28), 得见真正的共振能实系

$$E = \epsilon_n + \Delta_n \tag{9B-29}$$

其共振宽度系

$$\Gamma_n$$

由 (B-14), (B-18), (B-26)

$$|\Lambda_n|^2 = \left|\langle\phi_n\,|\Psi\rangle\right|^2 \tag{9B-30}$$

$$= \frac{\frac{1}{2\pi}\Gamma_n}{(E-\epsilon_n-\Delta_n)^2+\frac{1}{4}\Gamma_n^2} \tag{9B-30a}$$

(B-11), (B-12) 式可借电子计算机得甚佳的近似解. $\Psi_\circ^{(+)}$ 及 ϕ_n 亦可得准确解. 故由 (B-24), 可积分得 Γ_n.

由 (B-30) 积分, 更由 (B-30a) 得 Δ_n, 通常 Δ_n 之值是极小的.

由上述的方法, 可得甚准确的结果. 以应用于氢负离子 H^- 为例:

$$\begin{aligned}\mathrm{H}^-: 2s2s\ {}^1S,\ E &= 9.5569\ \mathrm{eV}.(\text{用简笔变分函数})\\ &= 9.55735\ \mathrm{eV}.(\text{用 Hylleraas 函数})\\ &= 9.558 \pm 0.01\ \mathrm{eV}.(\text{实际结果})\\ \Gamma &= 0.047\ \mathrm{eV}.(\text{理论结果})\\ &= \text{实验值同上}\\ \text{生命期} &\simeq 10^{-14}\mathrm{s}\end{aligned}$$

习　题

1. 求一个电子组态为 np^4 的 (L, S)- 耦合态, 并求各态的能, 如 (119) 式的, 以 Slater 积分 $F^{(0)}$, $F^{(2)}$ 表之.

2. 求电子组态 np^5 的 (L, S)- 耦合态, 并其能的式 (以 $F^{(0)}$), $F^{(2)}$ 表之).

3. np^5 之 ${}^2P$ 与 np 之 ${}^2P$, 二者的自旋-轨道交互作用 (微细结构) 的差别为何? 其故安在?

4. 如以 Slater-Ritz 法计算 $1s2s^3S$ 的能, 使 $1s$, $2s$ 的波函数为 ϕ_{1s}, Ψ_{2s}. 证明此计算的结果, 与试用之 Ψ_{2s}. 是否与试用之 ϕ_{1s} 正交无关. 如计算 $1s2s^1S$, 则有何不同处? 其故何在?

5. 取氦原子. 试用 (167) 式的 ϕ_{1s}, ϕ_{2s}, 计算电子组态 $1s2s^2\ {}^2S$ 的能, $E(1s2s^2\ {}^2S)$. 以此与电子组态 $2s^2\ {}^1S$ 的能 $E(2s^2\ {}^1S)$ 比较之. 其意义为何?

第 10 章　多电子的原子

第 9 章述二电子的原子. 除 Hylleraas 方法外, 其他的方法的共同出发点, 皆系以单个电子波函数的乘积, 表原子的波函数 (这包括 Slater 法 (9-44), 及 Hartree-Fock 法 (9-76,77) 式).

本章将申展上章的理论及计算方法至多电子的原子.

10.1　Slater 法

使单个电子的波函数为

$$\Psi_a(i) \equiv \phi_n(r_i)\chi_{m_s}(\sigma_i) \equiv \phi_{nlm_l}(r_i)\chi_{m_s}(\sigma_i) \tag{10-1}$$

假设 N 电子的原子的波函数可以 N 个 $\Psi_a(i)$ 的乘积的重叠表之

$$\Psi(1,2,\cdots,N) = \sum(-1)^P \Psi_a(1)\Psi_b(2)\cdots\Psi_N(N) \tag{10-2}$$

此 $(-1)^P$ 符号代表其值为 $(^+_-)$, 如式中 $\Psi_a(1)\Psi_b(2)\cdots\Psi_N(N)$ 的电子坐标 $1,2,3,\cdots$, 作两个对换 $\begin{pmatrix}\text{偶}\\\text{奇}\end{pmatrix}$ 数次; 如

$$\begin{aligned}&\Psi_a(1)\Psi_b(2)\Psi_c(3)\cdots\Psi_N(N) - \Psi_a(2)\Psi_b(1)\Psi_c(3)\\&\quad\cdots\Psi_N(N) + \Psi_a(2)\Psi_b(3)\Psi_c(1)\cdots\Psi_N(r)\end{aligned} \tag{10-3}$$

如是定义之 $\Psi(1,2,\cdots,N)$, 对任何两个电子的对换, 有反对称性, 故满足第 8 章的基本假定 (Pauli 排斥原则).

第 (2) 式可写成行列式如下:

$$\Psi(1,2,\cdots,N) = \frac{1}{\sqrt{N!}}\begin{vmatrix}\Psi_a(1) & \Psi_a(2)\cdots\Psi_a(N)\\ \Psi_b(1) & \Psi_b(2)\cdots\Psi_b(N)\\ \vdots & \vdots \qquad \vdots\\ \Psi_N(1) & \Psi_N(2)\cdots\Psi_N(N)\end{vmatrix} \tag{10-4}$$

10.1.1　$(L,\ S)$- 态之能

设电子自旋作用, 可先略去不计. 故

$$H = \sum_{i=1}^{N} H_0(i) + \sum_{1 \leqslant i < j}^{N} H_0(i,j) \tag{10-5}$$

$$H_0(i) = -\frac{\hbar^2}{2\mu}\Delta_i^2 - Ze^2\frac{1}{r_i} \tag{10-6}$$

$$H_0(i,j) = \frac{e^2}{r_{ij}} \tag{10-7}$$

兹计算

$$E = \int \Psi^*(1,2,\cdots,N) H \Psi(1,2,\cdots,N) \mathrm{d}\tau_1 \cdots \mathrm{d}\tau_N \tag{10-8}$$

以 (4) 代入此积分, 其 $\sum H_0(i)$ 部分甚易得;

$$\int \Psi^* \sum H_0(i) \Psi \mathrm{d}\tau_1 \cdots \mathrm{d}\tau_N = E_a^0 + E_b^0 + \cdots + E_N^0 \tag{10-9}$$

因

$$(H_0(i) - E_a^0)\phi_a(i) = 0 \tag{10-10}$$

各 $\phi\chi$ 又正交

$$\int \Psi_a^*(i) \Psi_b(i) \mathrm{d}\tau_i = \delta_{ab} \tag{10-11}$$

第 (8) 式积分之 $\dfrac{e^2}{r_{ij}}$ 部分, 由于 (11) 正交关系, 只有如下的:

$$\begin{aligned}
&\int \Psi_a^*(1)\Psi_b^*(2)\Psi_p^*(3)\cdots\Psi_N^*(N)\frac{e^2}{r_{12}}\Psi_c(1)\Psi_d(2)\Psi_p(3)\cdots\Psi_N(N)\mathrm{d}\tau_1\cdots\mathrm{d}\tau_N \\
&\quad = \int \Psi_a^*(1)\Psi_b^*(2)\frac{e^2}{r_{12}}\Psi_c(1)\Psi_d(2)\mathrm{d}\tau_1\mathrm{d}\tau \neq 0 \qquad (10\text{-}12\text{a}) \\
&\quad \equiv e^2\left\langle a,b\left|\frac{1}{r_{12}}\right|c,d\right\rangle \qquad (10\text{-}12\text{b})
\end{aligned}$$

兹设用下符号:

$$\Psi_a(i) \equiv \phi_{n_1} \cdot_{l_1} \cdot_{m_1} \cdot (r_i) \chi_m,^a (i)$$

$$\frac{1}{r_{12}} = \sum_{h=0}^{\infty} \sum_{m=-k}^{\infty} \frac{(k-|m|)!}{(k+|m|)!} \frac{r_<^k}{r_>^{k+1}} p_k^m(\cos\theta_1) P_k^m(\cos\theta_2) \mathrm{e}^{\mathrm{i}m(\varphi_1-\varphi_2)} \tag{10-13}$$

(12a) 积分的自旋因子为

$$\iint \chi_{m,a}^*(1)\chi_{m,b}^*\chi(2)\chi_{m,c}(1)\chi_{m,d}(2) = \delta(m_s^a, m_s^c)\delta(m_s^b, m_s^d) \tag{10-14}$$

$$\delta(m_s^b, m_s^d)\delta(m_s^a, m_s^c) = \begin{cases} 1 \ , & m_s^a = m_s^c \quad m_s^b = m_s^d \\ 0 \ , & m_s^a \neq m_s^c \quad m_s^b \neq m_s^d \end{cases}$$

(12a) 积分的角 φ 因子为

$$\frac{1}{(2\pi)^2}\int \exp(-\mathrm{i}m_l^a\varphi_1+\mathrm{i}m_l^c\varphi_1+\mathrm{i}m\varphi_1)\mathrm{d}\varphi_1\int \exp(-\mathrm{i}m_l^b\varphi_2+\mathrm{i}m_l^d\varphi_2 -\mathrm{i}m\varphi_2)\mathrm{d}\varphi_2=\delta(m,m_l^a-m_l^c)\delta(m,m_l^d-m_l^b) \tag{10-15}$$

由 (15), 故 (12a) 不等于零, 需有

$$m=m_l^a-m_l^c=m_l^d-m_l^b$$

或

$$m_l^a+m_l^b=m_l^c+m_l^d \tag{10-16}$$

换言之, $\dfrac{e^2}{r_{ij}}$ 于量子数 $\sum m_l$

$$M_l=\sum m_l \tag{10-17}$$

系对角的 *. 由 (14), 亦见 $\dfrac{e^2}{r_{ij}}$ 于量子数 $\sum m_s$

$$M_s=\sum m_s \tag{10-18}$$

亦系对角的. 由 (17) 及 (18), 得见 $\dfrac{e^2}{r_{12}}$ 于

$$M=M_l+M_s$$

系对角的.

(12a) 或 (12b) 经自旋及 φ 角积分后, 乃成 (9-49) 式. 至此, 计算乃与 (9-49) 至 (9-60a) 各步相同.

角 θ 的积分, 详见第 9 章 (9-51) 及该章附录. (12b) 皆可以 Slater 积分 $F^{(k)}(a,b;c,d)$ 表之 (见 (9-52) 及其申展式).

上章 (9-141) 式曾列出 np^3 组态的 $(L,\ S)$–态 ^4S, ^2D, ^2P 态的能.

兹以 np^6 的满壳层组态为例, 计算六个相同的 p 态电子的能.

P^6 组态的六个电子的量子数 $a(m_l,m_s)$ 各不同, 如下表.

	a	b	c	d	e	f
m_l	1	0	-1	1	0	-1
m_s	$\frac{1}{2}$	$\frac{1}{2}$	$\frac{1}{2}$	$-\frac{1}{2}$	$-\frac{1}{2}$	$-\frac{1}{2}$

(10-19)

* 由于 (12a) 关系, (17) 及 (18) 式之和, 不仅指 a, b, 及 c, d 而系对所有各电子之和.

按第 9 章附录表 (9A-10), 可得

$$\langle a,b\left|\frac{e^2}{r_{12}}\right|a,b\rangle=\langle a,e\left|\frac{e^2}{r_{12}}\right|a,e\rangle$$

$$=\langle b,c\left|\frac{e^2}{r_{12}}\right|b,c\rangle$$

$$=\langle b,d\left|\frac{e^2}{r_{12}}\right|b,d\rangle=\langle b,f\left|\frac{e^2}{r_{12}}\right|b,f\rangle$$

$$=\langle e,f\left|\frac{e^2}{r_{12}}\right|e,f\rangle \tag{10-20}$$

$$=\langle c,f\left|e^2 r_{12} c,f\right\rangle=\langle d,e\left|\frac{e^1}{r_{12}}\right|d,e\rangle$$

$$=F^{(0)}-\frac{2}{25}F^{(2)},$$

$$\langle a,c\left|\frac{e^2}{r_{12}}\right|a,c\rangle=\langle a,d\left|\frac{e^2}{r_{12}}\right|a,d\rangle$$

$$=\langle a,f\left|\frac{e^2}{r_{12}}\right|a,f\rangle$$

$$=\langle c,d\left|\frac{e^2}{r_{12}}\right|c,d\rangle=\langle c,f\left|\frac{e^2}{r_{12}}\right|c,f\rangle$$

$$=\langle d,f\left|\frac{e^2}{r_{12}}\right|d,f\rangle=F^{(0)}+\frac{1}{25}F^{(2)} \tag{10-21}$$

$$\langle b,e\left|\frac{e^2}{r_{12}}\right|b,e\rangle=F^{(0)}+\frac{4}{25}F^{(2)} \tag{10-22}$$

由第 9 章附录表 (9A-12), 得

$$\langle a,b\left|\frac{e^2}{r_{12}}\right|b,a\rangle=\langle a,c\left|\frac{e^2}{r_{12}}\right|c,b\rangle$$

$$=\langle d,e\left|\frac{e^2}{r_{12}}\right|e,d\rangle$$

$$=\langle e,f\left|\frac{e^2}{r_{12}}\right|f,e\rangle=\frac{3}{25}G^{(2)}=\frac{3}{25}F^{(2)} \tag{10-23}$$

$$\langle a,c\left|\frac{e^2}{r_{12}}\right|c,a\rangle=\langle d,f\left|\frac{e^2}{r_{12}}\right|f,d\rangle=\frac{6}{25}F^{(2)} \tag{10-24}$$

此外其他之矩阵元素皆等于零, 故由 (20) 至 (24) 各对电子 $\frac{e^2}{r_{12}}$ 作用之和, 得

$$E(np^{61}S)=6E^0(np)+15F^{(0)}(np,np)-\frac{18}{25}F^{(2)}(np,np) \tag{10-25}$$

10.1.2 满壳层的性质

设一物理量 (非微分) 的算符 $f(\boldsymbol{r},\sigma)$ 可写作下式:

$$f(\boldsymbol{r},\sigma)=\frac{1}{2}\left[f\left(\boldsymbol{r},\frac{1}{2}\right)+f\left(\boldsymbol{r},-\frac{1}{2}\right)\right] \tag{10-26}$$

r,σ 系一个电子的坐标及自旋变数. 一个满壳层的电子的 f 值之和为

$$\sum_{m_l=\to l}^{l}\sum_{m_s=\to\frac{1}{2}}^{\frac{1}{2}}\int R_{nl}(r)\Theta_{lm_l}(\theta)\varPhi_{m_l}^{*}(\varphi)\chi_{ms}^{*}(\sigma)f(r,\sigma)R_{nl}(r)$$
$$\times\ \Theta_{lm_l}(\theta)\varPhi_{m_l}(\varphi)\chi_{m_l}(\sigma)r^2\mathrm{d}r\mathrm{d}\cos\theta\mathrm{d}\varphi\mathrm{d}\sigma \tag{10-27}$$

由第 4 章 (4-92) 式

$$\sum_{m_l=-l}^{l}[\Theta_{lm_l}]^2\varPhi_{m_l}^{*}\varPhi_{m_l}=\frac{2l+1}{4\pi} \tag{10-28}$$

故 (27) 积分乃成

$$2(2l+1)\iint\frac{1}{4\pi}\mathrm{d}\cos\theta\mathrm{d}\varphi\int_0^{\infty}(R_{nl}(r))^2$$
$$\times\frac{1}{2}\left[f\left(r,\frac{1}{2}\right)+f\left(r,-\frac{1}{2}\right)\right]r^2\mathrm{d}r \tag{10-29}$$

换言之, f 对一满壳 $2(2l+1)$ 个电子之和, 可视各电子的波函数系有球心对称性的, 只需计算一个电子的积分, 而乘之以 $2(2l+1)$ 即可.

10.1.3 一个任意电子 (n,l,m_l,m_s) 与满壳层的电子之 Coulomb 作用

使满壳的电子为 $(n'l'm_l'm_s')$. 此 Coulomb 作用为

$$J-K\equiv\sum_{m_l'=-l'}^{l'}\sum_{m_s'=-\frac{1}{2}}^{\frac{1}{2}}\left\{\left\langle nlm_lm_s,n'l'm_l'm_s'\left|\frac{e^2}{r_{ij}}\right|nlm_lm_s,\right.\right.$$
$$\left.\left.n'l'm_l'm_s'\right\rangle-\left\langle nln_lm_s,n'l'm_l'm_s'\left|\frac{e^2}{r_{ij}}\right|n'l'm_l'm_s',nlm_lm_s\right\rangle\right\} \tag{10-30}$$

先取 J 积分, 使 ω 为任意电子 r_i 与满壳层电子 r_j 间的夹角,

$$\frac{1}{r_{ij}}=\sum_{k=0}^{\infty}\frac{r_<^k}{r_>^{k+1}}P_k(\cos\omega) \tag{10-31}$$

故用 (28) 式

$$J=2\sum_{k-0}^{\infty}\iint R_{nl}^2(r_i)r_{n'l'}^2(r_j)\Theta_{lm_l}^2(\theta_i)\frac{2l'+1}{4\pi}\frac{1}{2\pi}\frac{r_<^k}{r_>^{k+1}}P_k(\cos\omega)$$

$$\times \mathrm{d}\tau_i\mathrm{d}\tau_j$$

$\mathrm{d}\tau_i=r_i^2\mathrm{d}r_i\mathrm{d}\cos\theta_i\mathrm{d}\varphi_i,\mathrm{d}\tau_j=r_j^2\mathrm{d}r_j\mathrm{d}\cos\theta_j\mathrm{d}\varphi_j$. 作 $\mathrm{d}\theta_j\mathrm{d}\varphi_j$ 积分时, 取 r_i 作 z 轴, 如是则 ω 即系 θ_j. 故只当 $k=0$ 时此 θ_j,φ_j 之积分不等于零. 再作 θ_i,φ_i 之积分, 其结果为

$$\begin{aligned}J&=2(2l'+1)\iint R_{nl}^2(r_i)R_{n'l'}^2(r_j)\frac{1}{r_>}r_i^2\mathrm{d}r_ir_j^2\mathrm{d}r_j\\&=2(2l'+1)F^{(0)}(nl,n'l')\end{aligned}\tag{10-32}$$

次乃计算 K 积分. 由 (14) 式, 得见 $(nlmm_s)$ 电子只与满壳层半数的电子有对易作用 $K(m_s'=m_s$ 的). 故

$$\begin{aligned}K=\sum_{m'l=-l'}^{l'}\iint\frac{e^2}{r_{ij}}R_{nl}(i)R_{n'l'}(i)R_{nl}(j)R_{n'l'}(j)\Theta_{lm_l}(i)\Theta_{l'm_l'}(i)\\\cdot\Theta_{lm_l}(j)\Theta_{l'm_l}(j)\varPhi_{m_l}^*(i)\varPhi_{m_l'}(i)\varPhi_{m_l'}(j)\varPhi_{m_l}(j)\mathrm{d}\tau_i\mathrm{d}\tau_j\end{aligned}\tag{10-33}$$

兹 *

$$P_{l'}(\cos\omega)=\sum_{m_{l'}=-l'}^{l'}\frac{4\pi}{2l'+1}\Theta_{l'm_l'}(\theta_i)\Theta_{l'm_l}(\theta_j)\varPhi_{m_{l'}}(i)\varPhi_{m_{l'}}^*(j)\tag{10-34}$$

再用 (31) 式, (33) 式乃成

$$\begin{aligned}K=\sum_{k=0}^{\infty}e^2\iint\frac{r_<^k}{r_>^{k+1}}R_{nl}(i)R_{n'l'}(i)R_{nl}(j)R_{n'l'}(j)\Theta_{lm_l}(i)\Theta_{lm_l}(j)\\\cdot\varPhi_{m_l}^*(i)\varPhi_{m^l}(j)\cdot\frac{2l'+1}{4\pi}P_{l'}(\cos\omega)P_k(\cos\omega)\mathrm{d}\tau_i\mathrm{d}\tau_j\end{aligned}\tag{10-35}$$

兹将 $P_{l'}(\cos\omega)P_k(\cos\omega)$ 按 $P_\lambda(\cos\omega)$ 展开

$$P_{l'}(\cos\omega)P_k(\cos\omega)=\sum_{\lambda}\frac{2\lambda+1}{2}C_{\lambda l'k}P_\lambda(\cos\omega)\tag{10-36}$$

$$C_{\lambda\mu\nu}=\int_{-1}^{1}P_\lambda(x)P_\mu(x)P_\nu(x)\mathrm{d}x\tag{10-37}$$

---

* 见《电磁学》(2-99) 式中将球谐函数写成归一式, 即得 (34) 式.

此积分已见第 9 章附录 (9A-4, 6, 7) 式. 故

$$K=\sum_{k=0}^{\infty}\sum_{\lambda}e^2\iint\frac{r_<^k}{r_>^{k+1}}R_{nl}(i)R_{n'l'}(i)R_{nl}(j)R_{n'l'}(j)\Theta_{lm_l}(i)\Theta_l^*(i)$$

$$\times\frac{2l'+1}{4\pi}\times\frac{2\lambda+1}{2}C_{\lambda l'k}\Theta_{lm_l}(j)\Phi_{m_l}(j)P_\lambda(\cos\omega)\mathrm{d}\tau_i\mathrm{d}\tau_j \tag{10-38}$$

$P_\lambda(\cos\omega)$ 再以 (34) 式表之. (38) 积分之角的部分乃为

$$\frac{2l'+1}{2}\sum_{m=-\lambda}^{\lambda}\Theta_{lm_l}(i)\Theta_{\lambda m}(i)\Phi_{m_l}^*(i)\Phi_m(i)C_{\lambda l'k}\Theta_{lm_l}(j)\times\Theta_m^*(j)\Phi_{m_l}(j)\Phi_m^*(j)$$

对 θ_j, φ_j 积分, 显只当 $m=m_l$ 及 $\lambda=l$ 时, 不等于零. 故 (38) 式乃成

$$\begin{aligned}K&=\frac{2l'+1}{2}\sum_{k=0}^{\infty}C_{ll'k}\iint\frac{r_<^k}{r_>^{k+1}}R_{nl}(i)R_{n'l'}(i)R_{nl}(j)R_{n'l'}(j)r_i^2\mathrm{d}r_ir_j^2\mathrm{d}r_j\\&=\frac{2'l+1}{2}\sum_k C_{ll'k}G^{(k)}(nl;n'l')\end{aligned}$$

(30) 式乃成

$$J-K=2(2l'+1)\left[F^{(0)}(nl;n'l')-\frac{1}{4}\sum_k C_{ll'k}G^{(k)}(nl;n'l')\right] \tag{10-39}$$

此结果的重要点乃: 一个 (n,l,m_l,m_s) 电子与一满壳层 (n',l') 之 $2(2l'+1)$ 电子的 Coulomb 作用, 是与 m_l,m_s 无关. 此代表一满壳层的电子, 可以一有球心对称性的场表之. 此点于 Hartree-Fock 理论 (满壳层对原子价 (valence) 电子系一球心对称场的假定) 的根据, 极为重要.

10.1.4 两个满壳层的电子的交互作用

一个 (n, l) 满壳层的 $2(2l+1)$ 电子, 与另一 (n',l') 满壳层的 $2(2l'+1)$ 电子的交互作用, 可以 $2(2l+1)$ 乘 (39) 式

$$\begin{aligned}J-K=4(2l+1)(2l'+1)\Bigg[&F^{(0)}(nl;n'l')\\&-\frac{1}{4}\sum_k C_{ll'k}G^{(k)}(nl;n'l')\Bigg]\end{aligned} \tag{10-40}$$

10.1.5　一个 (n, l) 满壳层中每对电子的交互作用

$$J-K=2(2l+1)^2\left[F^{(0)}(nl;nl)-\frac{1}{4}\sum_k C_{llk}F^{(k)}.(nl;nl)\right] \tag{10-41}$$

此式与由直接计算所得之 (25) 式相符.

10.2　Hartree-Fock 法

Hartree-Fock 法的根据, 已见第 9 章第 9.3.3 节. 兹将 (9-76), (9-77) 式申展至 (4) 式之 $\varPsi$, 其中之 $\varPsi_a=\phi_a\chi_m$, ϕ_a 非氢原子之波函数, 而系由变分法定的

$$\delta\int \varPsi^* H\varPsi \mathrm{d}\tau_1,\cdots,\mathrm{d}\tau_N=0 \tag{10-42}$$

兹以 $1s^2 2s^2 2p^6$ 组态为例. 设 $1s$, $2s$, $2p$ 的向径波函数为

$$1s:\frac{1}{r}R_1(r);\quad 2s:\frac{1}{r}R_2(r);\quad 2p:\frac{1}{r}R_3(r) \tag{10-43}$$

以 (4) 式的 10 ×10 行列式代入 (42) 式, 作 δR_1, δR_2, δR_3 如第 9 章第 9.3.3 节, 即得下列积分微分方程式如下 (用原子的单位, 见第 4 章第 5 节, (4-96a) 式前):

$$\begin{aligned}&\frac{\mathrm{d}^2R_1}{\mathrm{d}r^2}+\left[E_1+\frac{2Z}{r}-V(r)+F_0^{11}(r)\right]R_1\\&\quad=-F_0^{21}(r)R_2-3F_1^{31}(r)R_3\\&\frac{\mathrm{d}^2R_2}{\mathrm{d}r^2}+\left[E_2+\frac{2Z}{r}-V(r)+F_0^{22}(r)\right]R_2\\&\quad=-F_0^{21}(r)R_1-3F_1^{32}(r)R_3\\&\frac{\mathrm{d}^2R_3}{\mathrm{d}r^2}+\left[E_3+\frac{2Z}{r}-\frac{2}{r^2}-V(r)+F_0^{33}(r)+2F_2^{33}(r)\right]R_3\\&\quad=-F_0^{31}(r)R_1-F_1^{32}(r)R_2\end{aligned} \tag{10-44}$$

$$V(r)=2F_0^{11}(r)+2F_0^{22}(r)+6F_0^{33}(r) \tag{10-45}$$

$$\begin{aligned}F_k^{ij}(r)=&\frac{2}{2k+1}\left\{\frac{1}{r^{k+1}}\int_0^r r'^k R_i(r')R_j(r')\mathrm{d}r'\right.\\&\left.+r^k\int_r^\infty \frac{1}{r'^{k+1}}R_i(r')R_j(r')\mathrm{d}r'\right\}\end{aligned} \tag{10-46}$$

此 $F_k^{ij}(r)$ 函数满足下微分方程式:

$$\frac{\mathrm{d}}{\mathrm{d}r}\left(r^2\frac{\mathrm{d}F_k^{ij}}{\mathrm{d}r}\right)-k(k+1)F_k^{ij}=-2R_i(r)R_j(r) \tag{10-47}$$

各方程式中各项的意义可谓甚了然如下: (45) 式之 $V(r)$, 系 $1s^22s^22p^6$10 个电子对另一个 "测验的" 电荷 (test charge) 的电位能. 故

$$V(r)-F_0^{11}(r) \tag{10-48}$$

乃 $1s2s^22p^6$ 对另一个 $1s$ 电子的屏蔽电位能. 余类推 *. 故平均值为

$$J=5F_0^{33}-\frac{2}{5}F_2^{33} \tag{10-50}$$

由 (9A-12) 表,

$$m_l=\pm1: \quad K=\frac{9}{5}F_2^{33}$$

$$m_l=0: \quad K=\frac{6}{5}F_2^{33}$$

故平均值为

$$K=\frac{8}{5}F_0^{33} \tag{10-51}$$

故平均的 "第六个"$2p$ 电子和其他五个 $2p$ 电子的交互作用为

$$\begin{aligned}J-K=&5F_0^{33}-\left(\frac{2}{5}+\frac{8}{5}\right)F_2^{33}\\=&5F_0^{33}-2F_2^{33}\end{aligned} \tag{10-52}$$

故 "第六个"$2p$ 电子和 $1s^22s^22p^5$ 电子的平均位能为

$$2F_0^{11}+2F_0^{22}+5F_0^{33}-2F_2^{33}$$

---

*

$$V(r)-F_0^{33}(r)-2F_2^{33}(r) \tag{10-49}$$

则系 $1s^22s^22p^5$9 个电子对第六个 $2p$ 电子的 "平均" 位能. 此点颇重要, 宜申述之.

设第 "六" 个 $2p$ 电子的 m_l 值为 m_l. 这个电子与其他五个 $2p$ 电子的 Coulomb 作用, 按第 9 章附录表 (9A-10), (9A- 12), 自视 m_l 值而定. 唯这不仅引致 (因无球心对称性而起的) 数学上的复杂性, 且亦欠物理上的意义. 故我们将这个作用, 对 $m_l=1,0,-1$ 作平均. 按 (9A-10) 表, 得

$$m_l=\pm1: J=5F_0^{33}-\frac{1}{5}F_2^{33}$$

$$m_l=0: J=5F_0^{33}-\frac{4}{5}F_2^{33}$$

$$=V(r)-F_0^{33}-2F_2^{33} \tag{10-53}$$

如 (44) 之第三方程式.

第 (44) 各式右方, 皆系由于交换 (exchange) 作用 (第 (30) 式中之 K) 而来的. 如 $F_0^{21}(r)R_2$ 一项, 乃一个 $1s$ 电子和 $2s^2$ 满壳层的交换作用. 由于自旋 (14) 式的积分, 两个 $2s$ 电子中只有一个和 $1s$ 有 K 积分. $3F_1^{31}(r)R_3$ 乃一个 $1s$ 电子和 $2p^6$ 满壳层中的三个 $2p$ 电子的 K 积分. 余类此.

由上述的考虑, 我们无需经过由 (42) 变分的计算, 即可直接的获得 (44) 各方程式.

兹考虑 $1s^22s^22p^6nl$ 的组态 (Na 原子的原子价电子激起态) 为例. 使 nl 的向径波函数为

$$nl:\frac{1}{r}R_4(r) \tag{10-54}$$

$R_4(r)$ 的方程式乃为

$$\begin{aligned}&\frac{\mathrm{d}^2R_4}{\mathrm{d}r^2}+\left[E_4+\frac{2Z}{r}-\frac{l(l+1)}{r^2}-V(r)\right]R_4\\=&-F_l^{14}(r)R_1(r)-F_l^{24}(r)R_2(r)\\&-3\left[\frac{l+1}{2l+1}F_{l+1}^{34}+\frac{1}{2l+1}F_{l-1}^{34}\right]R_3(r)\end{aligned} \tag{10-55}$$

$V(r)$ 见 (45) 式, $F_k^{ij}(r)$ 见 (46) 式. 右方各项, 系 nl 电子与 $1s^22s^22p^6$ 满壳层电子的对换位能. 如 nl 系 $3s$, 则 (55) 式简化为

$$\frac{\mathrm{d}^2R_4}{\mathrm{d}r^2}+\left[E_4+\frac{2Z}{r}-V(r)\right]R_4=-F_0^{14}R_1-F_0^{24}R_2-3F_1^{34}R_3 \tag{10-56}$$

第 (55) 或 (56) 式有一宜着重点, 即是在满壳层外的一个电子所受的平均场, 是一有球心对称性的场. 此结果前第 (39) 式下曾提及.

总结本节: Hartree-Fock 法的准确度的基本限制, 乃系 (4) 式的形式 —— 换言之, N 个电子系统的波函数, 系单个电子波函数的乘积 (的重叠).

10.3 选 择 定 则

一个 N- 电子的原子, 一般的, 除其总能量外, 有三个运动的常数, 即 (1) 总角动量, (2) 总角动量的 z 向分量, (3) 宇称性. 由此, 乃有 J, M 及宇称性 P 三个正确量子数.

在无自旋–轨道交互作用情形下, 则总能量及上述三运动常数外, 尚有 (4) 总轨道角动量, (5) 总自旋角动量, (6) 总轨道角动量之 z 向分量, (7) 总自旋角动量之 z 向分量. 由此乃有 L, S, M_L, M_S 量子数量. 在 (L, S)– 耦合极限情形下, 凡此皆系正确量子数; 在一般情形下, 则只系近似的量子数. 在 (j, j)– 耦合情形, 则只有 J, M 及 P 为正确量子数.

电偶跃迁的概率, 按第 8 章第 1 节, 系由

$$\int \Psi_n^*(1,2,3,\cdots,N)\left(\sum_i e r_i\right)\Psi_k(1,2,\cdots,N) \times \mathrm{d}r_1\cdots\mathrm{d}r_N \tag{10-57}$$

定的. $\sum_{i=1}^{N} e r_i$ 系奇的宇称性. 故 n, k 两态, 务需为相反的宇称性, 故选择定则为

$$奇宇称性 \leftrightarrows 偶宇称性 \tag{10-58}$$

此系正确的定则.

在 (4) 式的近似情形下, 上式可得下述形式:

设单个电子的波函数, 系球心对称场的函数

$$\psi_n(r) = R_{nl}(r)\Theta_{lm_l}(\cos\theta)\Phi_{m_l}(\varphi) \tag{10-59}$$

在宇称算符下,

$$Pr = r, \quad P\theta = \pi - \theta, \quad P\varphi = \pi + \varphi$$

$$P\Phi_{m_l} = \mathrm{e}^{\mathrm{i}m_l\pi}\Phi_{m_l} = (-1)^{m_l}\Phi_{m_l}$$

$$P\Theta_{lm_l} = (-1)^{l-m_l}\Theta_{lm_l} \qquad 见 (4\text{-}101) 各式$$

$$P\psi_n(r) = (-1)^l\psi_n(r)$$

故

$$P\Psi(r_1, r_2, \cdots, r_N) = (-1)^{l_1+l_2+\cdots+l_N}\Psi(r_1, r_2\cdots, r_N) \tag{10-60}$$

故

$$\Psi = \left\{\begin{matrix} 奇 \\ 偶 \end{matrix}\right\} 宇称性, 如 \sum_1^N l_i = \left\{\begin{matrix} 奇 \\ 偶 \end{matrix}\right\} 整数 \tag{10-61}$$

(57) 选择定则在此情形下乃成下式 *:

$$\Delta\left(\sum_{i=1}^{N} l_i\right) = \text{奇整数} \tag{10-62}$$

磁偶 (magnetic dipole) 及四电极 (electric quadrupole) 辐射之选择定则, 则为

$$\begin{aligned}&\text{奇宇称态} \rightleftarrows \text{奇宇称态}\\&\text{偶宇称态} \rightleftarrows \text{偶宇称态}\end{aligned} \tag{10-63}$$

在 (4) 式近似情形下, 此定则为 *

$$\Delta\left(\sum_{i=1}^{N} l_i\right) = \text{偶整数} \tag{10-64}$$

电偶跃迁的 J, M 选择定则

第 8 章第 (8-79a)~(8-80d) 各式, 不仅适用于一个电子, 亦适用 N 个电子, 只需将各式中之

$$\begin{aligned}&z\text{代以}\sum z_j, \quad J_z \text{ 代以}N\text{电子的}J_z = \sum(l_{jz} + s_{jz})\\&x + \mathrm{i}y, \text{代以}\sum(x_j + \mathrm{i}y_j), \text{余类推}\end{aligned}$$

同法计算的结果 (见 (7-91) 式) 为 **

$$\Delta J = 0, \pm 1 \tag{10-66}$$

在 (L, S)- 耦合极限情形下, 电偶跃迁的选择定则为

$$\begin{aligned}&\Delta L = 0, \quad \pm 1\\&\Delta S = 0,\\&\Delta M_L = 0, \quad \pm 1\\&\Delta M_S = 0\end{aligned} \tag{10-67}$$

---

* 在第 (4) 式的情形下, 由 (57) 式中的 $\sum_i r_i$ 的形式, 得见每一跃迁 $\Psi_n \leftrightarrow \Psi_k$, 只有一个电子的跃迁, 故 (62a) 式实等于

$$\Delta l_i = \pm 1 \tag{10-65}$$

见第 4 章 (4-98a, b, c).

如原子的态, 不能以一个组态正确表出, 则可能有多于一个电子的跃迁. 在此情形下, 选择定则将为 (62), (64) 式.

**Δj 可等于 0, 唯 $0 \rightleftarrows 0$ 则除外. 见 (7-90a) 式, $J' = 0$ 时, $2 \leqslant m \leqslant 0$ 是不可能的.

10.4 (L, S)- 及 (j, j)- 耦合

第 9 章第 4, 5 两节, 曾述两个电子的 (L, S)- 及 (j, j)- 耦合. 其方法及结果, 皆可申展至 N 个电子的系统, 故兹不再详述.

10.5 组态交互作用

组态交互作用的意义, 第 9 章第 6 节已详述之. 本节将举数现象, 其理论解释乃不限于二电子系统之组态交互作用者.

10.5.1 光谱系的微扰 —— 量子差 (quantum defect) 的反常

由原子光谱分析的经验结果, 发现一系的能态, 可表以下式 (称为 Rydberg-Ritz 式):

$$E_n = -\frac{Z^2 Rhc}{(n-\Delta_n)^2}, \quad n = \text{整数} \tag{10-68}$$

$$\Delta_n = \mu - \alpha E_n \tag{10-69}$$

Δ_n 称为量子差 (意谓与量子数 n 之差) 或称 Rydberg 修正. 一般的情形. 系 Δ_n 几乃一常数, 只随 n 作微小的变而已.

但有若干的原子能谱系的 Δ_n, 于某一个 n 值邻近处, 有反常的变迁, 其 Δ_n-n 的图线, 有附图的形式 (略如反常色散的 " 折光率 n- 波长" 的关系然).

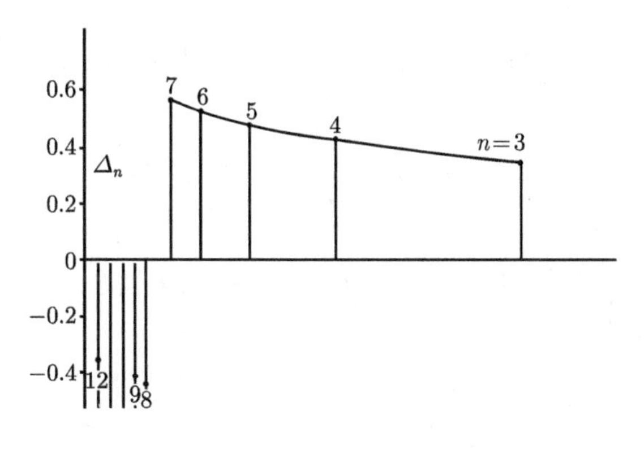

(10-70)

兹以 Mg 之 $3snd\ \ {}^1D$ 系. 下表乃 $(Rhc - E_n)$ 之值

n	$3snd$		^1D	Δ
	^3D	^1D		
13	61095	60956		
12	60885.	60827.	60956	−0.403
11	60734.	60658.	60827	−0.412
10	60534.	60435.	60658.	−0.421
9	60263.	60127.	60435.	−0.430
8	59880.	59690.	60127.	−0.436
$3p^{21}D$			59690)	
7	59317	59041.	59041.	0.538
6	58443	58023	58023	0.513
5	56968.	56308	56308.	0.475
4	54192.	53135	53134.	0.413
3	47957.	46403.	46403.	0.319

(10-71)

如按上表中第二、三竖行的 ^3D, ^1D 值, 则 $3snd(^1D-^3D)$ 均系负值, 此乃按 (9-193, 194) 式, 皆系反常的倒置. 此倒置的 $^3D-^1D$ 的解释, 已于第 9 章第 9.6.3 节述之. 惟目前乃有下问题：(1) 按理论的假设 $3s3d\ ^1D$ 的低降, 系由 $3p^{21}D$ 态的组态交互作用. 然 $3p^2\ ^1D$ 的位置在何处? (2)$3snd\ ^1D$, 由 $n=3$ 至 $n=13$, 皆呈倒置的 $^3D-^1D$. 如 $3p^2\ ^1D$ 位于 $3s13d\ ^1D$ 之上, 则其对 $3s13d\ ^1D$ 的低抑作用, 应较对 $3s3d\ ^1D$ 为大. 然此与表中 $^1D-^3D$ 不符.

兹乃鉴定 59690cm^{-1} 之态为 $3p^2\ ^1D$, 而重新排 $3snd\ ^1D$, $n\geqslant 8$, 各项如表之第四行. 由此新的鉴定的 n, 计算的 Δ_n 值, 乃呈 (70) 图的情形.

此项理论略如下.

使 n 代表 $3snd\ ^1D$ 态, k 代表 $3p^2\ ^1D$ 态. 由于 n 与 k 态的交互作用 (微扰), 故

$$E_n=-\frac{Z^2Rhc}{(n-\Delta_n)^2}+\frac{\left|\left\langle n\left|\frac{e^2}{r_{12}}\right|k\right\rangle\right|^2}{E_n^0-\epsilon_k} \tag{10-72}$$

ϵ_k 乃 $3p^2\ ^1D$ 之能, 因其不属于 $3snd\ ^1D$ 的系, 故以 ϵ 代之. 上式可写为

$$\begin{aligned}E_n=&-\frac{Z^2Rhc}{(n-\Delta_n)^2}-\left[1-\frac{(n-\Delta_n)^2}{Z^2Rhc}\frac{\left|\left\langle n\left|\frac{e^2}{r_{12}}\right|k\right\rangle\right|^2}{E_n^0-\epsilon_k}\right]\\ \simeq&\frac{Z^2Rhc}{\left[n-\Delta_n+\frac{\beta_{nk}}{E_n^0-\epsilon_k}\right]^2}\end{aligned} \tag{10-73}$$

$$\beta_{nk} = \frac{\left|\langle n \left| \frac{e^2}{n_{12}} \right| k\rangle\right|^2 (n - \Delta_n)^3}{2Z^2 Rhc} \tag{10-73a}$$

故新的量子差乃

$$\Delta_n^* = \Delta_n - \frac{\beta_{nk}}{E_n^0 - \epsilon_k} \tag{10-74}$$

此乃有 (70) 图之 “反常色散” 曲线形.

光谱的结果呈此现象者颇多. 见作者于中央研究院蒋总统纪念论文集 (1976 年) 一文中所引的资料. 上述理论及光谱分析, 乃 Langer(1930), Shenstone 与 Russell(1932) 之作.

10.5.2 碱金属原子双线 (doublets) 的倒置

碱金属原子, 其电子组态为 “满壳层加一 nl 电子”, 由于自旋轨道交互作用, 此原子价电子 nl, 有 $j = l \pm \frac{1}{2}$ 二态, 其能乃

$$Es_0 = \left\{ \begin{array}{c} \frac{l}{2} \\ -\frac{l+1}{2} \end{array} \right\} \xi_{nl}, \quad j = \left\{ \begin{array}{c} l + \frac{1}{2} \\ l - \frac{1}{2} \end{array} \right\} \tag{10-75}$$

故

$${}^2L_{l+\frac{1}{2}} - {}^2L_{l-\frac{1}{2}} = \frac{2l+1}{2} \xi_{nl} > 0 \tag{10-76}$$

惟 Cs 的 ${}^2F$, Rb 的某些 ${}^2D$, ${}^2F$, K 的 ${}^2D$ 等的 ${}^2L_{l+\frac{1}{2}}$, $L_{l-\frac{1}{2}}$ 态均倒置的. 此现象的解释如下:

为叙述的确定计, 兹以 K 原子的 $nd\,{}^2D$ 为例. 此 ${}^2D$ 的正常情形系如 (76) 式. 设取组态 $1s^2 2s^2 2p^6 3s^2 3p^5 4s 4p$。此态有一 ${}^2D$。由于 $3p^5$ 乃满壳层少去一 p 电子, 故 ξ_{3p} 乃系负值的, 因之此激起态 $3p^5 4s 4p\,{}^2D$ 之 ζ 亦有负值 (见第 9 章第 9.5.1 节). $|\xi_{3p}|$ 的值, 大于 ξ_{3d}. 故此二组态的 ${}^2D$ 情形如下图. 由于第二阶微扰能

$$E_n^{(2)} = \frac{\left|\langle n \left| \frac{e^2}{r_{12}} \right| k\rangle\right|^2}{E_n^0 - E_k^0}$$

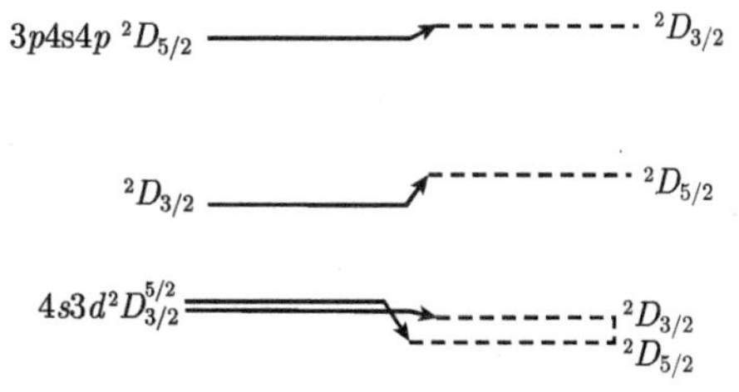

$3p4s4p\ {}^2D_{5/2}$ —— ${}^2D_{3/2}$

${}^2D_{3/2}$ —— ${}^2D_{5/2}$ (10-77)

$4s3d\ {}^2D^{5/2}_{3/2}$ —— ${}^2D_{3/2}$, ${}^2D_{5/2}$

公式之 $E_n^0 - E_k^0$, 得见 $4s3d\ ^2D^{5/2}$ 下降的 $\Delta E^{(2)}$, 较 $4s3d^2D^{3/2}$ 者为大, 可引致 $4s3d\ ^2D$ 的倒置.

上理论乃 H.E. White, 1932 年所提出者, 惟尚少实际的计算以验之.

第 11 章 分子的结构–]—电子态

11.1 Born-Oppenheimer 近似理论

先取一最简单的分子 H_2^+, 一个由两个质子和一个电子构成的氢分子的电离子. 此系统与氢原子的不同处, 是电子态之外, 有两个质子的相对运动, 和整个系统的转动 (整个系统在空间的移运动 translation 还不计在内). 此系统三个粒子, 有九个自由度 (电子及质子的自旋暂不计), 可视为三项: 系统的平移 (3), 两质子的振动 (1), 两质子构成的 "哑铃" 的转动 (2), 电子对系统质量中心的运动 (3). 设质子的质量为 M, 电子的质量为 m, 两质子 A, B 间距离 R, A-B(哑铃) 的坐标为

$$\rho = \frac{R}{a}, \theta, \varphi$$

兹引入电子的椭圆坐标

$$\xi = \frac{r_A + r_B}{\rho}, \quad \eta = \frac{r_A - r_B}{\rho}, \quad \varphi = \text{绕}A\text{-}B\text{线之角} \tag{11-1}$$

$$1 \leqslant \xi \leqslant \infty, \quad -1 \leqslant \eta \leqslant 1, \quad 0 \leqslant \psi \leqslant 2\pi$$

$$\mathrm{d}r = \frac{1}{8}\rho^3(\xi^2 - \eta^2)\mathrm{d}\xi\mathrm{d}\eta\mathrm{d}\psi$$

此 H_2^+ 系统之 Hamiltonian(用 $\frac{e^2}{2a}$ 为能的单位, a 为长度的单位 *)

$$H = H_0 + H_1 \tag{11-2}$$

$$\begin{aligned} H_0 = &-\frac{4}{(\xi^2 - \eta^2)\rho^2}\left\{X + \left(\frac{1}{\xi^2 - 1} + \frac{1}{1 - \eta^2}\right)\frac{\partial^2}{\partial \Psi^2} + 2Z_\rho\xi \right. \\ &\left. - \frac{Z^2}{2}\rho(\xi^2 - \eta^2)\right\} \end{aligned} \tag{11-3}$$

$$\begin{aligned} H_1 = &-\frac{2m}{m + M}\left[\frac{\xi^2 + \eta^2 - 2}{(\xi^2 - \eta^2)\rho^2}\left\{X + \left(\frac{1}{\xi^2 - 1} + \frac{1}{1 - \eta^2}\right)\frac{\partial^2}{\partial \psi^2}\right\}\right. \\ &\left. + \nabla_\rho^2 - \frac{2}{\rho^2}Y\left(1 + \rho\frac{\partial}{\partial \rho}\right)\right. \end{aligned}$$

---

* 严格的说, 下数式的能的单位系 $\frac{e^2}{2a}$, 长度单位系 $a = (m/\mu)\frac{\hbar^2}{me} = \left(1 + \frac{m}{M}\right)a_B$.

$$
\begin{aligned}
&+\frac{1}{\rho^2}\left\{\frac{1}{\sin^2\theta}\frac{\partial^2}{\partial\psi^2}-\frac{2\cot\theta}{\sin\theta}\frac{\partial^2}{\partial\varphi\partial\psi}-2\frac{\partial^2}{\partial\varphi^2}\right\}\\
&+\frac{2\xi\eta}{\rho^2\sqrt{(\xi^2-1)(1-\eta^2)}}\left\{\sin\psi\frac{\partial}{\partial\theta}-\frac{\cos\psi}{\sin\theta}\frac{\partial}{\theta\varphi}+\cot\theta\cos\psi\frac{\partial}{\partial\psi}\right\}\frac{\partial}{\partial\psi}\\
&-\frac{2\sqrt{(\xi^2-1)(1-\eta^2)}}{\rho^2(\xi^2-\eta^2)}\left\{\cos\psi\frac{\partial}{\partial\theta}+\frac{\sin\psi}{\sin\theta}\frac{\partial}{\partial\varphi}\right.\\
&\qquad\left.-\cot\theta\sin\psi\frac{\partial}{\partial\psi}\right\}\left\{\eta\frac{\partial}{\partial\xi}-\xi\frac{\partial}{\eta}\right\}\Bigg]
\end{aligned}
\tag{11-4}
$$

$$
\nabla_\rho^2=\frac{\partial^2}{\partial\rho^2}+\frac{2}{\rho}\frac{\partial}{\partial\rho}+\frac{1}{\rho^2}\left(\frac{\partial^2}{\partial\theta^2}+\cot\theta\frac{\partial}{\partial\theta}+\frac{1}{\sin^2\theta}\frac{\partial^2}{\partial\varphi^2}\right)\tag{11-5}
$$

$$
X=\frac{\partial}{\partial\xi}(\xi^2-1)\frac{\partial}{\partial\xi}+\frac{\partial}{\partial\eta}(1-\eta^2)\frac{\partial}{\partial\eta}\tag{11-6}
$$

$$
Y=\frac{1}{\xi^2-\eta^2}\left\{\xi(\xi^2-1)\frac{\partial}{\partial\xi}+\eta(1-\eta^2)\frac{\partial}{\partial\eta}\right\}\tag{11-7}
$$

上各式的各项的意义如下：H_0 的 Z^2 项, 乃两质子间的位能, Z 项乃电子与两质子的位能, 此外乃电子的动能 (当两质子视为固定时).

H_1 各项皆含有 $\dfrac{2m}{m+M}$ 的因子, 显系来自质子的运动. 由于其质量 M 与电子质量 m 悬殊, 故其动能约为电子的 $\dfrac{m}{M}$ 倍.

H_1 式中的首个括弧 $\{\quad\}$ 与 $-\dfrac{2}{\rho^2}Y$, 主要的系电子与两质子的相对运动的修正项. ∇_ρ^2 项乃两个质子 (视作可作相对运动的 “哑铃”) 的振动及转动. $-\dfrac{2}{\rho}Y\dfrac{\partial}{\partial\rho}$ 项有 $\dfrac{\partial^2}{\partial\rho\partial\xi}$, $\dfrac{\partial^2}{\partial\rho\partial\eta}$ 等算符, 乃代表电子运动和振动运动的耦合. H_1 式中后三个 $\{\quad\}$ 式有 $\dfrac{\partial^2}{\partial\psi\partial\varphi}$, $\dfrac{\partial^2}{\partial\theta\partial\psi}$, $\dfrac{\partial^2}{\partial\psi\partial\xi}$, $\dfrac{\partial^2}{\partial\varphi\partial\xi}$ 等, 乃代表转动和电子运动的耦合.

又 ∇_ρ^2 式中之 $\dfrac{1}{\rho^2}\dfrac{\partial^2}{\partial\theta^2}$ 等项, 含有转动与振动的耦合.

由上述的分析, 一个简单如 H_2^+ 的分子的 Schrödinger 方程式, 亦是不能以变数分离法去解的. 唯由于 $\dfrac{m}{M}\ll 1$, 故 $H_1\ll H_0$. 由于此关系, 一个分子的能, 约略的可以视为

$$
\begin{aligned}
E=&\text{电子态的能}E_{\mathrm{e}}+\text{振动能}E_{\mathrm{v}}+\text{转动能}E_{\mathrm{r}}\\
&+\text{由于这些运动的耦合的修正}
\end{aligned}
\tag{11-8}
$$

其波函数亦约略的可以视为

$$
\varPsi(r,\rho,\theta)=\varPsi_n(r;\rho)\varPhi_v(\rho)R_m(\theta)+\text{修正}\tag{11-9}
$$

此处 r 代表电子所有的坐标, n 代表电子态量子数; ρ 代表所有的振动坐标, v 代表振动量子数; θ 代表转动坐标, J 代表转动量子数. 电子态 $\varPsi_n(r;\rho)$ 有 "参数" ρ; $\varPhi_v(\rho)$ 有 n 为参数; $RJ(\theta)$ 有 n, v 为参数. 修正项则由于各项运动的耦合而来.

(8), (9) 式的根据, 乃所谓 Born-Oppenheimer 近似理论. 为述明此理论的要点, 下文将上 H_2^+ 的 Schrödinger 方程式, 更予以简化. 换言之, 我们将考虑角动量为零的态, 即

$$\varPsi(\xi,\eta,\psi;\rho,,\theta,\varphi) \rightarrow \varPsi(\xi,\eta;\rho)$$

故

$$\left(\frac{\partial}{\partial \varPsi}, \frac{\partial}{\partial \theta}, \frac{\partial}{\partial \varphi}\right) \varPsi = 0 \tag{11-10}$$

第 (4) 式乃成

$$H_1 = -\frac{2m}{m+M}\left[\frac{\xi^2+\eta^2-2}{(\xi^2-\eta^2)\rho^2}X + \nabla_\rho^2 - \frac{2}{\rho^2}Y\left(1+\rho\frac{\partial}{\partial \rho}\right)\right] \tag{11-11}$$

第零阶的方程式, 系

$$[H_0 - V(\rho)]\,\varPsi(\xi,\eta;\rho) = 0 \tag{11-12}$$

此 H_2^+ 系统于两质子的中点, 有一对称中心, 故 $\varPsi(\xi,\eta;\rho)$ 对此中心, 可有对称或反对称性. 前者以 g (gerade) 字, 后者以 u(ungerade) 字表之. 故 (12) 有二式

$$\left[-\frac{4}{(\xi^2-\eta^2)\rho^2}\left\{X + 2Z\rho\xi - \frac{Z^2}{2}\rho(\xi^2-\eta^2)\right\} - V_{\mathrm{u}}(\rho)\right]\varPsi_{\mathrm{u}}(\xi,\eta;\rho) = 0 \tag{11-13}$$

$$\left[-\frac{4}{(\xi^2-\eta^2)\rho^2}\left\{X + 2Z\rho\xi - \frac{Z^2}{2}\rho(\xi^2-\eta^2)\right\} - V_{\mathrm{u}}(\rho)\right]\varPsi_{\mathrm{u}}(\xi,\eta;\rho) = 0 \tag{11-14}$$

对此两方程式中之参数 ρ 的任一固定值, 求其本征值 $V(\rho)$ 及函数 $\varPsi(\xi,\eta;\rho)$ 故可得 $V(\rho)$ 函数. 此二方程式的正确解 $V(\rho)$ 及 $\varPsi(\xi,\eta;\rho)$, 是已获得的.

次乃假设

$$(H-E)\varPsi(\xi,\eta,\psi;\rho,\theta,\varphi) = 0 \tag{11-15}$$

方程式中之 $\varPsi$ (不作 (10) 式特殊态的第 (12) 式), 按

$$[H_0 - V(\rho)]\,\varPsi_n(\xi,\eta,\psi;\rho) = 0 \tag{11-16}$$

的全集函数 $\varPsi_n$ 展开

$$\varPsi = \sum \varPsi_n(\xi,\eta,\psi;\rho)\varPhi_n(\rho,\theta,\varphi) \tag{11-17}$$

以此代入 (15), 并考虑 (10) 式的态. 即得

$$(H_0 + H_1 - E)\varPsi_{\mathrm{g}}(\xi,\eta;\rho)\varPhi_{\mathrm{g}}(\rho) = 0 \tag{11-18}$$

及类此的 $\Psi_{\mathrm{u}}(\xi,\eta;\rho)\Phi_{\mathrm{u}}(\rho)$ 式. (18) 式中之 H_1 乃 (11) 式, 以 $\Psi_{\mathrm{g}}(\xi,\eta;\rho)\mathrm{d}r$ $\left(\mathrm{d}r=\dfrac{1}{8}\rho^3(\xi^2-\eta^2)\mathrm{d}\xi\mathrm{d}\eta\right)$ 乘 (18) 并对 $\mathrm{d}r$ 积分, 经较长的计算, 可得

$$\left[-\frac{2m}{m+M}\nabla_\rho^2+U_{\mathrm{g}}(\rho)-E\right]\Phi_{\mathrm{g}}(\rho)=0 \tag{11-19}$$

$$U_{\mathrm{g}}(\rho)=V_{\mathrm{g}}(\rho)+\langle g|H_1|g\rangle+\frac{2m}{m+M}\int\left(\frac{\partial\Psi_\rho}{\partial\rho^2}\right)^2\mathrm{d}r \tag{11-20}$$

$$\begin{aligned}\langle g|H_1|g\rangle=&\frac{2m}{m+M}\int\frac{\xi^2+\eta^2-2}{\xi^2-\eta^2}\left[(\xi^2-1)\left(\frac{\partial\Psi_{\mathrm{g}}}{\partial\xi}\right)^2\right.\\&\left.+(1-\eta^2)\left(\frac{\partial\Psi_{\mathrm{g}}}{\partial\eta}\right)^2\right]\mathrm{d}r\\&-\frac{4m}{m+M}\frac{1}{P}\int\frac{\partial\Psi_{\mathrm{g}}}{\partial\rho}Y\Psi_{\mathrm{g}}\mathrm{d}r\end{aligned} \tag{11-21}$$

此 (19) 式的意义如下：如于 (20) 式略去后两项 $\left(\dfrac{m}{M}\ll 1\right)$, 则

$$U_{\mathrm{g}}(\rho)\simeq V_{\mathrm{g}}(\rho) \tag{11-22}$$

(19) 式乃系一个一级坐标 ρ 于位场 $V_{\mathrm{g}}(\rho)$ 的运动. 如 $V_{\mathrm{g}}(\rho)$ 场有一最低值 (minimum), 则此运动系一振荡 (vibration). (20) 式的后二项, 代表电子的运动 (ξ, η 坐标) 与质子的运动 (坐标 ρ) 的耦合所引致的修正; 他们皆小于 $V_{\mathrm{g}}(\rho)$(为 $V_{\mathrm{g}}(\rho)$ 的 $\dfrac{m}{M}$ 倍).

上述分析, 乃阐明 Born 与 Oppenheimer 理论重要结果 (8),(9) 式的一个简单的例题 (为简明计, 我们未考虑 (8), (9) 两式中的转动部分). 本节取自作者与 Rosenberg 及 Sandstrom 一文, 见 Nuclear Physics,16, 432(1960). M. Born 与 J. Oppenheimer 文, 见 Ann. d. Physik, 84, 457(1927).

11.2 分子的电子态 —— 分子轨道 (molecular orbital) 法

按 Born 与 Oppeheimer 的分析 (见前节), 一个分子中电子的运动, 其零阶的近似考虑, 可视为系在固定的原子核的场的运动. 本节将按此观点出发.

兹取一个分子, 假设各原子的核皆固定于空间, 各电子在各核的电场及电子间的电场运行. 在第 9、10 章中, 我们已知一个 N 电子的原子系统, 其 Schrödinger 方程式是未有正确解法的, 一个 ν 原子, N 电子的分子系统, 更为繁复, 更只有用近似法了.

近似法之一, 是假设 N 电子的波函数, 可写成行列式

$$\Psi(r_1, r_2, \cdots, r_N)\frac{1}{\sqrt{N!}}\begin{vmatrix} \psi_a(1)\psi_b(1)\cdots\psi_N(1) \\ \psi_a(2)\psi_b(2)\cdots\psi_N(2) \\ \vdots \quad \vdots \quad \vdots \\ \psi_a(N)\psi_b(N)\cdots\psi_N(N) \end{vmatrix} \tag{11-23}$$

式中的 $\psi_a(i)$, 系一个电子 i 在各原子核及其他各电子的平均场中的 a 态的波函数 *. 这些 $\psi_a, \psi_b, \cdots$, 可由变分方程式

$$\delta\int \Psi^* H \Psi \mathrm{d}\tau_1 \cdots \mathrm{d}\tau_N = 0 \tag{11-24}$$

定之. 此是 Hartree-Fock 法. 由分子场的 $\psi_a, \psi_b, \cdots$ 观点出发, 此法称为 "分子轨道法"(method of molecular orbitals). 阐明此分子轨道观点的最简单的例, 即前节的 H_2^+ 系统 —— 一个电子在两个质子的场的系统. (16) 式, 由 (3) 及 (6) 乃

$$\left\{\frac{\partial}{\partial\xi}(\xi^2-1)\frac{\partial}{\partial\xi} + \frac{\partial}{\partial\eta}(1-\eta^2)\frac{\partial}{\partial\eta} + \left(\frac{1}{\xi^2-1} + \frac{1}{1-\eta^2}\right)\frac{\partial^2}{\partial\Psi^2} + 2\rho\left[\frac{1}{4}\left(\frac{E\rho}{2} - Z^2\right)(\xi^2-\eta^2) + Z\xi\right]\right\}\Psi(\xi, \eta, \psi; \rho) = 0 \tag{11-25}$$

此处的 $E = E(\rho)$, 即 (13), (14) 式中的 $V(\rho)$.

以变数分离法, 使

$$\Psi(\xi, \eta, \psi; \rho) = X(\xi)Y(\eta)\phi(\psi) \tag{11-26}$$

即得

$$\frac{\mathrm{d}^2\phi}{\mathrm{d}\psi^2} + \lambda^2\phi = 0, \quad \lambda = \pm整数$$

$$\frac{\mathrm{d}}{\mathrm{d}\xi}\left[(\xi^2-1)\frac{\mathrm{d}X}{\mathrm{d}\xi}\right] - \left[\frac{\lambda^2}{\xi^2-1} - 2\rho\left\{\left(\frac{F\rho}{8} - \frac{Z^2}{4}\right)\xi^2 + Z\xi\right\} - \mu\right]X(\xi) = 0 \tag{11-27}$$

$$\frac{\mathrm{d}}{\mathrm{d}\eta}\left[(1-\eta^2)\frac{\mathrm{d}Y}{\mathrm{d}\eta}\right] - \left[\frac{\lambda^2}{1-\eta^2} + \frac{\rho(E\rho - 2Z^2)}{4}\eta^2 + \mu\right]Y(\eta) = 0 \tag{11-28}$$

λ 系一常数. 最低态乃 $\lambda = 0$(绕 A-B 之角动量 $= 0$) 态, 此二式 ($\lambda = 0$) 早在 1927 年即为 Burrau 作数字的解 (1931 年 Hylleraas 继作些解), 结果如下: $E(\rho)$ 于 $\rho \simeq 2.0$ 处为最低值.

$$E_{\min} = -1.204\left(\frac{e^2}{2a}\right) \tag{11-29}$$

---

* (23) 式形式上与原子问题的 Slater 法相同, 唯此处之 $\psi_a, \psi_b, \cdots$, 乃一个电子在分子的无球心对称性的场的函数, 非原子系统的有球心对称场的函数也. (23) 式中的 (1), (2), $\cdots$, 代表电子的坐标及自旋.

$$R_{\min} \cong 2a = 1.06 \times 10^{-8}\text{cm}$$

激起态 ($\lambda \neq 0$) 及 (14) 式的 (对 A-B 中点) 反对称的态, 皆可由 (27), (28) 式的数字解得之 (见 Bates, Ladsham 与 Stewart, Phil. Trans, Roy. Soc. ,A 246, 215 (1953)).

(26), (27), (28) 系二原分子的 "分子轨道" 的一例.

设取任一分子 —— 非二原分子, 则求此分子轨道, 是极繁难的问题, 故有作进一步的近似的必要. 近似法之一, 系以 "原子轨道" 的线性组合表 "分子轨道". 所谓原子轨道 (atomic orbital) u_k, 乃电子在一个原子的场的波函数, 即第 9、10 章 Slater 法所用的 $\phi_a(r)$ 也. 所谓线性组合, 乃线性重叠之意.

$$\Psi(r) = \sum c_k u_k(r) \tag{11-30}$$

此近似法称为 LCAO(linear combination of atomic orbitals).

兹以氢分子的电离子 H_2^+ 为例, 述明此近似法.

电子的 "电子轨道"$u(r_A)$ 或 $u(r_B)$ 乃电子在质子 A 或 B 的电场的波函数, 换言之, 即以 A 或 B 为中心的氢原子波函数

$$n_a(r_A) = \frac{1}{\sqrt{\pi}}\left(\frac{Z}{a}\right)^{3/2} \mathrm{e}^{-Zr_A} \tag{11-31}$$

$$v_b(r_B) = \frac{1}{\sqrt{\pi}}\left(\frac{Z}{a}\right)^{3/2} \mathrm{e}^{-Zr_B}$$

r_A, r_B 为电子与 A, B 之距离, 其单位为 $a = \dfrac{\hbar^2}{me^2}$. 假设 H_2^+ 的基态的函数为

$$\Psi_{\mathrm{g}}(r) = N_{\mathrm{g}}\left[u(r_A) + u(r_B)\right], \tag{11-32}$$

$$N_{\mathrm{g}}^2 2(1+\Delta) = 1$$

$$\Delta \equiv \int u^*(r_A)u(r_B)\mathrm{d}r \tag{11-33}$$

只当 $R = A - B$ 距离极大时, $\Delta \to 0$.

以 (32), (31) 代入

$$E = \int \Psi_{\mathrm{g}}(r)\left[-\nabla^2 - Z\left(\frac{1}{r_A} + \frac{1}{r_B}\right) + \frac{Z^2}{R}\right]\Psi_{\mathrm{g}}(r)\mathrm{d}r \tag{11-34}$$

使 $Z = 1$, 则得下结果:

$$E_{\min} = -1.11\left(\frac{e^2}{2a}\right); \quad \rho_{\min} = \frac{R}{a} = 2.2 \tag{11-35}$$

此值不如 (29) 的正确解. 如视 Z 为一参数, 由变分

$$\delta E(Z;\rho)=0$$

则得

$$E_{\text{min}}=-1.18\left(\frac{e^2}{2a}\right),\quad \rho_{\text{min}}=2.0,\quad Z\cong 1.2 \tag{11-36}$$

如取对 A, B 中点有反对称的

$$\Psi_{\text{u}}(r)=N_{\text{u}}\left[u(r_A)-u(r_B)\right] \tag{11-37}$$

$$N_{\text{u}}^2=\frac{1}{2(1-\Delta)}$$

则 (34) 式之积分, 对 R 无最低值. $E_{\text{u}}(\rho)$(即 (14) 式的 $V_{\text{u}}\ (\rho)$) 系相斥性, H_2^+ 无稳定态 (见章末习题).

兹应用 LCAO 法于氢分子 H_2 系统.

用 $a=\dfrac{\hbar^2}{me^2}$ 为长度单位, $\dfrac{e^2}{2a}$ 为能单位. H_2 之 Hamiltonian 为

$$H=-\frac{\hbar^2}{2m}(\nabla_1^2+\nabla_2^2)-e^2\left(\frac{1}{r_{1A}}+\frac{1}{r_{2B}}+\frac{1}{r_{1B}}+\frac{1}{r_{2A}}-\frac{1}{r_{12}}-\frac{1}{r_{AB}}\right) \tag{11-38}$$

使分子轨道为 Ψ_a, Ψ_b. 由于电子自旋, 此系统有单态 (singlet) 及三重态 (triplet)

$$\Psi(1,2)=\begin{cases} N_1\left[\Psi_a(r_1)\Psi_b(r_2)+\Psi_a(r_2)\Psi_b(r_1)\right]\chi^a \\ N_3\left[\Psi_a(r_1)\Psi_b(r_2)-\Psi_a(r_2)\Psi_b(r_1)\right]\chi^s \end{cases} \tag{11-39}$$

兹取 $\Psi_a(r_1)$, $\Psi_b(r_2)$ 为 (32) 式. 则单态之函数 $\Psi(1,2)$ 为

$$\Psi(1,2)=N\left[u(r_{1A})+u(r_{1B})\right]\left[u(r_{2A})+u(r_{2B})\right] \tag{11-40}$$

$$=N\Big[u(r_{1A})u(r_{2B})+u(r_{2A})u(r_{1B})$$

$$+u(r_{1A})u(r_{2A})+u(r_{1B})u(r_{2B})\Big] \tag{11-40a}$$

(40a) 式的首二项, 相应于一个电子聚于质子 A, 一聚于 B. 此显系当 $r_{AB}=R$ 距离极大时的情形. 第三、四两项相应于两个电子同聚于 A(或 B), 换言之, H_2 的离子态 (ionic)

$$H^+—H^-,\quad H^-—H^+ \tag{11-41}$$

在 H_2 的平衡态时, (41) 显对 $\Psi(1,2)$ 的态, 估计过甚了. 按 (40a) 式计算 E, 视 Z 为一参数, 以变分法

$$\delta E(Z)=\delta\int\Psi^*(1,2)H\Psi(1,2)\mathrm{d}r_1\mathrm{d}r_2=0 \tag{11-42}$$

可得下结果 *:

$$\begin{aligned} &E-2E(1s^2S)=-3.47\text{eV} \\ &\text{平衡态}R_0=0.73\times10^{-8}\text{cm} \end{aligned} \tag{11-43}$$

为减低 (41) 式离子态的重要性, $\Psi(1,2)$ 可代以下式:

$$\begin{aligned} \Psi(1,2)=&N\Big[u(r_{1A})u(r_{2B})+u(r_{2A})u(r_{1B}) \\ &+ku(r_{1A})u(r_{2A})+ku(r_{1B})u(r_{2B})\Big] \end{aligned} \tag{11-44}$$

以 Z 及 k 为变分参数. (44) 式的结果为 (Weinbaum, 1933)

$$\begin{aligned} E-2E(1s^2S)&=-4.00\text{eV} \\ R_0&=0.77\times10^{-8}\text{cm} \\ Z=1.193,\quad k&=0.256 \end{aligned} \tag{11-45}$$

如取 (N. Rosen, 1931)

$$u(r_{1A})=u_{1s}(r_{1A})+\sigma u_{2p}(r_{1A}) \tag{11-46}$$

(代表电子的不再以 A 作球心的对称), 视 σ 为变数参数, 则结果如下:

$$\begin{aligned} E-2E(1s^2S)&=-4.02\text{eV} \\ R_0&=0.77\times10^{-8}\text{cm} \\ \sigma&=0.10 \end{aligned} \tag{11-47}$$

如以 (46) 式代入 (44) 式 (Weinbaum), 则结果如下:

$$E-2E(1s^2S)=-4.10\text{eV} \tag{11-48}$$

11.3 Heitler-London 理论 —— 原子轨道法

由 (23) 式, 另一近似法乃取电子在每个原子中的波函数为 $\psi_a,\psi_b,\cdots$. 以 H_2 为例. (39) 式乃成

$$^1\Psi(1,2)=N_1\left[u_a(r_{1A})u_b(r_{2B})+u_a(r_{2A})u_b(r_{1B})\right]\chi^a \tag{11-49}$$

* 实验结果及其他近似法计算结果, 见本节末表. $E-2E(1s^2S)$ 乃系以两个氢原子远隔 $H(1s^2S)+H(1s^2S)$ 时之能量为零点之意. 下文 (73) 下各式同此.

$$^3\Psi(1,2) = N_3 \left[u_a(r_{1A})u_b(r_{2B}) - u_a(r_{2A})u_b(r_{1B})\right] \chi^s$$

$$N_1^2 = \frac{1}{2(1+\Delta^2)}, \quad N_3^2 = \frac{1}{2(1-\Delta^2)} \tag{11-50}$$

$$\Delta = \int u_a^*(r_{1A})u_b(r_{1B})\mathrm{d}r_1$$

为简便计, 下文将以 u,v 代 u_a, u_b.

兹取轨道角动量为零的态. 相应于原子的 S, P,$\cdots$ 态, 分子态的命名为 Σ, $\prod$, 等. 如 (49) 式, 其符号为 $^1\Sigma$, $^3\Sigma$ 态, 由 $^3\Psi$, 计算 $^3\Sigma$ 态之能

$$\begin{aligned} E(^3\Sigma) =& N_3^2 \iint [u(r_{1A})v(r_{2B}) - u(r_{2A})v(r_{1B})]^* \\ & \times H[u(r_{1A})v(r_{2B}) - u(r_{2A})v(r_{1B})]\mathrm{d}r_1\mathrm{d}r_2 \end{aligned} \tag{11-51}$$

所谓 "直接积分"(direct intergal), 乃

$$\begin{aligned} &\iint u^*(r_{1A})v^*(r_{2B})Hu(r_{1A})v(r_{2B})\mathrm{d}r_1\mathrm{d}r_2 \\ &= E_a + E_b + 2J + 2J' + \frac{e^2}{R} \end{aligned} \tag{11-52}$$

$$E_a = \int v^*(r_{2B})v(r_{2B})\mathrm{d}r_2 \int u^*(r_{1A}) \left[-\frac{\hbar^2}{2m}\nabla_1^2 - \frac{e^2}{r_{1A}}\right] u(r_{1A})\mathrm{d}r_1 \tag{11-53}$$

$$E_b = \int u^*(r_{1A})u(r_{1A})\mathrm{d}r_1 \int v^*(r_{2B}) \left[-\frac{\hbar^2}{2m}\nabla_2^2 - \frac{e^2}{r_{2B}}\right] v(r_{2B})\mathrm{d}r_2 \tag{11-54}$$

$$J = -e^2 \iint |u(r_{1A})|^2 |v(r_{2B})|^2 \frac{1}{r_{1B}}\mathrm{d}r_1\mathrm{d}r_2 = -e^2 \int \frac{|u(r_{1A})|^2}{r_{1B}}\mathrm{d}r_1 \tag{11-55}$$

$$J' = e^2 \iint \frac{|u(r_{1A})|^2 |v(r_{2B})|^2}{r_{12}}\mathrm{d}r_1\mathrm{d}r_2 \tag{11-56}$$

$$\frac{e^2}{R} = e^2 \iint \frac{|u(r_{1A})|^2 |v(r_{2B})|^2}{R}\mathrm{d}r_1\mathrm{d}r_2 \tag{11-57}$$

所谓 "互换积分"(exchange integral) 乃

$$\begin{aligned} &\iint u^*(r_{1A})v^*(r_{2B})Hu(r_{2A})v(r_{1B})\mathrm{d}r_1\mathrm{d}r_2 \\ &= (E_a + E_b)\Delta^2 + 2K\Delta + K' + \frac{e^2}{R}\Delta^2 \end{aligned} \tag{11-58}$$

$$E_a\Delta^2 = \int u^*(r_{1A})v(r_{1B})\mathrm{d}r_1 \int v^*(r_{2B}) \left[-\frac{t^2}{2m}\nabla_2^2 - \frac{e^2}{r_{2A}}\right] u(r_{2A})\mathrm{d}r_2 \tag{11-59}$$

$$
\begin{aligned}
K\Delta \equiv & -e^2 \iint \frac{u^*(r_{1A})v(r_{1B})v^*(r_{2R})u(r_{2A})}{r_{2B}}\mathrm{d}r_1\mathrm{d}r_2 \\
= & -e^2\Delta \int \frac{v^*(r_{2B})u(r_{2A})}{r_{2B}}\mathrm{d}r_2
\end{aligned} \tag{11-60}
$$

$$
K' \equiv e^2 \iint \frac{u^*(r_{1A})v(r_{1B})u(r_{2A})v^*(r_{2B})}{r_{12}}\mathrm{d}r_1\mathrm{d}r_2 \tag{11-61}
$$

$$
\frac{e^2}{R}\Delta^2 = e^2 \iint \frac{u^*(r_{1A})v(r_{1B})u(r_{2A})v^*(r_{2B})}{R}\mathrm{d}r_1\mathrm{d}r_2 \tag{11-62}
$$

以 (52)~(62) 各式代入 (51) 式, 即得

$$
E(^3\Sigma) = E_a + E_b + \frac{e^2}{R} + \frac{1}{1-\Delta^2}[2J + J' - 2K\Delta - K'] \tag{11-63}
$$

同法, 以 $^1\Psi$ 代 $^3\Psi$, 则 (51) 式成

$$
E(^1\Sigma) = E_a + E_b + \frac{e^2}{R} + \frac{1}{1+\Delta^2}[2J + J' + 2K\Delta + K'] \tag{11-64}
$$

上各式中的积分如 Δ, J, J', K, K', 皆有如 $u(r_{1A})v(r_{1B})$ 式的函数, 其原点分在 A 及 B 两点. 计算这些积分可引用椭圆坐标, 如 (1) 式.

H_2 的基态, 可用氢原子的 $1s$ 波函数 (31) 为 u 及 v. 故

$$
\begin{aligned}
\Delta = & \frac{1}{\pi}\left(\frac{Z}{a}\right)^3 \frac{R^3}{8} \iiint \mathrm{e}^{-\frac{ZR}{a}\xi}(\xi^2-\eta^2)\mathrm{d}\xi\mathrm{d}\eta\mathrm{d}\Psi \\
= & \frac{1}{4}\left(\frac{ZR}{a}\right)^3 \int_1^\infty \int_{-1}^1 \mathrm{e}^{-\rho\xi}(\xi^2-\eta^2)\mathrm{d}\eta\mathrm{d}\xi \\
= & \mathrm{e}^{-\rho}\left(1+\rho+\frac{1}{3}\rho^2\right)
\end{aligned} \tag{11-65}
$$

$$
\rho = \frac{ZR}{a} \tag{11-66}
$$

$$
\begin{aligned}
J = & -e^2\frac{\rho^3}{4}\int_1^\infty \int_{-1}^1 \frac{2\mathrm{e}^{-\rho(\xi+\eta)}}{R(\xi-\eta)}(\xi^2-\eta^2)\mathrm{d}\eta\mathrm{d}\xi \\
= & -\frac{e^2}{R}[1-\mathrm{e}^{-2\rho}(1+\rho)]
\end{aligned} \tag{11-67}
$$

$$
J' = \frac{e^2}{R}\left[[1-\mathrm{e}^{-2\rho}\left(1+\frac{11}{8}\rho+\frac{3}{4}\rho^2+\frac{1}{6}\rho^3\right)\right] \tag{11-68}
$$

$$
K = -\frac{e^2}{R}\mathrm{e}^{-\rho}(\rho+\rho^2) \tag{11-69}
$$

$$K' = \frac{e^2}{sa}\left[\mathrm{e}^{-2\rho}\left(\frac{25}{8} - \frac{23}{4}\rho - 3\rho^2 - \frac{1}{3}\rho^3\right)\right.$$
$$\left. + \frac{6}{\rho}\{(\gamma + \ln\rho)\Delta - 2\Delta\Delta' E_i(-2\rho) + \Delta'^2 E_i(-4\rho)\}\right] \tag{11-70}$$

$$\left.\begin{aligned} &\Delta' = \mathrm{e}^{\rho}\left(1 - \rho + \frac{1}{3}\rho^2\right) \\ &E_i(-x) = -\int_x^{\infty}\frac{1}{t}\mathrm{e}^{-t}\mathrm{d}t \\ &\gamma = \text{Euler常数} = 0.5772\cdots \end{aligned}\right\} \tag{11-71}$$

上述理论系 W. Heitler 及 F. London 1927 年之作. 数字之计算则系 Y. Sugiura 翌年所作. 伊取 $Z=1$, 其结果如下:

$$E(^3\Sigma)\text{系排斥性, 各}R\text{值皆无最低值} \tag{11-72}$$

$$E(^1\Sigma)\text{于}R_0 = 0.8\times10^{-8}\text{cm处有最低值, 其最低值为}$$

$$E(^1\Sigma) - 2E(1s^2S) = -3.14\text{eV} \tag{11-73}$$

此结果与实验结果

$$E(^1\Sigma) - 2E(1s^2S) = -4.72\text{eV}, \quad R_0 = 0.74\times10^{-8}\text{cm} \tag{11-74}$$

较, 虽不甚准确, 但此理论已可解释两个氢原子有构成一稳定分子的情形. $^3\Sigma$ 态则系不稳定态.

$E(^3\Sigma) - E(^1\Sigma)$ 之差, 按 (63) 及 (64) 式, 如 $\Delta < 1$, 约为

$$-2(2K\Delta + K') > 0$$

$K\Delta$ 按 (60) 式乃两个电子的 "互换" 作用, 其绝对值 $|K\Delta|$ 视电子以 A 及 B 作中心的 $u(r_{1A})v(r_{1B})$ 两函数的互叠量而定; 其互叠量 (overlap) 愈大, 则 $|K\Delta|$ 愈大. Heitler 与 London 的理论要点, 乃系谓两个原子能构成一稳定态, 是由于一个原子的一电子, 与其他原子的一电子间的互换作用, 二者的自旋角动量方向相反 (成一单态 singlet), 而构成一个 "化学键"(bond). 这个理论, 解释了化学中所谓同极键 (homopolar bond) 的成因, 故可谓成了化学中分子结构理论的基础.

王守竞 (1928 年) 用上述各式. 视 Z 为变分参数, 计算 $E(^1\Sigma)$, 得较 (73) 为佳的结果

$$\left.\begin{aligned} E(^1\Sigma) - 2E(ls^2S) &= -3.76\text{eV} \\ R_0 &= 0.76\times10^{-8}\text{cm} \end{aligned}\right. \tag{11-75}$$

最佳的 $E(^1\Sigma)$ 值, 系 James 与 Coolidge 于 1933 年的计算, 用 Hylleraas 氏的变分函数, 含有 r_{12} 变数, 可准确地计算两个电子间的相关效应 (correlation).

下表总述各近似法所得的结果. 下图示 $^1\Sigma$, $^3\Sigma$ 态的能,$E(^1\Sigma)-2E(1s^2S)$, $E(^3\Sigma)-2E(1s^2S)$ 与 R 的关系 (见 (43) 式下注). 图中横坐标为两质子的距离 R, 其单位为 $a=0.528\times10^{-8}$cm; 纵坐标为能, 其单位为电子伏 (eV).

作者及近似法	Z	$E(^1\sum)-2E(1s)$ (eV)	R_0 (10^{-8}cm)	v (cm^{-1})	本章
Heitler-London-Sugiura	1	−3.14	0.80	4800	(73)
王守竞变分法	1.166	−3.76	0.76	4900	(75)
分子轨道	1.193	−3.47	0.73		(40a)(43)
Weinbaum(电离项)	1.193 $k=0.256$	−4.00	0.77	4750	(44)(45)
Rosen(2p 函数)	σ=0.10	−4.02	0.77	4260	(46),(47)
Weinbaum (电离项加2p项)	1.19 $k=0.176$ $\sigma=0.07$	−4.10			(48)
James与Coolidge (Hylleraas 函数)		−4.722	0.74		(74)
实验		−4.72	0.7395	4405.3	

(11-76)

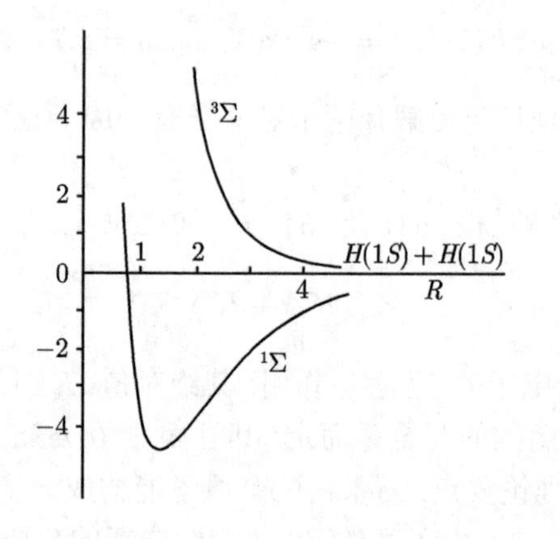

(11-76A)

11.4 原子的化学键的方向性

原子价 (valence) 的观念, 是从经验得来的, 早在 19 世纪 Mendeleef 发现原子周期性时, 可以说已稳含了原子价的认识. 到了 20 世纪头十年后期, 在量子力学之前, 化学家不仅对原子价有很正确的知识, 甚且对原子价的方向性, 亦有正确的经验知识. 美国的物理化学家 G. N. Lewis 对原子价的工作, 后来从量子力学的观点看, 可谓使人讶异的正确.

量子论对原子的周期性问题的重大贡献, 是 Pauli 的 "排斥原理"(exclusion

principle)—— 谓原子中不可能有两个电子, 具有完全相同的量子数, 如我们记得 Pauli 创议这个原理 (1925 年), 是在量子力学真正展开了之前, 且在电子自旋理论之前, 则确非所谓 “水到渠成” 的情事. 有了电子自旋, 量子数 n, l, m_l, m_s 有了量子力学上的意义, 加上 Pauli 原则, 原子的周期性 (壳层的观念) 可谓已可了解, 同时原子价的观念, 亦得了初步的了解. 但原子价较深入的了解, 如原子如何的结合成分子, 尤其如原子化学键的方向性 (例如 H_2 O 分子的成两等边三角形, NH_3 的成锥形, CO_2 的对称直线形,CH_4 的成等边四面体等) 问题, 则有赖 Heitler-London 的理论 (见上等第 3 节), 和本节下文所述的理论 (L. Pauling 氏的贡献甚大).

Heitler-London 理论的主要结果, 乃系谓两个原子成一稳定的分子态的条件, 系一个原子的一电子, 与另一原子的电子的互换 (exchange) 作用, 此两个电子的波函数在空间的互叠 (overlap) 愈大则态愈稳定. 这样的两个电子 (有反向的自旋角动量), 构成所谓共价键 (covalent bond). 氢和碱金属原子 (满壳层外) 有一个电子, 可和另一原子的一个电子, 成一共价键, 故其原子价为 1. 碱土原子如镁、钙等满壳层外有两个电子, 可和外来的两个电子成两个共价键, 故其原子价为 2. 满壳层中的电子, 其结合能 (binding energy) 通常皆甚大 (比较壳外的电子言), 故通常不参与和外来电子成共价键.

按此则有满壳层电子的原子, 如卤素氦、氖、氩等, 其原子价为 0; 碱金属锂、钠、钾等为 1; 碱土如铍、镁、钙、钡等为 2; 硼、铝等为 3. 按此则碳 (电子组态为 $1s^2 2s^2 2p^2$) 满壳层 $1s^2 2s^2$ 外有两个电子, 其原子价应为 2. 碳确有二价的化合物, 如一氧化碳 CO. 但碳在大多情形下 (全部的有机化合物), 其价为 4, 如 CO_2, CH_4, C_2H_2, C_2H_4, C_2H_6 等. 又氮的电子组态为 $1s^2 2s^2 2p^3$, 其原子价应为 3, 唯由下各化合物 N_2O, NO, N_2O_3, NO_2, $\cdots$ 等, 其原子价有 1, 2, 3, 4,$\cdots$ 值. 凡这些规则性及不规则性, 按量子力学应皆可以了解的.

先取氧原子, 其电子组态为 $1s^2 2s^2 2p^4$. 四个 $2p$ 电子的 “轨道”(orbital, 系指 n, l, m_l, m_s 量子数的波函数), 按 Pauli 原则, 可为下 6 个中之 4:

M_s	$\frac{1}{2}$	$\frac{1}{2}$	$\frac{1}{2}$	$-\frac{1}{2}$	$-\frac{1}{2}$	$-\frac{1}{2}$
M_l	1	0	-1	1	0	-1

(11-77)

故 4 个 $2p$ 电子中, 最少必有一对的自旋角动量是反向的. 如我们作一假设: 两个自旋反向的电子, 已配成一对, 不易再和别的电子成共价键, 则四个 $2p$ 电子中剩下两个可参与和别的原子成共价键. 此两个 p 电子的 m_l, 可取 -1,0 , 1 三值的任何两值.

p 电子波函数的角的部分 $Y_{l_l m_l}(\theta,\varphi)=P_l^{m_l}(\cos\theta)\mathrm{e}^{\mathrm{i}m\varphi}$ 有三式

$$P_1^1(\cos\theta)\mathrm{e}^{\mathrm{i}\phi}, P_1^0({}_n\cos\theta), P_1^{-1}(\cos\theta)\mathrm{e}^{-\mathrm{i}\phi} \tag{11-78}$$

由此, 可以构成三个线性独立的函数

$$\sin\theta\sin\phi, \sin\theta\cos\phi, \cos\theta \tag{11-79}$$

此三函数 (乘以向径部分 $R_{nl}(r)$) 在空间的分布各如下图:

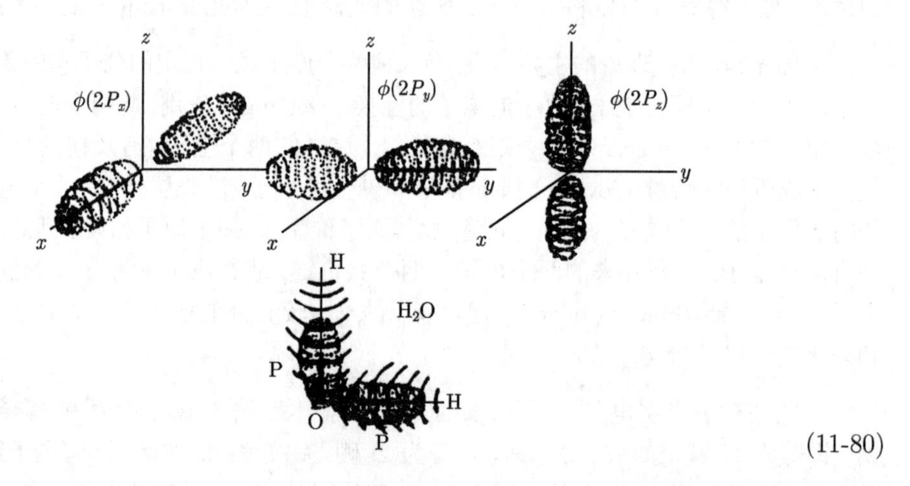

(11-80)

设有二氢原子, 各以一电子与 (80) 三个分布中之一作共价键, 按上节理论, 此系统的最稳定态 (能最低), 乃每一氢原子的电子, 与氧的一个 $2p$ 电子波函数, 作最大的互叠, 略如 (80) 下图. 按此, 则 H_2O 分子应作一直角的三角形. 此与由其他实验结果分析所得之 105° 有微差. 此乃因上述的论据, 不是正确的 (如忽略了两个氢原子的排斥因素等).

次考虑碳原子为 4 的问题. C 原子组态 $1s^22s^22p^2$ 宜只有原子价 2. 能有原子价 4 的组态之一乃 $1s^22s2p^3$, 骤观之, $1s^22s^22p^2\,{}^3P$ 之能, 低于 $1s^22s2p^2\,{}^5S$ 数个电子伏. 以一个自由 C 原子言, 由 $1s^22s^22p^2\,{}^3P$ 激起至 $1s^22s2p^3\,{}^5S$ 需几个电子伏的能. 唯当一个 C 原子与四个 H 原子结合成 CH_4 分子时, 四个共价键产生的结合能 (binding energy), 可提供上述的由 ${}^3P$ 至 ${}^5S$ 的激起能而有余. 从能量的观点, 是无何问题的. 问题乃四个键的方向性, 盖即以 $2s2p^3$ 电子组态言, 三个 p 电子的波函数分布将在 x, y, z 三轴方向成直角形, 一个 s 电子则有球心对称的分布, 无 CH_4 的由中心至四顶点的四个方向性.

C 原子的共价键的方向对称性, 仅从一个自由 C 原子的电子组态 $2s2p^3$ 的观点不能解释, 已如上述, 故需要另一考虑点, 这亦即上述的 "能" 的观点. 当一个 C 原子与四个 H 原子交互作用成 CH_4 时, 由于这些强的交互作用 (显示于四个共价

键的结合能), C 原子的 $2s$ 和 $2p$ 态, 成为简并情形 ($2s$, $2p$ 的能, 约略相同的情形). 故 $2s2p^3$ 的

$$\phi(2s),\quad \phi(2p_x),\quad \phi(2p_y),\quad \phi(2p_z) \tag{11-81}$$

四个波函数, 应代以四个正交、线性独立的组合

$$\phi_i = a_i\phi(2x) + b_i\phi(2p_x) + c_i\phi(2p_y) + d_i\phi(2p_z)$$

$$i = 1, 2, 3, 4$$

如取

$$\begin{aligned}
\phi_1 &= \frac{1}{2}(\phi(2s) + \phi(2p_x) + \phi(2p_y) + \phi(2p_z)) \\
\phi_2 &= \frac{1}{2}(\quad `` \quad + \quad " \quad - \quad `` \quad - \quad " \quad) \\
\phi_3 &= \frac{1}{2}(\quad `` \quad - \quad " \quad + \quad `` \quad - \quad " \quad) \\
\phi_4 &= \frac{1}{2}(\quad `` \quad - \quad " \quad - \quad `` \quad + \quad " \quad)
\end{aligned} \tag{11-82}$$

则此四 "电子轨道" 在空间的分布, 系绕着四个轴作对称的分布, 四个轴面系由中心指向规则四面体的四个顶点. CH_4, CCl_4 及其他的规则四面体的共价键方向性, 乃可按 Heitler-London 理论的最大稳定态条件而得了解.

(82) 式的电子轨道组合, 称为 "杂交的电子轨道"(hybridized orbitals), 上述的理论称为 "杂交电子轨道理论".

由 (81) 的四个电子轨道, 可取其他的组合, 如

$$\begin{aligned}
\phi_1 &= \frac{1}{\sqrt{3}}(\phi(2s) + \sqrt{2}\phi(2p_x)) \\
\phi_2 &= \frac{1}{\sqrt{6}}(\sqrt{2}\phi(2s) - \phi(2p_x) + \sqrt{3}\phi(2p_y)) \\
\phi_3 &= \frac{1}{\sqrt{6}}(\sqrt{2}\phi(2s) - \phi(2p_x) - \sqrt{3}\phi(2p_y)) \\
\phi_4 &= \phi(2p_z)
\end{aligned} \tag{11-83}$$

ϕ_4 系沿 z 轴, ϕ_1, ϕ_2, ϕ_3 则绕三个在 x-y 平面之轴, 作对称的分布, 略如下图.

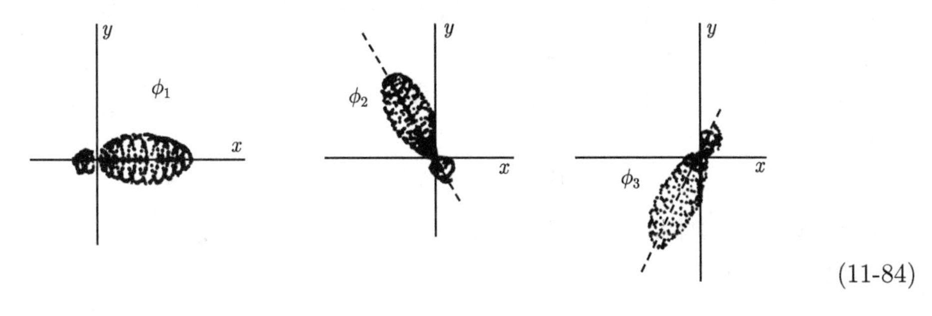

(11-84)

(83), (84) 的杂交电子轨道, 适用于石墨 (graphite) 晶格的情形.

就原则言, 何情形需用 (82), 或 (83), 或其他的杂交原子轨道, 可由各模型的结合能的计算决定之. 事实上, 准确的计算, 甚为繁长, 故多有借经验的知识为出发点. 在氢分子外的任何分子, 其有关共价键稳定性的 "直接" 及 "互换" 积分 J, J', K, K' 等 (见 (55), (56), (60), (61) 各式) 的计算, 皆甚复杂, 故文献中有若干不同的近似计算法, 甚或有各积分的半理论半经验性的近似值, 表列为各分子之用者. 由于复杂分子结构问题的正确计算的不易, 基本的量子力学原理, 乃代以各种的近似法. 所谓量子化学, 多系此也.

11.5　共振态 (resonance states)

上节所述之共价键 (covalent bond) 理论, 系极限简单的情形. 以之应用于 CO_2 分子, 其化学键公式

$$O = C = O \tag{11-85}$$

的电子结构 (所谓偶键, pair bond) 乃如下图:

(A) : :Ö :: C :: Ö :　　(11-86)

O 原子旁的 6 个电子乃 $2s^2 2p^4$, C 旁的 4 个, 乃 $2s2p^3$(各原子的 $1s^2$ 电子, 皆不参与分子的结合, 故不录). (86) 式的电子分布, 对分子中心有对称性.

然由 CO_2 分子的振动频率 ν_1 所得的 C = O 间的位能常数 (见下章) 及由 CO_2 的转动光谱或电子绕射所得 C = O 距离的观点, 则 C = O 键的性质, 似介乎双价键 C = C(如 C_2H_4 分子) 与三价键 C ≡ C(如 C_2H_2 分子) 二者之间. 此点的解释, 乃系假设 CO_2 的电子结构, 系 (86) 式与下二式的线性重叠:

(B) : Ö⁚⁚C · ·Ö :,　(C) :: Ö · ·C⁚⁚Ö　　(11-87)

或按 (85) 式

$$^{+}O \equiv C - O^{-}, \quad ^{-}O - C \equiv O^{+} \tag{11-88}$$

换言之, 一端的 O 原子少了一电子, 移至另一端的 O 原子. (88) 式的 CO_2 的电子分布是不对称的, 是有极的 (polar). 唯 (88) 中两个结构的等量重叠 (再加 (86) 式), 结果仍是对称的、同极的 (homopolar).

(87) 式的两个结构, 显然是有相同的能的态, 亦即简并态. (A), (B), (C) 三个态的线性组合的态

$$\Psi = a\Psi_A + b\Psi_B \pm b\Psi_C \tag{11-89}$$

按微扰理论的一般性结果, 其能必低于 (A), (B), (C) 的任一态 *. 故 (89) 式的态,

---

* 见第 6 章习题 3.

较简单的 (86) 式更稳定.

如三价键 C≡O 使 CO 的距离缩小, 较一价键 C — O 的使二者距离增加为多, 则 (89) 式的态, 其 CO 距离较 (86) 式的 C ═ O 为小. 这便与上述观察的情形相符.

(89) 式代表电子的态. 在 (A), (B), (C) 三个结构间 "往返" 或 "共振".

以共振态解释分子的结构稳定及分子的对称性, 是 Linus Pauling(1932 年) 的理论.

氢键 (hydrogen bond) 的观念, 可以下例述明之. HCO — OH 分子在高温度 (气态) 时, 有一振动频率 $\nu = 3570\text{cm}^{-1}$, 属于 O—H 键; 在液态, 此频率移至 $\nu = 3080\text{cm}^{-1}$. 此现象之解释, 乃气态的分子, 其结构式为

$$\mathrm{H{-}C({=}O){-}O{-}H} \qquad (11\text{-}90)$$

每一线代表一共价键 (偶键). 在液态, 由于 "氢键". 两个单分子 (monomer) 如 (90), 连合成一个双分子 (dimer), 如下图.

$$\mathrm{H{-}C({=}O\cdots H\cdots O{-})({-}O\cdots H\cdots O{=})C{-}H} \qquad \mathrm{H{-}C({-}O\cdots H\cdots O{=})({=}O\cdots H\cdots O{-})C{-}H} \qquad (11\text{-}91)$$

(91) 的两态, 显是简并态, 由二态间的共振, 其线性组合态的能, 较二态之任一为低, 因之此双分子的稳定性增强.

在 (90) 式结构中, OH 为一正常的共价键, 其 "本征" 频率为 3570cm^{-1}. 在 (91) 式, O 与 H 间的电子, 分据于 H 与两个 O 原子, 其结合力低减, 其频率乃降至 3080cm^{-1}.

共振态观念的最佳应用例子乃苯分子 C_6H_6 的结构问题.

C_6H_6 分子的每 —C 原子与 —H 原子构成 — CH 键, 是无何疑问的. 问题乃是其余的九个 C—C 键的位置, 可解释苯分子的稳定性.

按 C 的化学键的方向性 (见 (82) 式), 六个 C 原子, 可有下式的电子偶键结构:

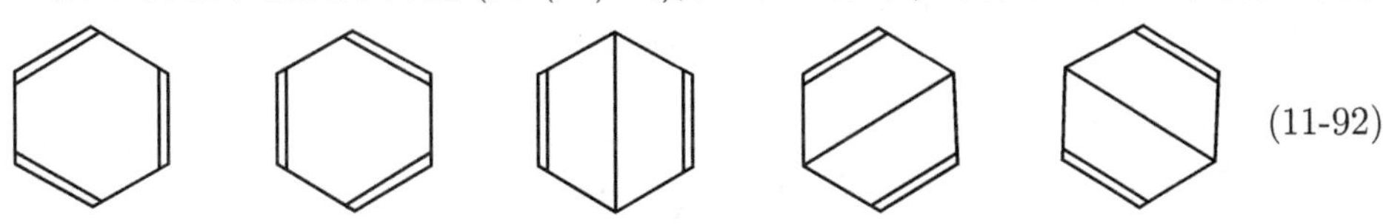

(11-92)

Pauling 及 Wheland(1933 年) 的理论, 谓苯分子的基态, 乃由上五个 "正则结构" 的线性组合

$$\Psi = 0.622(\Psi_1 + \Psi_2) + 0.273(\Psi_3 + \Psi_4 + \Psi_5) \qquad (11\text{-}93)$$

构成, 其稳定性较其原式 Ψ_1, Ψ_3 为大, 且具有六角对称性 (对称群符号为 D_{6h}). 这对称性乃一切化学的及 Raman 和红外光谱的分析结论.

第 12 章　二 原 分 子

12.1　二原分子的振动及转动

第 11 章第 1 节曾以最简单的二原分子 ——H_2^+ 为例, 由其正确的 Hamiltonian, 分析其电子运动部分与振动及转动部分的近似分离法的依据. 由 (11-17) 式, H_2^+ 的波函数可写成下式:

$$\Psi(\boldsymbol{r},\boldsymbol{\rho})=\sum_n \psi_n(\boldsymbol{r};\boldsymbol{\rho})\Psi_n(\boldsymbol{\rho})$$

$\boldsymbol{r}$ 乃电子的坐标, $\boldsymbol{\rho}(\rho,\theta,\varphi)$ 乃 H^+—H^+ 哑铃的振动及转动坐标. 此一般式的近似式, 为此级数的一项

$$\psi_n(\boldsymbol{r};\rho)\Psi_n(\boldsymbol{\rho}) \tag{12-1}$$

$\psi_n(\boldsymbol{r};\boldsymbol{\rho})$ 系 (质子固定位置时) 电子波函波; $\Psi_n(\boldsymbol{\rho})$ 系振动及转动函数. 由 (11-19) 式, $\Psi_n(\boldsymbol{\rho})$ 的方程式乃 *:

$$\left[-\frac{\hbar^2}{2\mu}\nabla_R^2+V(R)-E\right]\Psi(\boldsymbol{R})=0$$

此处的 $V(R)$ 乃类似而更复杂的 (11-20) 式. 如略去 $\dfrac{m}{\mu}$ 值的小修正项, 则 $V(R)$ (见 (11-22) 式) 系分子振动的位能. 由 (11-5) 式的 ∇^2, 下式乃成:

$$\left\{-\frac{\hbar^2}{2\mu}\left[\frac{1}{R^2}\frac{\partial}{\partial R}\left(R^2\frac{\partial}{\partial R}\right)+\frac{1}{R^2}\frac{\partial}{\partial x}\left((1-x^2)\frac{\partial}{\partial x}\right)\right.\right.$$
$$\left.+\frac{1}{1-x^2}\frac{\partial^2}{\partial\varphi^2}+V(R)-E\right]\Psi(\boldsymbol{R})=0 \tag{12-2}$$

$$x=\cos\theta$$

以变数分离法, 使

$$\Psi(\boldsymbol{R})=\psi(R)\Theta(\cos\theta)\Phi(\varphi)$$

即得

$$\frac{\mathrm{d}^2\Phi}{\mathrm{d}\varphi^2}=-m^2\Phi,\quad m=\pm\ 整数 \tag{12-3}$$

---

* (11-19) 式首项, 如用 c.g.s 单位, 乃系 $-\dfrac{\hbar^2}{M}\nabla_R^2$, 即两个质点 (质量每个为 M) 的相对运动的动能. 参阅 (11-1) 式下文及注.

$$\frac{\mathrm{d}}{\mathrm{d}x}\left[(1-x^2)\frac{\mathrm{d}\Theta}{\mathrm{d}x}\right]+\left[J(J+1)-\frac{m^2}{1-x^2}\right]\Theta=0$$

$$J = \text{ 整数 } \geqslant |m| \tag{12-4}$$

$$\frac{1}{R^2}\frac{\mathrm{d}}{\mathrm{d}R}\left[R^2\frac{\mathrm{d}\psi}{\mathrm{d}R}\right]+\left[\frac{2\mu}{\hbar^2}(E-V(R))-\frac{J(J+1)}{R^2}\right]\psi(R)=0 \tag{12-5}$$

第 (3), (4) 式乃分子的转动的 Schrödinger 方程式; 其本征值 m 及 J 及本征函数

$$\Phi=\frac{1}{\sqrt{2\pi}}\mathrm{e}^{\mathrm{i}m_\varphi},\quad \Theta=\Theta_J^m(\cos\theta) \tag{12-6}$$

皆已见第 4 章第 4 节. 转动能乃

$$E_{\mathrm{r}}=\frac{\hbar^2}{2\mu R^2}J(J+1) \tag{12-6a}$$

因与 m 无关, 故每一 J 态乃 $2J+1$ 度的简并 (见下文 (13-38, 39). 第 (5) 式乃分子的振动方程式. 此式与通常的一维简谐或非简谐振动的差别, 乃 $J(J+1)$ 项. 此项乃转动所引致之离心力的效应.

在解第 (5) 式时, 我们需知 $V(R)$. 由第 (11-76A) 图, $V(R)$ 的形式, 可以下式表之 (称为 Morse 位能):

$$V(R)=D(1-y)^2,\quad y=\mathrm{e}^{-\alpha(R-R_{\mathrm{e}})} \tag{12-7}$$

R_{e} 系 H_2 分子平衡态的核距, D 系分子在 ${}^3\sum$ 态的分离能 (dissociation energy) 即 $V(R=\infty)-V(R_{\mathrm{e}})=D$. α 则一常数, 与微幅度振动频率 ν 的关系为 (见下文 (24) 式)

$$\nu=\frac{\alpha}{2\pi}\sqrt{\frac{2D}{\mu}} \tag{12-8}$$

兹按 (7) 的第二式作变数由 R 至 y 之变换, 使第 (5) 式成

$$\frac{1}{y}\frac{\mathrm{d}}{\mathrm{d}y}\left(y\frac{\mathrm{d}\chi}{\mathrm{d}y}\right)+\frac{2\mu}{\alpha^2\hbar^2}\left[\frac{E-D}{y^2}+\frac{2D}{y}-D-A\left(\frac{R_{\mathrm{e}}}{R}\right)^2\frac{1}{y^2}\right]\chi=0 \tag{12-9}$$

$$\chi\equiv R\psi(R) \tag{12-10}$$

$$A\equiv\frac{\hbar^2}{2\mu R_{\mathrm{e}}^2}J(J+1) \tag{12-11}$$

邻近 R_0 处, $|1-y|$ 之值 $\ll 1$. 兹将 $\left(\dfrac{R_0}{R}\right)^2$ 展开

$$\left(\frac{R_0}{R}\right)^2=\left(1-\frac{1}{\alpha R_{\mathrm{e}}}\ln y\right)^{-2}$$

$$= 1 + \frac{2}{\alpha R_e}(y-1) + \left(-\frac{1}{\alpha R_e} + \frac{3}{(\alpha R_e)^2}\right)(y-1)^2 + \cdots \tag{12-12}$$

如略去 $(y-1)^2$ 以后的项, 则 (9) 式成

$$\frac{1}{y}\frac{\mathrm{d}}{\mathrm{d}y}\left(y\frac{\mathrm{d}\chi}{\mathrm{d}y}\right) + \frac{2\mu}{\alpha^2\hbar^2}\left[\frac{E-D-C_0}{y^2} + \frac{2D-C_1}{y} - (D+C_2)\right]\chi = 0 \tag{12-13}$$

$$\begin{aligned} C_0 &= \left(1 - \frac{3}{\alpha R_e} + \frac{3}{\alpha^2 R_e^2}\right)A \\ C_1 &= \left(\frac{4}{\alpha R_e} - \frac{6}{\alpha^2 R_e^2}\right)A \\ C_2 &= \left(-\frac{1}{\alpha R_e} + \frac{3}{\alpha_2 R_e^2}\right)A \end{aligned} \tag{12-14}$$

兹使

$$\eta = \frac{\sqrt{2\mu(D+C_2)}}{\alpha\hbar}, \quad -\frac{\alpha^2\hbar^2\beta^2}{8\mu} = E - D - C_0 \tag{12-15}$$

$$z = 2\eta y, \quad \chi(z) = \mathrm{e}^{-z/2}z^{\beta/2}F(z) \tag{12-16}$$

则 (13) 式成

$$z\frac{\mathrm{d}^2F}{\mathrm{d}z^2} + (\beta+1-z)\frac{\mathrm{d}F}{\mathrm{d}z} + \frac{1}{2}(2\eta-\beta-1)F = 0 \tag{12-17}$$

兹作级数解的假设

$$F(z) = \sum c_k z^k \tag{12-18}$$

则 c_k 的递推关系为

$$c_{k+1} = -\frac{\frac{1}{2}(2\eta-\beta-1)-k}{(k+1)(\beta+k+1)}c_k \tag{12-19}$$

故 (18) 级数于 k 极大时的渐近式为 e^z. 由 (16) 式, 则 χ 于 z 值大时 $(z \to 2\xi\mathrm{e}^{\alpha R_0} > 1)$ 其值亦大. 如使 (18) 式于 $k = n$ ($n =$ 一整数) 时终止, 则

$$\frac{1}{2}(2\eta-\beta-1) = n \tag{12-20}$$

此式乃定 (17) 式的本征值. 以此代入 (17), 即得

$$z\frac{\mathrm{d}^2F}{\mathrm{d}z^2} + (\beta+1-z)\frac{\mathrm{d}F}{\mathrm{d}z} + nF = 0 \tag{12-21}$$

其解为简并 (或称 confluent) 超几何函数 *

$$F(-n, \beta+1; z)$$

---

* (16) 式之 $\chi(z)$ 的归一化,

$$N^2\int_0^\infty [\chi(x)]^2\mathrm{d}r = 1$$

将于本节末附录计算之.

$$=1-\frac{n}{\beta+1}\cdot\frac{z}{1}+\frac{n(n-1)}{(\beta+1)(\beta+2)}\frac{z^2}{2!}-\frac{n(n-1)(n-2)}{(\beta+1)(\beta+2)(\beta+3)}\frac{z^3}{3!}$$

$$+\cdots+(-1)^n\frac{1}{(\beta+1)(\beta+2)\cdots(\beta+n)}z^n \tag{12-22}$$

由 (20) 及 (15), 可得下近似本征值:

定义

$$v\equiv\frac{\alpha}{2\pi}\sqrt{\frac{2D}{\mu}}\ \ (\mathrm{cm}^{-1}) \tag{12-33}$$

$$x\equiv\frac{1}{2\eta}=\frac{h\nu}{4D}=\frac{h\alpha^2}{8\pi^2\mu\nu} \tag{12-24}$$

$$B_0\equiv\frac{h}{8\pi^2 I_{\mathrm{e}}c}\quad(\mathrm{cm}^{-1}),I_{\mathrm{e}}=\mu R_{\mathrm{e}}^2$$

$$\zeta\equiv 6B_{\mathrm{e}}x\left(\sqrt{\frac{B_{\mathrm{e}}}{x\nu}}-\frac{B_{\mathrm{e}}}{x\nu}\right)(\mathrm{cm}^{-1})$$

$$\xi\equiv\frac{4}{\nu^2}B_{\mathrm{e}}^3\quad(\mathrm{cm}^{-1})$$

$$\frac{E_{v,J}}{h}=\left(\nu+\frac{1}{2}\right)\nu-\left(v+\frac{1}{2}\right)^2x\nu+B_{\mathrm{e}}J(J+1)$$

$$-\zeta\left(v+\frac{1}{2}\right)J(J+1)-\xi J^2(J+1)^2(\mathrm{cm}^{-1}) \tag{12-25}$$

此式首项为简谐振动能 (v 系振动量子数, 替代了 (20) 式中的 n); 第二项系振动能的非简谐性修正; 第三项系转动能. 此三项系视分子振动时无转动, 及转动时不振动的两种运动各自独立的情形. 末项 ξ 的乃转动能因转动的离心力改变分子的惯性矩的修正. 此效应自系转动愈烈而愈大, 故与转动量子数四次方成比例.

(25) 式的第四项与振动量子数 v 及转动量子数 J 皆有关, 显系振动与转动的“耦合”(交互影响). 此项按 (24) 式的 ζ, 含有二项, 相应两个来源.

(i) 由于分子的振动, 分子的惯性矩 $I=\mu R^2$ 不是一个常数 $I_{\mathrm{e}}=\mu R_{\mathrm{e}}^2$ 而系作周期的变动的. 欲计算此振动对转动能的影响, 我们可视振动为简谐的. 振动中, R 值在平衡态值 R_0 两方作周期改变, 因之转动能 (与 $I=\mu R^2$ 成反比) 亦随之而变. 因 $\dfrac{1}{(R_{\mathrm{e}}-\Delta R)^2}>\dfrac{1}{(R_0+\Delta R)^2}$, 故此项修正系正号的. 经计算后, 可得此修正为 (近似值)

$$\frac{6B_{\mathrm{e}}^2}{\nu}\left(v+\frac{1}{2}\right)J(J+1) \tag{12-26}$$

此与 x 无关, 盖计算时系视振动为简谐的. 其非简谐性, 只系上述修正的小修正而已. 上式即 (24) ζ 式中的第二项, 于 (25) 式中以正号出现.

(ii) 由于分子的转动所生的离心力, 分子的平衡距离 R_e 乃有改变. 此项改变 ΔR_e, 自与振动的位能常数有关 (ν 愈大, ΔR_e 愈小); 但 ΔR_e 自亦与转动有关 (J 愈大, ΔR_e 愈大). 如振动系简谐的, 即振动位能函数系

$$V(R) = \frac{1}{2}k(R - R_\mathrm{e})^2$$

则 R_0 的改变, 不影响振动的频率 ν. 唯如振动系非简谐 (如 (7) 式的), 则由转动离心力引致的 ΔR_e, 将改变 ν. 此效应显与非简谐性的 x 参数有关. 以第 (7) 式的位能函数言, $\Delta R_\mathrm{e} > 0$ 引致 ν 的低减. 故此项效应, 引致负号的修正能. 由计算, 可得

$$-6B_\mathrm{e}x\sqrt{\frac{B_0}{x\nu}}\left(v + \frac{1}{2}\right)J(J+1) \tag{12-27}$$

此乃 (24) 式 ζ 的首项, 以负号出现于 (25) 式的能也.

本节上文详述一个二原分子的振动及转动问题. 一个多原分子, 有多个简正振动态及复杂的转动态, 振动与转动的交互影响的计算, 远较困难, 兹只以第 (25) 式结果为例, 阐明这些交互影响的一般性质.

第 (25) 式中各项的数值, 可由下表数个分子见之.

(12-28)

	$\nu\,\mathrm{cm}^{-1}$	$x\nu\,\mathrm{cm}^{-1}$	$B_\mathrm{e}\,\mathrm{cm}^{-1}$	$I_\mathrm{e}\times 10^{40}$c.g.s	$\zeta\,\mathrm{cm}^{-1}$	$\xi\,cm^{-1}$
HF	4141	90.8	20.956	1.322	0.798	0.00215
HCl	2989	51.65	10.593	2.612	0.307	0.00052
HBr	2649.7	(44)	8.476	3.263	0.230	0.00034

12.2 二原分子的光谱

一个二原分子的能及波函数, 按 (11-8), (25), (6), (10), (16),

$$E = E_n + E_v + E_\mathrm{r} + E_{v,r}$$

$$E_v = \left(v + \frac{1}{2}\right)\left[1 - x\left(v + \frac{1}{2}\right)\right]h\nu$$

$$E_\mathrm{r} = B_\mathrm{e}J(J+1) - \xi J^2(J+1)^2 \tag{12-29}$$

$$E_{v,r} = -\zeta\left(v + \frac{1}{2}\right)J(J+1)$$

$$\varPsi = \psi_n(n;R)\chi_v(R)\frac{1}{\sqrt{2\pi}}\mathrm{e}^{\mathrm{i}m\varphi}\varTheta_J^m(\cos\theta) \tag{12-30}$$

12.2.1 振动–转动跃迁 —— 红外光谱

先考虑电子态 n 不作跃迁而只振动态 v 及转动态 (m, J) 作跃迁的情形.

电偶矩的分量为 $M_z, M_x \pm \mathrm{i}M_y$

$$\left[M^0 + \left(\frac{\partial M}{\partial R}\right)_{\mathrm{e}} R\right](\cos\theta, \sin\theta \mathrm{e}^{\pm \mathrm{i}\varphi}) \tag{12-31}$$

此式中之 R, 乃 (7) 中的 $R - R_{\mathrm{e}}$; M^0 乃分子的恒电偶矩, 在 H_2, N_2, O_2 等分子的电子基态 $\psi_0(r; R), M^0 = 0$. 在 HCl, NO 等分子 $M^0 \neq 0$. M^0 部分的不等于零的元素为*

$$M^0 < n, v, J, m \left|\cos\theta\right| n, v, J \pm 1, m > \neq 0$$

$$M^0 < n, v, J, m \left|\sin\theta \mathrm{e}^{\pm \mathrm{i}\varphi}\right| n, v, J \pm 1, m \pm 1 > \neq 0$$

故纯转动跃迁的选择定则为 $(M^0 \neq 0)$

$$\Delta m = 0, \pm 1, \quad \Delta J = \pm 1 \tag{12-32}$$

其振动–转动共时跃迁的选择定则为 $\left(\left(\dfrac{\partial M}{\partial R}\right)_{\mathrm{e}} \neq 0\right)$

$$\Delta v = \pm 1, \quad \Delta J = \pm 1, \quad \Delta m = 0, \pm 1 \tag{12-33}$$

其频率由 (29) 为

$$\begin{aligned} J \to J+1: \quad \nu = & [1 - 2(v+1)x]\nu_0 + 2B_{\mathrm{e}}(J+1) \\ & - \zeta(J+1)(2v+J+3) - 4\xi(J+1)^3 \end{aligned} \tag{12-34}$$

$$\begin{aligned} J+1 \to J: \quad \nu = & [1 - 2(v+1)x]\nu_0 - 2B_{\mathrm{e}}(J+1) \\ & - \zeta(J+1)(2v-J+1) + 4\xi(J+1)^3 \end{aligned} \tag{12-35}$$

$J \to J+1$ 的光谱线称为 R 支 (R branch of a band); $J+1 \to J$ 的称为 P 支.

由此二式的 ζ 项, 得见 R 支中, J 愈大则两邻近线的间距渐减; 在 P 支中则反是. R 支称为 "收敛的", P 支则散开的.

下图 (36) 为 HCl 的振动–转动带, 乃 1919 年 E. S. Imes 在 Michigan 大学所得, 系将红外吸收带的转动线首次鉴别分析的一例. 由图可见上述的 "收敛" 情形. 图中 R 支下的数字, 乃 (34) 式中的 J 值; P 支下的 $1', 2', \cdots$ 乃 (35) 式的 J 值.

我们宜注意: 在 P 或 R 支中两邻近线的频率差为 $2B_{\mathrm{e}}$, 唯 R 的第一线 $0 \to 1$, 与 P 支的第一线 $1' \to 0$, 其频率差为 $4B_{\mathrm{e}}$. 实验与 (34), (35) 相符, 而按旧量子论的结果, 则此带中间二线之差亦系 $2B_{\mathrm{e}}^{**}$, 与实验图 (36) 不符.

---

* 见第 4 章 (4-90a,b,c) 各式.

** 参阅《量子论与原子结构》甲部第 10 章第 2, 3 节图 (10-9).

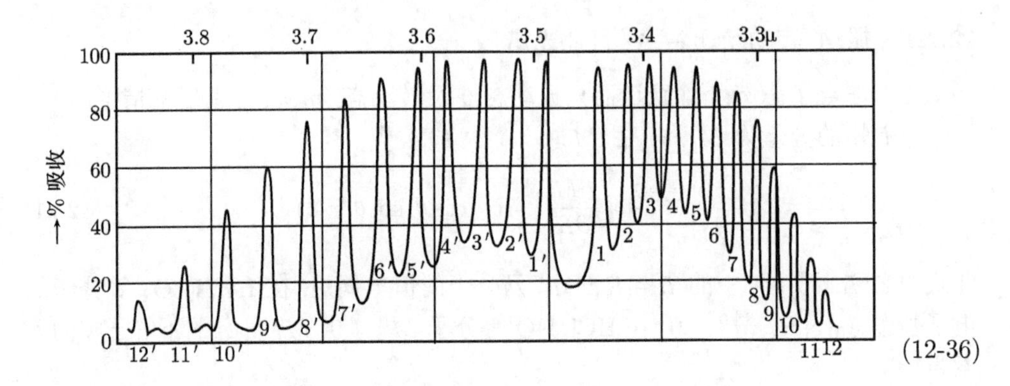

(12-36)

12.2.2　振动–转动跃迁 ——Raman 光谱

第 6 章第 6.1.3 节曾述 Raman 效应的理论. 由 (5-39) 式, 知 Raman 散射乃由诱发电偶矩, 此电偶矩与极化率张量 α 成正比. 此张量乃系散射系统 (在目前的问题中是分子) 的电荷分布结构的函数, 故随振动而改变: 设 ξ,η,ζ 为一固定于分子的坐标系. 则

$$\alpha_{\xi\eta}=(\alpha_{\xi\eta})^0+\left(\frac{\partial\alpha_{\xi y}}{\partial R}\right)_{\mathrm{e}}R,\quad \text{余类推} \tag{12-37}$$

R 乃 (7) 式中的 $R-R_{\mathrm{e}}$.

纯转动的 Raman 效应乃来自首项 $(\alpha_{\xi\eta})^0$. 其选择定则乃由 $\cos^2\theta, \sin\theta\cos\theta$ 而定,

$$\Delta J=\pm2 \tag{12-38}$$

(37) 式的第二项, 乃振动–转动 Raman 效应, 其选择定则为

$$\Delta v=\pm1,\quad \Delta J=\pm2 \tag{12-39}$$

其频率亦可由 (29) 式得之.

上述结果, 乃指一般的无对称中心的 (异极的) 分子, 如 CO, HCl, NO 等而言. 在同极的分子如 H_2, N_2, O_2 等情形下, 则因原子核的自旋, 由对称性, 将有不同的效应, 将于下一节另述之.

12.2.3　电子, 振动及转动同时跃迁及光谱

第 11 章图 (11-76A) 曾示 H_2 分子的两个电子态 —— 基态 $^1\Sigma$ 及 (一不稳定的) 激起态 $^3\Sigma$. 分子在此二态的能, 乃两质子间距 R 的函数, 如该图.

一个分子有无限数的电子态, 其能皆系 R 的函数. 每一电子态当 R 增加至无限大时, 便趋入一个分离的分子态, 换言之, 两个 H 原子在极大距离的态, 每一原子在一 (n,l) 态. 基态 $^1\Sigma$ 的分离态系两个在基态的 H 原子.

$$\mathrm{H}(1s)+\mathrm{H}(1s)$$

$^3\Sigma$ 的分离态亦同此, 见图 (11-76A). 下图 (40) 示一激起电子态 $^1\Sigma$, 其分离态乃 $\mathrm{H}(1s)+\mathrm{H}(2s)^*$.

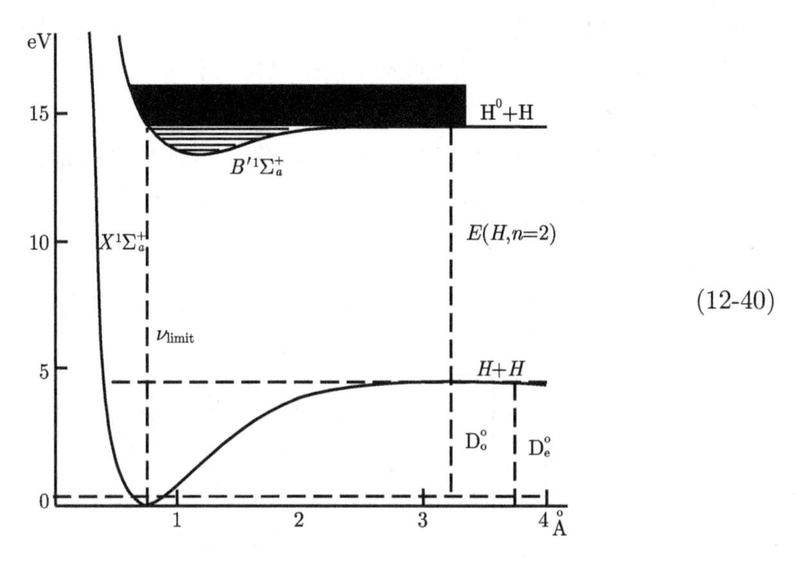

(12-40)

每一电子态 n, 如其系一稳定的 (即位能 $V(R)$) 有一最低值如上图的两个态的), 则有其振动态, 其平衡距离 R_l 及其振动频率 ν_0, 其非简谐系数 x; 每一振动态 v, 可有不同的转动态 J. 振动及转动的能, 可表以 (25) 式.

由一态 (n',v',J') 跃迁 (n'',v'',J'') 的频率 ν 为

$$h\nu = E_{n''} - E_{n''} + E_{v',J'} - E_{v'',J''} \tag{12-41}$$

(如 $E_{n'} > E_{n''}$, 乃放射光谱带; 如 $E_{n'} < E_{n''}$, 则系吸收光谱带). 电偶辐射的选择定则, 略如下:

(i) 电子态的跃迁部分, 系由 (30) 式的电子波函数 $\psi_n(n;R)$ 的对称性而定的. 其有关电子自旋的部分 (多重性, multiplicity), 与原子的情形相同; 其有关轨道角动量及同极分子如 $\mathrm{H}_2, \mathrm{N}_2, \mathrm{O}_2$ 等的对称性的选择定则, 则较复杂, 兹不详述.

(ii) 振动态的跃迁, $v''-v'$ 不复为 ±1, 而可为任意整数,

$$v''-v' = \pm \text{ 整数} \tag{12-42}$$

盖 v'',v' 乃属于两个不同的电子态的振态也.

(iii) 转动态的跃迁, 则仍为

$$J''-J' = \pm1. \tag{12-43}$$

* 在分子光谱学中, 基态的符号为 $x^1\Sigma_{\mathrm{g}}^+$. 图中的激起态为 $B'\Sigma_{\mathrm{u}}^+$.

每一个 $n''-n'$ 中的每一个 $v''-v'$ 跃迁, 由于 $J''-J'=\pm 1$, 乃成一个带 (band), 其结构如图 (36), 唯由于 (34), (35) 式中的 ζ 项, 其 "收敛" 度可很大, 而使 R 支的 J 值甚大时其频率反低减, 使此带的线密聚而成一极限 (称为 head)*, 由于转动线的密聚, 在低色分力及鉴别度的光谱仪中, 此光谱呈一 "带" 状. 此乃 "带光谱"(与线光谱相对) 名称所由来也.

(iv) 每一个 $n''-n'$ 跃迁中, 有许多的 $v''-v'=\pm$ 整数的跃迁. (每一个 $v''-v'$ 跃迁, 即上 (iii) 所述一个带, 各 $v''-v'$ 跃迁, 构成一系统的带). 这些 $v''-v'$ 跃迁, 在若干分子的

v'' \ v'	0	1	2	3	4	5					10
0			*	*							
1				*	*	*					
2	*					*	*				
3	*	*						*			
4		*	*								
5			*	*							
				*	*						
					*	*					

(12-44)

某 $n''-n'$ 中, 如按其强度, 可表以上图式的分布这样的 v'', v' 分布的解释, 是所谓 Franck-Condon 原理. 我们以图 (40) 阐明此点, 电子态的跃迁, 为时甚短, 远较原子核的振动周期为短, 故电子态跃迁中, 原子核可视为是静止的, 在图 (40) 中, 电子态跃迁, 可表以一垂直线.

此垂直线究在何 R 值处, 则视振动波函数 $|\chi'_v(R)|^2$ 的分布而定**. 此振动跃迁的强度, 则由

$$|< v'\,|R|\,v'' >|^2$$

定之, 换言之, 由电子态 n' 的振动态 v' 的 $\chi'_v(R)$, 与 n'' 的 v'' 态的 $\chi_{v''}(R)$ 的互叠度定之. 一个系统的带的强度分布, 如 (44) 式的, 可由两个电子态的位能函数 $V(R)$ 解释之.

12.3　原子核自旋与分子态的对称性

兹考虑原子核的自旋, 对分子的态的对称性及其光谱的影响.

原子核自旋的磁偶矩, 为 Bohr 磁偶矩 $\mu_A=\dfrac{e\hbar}{2mc}$ 的数千或数万分之一, 故其作用的能甚小, 除在特殊问题外, 皆可忽略不计. 唯在某些有对称性的分子, 原子核

* 按 ξ 值的正、负号, 此收敛成 "head", 可在 R 支或 P 支.

** 如系吸收光谱, 则视 $|\chi_{v''}(R)|^2$ 而定.

自旋在对称性上有极大的影响. 此亦略如在原子中, 电子自旋的作用能甚小, 而其影响电子态的对称性甚大, 因而影响原子态的能亦甚大 (如第 9 章 (9-47) 式).

兹取有对称中心的分子如 H_2, N_2, O_2, F_2, CO_2 等设其两相同的原子核的自旋为 I(自旋角动量为 $I\hbar$). 分子的态函数, 如写成下近似式:

$$\varPsi = \psi_{\mathrm{e}}\psi_{\mathrm{v}}\psi_{\mathrm{r}}\psi_{\mathrm{i}} \tag{12-45}$$

即电子、振动、转动及核自旋波函数的乘积.

$\psi_{\mathrm{i}}(1;2)$ 可写成

$$\psi_{\mathrm{i}}(1;2) = \chi_{m\mathrm{i}}(1)\chi_{m\mathrm{i}'}(2) \tag{12-46}$$

$$-I \leqslant m_{\mathrm{i}} \leqslant I$$

$$-I \leqslant m_{\mathrm{i}}' \leqslant I \tag{12-47}$$

故 (46) 有 $(2I+1)^2$ 个函数, 因核自旋的能可忽略不计, 故每一电子、振动、转动态 (n, υ, J, m) 为 $(2I+1)^2$ 度的简并态. 由此 $(2I+1)^2$ 个函数 $\psi_{\mathrm{i}}(1;2)$, 可作线性独立函数 $(2I+1)^2$ 个如下:

$$\begin{aligned} &2I+1 \text{ 个} \quad \chi_{m\mathrm{i}}(1)\chi_{m\mathrm{i}}(2) \\ &I(2I+1) \text{ 个} \quad \frac{1}{\sqrt{2}}(\chi_{m\mathrm{i}}(1)\chi_{m\mathrm{i}'}(2) + \chi_{m\mathrm{i}'}(1)) \\ &\quad m_{\mathrm{i}} \neq m_{\mathrm{i}'} \\ &I(2I+1) \text{ 个} \quad \frac{1}{\sqrt{2}}(\chi_{m\mathrm{i}}(1)\chi_{m\mathrm{i}'}(2) - \chi_{m\mathrm{i}}(2)\chi_{m\mathrm{i}'}(1)) \\ &\quad m_{\mathrm{i}} \neq m_{\mathrm{i}'} \end{aligned} \tag{12-48}$$

故有 $(I+1)(2I+1)$ 个乃对两个核的互易是对称的; $I(2J+1)$ 个是反对称的.

次考虑分子转动对两个原子核的互易的对称性. 两个原子核 (如 H_2, N_2, O_2, CO_2 等分子) 的互易, 与宇称运作 P (parity operation) 等效, 即

$$P\theta = \pi - \theta, \quad P\varphi = \pi + \varphi$$

P 对转动波函数的作用为

$$P\varPhi_m = P\mathrm{e}^{\mathrm{i}m\varphi} = (-1)^m \varPhi_m$$

$$P\varTheta = P\varTheta_J^m(\cos\theta) = \varTheta_J^m(\cos(\pi-\theta)) = (-1)^{J-m}\varTheta_m^J(\cos\theta) \tag{12-49}$$

$$P\psi_{\mathrm{r}} = P\varPhi_m\varTheta_J^m = (-1)^J\varPhi_m\varTheta_J^m$$

换言之, 转动波函数 ψ_{r} 对两核的互易的对称性如下:

$$\psi_{\mathrm{r}} \quad \text{系} \left\{ \begin{array}{c} \text{对称的} \\ \text{反对称的} \end{array} \right\} \text{如 } J \text{ 系} \left\{ \begin{array}{c} \text{偶数} \\ \text{奇数} \end{array} \right\} \tag{12-50}$$

分子的振动, 如系 H_2, O_2, N_2 等分子的基电子态, 及 CO_2 的对称振动 v_1 (见下章图 (13-39)), 则 ψ_v 对两核的互易是对称的.

兹假设我们只考虑上述的分子的基电子态及对称的振动态. 则对两核的互易, $\psi_e\psi_v$ 部分是对称的. 故我们只需考虑 $\psi_r\psi_i$ 部分的对称性. 由 (48) 及 (50) 式, 即得

$$\psi_r\psi_i \text{ 系反对称的如} \begin{cases} J = \text{ 偶数及 } \psi_i \text{ 系反对称的, 或} \\ J = \text{ 奇数及 } \psi_i \text{ 系对称的} \end{cases} \tag{12-51}$$

由于 (48) 式, 故如 I 系 $\frac{1}{2}, \frac{3}{2}, \frac{5}{2}, \cdots$, 则 $\psi_r\psi_i$ 必须有反对称性,

$$\begin{aligned} &J = \text{偶数的转动态的权重 } I(2I+1) \text{ (简并度)} \\ &J = \text{奇数的转动态有权重 } (I+1)(2I+1) \end{aligned} \tag{12-52}$$

如 $I = 0, 1, 2, \cdots$, 则 $\psi_r\psi_i$ 必须有对称性, 或

$$\begin{aligned} &J = \text{偶数的转动态有权重 } (I+1)(2I+1) \\ &J = \text{奇数的转动态有权重 } I(I+1) \end{aligned} \tag{12-53}$$

例如 C_2H_2 分子, H 核为质子, $I = \frac{1}{2}$. 按 (52) 式, $J =$ 偶数的转动态, 与 $J =$ 奇数者, 其权重之比为 1:3. 故在一振动–转动光谱带中各邻接线的强度比例为 1:3.

如 O_2 分子, $I = 0$, 按 (53) 式, 凡 $J =$ 奇数的转动态皆不存在. 故在转动 Ramam 光谱中, 只有 J 跃迁 $0 \to 2$, $2 \to 4$, $4 \to 6$, $\cdots$ 出现, 两线的间距为 $8B_e = 8\frac{\hbar}{2\pi I_e}$, 而非通常的 $4B_e$.

如 N_2 分子, $I = 1$. 故按 (3), 其转动 Raman 光谱的 J 跃迁 $0 \to 2$, $2 \to 4, \cdots$ 的强度, $1 \to 3$, $3 \to 5, \cdots$ 者之比为 2:1. 两线间的距离为 $4B_e$.

下图 (54), (55) 乃 N_2, O_2 分子的 Raman 光谱 (乃 1930 年 F. Rasetti 氏所得), 显示上述的结论. 事实上, 早在中子的发现 (1932 年) 前, 是先由 N_2 分子光谱线的强度, 获得 N 核的自旋为 $I = 1$ 的结果, 显示 N 核遵守 Bose-Einstein 统计, 这与当时的构想 (以为 N 核系由 14 个质子与 7 个电子组成, 故应遵守 Fermi-Dirac 统计) 相抵触.

(54), (55) 两图中部 2436.5Å 强线系射入汞辐射, 左方为 Stokes 线, 右为 anti-Stokes 线. (55) 图下只标出 J 由 $0 \to 2, 2 \to 4, \cdots$ 及 $2 \to 0, 4 \to 2, \cdots$ 各线. 每两线间皆空缺一线 (如 $1 \to 3, 3 \to 5, \cdots$).

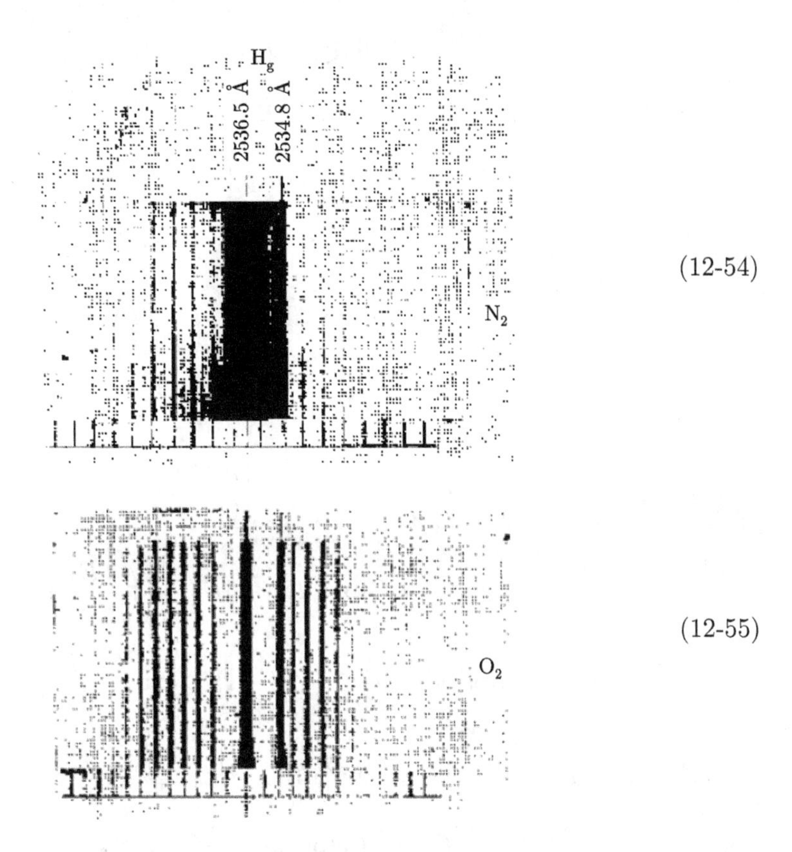

12.4 ortho- 与 para- 氢分子的比热

氢的原子核为质子, 其自旋动量为 $\frac{1}{2}\hbar$, 氢分子有二态: 其核自旋波函数对两质子的互易有对称性者, 称 ortho- 氢; 有反对称性者, 称 para- 氢, 按上节 (48) 式, 对称性的权重为 3; 反对称性的为 1; 转动态对两质子的互易, 有下对称性:

$$\begin{aligned} J = & \text{ 偶数, 有对称性} \\ J = & \text{ 奇数, 有反对性} \end{aligned} \tag{12-56}$$

按 Pauli 原则, 故

$$\begin{aligned} &\text{para- 氢, 只有偶数 } J \text{ 的转动态} \\ &\text{ortho- 氢, 只有奇数 } J \text{ 的转动态} \end{aligned} \tag{12-57}$$

由 (6a) 或下文 (13-38, 39), 氢分子的转动能为

$$E_J = \frac{\hbar^2}{2I}(J+1), \quad I = \text{ 惯性矩} \tag{12-58}$$

$$\text{简并度} = 2J + 1 \equiv g_J$$

兹使分配函数 (partition funtion) Z 为*

$$Z = \sum g_J \exp\left(-\frac{E_J}{kT}\right) \tag{12-59}$$

在温度为 T 时, 一个系统的平均能为

$$\bar{E} = \frac{1}{Z}\sum_J E_J g_J \exp\left(-\frac{E_J}{kJ}\right) \tag{12-60}$$

其比热乃

$$C_{\mathrm{v}} = \frac{\mathrm{d}E}{\mathrm{d}T} \tag{12-61}$$

故得

$$\bar{E}(\text{para}) = \frac{1}{Z}\sum_{J\text{偶}} (2J+1)E_J \exp\left(-\frac{E_J}{kT}\right) \tag{12-62}$$

$$\bar{E}(\text{ortho}) = \frac{1}{Z}\sum_{J\text{奇}} (2J+1)E_J \exp\left(-\frac{E_J}{kT}\right)$$

在极低温度的 ortho- 与 para- 氢的平衡混合体的比热乃

$$C_{\mathrm{v}} = \frac{3}{4}C_{\mathrm{v}}(\text{ortho}) + \frac{1}{4}C_{\mathrm{v}}(\text{para}) \tag{12-63}$$

按 (62), (63) 计算的结果. 与实验结果甚相符.

上述理论乃 1927 年 D. M. Dennison 之贡献.

第 1 节附录

(23) 式 $N\int_0^\infty [\chi(z)]^2\,\mathrm{d}R = 1$. (16), (22) 式 (12-64)

$$[\chi(z)]^2 = \mathrm{e}^{-z}z^3\,[F(-n,\beta+1;z)]^2 \tag{12-65}$$

此超几何函数 $F(\alpha,\gamma;z)$ 满足下关系**:

$$F(\alpha,\gamma;z) = F(\alpha+1,\gamma;z) - \frac{z}{\gamma}F(\alpha+1,\gamma+1;z) \tag{12-66}$$

* 参看《热力学、气体运动论与统计力学》第 16 章第 5 节.

** 见 W. Magnus 与 F. Oberhettinger, Formeln und Sätze für die speziellen Funktionen des mathematischen Physik, (1948), 第 112 页.

兹 $F(-n,\beta+1;z)$ 中的 n 系一整数, 连续用 (58) 式 n 次, 可得

$$
\begin{aligned}
F(-n,\beta+1;z) &= \left(1-\frac{z}{\beta+1}\right)^n \\
&= \sum_{k=0}^{k}\binom{n}{k}(-1)^k\left(\frac{z}{\beta+1}\right)^k
\end{aligned}
\tag{12-67}
$$

由 (7), (16), (59), 得

$$
\frac{1}{\alpha}N^2\int_0^{\mathrm{e}^{\alpha R_0}}\mathrm{e}^{-z}z^{\beta-1}\left(1-\frac{z}{\beta+1}\right)^{2n}\mathrm{d}z=1
$$

因 $\mathrm{e}^{aR_0}\gg 0$, 故此积分可代以

$$
\frac{1}{\alpha}N^2\int_0^{\infty}\mathrm{e}^{-z}z^{\beta-1}\sum_{k=0}^{2n}(-1)^k\binom{2n}{k}\left(\frac{z}{\beta+1}\right)^k\mathrm{d}z=1
$$

或

$$
\frac{1}{\alpha}N^2\sum_{k=0}^{2n}(-1)^k\binom{2n}{k}\left(\frac{1}{\beta+1}\right)^k\Gamma(\beta+k)=1
$$

$$
\frac{1}{\alpha}N^2\Gamma(\beta)\left\{1+\sum_{k=1}^{2n}(-1)^k\binom{2n}{k}\frac{\beta(\beta+1)\cdots(\beta+k-1)}{(\beta+1)^k}\right\}=1 \tag{12-68}
$$

习　题

1. 按第 (12-16) 式之二原分子振动波函数, 计算 $\langle v|R-R_{\mathrm{e}}|v'\rangle$

i) $\langle 0|R-R_{\mathrm{e}}|1\rangle$;

ii) $\langle 0|R-R_{\mathrm{e}}|2\rangle$.

注: 用 (22) 及附录 (66)~(68) 等关系.

2. 取一线性 (一维) 晶体格. 设两近邻的原子的交互作用位能乃 (7) 式之 $V(R-R)$. 试估计该晶格之热膨胀系数.

注: 参看 F. Bauer 与作者一文, Physical Review, 104, 914, (1956).

3. 详细的导出一个二原分子的纯转动 Raman 光谱的选择定则 $\Delta J=\pm 2$, 见 (38) 式.

4. 设氮分子的平衡 R_{e} 值 $=1.09\times10^{-8}\mathrm{cm}$; 振动频率 $\nu_0=2360\mathrm{cm}^{-1}$; $\dfrac{\hbar^2}{2I}=2.48\times10^{-4}\mathrm{eV}$. 计算在室内温度 30°C 时, 氮分子振动态 $v=0,1,2$ 等的分布比例; 其转动态 $J=0,1,2,3,4,5$ 的分布比例.

第13章　多原分子

第 11 章曾以最简单的分子系统 H_2^+ 为例, 述分子的电子、原子振动及转动的性. 次以 H_2 分子为例, 述同极分子的电子结构 —— 所谓共价键 (covalent bond). 第 12 章则详述二原子的振动及转动, 及其吸收 (红外) 及散射 (Raman) 光谱, 本章则将述多原分子的同上问题.

一个多原分子的电子结构, 较一个二原分子的远为复杂. 主要原因是一般的分子, 无对称性 (或高度的对称性). 化学家乃半根据经验半根据理论, 建立各种近似法, 将一个分子, 分从各个键, 各个组的小单位的观点研讨之. 一个多原分子的电子态跃迁所生的光谱, 亦远较二原分子的为繁杂. 我们无法于本书对这极专门性的问题, 作有效的研述, 故下文只将于分子的振动及转动的量子力学, 作些叙述.

13.1　多原分子的振动

一个 N 原子的分子, 有 $3N-6$ 个振动自由度 (如分子是直线形如 CO_2, CS_2, C_2H_2, HCN 等, 则有 $3N-5$ 自由度). 此 $3N-6$ 个自由度, 可表以 $3N-6=n$ 个简正振动态. 简正坐标为 $X_1,\cdots,X_n$, 其动能位能为*

$$T=\frac{1}{2}\sum_{i=1}^{n}X_i^2,\quad V=\frac{1}{2}\sum_{i=1}^{n}\lambda_i X_i^2 \tag{13-1}$$

简正振动的频率 ν: 为

$$\nu_i=\frac{1}{2\pi}\sqrt{\lambda_i} \tag{13-2}$$

兹定义无因次的简正坐标及其共轭动量

$$y_i=2\pi\sqrt{\frac{\nu_i}{h}}X_i,\quad p_i=\frac{\partial T}{\partial \dot{y}_i} \tag{13-3}$$

此系统的 Hamiltonian 乃成

$$H_0=\sum_{i=1}^{n}\left[\frac{2\pi^2}{h}p_i^2+\frac{h\nu_i}{2}y_i^2\right] \tag{13-4}$$

Schrödinger 方程式可以变数分离法解之,

$$\Psi_v^{(0)}=\psi_{v_1}(y_1)\psi_{v_2}(y_2)\cdots\psi_{v_n}(y_n)$$

* 古典力学的简正振动理论, 见《古典动力学》甲部第 6 章.

$$E_v^{(0)} = \sum_{i=1}^{n} E_{v_i}^{(0)} \tag{13-5}$$

$$\frac{\mathrm{d}^2\psi_{v_i}}{\mathrm{d}y_i^2} + \left[\frac{2E_{v_n}^{(0)}}{h\nu_i} - y_i^2\right]\psi_{v_i} = 0, \quad i = 1, \cdots$$

此乃简谐振荡的 Schrödinger 方程式, 其本征值为

$$E_{v_i}^{(0)} = \left(v_i + \frac{1}{2}\right) h\nu_i \tag{13-6}$$

$$\psi_v(y) = N\mathrm{e}^{-y^2/2} H_v(y) \tag{13-7}$$

见第 4 章 (4-18)~(4-36) 各式

上述结果, 乃系假设分子振动的位能, 系简正坐标的二次方函数. 如 H 有 y_i 的三次方或四次方等的项, 如

$$H = H_0 + V_1 \tag{13-8}$$

则 Schrödinger 方程式不再可以变数分离法解之. 但 V_1 可视为一微扰, 如以 ν 表 $(\nu_1, \nu_2, \cdots, \nu_n)$ 一振动态, 则

$$E_v = \int \cdots \int \psi_v^* V_1 \psi_v \mathrm{d}y_1 \cdots \mathrm{d}y_n + \sum_{v'} \frac{|< v\,|V_1|\, v' >|^2}{E_v^{(0)} - E_{v'}^{(0)}} \tag{13-9}$$

$$\psi_v = \psi_v^{(0)} + \sum_{v'}{}' \frac{< v\,|V_1|\, v' >}{E_v^{(0)} - E_{v'}^{(0)}} \psi_{v'}^{(0)} \tag{13-10}$$

兹按上述一般性理论, 研讨分子的振动光谱.

13.1.1 电偶跃迁 —— 红外光谱

一个分子的电偶, 自是各原子的坐标的函数, 故其 x 轴向分量, 可就平衡态按简正坐标展开之

$$M_x = M_x(0) + \sum_{i=1}^{n} \left(\frac{\partial M_x}{\partial y_i}\right)_0 y_i + \sum_{i,j}^{n} \left(\frac{\partial^2 M_x}{\partial y_i \partial y_j}\right)_0 y_i y_j \tag{13-11}$$

$M_x(0)$ 乃在振动平衡态之值, 故乃分子的固有电偶, 非来自分子的振动的. $\left(\frac{\partial M_x}{\partial y_i}\right)_0 y_i$ 乃第 i 简正振动所引致的电偶矩. 其是否

v_1 v_2 v_3 (13-12)

x z y

等于零, 则纯视分子及该简正振动的对称性而定. 以 CO_2 分子的简正振动为例. 由上图可见下述的结果.

在上图中, 以分子之对称轴为 z 轴, 由对称性, 得见

$$\begin{aligned}&\left(\frac{\partial M_x}{\partial y_1}\right)_0=0, \quad \left(\frac{\partial M_x}{\partial y_2}\right)_0\neq 0, \quad \left(\frac{\partial M_x}{\partial y_3}\right)_0=0,\\&\left(\frac{\partial M_y}{\partial y_1}\right)_0=0, \quad \left(\frac{\partial M_y}{\partial y_2}\right)_0\neq 0, \quad \left(\frac{\partial M_y}{\partial y_3}\right)_0=0,\\&\left(\frac{\partial M_z}{\partial y_1}\right)_0=0, \quad \left(\frac{\partial M_z}{\partial y_2}\right)_0=0, \quad \left(\frac{\partial M_z}{\partial y_3}\right)\neq 0,\end{aligned} \tag{13-13}$$

故 v_1 之电偶跃迁概率等于零; 因之, 将不出现于外吸收光谱, 故称为 "不活跃"(inactive) 的振动. v_2, v_3 则皆可出现于红外光谱.

次考虑选择定则.

如取 (11) 式的 $\sum_i \left(\frac{\partial M_x}{\partial y_i}\right)_0 y_i$ 项, 则电偶矩之矩阵元素为

$$\begin{aligned}&\left\langle v_1, \cdots, v_n \left| \sum_i \left(\frac{\partial M_x}{\partial y_i}\right)_0 y_i \right| v_1', \cdots, v_n' \right\rangle\\&=\sum_i \left(\frac{\partial M_j}{\partial y_i}\right)_0 \langle v_1, \cdots, v_n \left| y_i \right| v_1', \cdots v_n' \rangle\end{aligned}$$

右方之 $\langle v_1, \cdots, v_n |y_i| v_1', \cdots, v_n' \rangle = 0$, 除非

$$v_i' = v_i \pm 1, \quad v_j' = v_j, \quad j \neq i \tag{13-14}$$

故在此近似阶段, 只有各简正振动的基本频率 v_i 可于红外 (吸收) 光谱出现; $2v_i, 3v_i$, 或 $v_i + v_j$ 等频率皆不出现的.

如仍取 (11) 式的 $\sum \left(\frac{\partial M_x}{\partial y_i}\right)_0 y_i$ 项, 而取非简谐的波函数 (10), 则选择定则将与 (41) 不同. 为阐明非简谐性对选择定则的影响, 兹以 CO_2 分子为例.

如前图 (12), v_1 振动对分子中点有对称性. 电偶在振动时恒等于零, v_3 振动对分子中点有反对称性, 由振动引致与轴平行的电偶. v_2 振动产生一与轴垂直之电

偶. 此振动为二度简并的二维 (r,φ) 简谐振动, 其 Schrödinger 方程式之解, 本征值本征函数, 见第 4 章习题一. 其量子数为 υ, l 其能为

$$E_\upsilon=(\upsilon+1)h\nu \quad (\text{与 } l \text{ 无关})$$

兹考虑一微扰 V_1 (即 (36) 式中之 V_3+V_4)

$$H=H_0+V_1$$

此微扰 V_1 务必有同 H_0 的对称性, 换言之 V_1 务为 y_3 及 r 的偶性函数, 及与 φ 无关. 按此, 第 (37) 式之

$$\langle \upsilon_1,\upsilon_2,l,\upsilon_3\,|V_1|\,\upsilon_1',\upsilon_2',l',\upsilon_3'\rangle\neq 0$$

只当

$$\begin{aligned}\upsilon_2'-\upsilon_2&=\text{ 偶整数}\\ \upsilon_3'-\upsilon_3&=\text{ 偶整数}\\ l'-l&=0\end{aligned}\tag{13-15}$$

唯 $\upsilon_1'-\upsilon_1=$ 任何整数. 故 (10) 式之微扰函数 ψ_υ 与 $\psi_\upsilon^{(0)}$, 对 y_3 及 r 有相同的奇偶对称性, 对 φ 为相同的函数 $\mathrm{e}^{\mathrm{i}l\varphi}$ 按这些性质, 即得下结果:

$$\langle \upsilon_1,\upsilon_2 l,\upsilon_3\,|M_z|\,\upsilon_1',\upsilon_2',l',\upsilon_3\rangle=0$$

除非 $\upsilon_2'-\upsilon_2=$ 偶数, $\upsilon_3'-\upsilon_3=$ 奇数, $l'=l$.

$$\langle \upsilon_1,\upsilon_2,l,\upsilon_3\,|M_x\pm\mathrm{i}M_y|\,\upsilon_1',\upsilon_2',l',\upsilon_3'\rangle=0$$

除非 $\upsilon_2'-\upsilon_2=$ 奇数, $\upsilon_3'-\upsilon_3=$ 偶数, $l'=l\pm1$.

(13-16)

由此乃得选择定则如下:

(i) 振动跃迁之电偶沿对称轴 (称为 “平行振动”) 者,

$$\Delta\upsilon_2=\text{ 偶数},\quad \Delta l=0,\quad \Delta\upsilon_3=\text{ 奇数}\tag{13-17}$$

(ii) 振动跃迁之电偶, 与对称轴垂直 (称为 “垂直振动”) 者,

$$\Delta\upsilon_2=\text{ 奇数},\quad \Delta l=\pm1,\quad \Delta\upsilon_3=\text{ 偶数}\tag{13-18}$$

(iii) 由 (44), (45), 即得

$$\Delta\upsilon_2+\Delta\upsilon_3=\text{ 奇数}\tag{13-19}$$

电偶的方向与对称轴的关系 (平行或垂直), 当我们考虑到振动态与转动态同时跃迁时, 甚为重要. 此问题将于下节详述之

兹再以等边三角形的 H_2O 式的分子为例.

此 $\underset{Y\quad Y}{\overset{X}{\wedge}}$ 形的系统有三简正振动, 其运动略如下图.

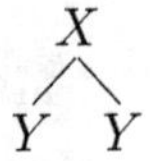

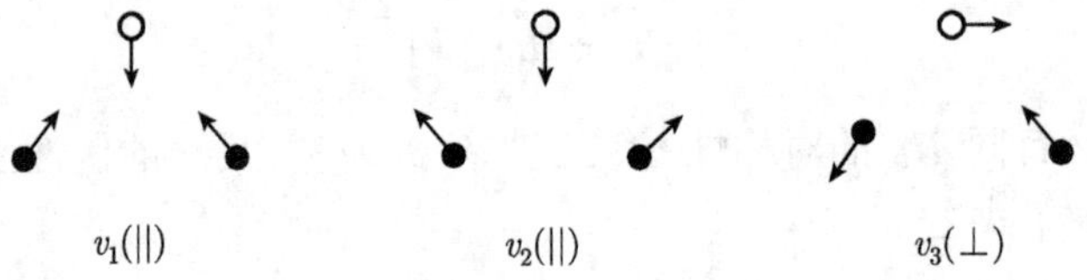

(13-20)

$v_1(\parallel)$　　　　$v_2(\parallel)$　　　　$v_3(\perp)$

v_1, v_2 振动所引致的电偶 $\left(变更 \left(\dfrac{\partial M}{\partial y_i}\right)_0 y_i\right)$, 与对称轴平行; v_3 的电偶变更, 与对称轴垂直.

由于此 XY_2 系统本身的对称性, 振动的位能 $V(= V_0 + V_1)$ 务必为 v_3 的简正坐标的偶性函数. 故 (37) 式中的

$$\langle v_1, v_2, v_3 \,|V_1|\, v_1', v_2', v_3' \rangle \neq 0$$

者, 乃

$$v_1' - v_1 = \text{任意整数}, \quad v_2' - v_2 = \text{任意整数}$$

$$|v_3' - v_3| = \text{偶数} \tag{13-21}$$

换言之, $\Psi_{v_1 v_2 v_3}$ 与 $\Psi^{(0)}_{v_2 v_2 v_3}$ 对 v_s 的坐标, 有相同的奇偶性, 兹使 z 轴与对称轴平行, x 轴与对称轴垂直 (x 轴在 XY_2 平面内). 则使电偶垂直于对称轴

$$\langle v_1 v_2 v_3 \,|M_x|\, v_1' v_2' v_3' \rangle \neq 0$$

需要符下选择定则:

$$v_1' - v_1 = \text{任意整数}, \quad v_2' - v_2 = \text{任意整数}$$

$$v_3' - v_3 = \text{奇数} \tag{13-22}$$

使电偶平行于对称轴

$$\langle v_1 v_2 v_3 \,|M_z|\, v_1' v_2' v_3' \rangle \neq 0$$

需选择定则如 (21). 总结上结果, 选择定则如下:

(i) 振动跃迁的电偶沿对称轴 (平行振动) 者,

$$\Delta v_1, \ \Delta v_2 = \text{任意整数}, \quad \Delta v_3 = \text{偶数} \tag{13-23}$$

(ii) 振动跃迁的电偶与对称轴垂直 (垂直振动) 者,

$$\Delta v_1,\ \Delta v_2 = \text{任意整数}, \quad \Delta v_3 = \text{奇数} \tag{13-24}$$

我们需注意者, 乃此等选择定则, 纯系分子的对称性的结果, 与位能 V_0, V_1 的数值量无关的.

13.1.2 Raman 光谱

第 5 章第 5.1.3 节 (5-39) 式, 曾得一个系统的诱导电偶矩与外电场 (静电或周期性的) 的关系

$$M_x = \sum_{s=x}^{Z} \alpha_{xs} E_s \tag{13-25}$$

$$\langle k | M_x | n \rangle = \sum_{s=x}^{z} (\alpha_{xs})_{kn} E_s \tag{13-26}$$

α_{xy} 系系统之极化率张量 (polarizability tensor). 兹将应用上述的一般性理论于分子的振动 Raman 效应.

分子的极化率张量, 自系分子中各电荷的公布的函数. 分子静止 (不作振动转动) 时, α 自系由分子的电子态定的, 兹以 α_0 表之. 分子振动时, α 自系简正振动坐标 $(X_1 \cdots X_n)$ 的函数,

$$\alpha_{xy} = (\alpha_{xy})_0 + \sum_{i=1}^{n} \left(\frac{\partial \alpha_{xy}}{\partial X_i} \right)_0 X_i + \cdots \tag{13-27}$$

式中的 $\left(\dfrac{\partial \alpha_{xy}}{\partial X_k} \right)_0$ 是否等于零, 乃由分子及简正振动 k 的对称性定的. 此点极重要, 宜以数例阐明之.

(i) Y—X—Y 直线系统 (如 CO_2, CS_2) 见 (12-12) 图.

先取 $\alpha_{xy}, \alpha_{yz}, \alpha_{zx}$. 由图 (12), 显见在 v_1, v_2, v_3 三个振动态中, α 张量椭圆球的主轴方向不变, 故即得

$$\left(\frac{\partial \alpha_{xy}}{\partial X_i} \right)_0 = \left(\frac{\partial \alpha_{yz}}{\partial X_i} \right)_0 = \left(\frac{\partial \alpha_{zx}}{\partial X_i} \right)_0 = 0, \quad i = 1, 2, 3 \tag{13-28}$$

α 椭圆球显于 v_1 简正振动时伸缩其三个主轴, 故

$$\left(\frac{\partial \alpha_{xx}}{\partial X_1} \right)_0 = \left(\frac{\partial \alpha_{yy}}{\partial X_1} \right)_0 \neq 0, \quad \left(\frac{\partial \alpha_{zz}}{\partial X_1} \right)_0 \neq 0 \tag{13-29}$$

v_2, v_3 振动时, 在相隔半周期 (振动的两极端相位) 的 α_{xx}.

α_{yy}, α_{zz} 值相同, 故在初阶近似观点,

$$\left(\frac{\partial \alpha_{xx}}{\partial X_i}\right)_0 = \left(\frac{\partial \alpha_{yy}}{\partial X_i}\right)_0 = \left(\frac{\partial \alpha_{zz}}{\partial X_i}\right) = 0, \quad i = 2, 3 \tag{13-30}$$

兹求 Raman 光谱的选择定则, 由 (29) 及 (30), 得

$$\nu_1: \ \langle v_1, v_2, v_3 |M| v_1', v_2', v_3' \rangle \neq 0 \tag{13-31}$$

当 $\Delta v_1 = \pm 1, \Delta v_2 = \Delta v_3 = \Delta l = 0$, 简谐阶近似

$$\Delta v_1 = \text{任意整数}, \Delta l = 0, \Delta v_2, \Delta v_3 = \text{偶数, 非简谐振动}$$

$$v_2, v_3: \ \langle v_1 v_2 v_3 |M| v_1' v_2' v_3' \rangle = 0 \tag{13-32}$$

由 (31) 及 (19), 可得下极重要的一般性定则: 当一个分子有圆心对称性时, 凡可出现于红外光谱的跃迁, 皆不出现于 Raman 光谱, 反之亦然. 以 Y–X–Y 形分子言, 按 (19) 式, 出现于红外光谱之跃迁, 其选择定则为

$$\Delta v_2 + \Delta v_3 = \text{奇数} \tag{13-33}$$

按 (31) 式, 出现于 Raman 光谱之跃迁, 其定则则为

$$\Delta v_2 + \Delta v_3 = \text{偶数} \tag{13-34}$$

故在某圆心对称性 (及其他某些高对称性) 的分子, 红外光谱与 Raman 光谱二者系互为补充的, 各振动的基本频率 ν_i 及泛音 (overtones $n\nu_i$), 结合泛音 (combination overtones $n\nu_i + m\nu_j$) 等, 需由红外及 Raman 光谱二者合并研究得之.

反之, 如红外及 Raman 光谱显示有二者互补 (不重现) 的情形, 则可构成分子有某对称性的佐证.

(ii) C_2H_4 (乙烯) 分子.

此分子的几何形式如下图 (36), 有三个互相垂直的对称平面, 属于对称分类的 V_h. 其 12 个简正振动的形式及其对 X–Y, Y–Z, Z–X 三个平面的对称性 (对称 s, 反对称 a), 皆见下图及下表 (35).

表的右二行, 乃选择定则. 其有一横线者, 乃 “不出现” 之意. 其 M_x 乃电偶矩与 x 轴平行, 余类此. $A_{1s}, A_{2s}, \cdots$ 乃对称性的符号. $\delta_{\pi s}(\nu_{\sigma a})$ 乃简正振动的命名符号. ν 代表两原子的共价键的伸缩运动; δ 代表两个共价键夹角的张闭; π, σ 代表电偶矩 M 之与 z 轴平行或垂直; σ' 代表 M 与 x-z 面垂直. 选择定则 Raman 行下之 p 乃 “偏极的”, d 乃 “非偏极的” 之意.

简正振动	对称群	x-y	y-z	z-x	选择定则	
					红外	Raman
$\nu_{\pi s}$, $\delta_{\pi s}$, $\nu_{\pi s}$	A_{1s}	s	s	s	—	p
$\nu_{\pi a}$, $\delta_{\pi a}$	A_{2a}	a	s	s	M_z	—
$\nu_{\sigma s}$, $\delta_{\sigma s}$	B_{2s}	a	a	s	—	d
$\nu_{\sigma a}$, $\delta_{\sigma a}$	B_{1a}	s	a	s	M_x	—
$\delta_{\sigma' s}$	B_{1s}	a	s	a	—	d
$\delta_{\sigma' \sigma}$	B_{2a}	s	s	a	M_y	—
扭摆	A_{1a}	a	a	a	—	—

(13-35)

图 (36) 为乙烯式分子 X_2Y_4 的简正振动. + 表示进入纸平面. – 表示出纸平面的运动.

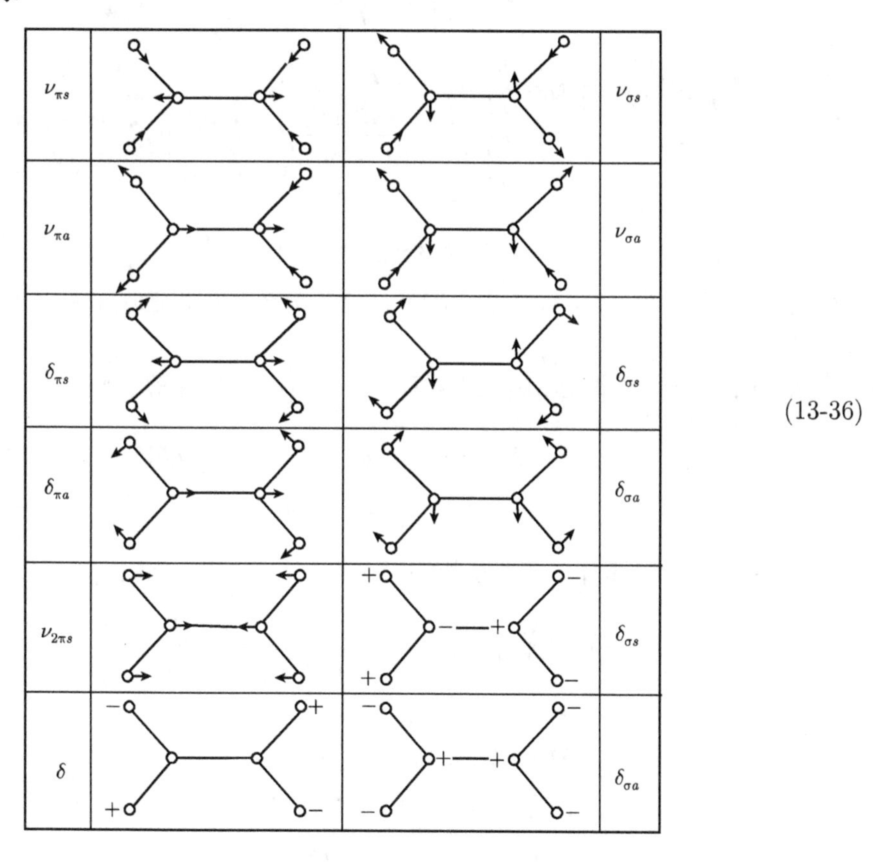

(13-36)

13.2 多原分子的转动

13.2.1 直线形分子

设一直线形刚体分子 (即无振动的) 对质量中心之惯性矩为 I. 其绕此中心的

转动 Schrödinger 方程式为*

$$\frac{1}{\sin\theta}\frac{\partial}{\partial\theta}\left(\sin\theta\frac{\partial\psi}{\partial\theta}\right)+\frac{1}{\sin^2\theta}\frac{\partial^2\psi}{\partial\varphi^2}+\frac{2I}{\hbar^2}E\psi=0 \tag{13-37}$$

使

$$\psi(\theta,\varphi)=\Theta(x)\Phi(\varphi),\quad x=\cos\theta$$

则得

$$\frac{\mathrm{d}^2\Phi}{\mathrm{d}\varphi^2}=-m^2\Phi,\quad \Phi=\frac{1}{\sqrt{2\pi}}\mathrm{e}^{\mathrm{i}m_\varphi},\quad m=\pm\text{ 整数}$$

$$\frac{\mathrm{d}}{\mathrm{d}x}\left[(1-x^2)\frac{\mathrm{d}\Theta}{\mathrm{d}x}\right]+\left[\frac{2IE}{\hbar^2}-\frac{m^2}{1-x^2}\right]\Theta=0$$

$$E=\frac{\hbar^2}{2I}J(J+1),\quad J=0,1,2,\cdots \tag{13-38}$$

$$\Theta=\sqrt{\frac{2J+1}{2}\frac{(J-|m|)!}{(J+|m|)!}}P_J^m(\cos\theta) \tag{13-39}$$

$$-J\leqslant m\leqslant J$$

故 J 态之简并度为 $2J+1$. $J(J+1)\hbar^2$ 乃角动量平方的本征值. $m\hbar$ 乃角动量沿 z 轴的分量.

如分子有一恒电偶矩 M_0(如不对称的分子, HCl, HCN 等). 则

$$M_z=M_0\cos\theta$$

$$M_x\pm\mathrm{i}M_y=M_0\sin\theta\mathrm{e}^{\pm\mathrm{i}\varphi} \tag{13-40}$$

在转动态的跃迁中, 其不等于零的矩阵元素为

$$\langle Jm\,|M_z|\,J+1,m\rangle=M_0\left[\frac{(J-m+1)(J+m+1)}{(2J+1)(2J+3)}\right]^{1/2} \tag{13-41}$$

$$\begin{aligned}&\langle J,m\,|M_x+\mathrm{i}M_y|\,J+1,m-1\rangle\\=&\langle J+1,m-1\,|M_x-\mathrm{i}M_y|\,J,m\rangle\\=&-\left[\frac{(J-m+1)(J-m+2)}{(2J+1)(2J+3)}\right]^{1/2}M_0\\&\langle J+1,m+1\,|M_x+\mathrm{i}M_y|\,J,m\rangle\\=&\langle J,m\,|M_x-\mathrm{i}M_y|\,J+1,m+1\rangle\end{aligned} \tag{13-42}$$

* (37)~(39) 等式, 皆见第 4 章第 4 节 (4-79) 下各式.

$$= \left[\frac{(J+m+1)(J+m+2)}{(2J+1)(2J+3)} \right]^{1/2} M_0 \tag{13-43}$$

见第 4 章 (4-98a,b,c). 故 J, m 的选择定则为

$$\Delta m = 0, \pm 1, \quad \Delta J = \pm 1 \tag{13-44}$$

故转动跃迁的频率为

$$\nu = \frac{\hbar}{2\pi I}(J+1) \equiv 2B(J+1), \quad J = 0, 1, 2, \cdots \tag{13-45}$$

故其转动光谱乃由等频率距离的光谱线构成. 两线间的间距为 $2B = \dfrac{\hbar}{2\pi I}$. 由此乃可定分子的惯性矩 I.

次乃计算转动跃迁 $J \to J+1$ 的强度.

由第 4 章 (4-27) 式, 此强度为 (用 (4-26, 29) 及 (4-56) 式)

$$I_J^{J+1} = \left(N_J B_{\underset{J}{\uparrow}}^{J+1} - N_{J+1} B_{\underset{L}{\uparrow}}^{J+1} \right) h\nu = N_J B_{\underset{J}{\uparrow}}^{J+1} \left(1 - e^{-\frac{h\nu}{kT}} \right) h\nu \tag{13-46}$$

$$N_J = N g_J \mathrm{e}^{-E_J/kT} \left[\sum_J g_J \mathrm{e}^{-E_J/kT} \right]^{-1}$$

$$B_{\underset{J}{\uparrow}}^{J+1} = \frac{2\pi}{3\hbar^2} \left| < J \right| M \left| J+2 > \right|^2$$

由

$$\left| < J \right| M \left| J+1 > \right|^2 = \left| < J \right| M_x \left| J+1 > \right|^2 + \left| < J \right| M_y \left| J+1 > \right|^2 + \left| < J \right| M_z \left| J+1 > \right|^2$$

由 (41), (42), (43), 即得

$$\left| < Jm \right| M \left| J+1, m' > \right|^3 = \frac{J+1}{2J+3} M_0^2 \tag{13-47}$$

故强度 I(46) 式

$$I_{\underset{J}{\uparrow}}^{J+1} = \frac{N}{\Sigma} g_J \frac{(J+1)^2}{2J+3} M_0^2 \frac{2\pi}{3I} \exp\left(-\frac{hB}{kT} J(J+1) \right) \left(1 - \mathrm{e}^{-k\nu/kt} \right) \tag{13-48}$$

$$g_J = 2J+1, \quad \sum \equiv \sum_J g_J \exp\left(-\frac{E_J}{kT} \right)$$

故 J 值小时, $(J+1)^2$ 因子值小; J 值大时, Boltzmann 因子值小. 故强度于某 J 值处有一最高值. 惯性矩 I 愈大, 则此最高强度之 J 值愈大. 此 (72) 式于下节之振动–转动光谱 “带”(band) 的强度分布, 甚为重要.

13.2.2　对称陀螺 (symmetrical top)

设惯性主矩 $A=B\neq C$, 取 Euler 角 θ,ψ,φ 为坐标. 在古典力学中, 自由转动的对称陀螺的动能为*

$$T=\frac{1}{2}A\left(\dot{\theta}^2+\sin^2\theta\dot{\psi}^2\right)+\frac{1}{2}C\left(\dot{\varphi}+\cos\theta^2\dot{\psi}\right)^2$$

由

$$p_\theta=A\dot{\theta},p_\varphi=C\left(\dot{\varphi}+\cos\theta\dot{\psi}\right)$$
$$p_\psi=A\sin^2\theta\dot{\psi}+\cos\theta p_\varphi$$

故

$$H=\frac{1}{2A}\left[p_\theta^2+\left(\frac{A}{C}+\cot^2\theta\right)p_\varphi^2+\frac{1}{\sin^2\theta}p_\psi^2-2\frac{\cot\theta}{\sin\theta}p_\psi p_\varphi\right] \tag{13-49}$$

Schrödinger 方程式为

$$\left[\frac{1}{\sin\theta}\frac{\partial}{\partial\theta}\sin\theta\frac{\partial}{\partial\theta}+\left(\frac{A}{C}+\cot^2\theta\right)\frac{\partial^2}{\partial\varphi^2}\right.$$
$$\left.+\frac{1}{\sin^2\theta}\frac{\partial^2}{\partial\psi^2}-2\frac{\cot\theta}{\sin\theta}\frac{\partial^2}{\partial\psi\partial\varphi}+\frac{2A}{\hbar^2}E\right]\varPsi\left(\theta,\psi,\varphi\right)=0 \tag{13-50}$$

在古典力学. ψ,φ 角系循环坐标, 故 p_ψ,p_φ 系常数. 在量子力学, 此情形相当于下变数分离法的可能性**

$$\varPsi\left(\theta,\psi,\varphi\right)=\varTheta\left(\theta\right)\mathrm{e}^{\mathrm{i}m_\psi}\mathrm{e}^{\mathrm{i}K\varphi} \tag{13-51}$$

$$M,K=\pm\ \text{整数} \tag{13-52}$$

以 (50) 代入 (49), 即得

$$\frac{\mathrm{d}^2\varTheta}{\mathrm{d}\theta^2}+\cot\theta\frac{\mathrm{d}\varTheta}{\mathrm{d}\theta}-\left(\frac{M-K\cos\theta}{\sin\theta}\right)^2\varTheta+\sigma\varTheta=0 \tag{13-53}$$

$$\sigma=\frac{2A}{\hbar^2}E-\frac{A}{C}K^2 \tag{13-54}$$

使

$$s=|K+M|,\quad d=|K-M| \tag{13-55}$$

---

* 参看《古典动力学》甲部第 7 章 (45) 式. (49) 式的首项 (见 (4-86), (4-87b) 等式) 可写为

$$\frac{\partial^2}{\partial\theta^2}+\cot\frac{\partial}{\partial\theta}$$

** 本节的理论. 系 D.M.Dennison(1926); F.Reiche 与 H. Radermaker (1926, 7); R. de I.Kronig 与 I. I. Rabi(1927); C. Manneback(1927) 等人的贡献. 见 D.M.Dennison, Reviews of Modern Phys., 3, 280(1931) 文, 及作者之 Vibrational Spectra and Structure of Polyatomic Molecules 书.

$$z=\sin^2\left(\frac{\theta}{2}\right),\quad \Theta=\cos^{s}\left(\frac{\theta}{2}\right)\sin^{d}\left(\frac{\theta}{2}\right)F(z)$$

则 (53) 式成

$$(1-z)\frac{\mathrm{d}^2F}{\mathrm{d}z^2}+[r-(\alpha+\beta+1)z]\frac{\mathrm{d}F}{\mathrm{d}z}-\alpha\beta F=0 \tag{13-56}$$

$$r=1+d \tag{13-57}$$

$$\alpha+\beta=1+d+s$$

$$\alpha\beta=\frac{d+s}{2}\left(\frac{d+s}{2}+1\right)-\sigma-K^2 \tag{13-58}$$

(56) 之解, 系超几何函数

$$F(\alpha,\beta,r,z)=1+\frac{\alpha\cdot\beta}{1\cdot r}z+\frac{\alpha(\alpha+1)\beta(\beta+1)}{2!r(r+1)}z^2+\cdots$$

此级数将成一多项式, 如 α 或 β 等于一负整数, $-p$. 兹使

$$J=p+\frac{1}{2}(d+s),\quad \text{一整数} \tag{13-59}$$

由 (54) 及 (58), 即得 (53)(或 (50)) 的本征值

$$E=\frac{\hbar^2}{2A}\left[J(J+1)+\left(\frac{A}{C}-1\right)K^2\right] \tag{13-60}$$

由 (55) 及 (59), 得见

$$|K|\leqslant J,\quad |M|\leqslant J \tag{13-61}$$

由 (50), (51), 可得 K,M,J 量子数的意义:

$$K\hbar, M\hbar, J(J+1)\hbar^2$$

乃绕对称轴的角动量, 绕 z 轴的角动量及总角动量的平方, 故更得下关系:

$$-J\leqslant K\leqslant J$$

$$-J\leqslant M\leqslant J \tag{13-62}$$

由 (62) 式, 可知 (J,K) 态的简并度

$$E_{J,K}\ 为\begin{cases}(2J+1)\ 度简并,\ 如\ K=0\\ 2(2J+1)\ 度简并,\ 如\ K\neq 0\end{cases} \tag{13-63}$$

如陀螺的惯性椭圆球系一圆球, $A=B=C$, 则 (60) 式之能简化为

$$E=\frac{\hbar^2}{2A}J(J+1) \tag{13-64}$$

与 K 及 M 皆无关. 故 J 态的简并度为 $(2J+1)^2$. 分子如 CH_4, CCl_4 属此.

设此对称陀螺的分子, 有一恒电偶 M_0 沿对称轴 (NH_3, CH_3Cl 等分子). 则对一固定的坐标系, 其电偶分量为

$$M_z = M_0 \cos\theta$$

$$M_x \pm \mathrm{i} M_y = M_0 \sin\theta \mathrm{e}^{\mp \mathrm{i}\psi} \tag{13-65}$$

θ, ψ 仍系 Euler 角之二. 由 (51) 式, 即得下结果:

$$\langle JKM | M_z | J'K'M' \rangle = 0 \text{ 除非 } K' - K = M' - M = 0 \tag{13-66}$$

$$\langle JKM | M_x \pm \mathrm{i} M_y | J'K'M' \rangle = 0 \text{ 除非 } K' - K = 0, M' - M = \pm 1 \tag{13-67}$$

$$\left\langle JKM \left| \begin{array}{c} \cos\theta \\ \sin\theta \end{array} \right| J'KM \right\rangle = 0 \text{ 除非 } J' - J = 0, \pm 1 \tag{13-68}$$

故转动跃迁的选择则为

$$\Delta J = 0, \pm 1, \quad \Delta M = 0, \pm 1, \quad \Delta K = 0 \tag{13-69}$$

由 (60) 式及 (69), 如 $M_0 \neq 0$, 一对称陀螺分子的转动光谱为一系等矩的线, 其频率为

$$\nu = \frac{\hbar}{2\pi A}(J+1), \quad J = 0, 1, 2, \cdots \tag{13-70}$$

故与一直线形分子的 (其惯性矩 $I = A$ 的) 相同.

转动跃迁的强度的计算. 与上节直线分子的相同. (12-47) 式现乃代以

$$|\langle J+1, K | M | J, K \rangle|^2 = \frac{(J+1)^2 - K^2}{(J+1)(2J+3)} M_0^2 \tag{13-71}$$

(48) 式则代以

$$I_J^{\uparrow J+1} = \frac{N g_J (J+1)^2}{(2J+3)\sum} M_0^2 \frac{2\pi}{3A} \left(1 - \mathrm{e}^{-h\nu/kT}\right) \sum_{k=-J}^{J} \left[1 - \frac{K^2}{(J+1)^2}\right] \mathrm{e}^{-E/kT} \tag{13-72}$$

式中之 E, 见 (60) 式, $\sum \equiv \sum_{J,K} g_{JK} \mathrm{e}^{-\frac{E}{kp}}, g_J$ 则见 (63). 此式示于 J 值小时及大时, I 值皆小; 于某 J 附近处, I 有最高值. 又如 $C = 0$, 则 $K = 0$, 此式即简化为直线分子的 (47) 式.

13.2.3 非对称陀螺 —— 一般的分子 ($I_A < I_B < I_C$)

使绕分子的三主轴的角动量以 M_A, M_B, M_C 表之. 其总角动量为

$$M^2 = M_A^2 + M_B^2 + M_C^2 \tag{13-73}$$

取一表象, 使 M^2 与 M_C 同时为对角矩阵, 其本征值为

$$\begin{aligned}\langle J,K\left|M^2\right|J,K\rangle &= J(J+1)\hbar^2\\ \langle J,K\left|M_C\right|J,K\rangle &= K\hbar\end{aligned} \tag{13-74}$$

唯 Hamiltonian

$$H = \frac{1}{2}\left(\frac{1}{I_A}M_A^2 + \frac{1}{I_B}M_B^2 + \frac{1}{I_C}M_c^2\right) \tag{13-75}$$

与 M^2 及 M_C 不对易, 故在 (74) 表象中, H 乃一非对角矩阵, 其对角元素为

$$\langle JK\left|H\right|JK\rangle = \frac{h}{4}(A+B)\left[J(J+1)-K^2\right] + hCK^2 \tag{13-76}$$

此外, 其不等于零的元素为

$$\begin{aligned}\langle JK\left|H\right|J,K+2\rangle =& \frac{1}{8}h(A-B)\left[(J-K)(J-K-1)\right.\\ &\left.\times(J+K+1)(J+K+2)\right]^{1/2}\end{aligned} \tag{13-77}$$

$$A \equiv \frac{\hbar}{2\pi I_A},\quad B \equiv \frac{\hbar}{2\pi I_B},\quad C \equiv \frac{\hbar}{2\pi I_C} \tag{13-78}$$

H 之本征值乃下行列式的根:

$$\left\| < JK\left|H\right|J,K' > -E\delta(JK,JK')\right\| = 0 \tag{13-79}$$

对任一 J 值, 此式乃

$$\begin{array}{c|cccccc|l} & J & J-1 & & & -J+1 & -J & \\ J & *-E & 0 & * & \cdots & 0 & 0 & \\ J-1 & 0 & *-E & 0 & \cdots & 0 & 0 & \\ J-2 & * & 0 & *-E & \cdots & 0 & 0 & =0\\ \vdots & \vdots & \vdots & \vdots & \vdots & \vdots & \vdots & \\ -J+1 & 0 & 0 & & \ddots & *-E & 0 & \\ -J & 0 & 0 & & \ddots & 0 & *-E & \end{array} \tag{13-80}$$

J 态有 $2J+1$ 根. E_{JK} 系 I_A, I_B, I_C 的函数. 以此与对称陀螺的 E_{JK} (60) 式比较, 得见对称陀螺 $K \neq 0$ 态的简并情形, 于非对称陀螺已不复存在. 为方便计, 兹以参数 τ 表此 $2J+1$ 个 E_{JK} 根, $E_{J\tau}$ 由 $\tau = J, J-1, \cdots, -J+1, -J$ 递减.

下图示 (79) 式的根 $E_{J\cdot\tau}(J=3)$, 在下两个极限情形 (i) $I_A=I_B$, (ii) $I_B=I_C$ 间的改变, 换言之, $E_{J,\tau}$ 视为 $\xi=\dfrac{I_B}{I_A}$ 参数的函数.

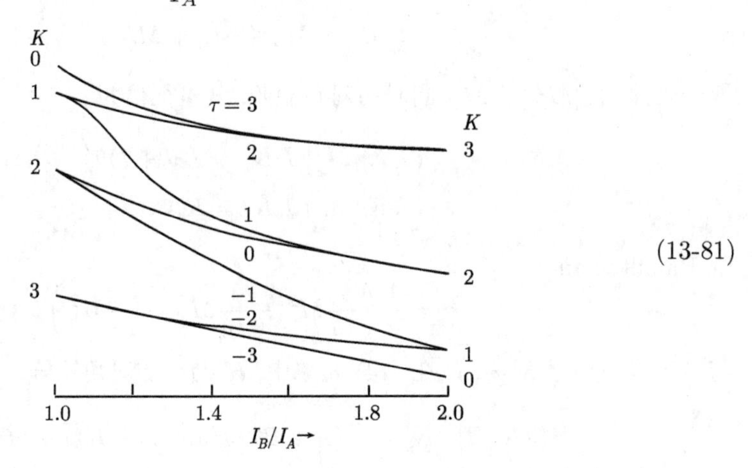

(13-81)

非对称陀螺的惯性矩为 $I_A<I_B<I_C$. 按 (60) 式对称陀螺的能公式, $I_B=I_A<I_C$ 的极限的能应如图左方情形, 即 K 值小时 E 值高. 在 $I_A=\frac{1}{2}I_B=\frac{1}{2}I_C$, 则 (60) 成

$$E=\frac{h^2}{2A}\left[J(J+1)+(\frac{1}{2}-1)K^2\right]$$

故如上图右方情形. 在 $1<\dfrac{I_B}{I_A}<2$ 之间,E 之值由 (80) 式计算之结果, 乃如上图.

由图可见在两个对称陀螺极限间的非对称陀螺, 可视

$$H(75\text{式})-H(49\text{式})\ \text{为一微扰} \tag{13-82}$$

上图 J,τ,M 态的波函数可表以对称陀螺波函数的线性组合

$$\Psi_{J\tau M}=\sum_K C^K_{J\tau M}\Psi_{JKM} \tag{13-83}$$

其系数 $C^K_{J\tau M}$ 乃由 (80) 式之解定之. 故 $\Psi_{J\tau M}$ 的对称性 (对转动坐标在某些运作下的对称性), 可由对称陀螺的 Ψ_{JKM} 的对称性得之.

兹取一坐标系, 固定于非对称陀螺, 使其 ξ,η,ζ 轴指向 I_A,I_B,I_C 的主轴. 考虑下二运作:

(a) 绕 ζ 轴转 π 度;

(b) 绕 ξ 轴转 π 度.

由详细的分析, 可证明下述结果：如以 $+,-$ 表波函数不变号及变号, 则上图各 τ 态在 (a), (b) 运作下的对称性如下：

$$
\begin{array}{lcc}
 & \text{(a)} & \text{(b)} \\
\tau = J & + & \\
\tau = J-1 & - & \\
\tau = J-2 & - & \\
\tau = J-3 & + & \cdots \\
\sigma - J - 4 & + & \cdots \\
\vdots & \vdots & \vdots \\
\tau = -J+3 & \cdots & + \\
\tau = -J+2 & \cdots & - \\
\tau = -J+1 & \cdots & - \\
\tau = -J & & +
\end{array}
\tag{13-84}
$$

转动跃迁的选择定则, 乃由下电偶矩的矩阵元素定之. 如

$$
M_x = \sum_{\xi=\xi}^{\xi} \langle J\tau M \left| M_\varepsilon \cos \xi x \right| J'\tau' M' \rangle \tag{13-85}
$$

式中的积分, 乃 $0 \leqslant \theta \leqslant \pi$, $0 \leqslant \psi \leqslant 2\pi$, $0 \leqslant \varphi \leqslant 2\pi$. 由 Euler 角 θ, ψ, φ 与 ξ, η, ζ 坐标及 (固定于空间的) x, y, z 坐标的关系, $\cos \xi x, \cos \eta y, \cos \zeta x, \cdots$ 对上 (a), (b) 两运作的对称性如下表:

$$
\begin{array}{ccccc}
 & & & \text{(a)} & \text{(b)} \\
\cos \xi x, & \cos \xi y, & \cos \xi z & - & + \\
\cos \eta x, & \cos \eta y, & \cos \eta z & - & - \\
\cos \zeta x, & \cos \zeta y, & \cos \zeta z & + & -
\end{array}
\tag{13-86}
$$

如使 (85) 式积分不等于零, 则

$$
\Psi^*_{J\tau M} \cos \xi x \, \Psi_{J'\tau' M'} \text{务对 (a) 及 (b) 皆不变号} \tag{13-87}
$$

由 (87) 及 (86), 即得下选择定则:

(i) 如分子沿 I_A 主轴的电偶矩 $\neq 0$, 则转动跃迁为

$$
\begin{gathered}
(a,b) \leftrightarrow (a,b) \\
(+,-) \leftrightarrow (-,-), \text{ 或 } (+,+) \leftrightarrow (-,+)
\end{gathered}
\tag{13-88}
$$

(ii) 如分子沿 I_B 主轴的电偶矩 $\neq 0$, 则

$$
(+,+) \leftrightarrow (-,-), \text{ 或 } (+,-) \leftrightarrow (-,+) \tag{13-89}
$$

(iii) 如分子沿 I_C 主轴的电偶 $\neq 0$, 则

$$(+,+) \leftrightarrow (+,-), \text{ 或 } (-,-) \leftrightarrow (-,+) \tag{13-90}$$

(iv) 凡红外转动跃迁,

$$\Delta J = 0, \pm 1 \tag{13-91}$$

一个非对称陀螺分子的转动光谱, 远较一对称陀螺的为复杂, 举例言之, 按 (80) 式, J 态有 $(2J+1)E_{J\tau K}$ 值, 故由 $J \to J+1$ 态跃迁, 可有 $(2J+1)(2J+3)$ 个线, 而按 (70) 式, 对称陀螺则只有一个频率 ν. 唯上述的选择定则, 大大减少了可能的跃迁数. 例如电偶矩系在 I_B 轴, 按 (84) 及 (89) 由 $J=3, \tau$ 到 $J=4, \tau'$ 的跃迁数只有 16, 而非 $7 \times 9 = 63$. 然当 J 值大时, (84) 及 (89) 所许可的跃迁数仍极大, 故 H_2O 分子的转动光谱极其复杂. 由红外 20μm 波长至 200μm, 转动 "线" 以百计*.

13.3　分子的振动–转动光谱

第 11 章第 1 节曾以 H_2^+ 为实例, 显示出一个分子的 Hamiltonian, 只在初阶近似时可视为电子运动, 振动及转动之和, 此外有各种运动间的交互作用. 本章第 1 节曾以二原分子为例, 计算振动及转动的能态. 由 (12-25) 式得见振动与转动的交互作用.

多元分子的问题较复杂, 唯如取适当的坐标, 则可证明下述的分离式有一甚好的近似式**

$$E = E_{\mathrm{v}} + E_{\mathrm{r}} \tag{13-92}$$

$$\varPsi = \varPsi_{\mathrm{v}} \varPsi_{\mathrm{r}} \tag{13-93}$$

v 代表所有的振动量子数, r 代表所有的转动量子数. 此处的 E_{v}, $\varPsi_{\mathrm{v}}$ 见 (5), (6), (7) 各式; E_{r}, $\varPsi_{\mathrm{r}}$ 见 (38), (39), (60), (51), (59), (80), (83) 各式. 兹需选择定则以定振动与转动态同时跃迁的光谱结构.

取一个于分子的坐标系, 其 ξ, η, ζ 轴在 I_A, I_B, I_C 惯性矩主轴上, 设分子的恒电偶矩沿 ξ, η, ζ 轴的分量为 $M_\xi^0, M_\eta^0, M_\zeta^0, X_i$ 为简正振动 i 的坐标, 则在 ξ 向的电偶矩为

$$M_\xi = M_\xi^0 + \sum_i \left(\frac{\partial M_\xi}{\partial X_i}\right)_0 X_i + \cdots \tag{13-94}$$

沿固定于空间之 x, y, z 坐标轴之电偶矩乃为

* 红外光谱分析, 见 Randall. Dennison, Ginsberg 与 Weber, Phys. Rev., 52, 162 (1937) 一文.

** 见 C. Eckart, Phys. Rev., 46, 383 (1934); 47, 552 (1935); J.H. Van Vleck, Phys. Rev., 47, 487 (1935).

$$M_x = \sum_{\xi} M_{\xi}^{0} \cos \xi x + \sum_{\xi} \sum_{i} \left(\frac{\partial M_{\xi}}{\partial X_i} \right)_0 X_i \cos \xi x + \cdots \tag{13-95}$$

$\sum\limits_{\xi}$ 乃对 ξ, η, ζ 之和. 此 M_x 之矩阵元素乃

$$\begin{aligned}\langle \upsilon, r | M_x | \upsilon', r' \rangle = & \sum_{\xi} M_{\xi}^{0} \langle r | \alpha_{\xi x} | r' \rangle \delta(\upsilon, \upsilon') \\ & + \sum_{\xi} \sum_{i} \left(\frac{\partial M_{\xi}}{\partial X_i} \right)_0 \langle \upsilon | X_i | \upsilon' \rangle \langle r | \alpha_{\xi x} | r' \rangle \end{aligned} \tag{13-96}$$

$$\langle r | \alpha_{\xi x} | r' \rangle = \int \psi_{\mathrm{r}}^{*} \cos \xi x \psi_{\mathrm{r}'} \mathrm{d}\tau_{\mathrm{r}} \tag{13-97}$$

$$\langle \upsilon | X_i | \upsilon' \rangle = \int \psi_{\mathrm{v}}^{*} X_i \psi_{\mathrm{v}'} \mathrm{d}x_1 \cdots \mathrm{d}x_n \tag{13-98}$$

如 $\upsilon = \upsilon'$ (即无振动态跃迁), 则 (96) 式第二项等于零, 第一项即上节 (85)~(91) 已获得之转动跃迁选择定则. 故振动–转动态跃迁的选择定则, 乃由 (96) 第二项得之.

13.3.1 直线形分子

1. “平行” 带光谱 (parallel band)

此是当简正振动 j 时, 电偶矩的变迁乃沿分子的对称轴 $\left(即 \dfrac{\partial M_{\zeta}}{\partial X_j} \neq 0 \right)$. 故我们需 $\langle r | \alpha_{\zeta x} | r' \rangle \langle r | \alpha_{\zeta y} | r' \rangle \langle r | \alpha_{\zeta z} | r' \rangle$, 唯这些元素的选择定则正是 (44) 式,

$$\Delta J = \pm 1, \quad \Delta m = 0, \pm 1 \tag{13-99}$$

“正” 或 R 支, 乃由 J 至 $J+1$,

$$\nu = \nu_j + \frac{\hbar}{2\pi I}(J+1) \tag{13-100}$$

“负” 或 P 支, 乃由 $J+1$ 至 J 的,

$$\nu = \nu_j - \frac{\hbar}{2\pi I}(J+1) \tag{13-101}$$

2. “垂直” 带光谱

此乃当振动 j 时, 电偶矩的变迁乃与分子的对称轴垂直 $\left(即 \left(\dfrac{\partial M_{\xi}}{\partial X_j} \right)_0 \neq 0 \right)$. 在此情形下, 选择定则可证明为

$$\Delta J = 0, \pm 1, \quad \Delta m = 0, \pm 1 \tag{13-102}$$

“正” 或 R 支, 乃 $J \to J+1$

$$\nu = \nu_j + \frac{\hbar}{2\pi I}(J+1) \tag{13-103}$$

“零” 或 Q 支, 乃 $J \to J$

$$\nu = \nu_j \tag{13-104}$$

“负” 或 P 支, 乃 $J+1 \to J$

$$\nu = \nu_j - \frac{\hbar}{2\pi I}(J+1) \tag{13-105}$$

各跃迁的强度, 其 R 支者, 则即系 (48) 式; 其 P 支, 则可于 (48) 式中之 $J, J+1$ 作适当的改变得之.

“零” 或 Q 支, 有许多 $J \to J$ 的线重叠成一极强的线, 系 “垂直” 带的特征. (如在 (92) 式中考虑及振动与转动的交互作用的修正, 则各 $J \to J$ 跃迁的频率有微差, 作不准确的重叠. 见下文.)

13.3.2　对称陀螺分子

1. “平行” 带

如简正振动 (或泛音, 或组合振动) 所引致之电偶矩变易乃沿对称轴方向, 则其选择定则即系 (69) 式

$$\Delta J = 0, \pm 1, \quad \Delta K = 0, \quad \Delta M = 0, \pm 1 \tag{13-106}$$

“正” 或 R 支, 乃 $J \to J+1$

$$\nu = \nu_j + \frac{\hbar}{2\pi I_A}(J+1) \tag{13-107}$$

“零” 或 Q 支, 乃 $J \to J$

$$\nu = \nu_j \tag{13-108}$$

“负” 或 P 支, 乃 $J+1 \to J$

$$\nu = \nu_j - \frac{\hbar}{2\pi I_A}(J+1) \tag{13-109}$$

各跃迁的强度如下:

R 支:

$$I(J \to J+1) = A \sum_{K=-J}^{J} \left[(J+1)^2 - K^2\right] \mathrm{e}^{-E/kT} \tag{13-110}$$

Q 支:

$$I(J \to J) = A\sum_{J=0}^{\infty}\sum_{K=-J}^{J} K^2\left(\frac{2J+1}{J}\right)\mathrm{e}^{-E/kT} \tag{13-111}$$

P 支:

$$I(J+1 \to J) = \exp\left\{-2(J+1)\frac{\hbar^2}{2\pi I_A kT}\right\} I(I \to J+1) \tag{13-112}$$

$$A = \frac{8\pi^3 N\nu}{3h\sum}\frac{(2J+1)}{(2J+3)}\left|\langle\upsilon|\,X_j\,|\upsilon'\rangle\left(\frac{\partial M_\zeta}{\partial X_j}\right)_0\right|^2(1-\mathrm{e}^{-h\nu/kT})^* \tag{13-113}$$

由 (107)~(109) 各式与 (100), (101) 比较. 得见一对称陀螺的平行带的结构, 与一直线分子的平行带相似. 只在带中心 ν_j 多一 Q 支. 见下图.

2. "垂直" 带

如由振动引致的电偶矩变易方向系与对称轴垂直的, 则

$$M_x + \mathrm{i}M_y = \left(\frac{\partial M_\xi}{\partial X_i}\right)_0 (\cos\varphi + \mathrm{i}\cos\theta\sin\varphi)\mathrm{e}^{\mathrm{i}\psi} \tag{13-114}$$

同 (65)~(69) 的计算, 可得选择定则 (由于 φ 角的出现)

$$\Delta J = 0, \pm 1, \quad \Delta K = \pm 1, \quad \Delta M = 0, \pm 1 \tag{13-115}$$

"正" 或 R 支, $J \to J+1$, $K+1 \to K$ (J 由 $K+1$ 起)

$$\nu = \nu_j + \frac{\hbar}{2\pi I_A}\left[(J+1) - \beta\left(K+\frac{1}{2}\right)\right] \tag{13-116}$$

"零" 或 Q 支, $J \to J$, $K+1 \to K$ (J 由 $K+1$ 起)

$$\mu = \nu_j - \frac{\hbar}{2\pi I_A}\beta\left(K+\frac{1}{2}\right) \tag{13-117}$$

"负" 或 P 支, $J+1 \to J$, $K+1 \to K$(J 由 K 起)

$$\nu = \nu_j - \frac{\hbar}{2\pi I_A}\left[(J+1) + \beta\left(K+\frac{1}{2}\right)\right] \tag{13-118}$$

$$\beta = \frac{I_A}{I_C} - 1 \tag{13-119}$$

---

* 此数式中之 E. 见 (60) 式; $\sum$ 见 (72) 式. (113) 式中之 ν, 严格言之, 应在 (110), (111), (112) 式各为 (107), (108), (109) 之值. 唯振动频率 ν_j 通常远大于 $\frac{\hbar}{2\pi I_A}(J+1)$, 故如只欲获一个带 (band) 的强度分布略况. 则可代 ν 以 ν_j.

因对每一 ΔJ 跃迁, 可有许多 $K+1\to K$ 的跃迁, 故这带光谱的结构甚复杂. 因 $|K|\leqslant J$, 故在 R, Q 支, 对每一 $K+1$ 值, J 务必由 $K+1$ 起, 如上; 在 P 支, J 务由 K 起.

兹取 $K\to K+1$ 的跃迁. 则 (116), (117), (118) 等式成:

"正" 或 R 支, $J\to J+1$

$$\nu=\nu_j+\frac{\hbar}{2\pi I_A}\left[(J+1)+\beta\left(K+\frac{1}{2}\right)\right] \tag{13-120}$$

"零" 或 Q 支, $J\to J$

$$\nu=\nu_j+\frac{\hbar}{2\pi I_A}\beta\left(K+\frac{1}{2}\right) \tag{13-121}$$

"负" 或 P 支, $J+1\to J$

$$\nu=\nu_j-\frac{\hbar}{2\pi I_A}\left[(J+1)-\beta\left(K+\frac{1}{2}\right)\right] \tag{13-122}$$

整个 "垂直" 带光谱, 乃 (116), (117), (118) 及 (120), (121), (122) 各支的总和. 由这些式, 得见除 $\beta=$ 整数外, 各支带的各线, 将不互相重叠. 即使 $\beta=$ 整数, 由于振动与转动的耦合, 各支带亦不恰好互叠. 故一对称陀螺分子的垂直带光谱, 是极复杂的. 见下图 (123).

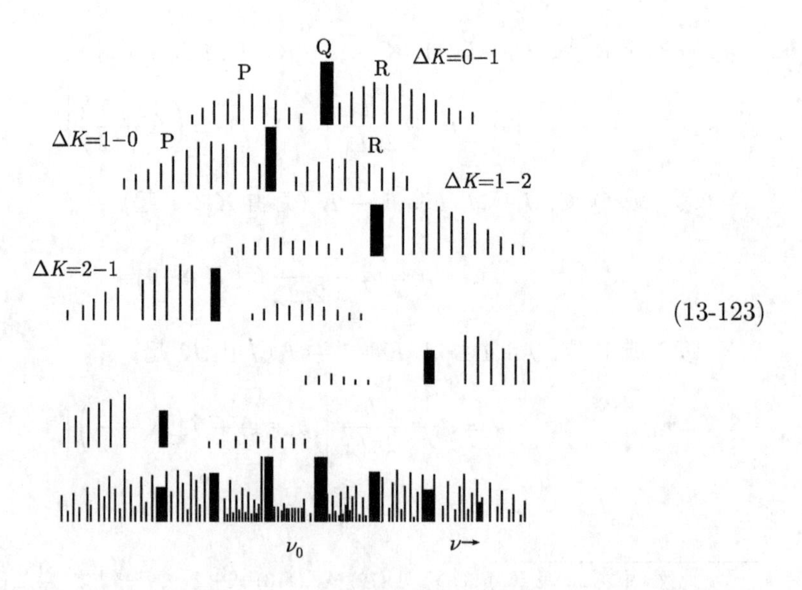

(13-123)

(116)~(118), (120), (121) 各跃迁的强度的计算法, 略如 (110)~(112) 各式. 兹述其结果:

R 支:

$$I(J,K+1\to J+1,K)=A\frac{(J-K)(J-K+1)}{2(J+1)}\mathrm{e}^{-E/kT} \tag{13-124}$$

Q 支:

$$I(J,K+1\to J,K)=A\sum_{J=K}^{\infty}\frac{(2J+1)(J-K)(J+K+1)}{2J(J+1)}\mathrm{e}^{-E/kT} \tag{13-125}$$

P 支:

$$(J+1,K+1\to J,K)=A\frac{(J+K+1)(J+K+2)}{2(J+1)}\mathrm{e}^{-E'/kT} \tag{13-126}$$

$$E=\frac{\hbar^2}{2I_A}\left[J(J+1)+\beta(K+1)^2\right],$$

$$E'=\frac{\hbar^2}{2I_A}\left[(J+1)(J+2)+\beta(K+1)^2\right] \tag{13-127}$$

R 支:

$$I(J,K\to J+1,K+1)=A\frac{(J+K+1)(J+K+2)}{2(J+1)}\mathrm{e}^{-E''/kT} \tag{13-128}$$

Q 支:

$$I(J,K\to J,K+1)=A\sum_{J=K}^{\infty}\frac{(2J+1)(J-K)(J+K+1)}{2J(J+1)}\mathrm{e}^{-E''/kT} \tag{13-129}$$

P 支:

$$I(J+1,K\to J,K+1)=A\frac{(J-K)(J-K+1)}{2(J+1)}\mathrm{e}^{-E'''/kT} \tag{13-130}$$

$$E''=\frac{\hbar^2}{2I_A}\left[J(J+1)+\beta K^2\right]$$

$$E'''=\frac{\hbar^2}{2I_A}\left[(J+1)(J+2)+\beta K^2\right] \tag{13-131}$$

上数式的 A, 略与 (113) 式相似.

上图 (123) 各跃迁的强度, 乃按 (125)~(131) 各式计算的. 如光谱仪的色散率及鉴别率皆不足以显示图 (123) 各线, 而只能得其轮廓, 则可于上各强度式的和, 代以积分 (如 I_A 不过小). 下图 (132) 示数个 β 值的垂直带的轮廓:

(a) $\beta=-\frac{1}{2}, I_A=\frac{1}{2}I_C$ (碟形分子, 如 BF_3, NO_3^-)

(b) $\beta=-\frac{1}{3},\ I_A=\frac{2}{3}I_C$ ($NH_3: I_A\cong 0.6I_C$)

(c) $\beta = \dfrac{1}{2}$, $I_A = \dfrac{3}{2} I_C$ ($ND_3 : I_A \cong 1.2 I_C$)

(d) $\beta = 1$, $I_A = 2I_C$

(e) $\beta = 4$, $I_A = 5I_C$

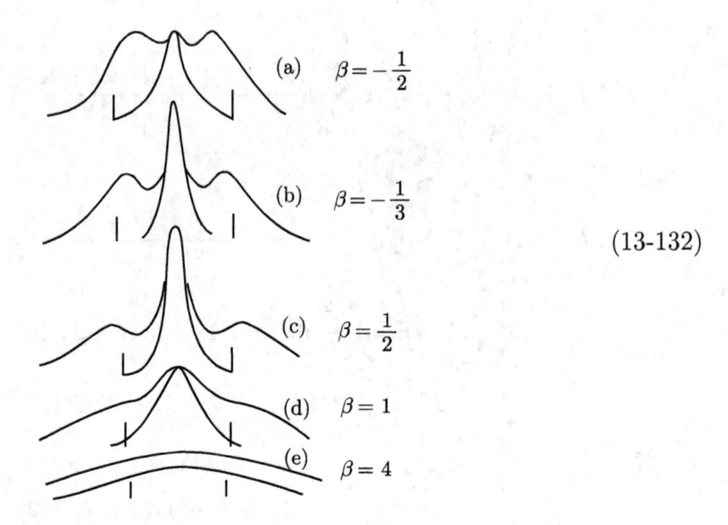

(13-132)

参考文献

第 1 章

W. Heisenberg: The Physical Principles of Quantum Mechanics, Chicago Univ.Press, (1930)

M. Jammer: The Conceptual Development of Quantum Mechanics, McGraw Hill, (1966)

第 2 章

W. Heisenberg, 见上

M. Jammer, 见上

第 3 章

M. Born: Atomic Physics

M. Jammer: 见上

第 4 章

W. Heisenberg, 见上

R. Courant 与 D.Hilbert: Methoden der Math. Physik, 第一版第 6 章第 3 节 (关于 Sturm.Liouville 问题)

H. Bethe 与 E. E. Salpeter: Quantum Mechanics of One-and Two-Electron Atoms, 关于氢原子

第 5 章

P. A. M. Dirac: The Principles of Quantum Mechanics 本册第 5 章的大部分, 可视为 Dirac 书首 30 节的提要和诠释.

第 6 章

E. U. Condon 与 G. H. Shortley: The Theory of Atomic Spectra(关于 Stark 效应)

吴大猷: Vibrational Spectra and Structure of Polyatomic Molecules(关于 Raman 效应)

吴大猷与大村充 (T. Y. Wu and T. Ohmura): The Quantum Theory of Scattering(关于散射问题的积分方程式)

第 7 章

吴大猷与大村充: 见上 (关于第 7 章第 4, 5, 6 各节)

第 8 章

E. U. Condon 与 G. H. Shortley, 见上

第 9 章

Condon 与 Shortley, 见上

Bethe 与 Salpeter, 见第 4 章下

第 10 章

Condon 与 Shortley, 见上

第 11 章

L. Pauling 与 E. B. Wilson, Jr.: Introduction to Quantum Mechanics

第 12、13 章

吴大猷, 见前第 6 章, Vibrational······

索　　引